黄艳 张睿 主编

中国大坝工程学会

流域水工程智慧联合调度与风险调控专委会

2021年学术年会论文集

长江出版社
CHANGJIANG PRESS

图书在版编目（CIP）数据

中国大坝工程学会流域水工程智慧联合调度与风险调控
专委会 2021 年学术年会论文集 / 黄艳, 张睿主编.
—武汉：长江出版社, 2021.12
　ISBN 978-7-5492-8100-8

　Ⅰ.①中… Ⅱ.①黄… ②张… Ⅲ.①流域－水利工程－调度－
学术会议－文集②流域－水利工程－风险管理－学术会议－文集 Ⅳ.①TV-53

　中国版本图书馆 CIP 数据核字(2021)第 274024 号

中国大坝工程学会流域水工程智慧联合调度与风险调控专委会 2021 年学术年会论文集

责任编辑： 高婕妤
装帧设计： 刘斯佳
出版发行： 长江出版社
地　　址： 武汉市汉口解放大道 1863 号　　　　　　　　　　　　**邮　编：** 430010
网　　址： http://www.cjpress.com.cn
电　　话：（027）82926557（总编室）
　　　　　　（027）82926806（市场营销部）
经　　销： 各地新华书店
印　　刷： 武汉科源印刷设计有限公司
规　　格： 880mm×1230mm　　　　　1/16　　　　18.25 印张　　　　575 千字
版　　次： 2021 年 12 月第 1 版　　　　　　　　　2021 年 12 月第 1 次印刷
ISBN 978-7-5492-8100-8
定　　价： 88.00 元

中国大坝工程学会流域水工程智慧联合调度与风险调控专委会成员

主任委员：　　　长江水利委员会　黄艳

副主任委员：　　水利部信息中心　程益联
　　　　　　　　中国长江三峡集团有限公司　　胡兴娥
　　　　　　　　南京水利科学研究院　施勇
　　　　　　　　长江勘测规划设计研究有限责任公司　　要威
　　　　　　　　清华大学　杨大文
　　　　　　　　大连理工大学　张弛
　　　　　　　　武汉大学　刘攀
　　　　　　　　长江水利委员会长江科学院　　陈端
　　　　　　　　汉江水利水电（集团）有限责任公司　　丁洪亮
　　　　　　　　中国华能澜沧江水电股份有限公司　　邱小弟
　　　　　　　　雅砻江流域水电开发有限公司　　聂强
　　　　　　　　黄河勘测规划设计研究院有限公司　　罗秋实
　　　　　　　　华为技术有限公司　严凯
　　　　　　　　阿里巴巴集团　李楷
　　　　　　　　长江水利委员会水文局　　闵要武

秘书长：　　　　长江勘测规划设计研究有限责任公司　　张睿

副秘书长：　　　中国长江三峡集团有限公司　　周曼

委员：　　　　　水利部淮河水利委员会　　付仰木
　　　　　　　　水利部海河水利委员会　　韩瑞光
　　　　　　　　水利部海河水利委员会　　杨邦
　　　　　　　　水利部珠江水利委员会　　马志鹏
　　　　　　　　水利部松辽水利委员会　　丁勇
　　　　　　　　水利部太湖流域管理局　　章杭惠
　　　　　　　　长江流域气象中心　刘敏
　　　　　　　　水利部水利水电规划设计总院　　李林
　　　　　　　　湖北省荆江分蓄洪区工程管理局　　王铁卿

中国大坝工程学会流域水工程智慧联合调度
与风险调控专委会成员

委员：　　　华北电力大学　　　纪昌明

中国水利水电科学研究院　　　程晓陶

中国水利水电科学研究院　　　任明磊

天津大学　　　邱顺添

四川大学　　　马光文

华中科技大学　　　康玲

浙江大学　　　许月萍

河海大学　　　石朋

黄河水利委员会黄河水利科学研究院　　　马怀宝

水利部中国科学院水工程生态研究所　　　陈小娟

长江水资源保护科学研究所　　　辛小康

南水北调中线水源有限责任公司　　　张金峰

湖南澧水流域水利水电开发有限责任公司　　　王志宏

金沙江中游水电开发有限公司　　　章泽生

中水珠江规划勘测设计有限公司　　　易灵

贵州乌江水电开发有限责任公司　　　高英

贵州乌江水电开发有限责任公司　　　朱喜

湖北清江水电开发有限责任公司　　　张文选

大唐四川发电有限公司集控中心　　　杨会刚

国家能源大渡河流域生产指挥中心　　　陈在妮

中国大唐集团有限公司重庆分公司　　　罗卫国

中水东北勘测设计研究有限公司　　　郭东浦

雅砻江流域水电开发有限公司　　　缪益平

雅砻江流域水电开发有限公司　　　寒德平

武汉联通公司　　　杜军

江河瑞通(北京)技术有限公司　　　刘子豪

深圳兆恒水电集团　　　饶正富

长江信达软件技术（武汉）有限责任公司　　　王迪友

长江空间信息技术工程有限公司（武汉）　　　杨爱明

武汉宏数信息技术有限责任公司　　　陈敏

长江勘测规划设计研究有限责任公司　　　饶光辉

长江勘测规划设计研究有限责任公司　　　李安强

　　新中国成立以来,我国陆续兴建了一批涵盖水库、堤防、涵闸、泵站、蓄滞洪区、引调水工程等在内的控制性水工程,如何统筹协调,让各项水工程在防洪减灾、抗旱、供水、生态环境保护等方面发挥更好更大的作用,最大限度地解决水生态保护、水资源利用中存在的问题,是目前流域管理所面临的迫切需求。

　　近年来,各流域在控制性水工程联合调度的顶层设计、技术应用、系统建设、协调管理等方面开展了积极探索和大量实践,取得了一定经验。在深入落实习近平总书记"十六字"治水思路和关于治水重要讲话指示批示精神,全面贯彻新发展理念的背景下,我国流域水工程智慧调度与风险调控管理理论和技术已无法满足流域大范围、大尺度、多维、多工程、多目标的联合调度运行管理需求,缺少较为成熟且具有国际水平的自主研发创新的先进理论、技术、产品及示范应用,急需凝聚行业资源,协同攻关,共同推动流域水工程智慧调度与风险调控管理理论和技术发展。

　　中国大坝工程学会在大坝等水工程建设和管理领域,为政府、企事业单位、高等院校和公众搭建了良好的合作交流平台,在国际、国内均具有很大的影响力。长江勘测规划设计研究有限责任公司(以下简称长江设计公司)是长江流域治理与保护的重要技术支持单位,其流域水工程联合防洪调度理论与技术、水工程调度风险决策及评估理论与技术、水工程多目标联合调度集成理论与技术的研究成果在实践中得到成功应用并受到广泛认可。为此,根据中国大坝工程学会第二届理事会第十五次会议决议,同意设立中国大坝工程学会流域水工程智慧联合调度与风险调控专委会(以下简称"专委会"),专委会主任由长江水利委员会副总工、教授级高级工程师黄艳担任,秘书长由长江设计公司张睿博士担任。专委会秘书处挂靠长江设计公司,并特邀请流域管理机构、高校科研院所、运行管理单位等水利行业知名单位和代表共同参与,形成"产-学-研-用"水工程智慧调度与风险调控技术研究的全链条式组织模式。

专委会针对我国流域大范围、大尺度、多维、多工程、多目标的联合调度运行管理需求,通过开展国内外学术交流、重大科技问题的调研论证和研讨等,搭建水工程调度行业交流和协调平台,从事本专业领域的行业自律和服务工作,承担行业协会授权和安排的具体工作,凝聚行业资源,协同攻关,共同推动行业创新与发展。根据工作计划,专委会承办2021年中国大坝学会学术年会流域水工程智慧联合调度与风险调控技术分会场,召开流域水工程智慧联合调度与风险调控专委会成立大会及学术交流会议,并向全行业广泛征集本专业领域最前沿研究成果,收到行业内知名专家和机构的踊跃投稿。

本论文集由黄艳负责策划和定稿,丁毅负责协调工作,张睿负责组稿、统稿工作,卢婧承担了书稿公式与文字的编辑校核工作,李伟、饶光辉、李安强、罗斌、高峰、喻杉、王学敏、卢程伟、杨薇、湛楚等以不同方式为本论文集的完成作出了大量贡献,对他们表示诚挚的谢意!论文集的出版同时得到了行业有关专家、同仁的大力支持,在此表示衷心的感谢!

由于时间和水平有限,难免存在疏漏与不足之处,敬请广大读者批评指正!

中国大坝工程学会流域水工程智慧联合调度与风险调控专委会秘书处

2021年12月

CONTENTS

目 录

基于人群属性的应急避险技术

黄艳[1]　李昌文[2]　王强[3]　李安强[2]　陈石磊[3]

(1. 水利部长江水利委员会,湖北武汉,430010;2. 长江勘测规划设计研究有限责任公司,湖北武汉,430010;
3. 长江信达软件技术(武汉)有限责任公司,湖北武汉,430010)

摘　要:针对我国传统避洪技术风险人群识别追踪预警手段落后、实时洪灾避险路径优化技术匮乏、应急避险决策支持平台缺乏等"卡脖子"问题,研发了基于LBS人群属性的应急避险技术,并在长江流域、嫩江流域、沂沭泗流域典型洪水高风险区进行了模拟应用。结果表明,LBS可实时、精准辨识青、中、壮年人群,但对老、幼年人群的识别效果欠佳,基于此,提出了多源人群数据融合技术,对互联网和移动通信LBS实时人群数据及防洪应急避险移动应用采集的人群数据(含智能手机用户、非智能手机用户、无手机人群)进行融合,实现了人群数据采集的全覆盖;提出了基于虚拟电子围栏的风险区人群预警技术,实现了预警消息向洪灾风险区人群的快速、精准定向推送;提出了基于实时人群属性的避险转移安置方案动态优化技术,解决了传统基于户籍人口避险转移安置方案实时性、精准性不足的问题;以上述技术手段为支撑,研发了LBS人群属性动态反馈驱动的防洪应急避险辅助平台,大幅提高了避险人群识别、预警、引导、跟踪及反馈的精准性与时效性。

关键词:防洪应急避险;LBS;虚拟电子围栏;人群数据融合;路径优化;应急避险支持平台

超标准洪水发生时,水库、堤防、分洪道等工程防洪措施难以有效控制洪水,洲滩民垸、蓄滞洪区、防洪保护区存在受淹风险,严重威胁着风险区人群的生命财产安全。应急避险作为人群对突发事件的积极躲避行为,可有效减小灾害造成的生命财产损失,是应对超标准洪水的重要非工程措施[1]。防洪应急避险具有较强的时代特征,基于静态预案、假定情景、预设模型计算、手工填报、传统通信预警(敲锣、广播等)等方式的传统应急避险技术主要存在风险人群信息获取与识别追踪手段落后(找不到)、实时洪灾避险路径优化技术匮乏(引导难)、防洪应急避险决策支持平台缺乏(响应慢)等"卡脖子"技术问题,难以适应新形势下避洪转移人流物流大、转移交通工具海量增长、超标准洪水精准管理的新情况,无法满足超标准洪水条件下撤离路径动态寻优、安置方案动态调整、转移人口实时反馈驱动的要求[2],难以满足新时代应急避险实时精准管理的新要求。

基于位置服务(Location-based service,LBS)是指利用各类型的定位技术来获取定位设备当前的所在位置,通过移动互联网向定位设备提供信息资源和基础服务。LBS服务中融合了移动通信、互联网络、空间定位、位置信息、大数据等多种信息技术,利用移动互联网络服务平台进行数据更新和交互,使用户可以通过空间定位来获取相应的服务。LBS具有覆盖范围广、定位精度高、操作简便、应用广泛等特点,目前已广泛应用于家庭、行业、公共安全、运营商内部等场景。

基金项目:国家重点研发计划项目(2018YFC1508005);长江设计公司2019年度自主创新项目(CX2019Z16)。

通信作者简介:黄艳(1971—),女,教授级高级工程师,博士,主要从事洪水风险管理工作,E-mail:yhuang@cjwsjy. com. cn。

针对目前人群应急避险方式中薄弱环节,本文以长江流域荆江分洪区、嫩江流域、淮河沂沭泗流域(各示范区位置见图1)为例,引入LBS技术,开展了基于人群属性的应急避险智慧解决方案的技术研究与集成示范工作,以提高应急避险技术的普适性。通过风险人群识别、人群数据融合、风险区人群预警、转移路径规划、应急避险辅助平台5项技术的研发,实现了受洪水威胁区域内人口总数及其分布的分析,结合洪水预报预警,掌握了区域人员聚集、疏散、受困等情况,有针对地对受洪水风险影响人员发出警示,实现撤离路径规划、撤离时间评估、最优避险转移路径推送等分析计算功能,并根据人口安全转移安置等进展反馈进行动态信息推送和挑战,辅助洪水影响区域内人群主动应急避险。本技术突破了现有基于户籍的人员转移方式和技术瓶颈,做到了避险转移精确到人,大幅提高了避险人群识别、预警、引导、跟踪及反馈的精准性与时效性,提高应急避险效率。

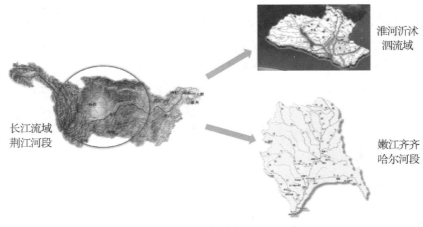

图1 应急避险技术示范区位置示意图

1 高风险区人群精准识别与预警技术

基于LBS技术对人群热力数据与人群画像数据进行实时提取,实现高风险区域人群的精准识别及人群画像的动态绘制;基于所获取的LBS人群热力数据与人群画像数据,分析超标准洪水条件下可能分洪运用的长江流域荆江分洪区麻豪口镇、嫩江流域梅里斯乡、淮河沂沭泗流域皂河镇的历史人口(包括人口变化趋势与空间分布)特征;提出一种人群数据融合技术,对LBS实时人群数据与移动应用采集的人群数据进行融合,提升LBS实时人群数据的精度;提出一种基于虚拟电子围栏的风险区人群预警技术,及时将洪灾风险预警消息推送至洪灾风险区人民群众。

1.1 基于LBS的实时人群监测

互联网大客流平台每天可接收海量用户主动上报的业务信息流数据。通过获取目标区域的定位人数,将该定位人数输入转换模型,得到该目标区域的估算人数。统计不同区域内的人口活动数量,经过密度分析处理后在地图上可视化,提取能表征人口活动强度的时空指标,揭示区域人群时空变化特征,形成人群热力图。

基于LBS技术,模拟了长江流域荆江分洪区麻豪口镇、嫩江流域梅里斯乡、淮河沂沭泗流域皂河镇实时(2021年9月28日16时)人群热力分布(红色为人口聚集高密度区,浅色为人口聚集低密度区,下同),见图2。可以看出,上述三个乡镇的人口密度分布均呈现出明显的空间不均匀性:不同村组人口密度存在差异,人口以村组居民地为中心聚集,在偏离村组居民地的区域,人口密度低。上述三个乡镇人口密度的空间分布特征也呈现出一定的差异性:麻豪口镇西部沿河区域的人口密度明显高于其他地区,且中部区域的人群密度较低;梅里斯乡的人口分布零散,大部分区域鲜有人群活动;皂河镇的人口分布相对集中,在中南部区域人口密度高。以上结果与各乡镇统计的户籍人口分布特征基本相符,因此 LBS 实时提取模型的模拟结果有效。

(a)麻豪口镇

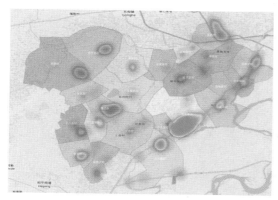

(b)梅里斯乡

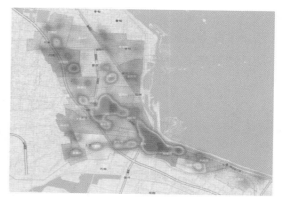

(c)皂河镇

图 2　示范区实时人群热力图

1.2　基于 LBS 的实时人群画像绘制

基于人群画像、人工智能、云计算等技术及互联网公司及通信运营商的人群大数据,动态绘制涉灾区域内人群特征图谱,包括人群性别、年龄、位置、时间、常住地分布等。

采用 LBS 人群画像数据实时提取模型,对长江流域荆江分洪区麻豪口镇、嫩江流域梅里斯乡、淮河沂沭泗流域皂河镇的实时(2021 年 9 月 28 日 20 时)人群画像了进行模拟。

图 3 展示了示范区的 LBS 实时人群年龄画像。可以看出,三个乡镇的年龄画像特征较为一致:中青年(20～29 岁、30～39 岁)人群比例最高,麻豪口镇、梅里斯乡、皂河镇分别为 57.63%、50.78%、73.90%;其次为青少年(10～19 岁)和壮年(40～49 岁)人群;幼年(0～9 岁)与老年(50 岁以上)占比最低,这与户籍人口统计数据有所不符,其主要原因为人群画像数据实时提取模型依赖于智能设备,老人与小孩较少使用该类设备。因此,基于 LBS 的人群画像数据实时提取模型极难捕捉老、幼年人群的分布数据。

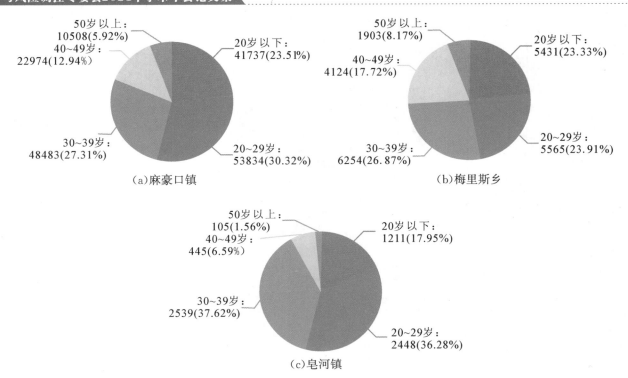

图 3   LBS 实时人群年龄画像

图 4 给出了麻豪口镇的 LBS 实时人群性别画像。结果显示,男性占比 60.33%,女性占比 39.67%,与户籍人口统计结果基本一致。

图 4   麻豪口镇的 LBS 实时人群性别画像

1.3   基于 LBS 人群数据的历史人口分析

(1)人口时间变化趋势。

基于 LBS 的人群画像数据,分别对 2020 年麻豪口镇、梅里斯乡、皂河镇的人口总数、各年龄段人数的年内变化趋势进行分析,分别见图 5 和图 6。

从图 5 可以看出,三个乡镇的总人数变化呈现出一定的相似性与差异性。相似性体现为:在年内的波动性极大,最大值与最小值之比为 2～3;2 月(春节期间)达到全年峰值,远高于其他月份;2 月后,呈整体下降趋势。差异性体现在:变幅不同,梅里斯乡在 4—12 月的变幅明显高于麻豪口镇和皂河镇;变化特征有所差异,梅里斯乡总人数在 7 月(农忙期间)明显回升后迅速降低,麻豪口镇与皂河镇总人数在此期间保持相对平稳。

从图 6 可以看出,10～19 岁、20～29 岁与 30～39 岁人群数量在年内均有很大波动,其余年龄段人群数量相对平稳。10～19岁人数变化集中在2月、7—8月两个阶段,是因为青少年学生群寒假、暑假返家;20～29岁、30～39岁人数变化集中在2月,是因为青壮年务工人员春节返乡。另外,梅里斯乡20～29岁、30～39岁、40～49岁人数在7月也有小幅回升,其原因或为部分外出务工人员农忙时回乡耕耘。

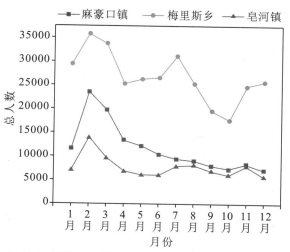

图5　2020年麻豪口镇、梅里斯乡与皂河镇的LBS人口总数变化

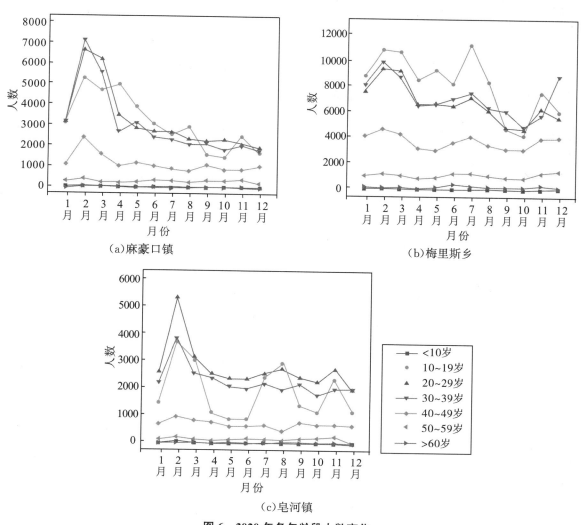

（a）麻豪口镇

（b）梅里斯乡

（c）皂河镇

图6　2020年各年龄段人数变化

(2)人口空间分布特征。

基于2020年几个典型日期(1月1日、4月1日、7月1日与10月1日)的LBS人群热力数据,对长江流域荆江分洪区麻豪口镇的人口空间分布特征进行分析,见图7。可以看出,人口密度分布呈现出明显的空间不均匀性:一方面,不同村组人口密度存在差异;另一方面,人口以村组居民地为中心聚集,在偏离村组居民地的区域,人口密度低。由于各村组不同时间范围内的流动情况差别较大,各典型日期间的人群热力图变化也存在较大的空间不均匀性。

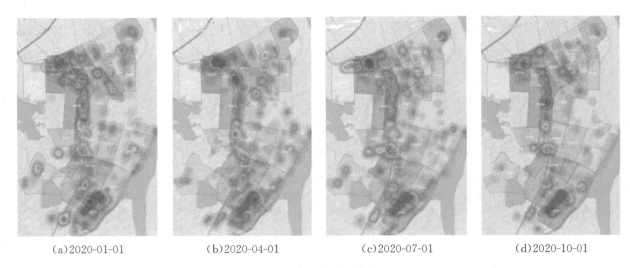

(a)2020-01-01   (b)2020-04-01   (c)2020-07-01   (d)2020-10-01

图7 麻豪口镇人群热力图

1.4 基于地统计分析的实时人群数据融合

综上分析,LBS可实时、精准辨识青、中、壮年人群,但对老、幼年人群的识别效果欠佳。基于此,提出了一种多源人群数据融合技术,对互联网LBS实时人群数据、通信运营商LBS实时人群数据、移动应用采集人群数据(含智能手机用户、非智能手机用户、无手机人群)进行融合,以提高LBS人群监测数据的精度。

具体融合路线见图8。

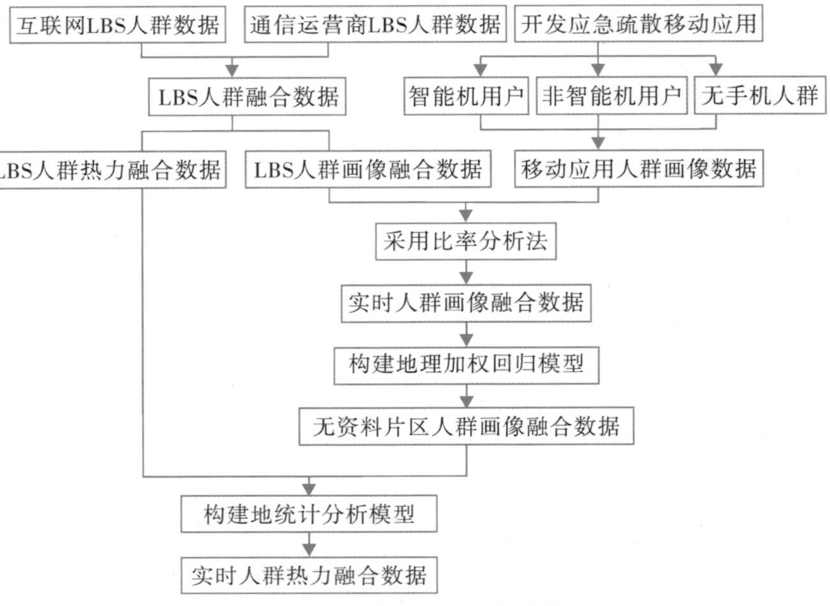

图8 实时人群数据融合路线

（1）接入互联网（腾讯、百度等）LBS实时人群数据与通信运营商（移动、电信、联通）LBS实时人群数据，并对接入数据进行去重、融合，得到LBS实时人群融合数据。LBS实时人群融合数据包括实时人群热力融合数据与分片区的实时人群画像（年龄画像、性别画像）融合数据。

（2）开发洪灾应急疏散的移动应用，用户首次登录移动应用时需填报个人信息及其家庭成员信息（村级责任人用户还需填写负责范围内的孤寡老人信息），包括姓名、性别、出生日期、身体状况、户籍地址、现住址、手机号、手机是否联网等。移动应用采集数据包括智能机用户人群（微信小程序用户）、非智能机用户人群（有手机号但手机没有联网的家庭成员）、无手机人群（无手机号的家庭成员信息）的画像数据。

移动应用后台对个人信息与家庭成员信息的填报数据进行去重、核验，并以家庭为单位统计人群画像数据。用户每次使用移动应用时，定位用户位置，并自动更新记录该位置信息。当定位位置偏离填报的现住址较远时，更新现住址为用户定位位置。无手机及移动网络的人群一般为老、幼年，较少有大范围位置流动，其现住址一般保持不变；特殊情况下，更新为家庭其他成员的现住址信息。移动应用采集的人群数据实时性较差，但可精准捕捉老、幼年人群信息。

（3）以LBS实时人群画像融合数据对应片区为基准，统计移动应用采集的人群画像数据，包括分片区的年龄画像、性别画像与移动设备联网画像。

（4）以移动应用分片区的年龄画像与移动设备联网画像数据为参照，采用比率分析法对LBS分片区的年龄画像数据进行修正；并基于移动应用分片区的性别画像数据进一步对LBS性别画像数据作进一步修正，得到分片区的人群画像融合数据；融合LBS实时监测与应急疏散移动应用采集的人群画像数据。

（5）基于分片区的人群画像融合数据与LBS人群画像数据，构建人群画像的地理加权回归模型，预测无资料片区（应急疏散移动应用在该区无足量用户，或填报信息存在较多明显错误）的人群画像数据。

（6）建立LBS的热力数据与分片区实时人群画像数据的地统计关系，并利用该地统计关系将各片区的人群画像融合数据映射至空间格网，得到实时人群热力融合数据。

1.5　基于虚拟电子围栏的风险区人群预警

基于地图服务的GPS定位已覆盖安全、医疗、运动、车载设备、智能家居、物联网、飞行器等行业。洪灾风险区人群预警采用互联网地图服务的普通IP定位，用户可以通过该服务，根据IP获取位置，调用API接口，返回请求参数中指定上网IP的实时定位信息，包括经纬度、省、市等地址信息。

服务器利用虚拟电子围栏[3]算法对用户位置坐标与洪水风险区的关系进行判别。当用户位置坐标被判断为风险区范围之内时，利用实时通信技术，及时向用户推送洪灾预警消息，提示当前区域存在洪灾风险，应迅速完成避险转移，并提供洪灾避险路线规划信息与责任人信息。若用户位于安全区内，则仅发送预警消息，提示外界存在洪灾风险，应避免外出；当用户向外移动离开安全区时，发出偏离预警，提示已偏离安全区，应尽快返回至安全区。

在实际应急避险转移管理过程中，预警消息以手机短信与微信小程序方式推送至各级责任人与高风险区域人群，保证有手机人群均能通知到位。对于普通的无手机用户，本家庭成员进行消息通知；对于孤寡老人，由村级责任人负责通知，保证无手机人群也均能及时获取洪灾避险信息。

基于虚拟电子围栏的风险区人群预警技术路线见图9。

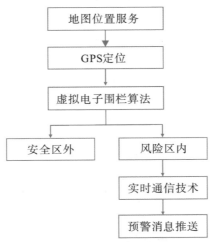

图9　风险区人群预警技术路线

2　基于实时人群属性的人员避险转移安置方案动态优化技术

人群数量在年内的波动极大,传统基于户籍人口的人群避险转移安置方案实时性、精准性不足。为克服上述不足,提出一种基于实时人群属性的洪灾避险转移方案动态优化技术:以基于网络流的洪灾避险转移路线优化模型为算法支撑,以实时人群属性数据为核心驱动,根据水情发展形势动态辨识风险区(转移起点)与安全区(转移终点),实现对转移路径与安置方案的实时、动态优化。

基于网络流的洪灾避险转移模型将所有安置场所、待安置的村庄、转移道路分别作为安置容量资源分配的出发点"源"、归属地"汇"以及链接二者的"网络线",容量资源沿着网络流向待安置人员,计算流程如图10所示。

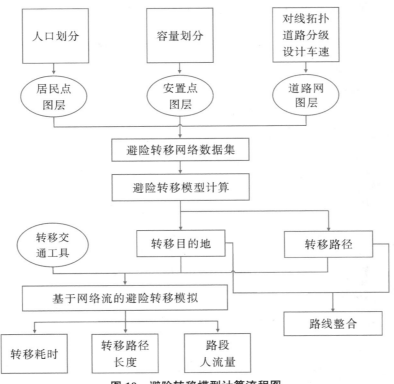

图10　避险转移模型计算流程图

基于网络流的洪灾避险转移优化模型的目标函数为所有村庄总转移时间耗用最小,约束条件包括道路等级约束、安置点可达性约束、安置场所就近安置约束、道路拥堵约束、供需平衡约束、安置场所容量约束等,模型算法见图11。

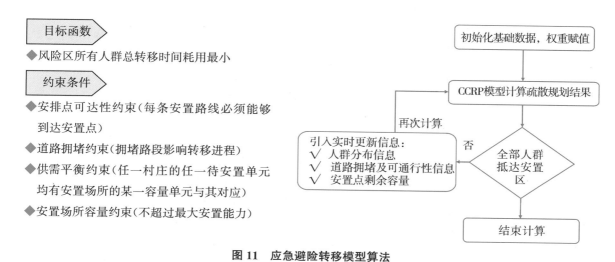

图11　应急避险转移模型算法

模型计算步骤主要包括:①人群分布数据初始化;②路网权重计算;③计算并遍历所有路线,构建道路有向图模型;④根据权重完成道路规划;⑤根据预设时间区间,分析可用容量,实现实时规划,见图12。

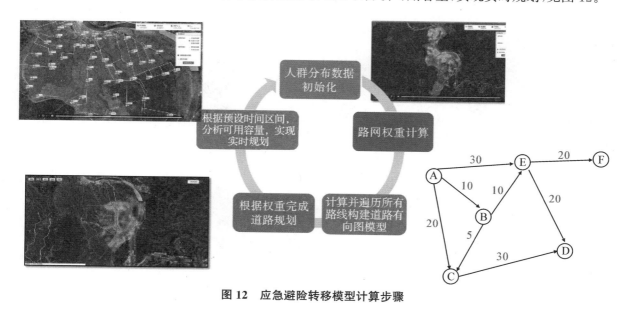

图12　应急避险转移模型计算步骤

3　基于 LBS 人群属性动态反馈驱动的防洪应急避险辅助平台研发

3.1　平台设计思路

针对防洪应急避险管理的薄弱环节,建设基于 LBS 人群属性动态反馈驱动的防洪应急避险辅助平台,开发人群分布分析、预案管理、预警管理、转移监控、个人中心、路线规划等模块,提升人群识别的精准度、预警的有效性、转移引导的快速性与准确性、地图展示的友好性,支撑洪水应急避险转移的智慧管理工作。

平台总体框架构成包括:前端感知层、数据中心与支撑平台层、业务应用层、门户层等部分,如图13

所示。

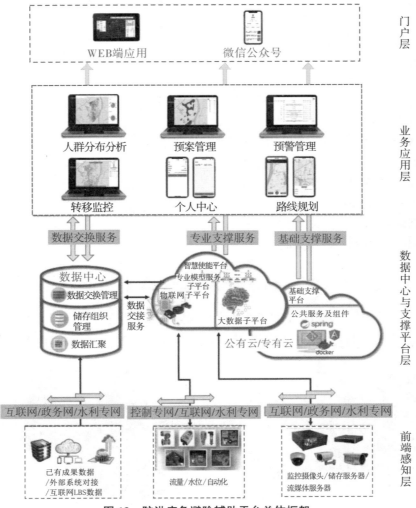

图13　防洪应急避险辅助平台总体框架

（1）前端感知层。

采集分洪区水位监测、流量监测、视频监控数据，接入互联网LBS人群属性数据与水文测报系统的水情预报数据，构建防洪应急避险辅助平台的采集体系，为防洪应急避险管理提供支撑。

（2）数据中心与支撑平台层。

在充分利用地方政府政务数据资源基础上，补充构建专题数据资源的统一建设，数据中心主要包括防洪应急避险的监测数据、业务数据与分析数据。数据中心预留相关接口，便于实现与地方系统的数据共享和交换。

建设统一的应用支撑平台。搭建满足各应用系统建设需求的基础支撑平台和使能平台。搭建的基础支撑平台包括：通用流程平台，智能报表平台，地理信息平台，短信平台，以及文件存储系统、统一身份认证、综合检索服务等。使能平台包括人群避险转移方案动态优化模型、安全区自动生成模型、物联网平台等。

（3）业务应用层。

业务应用是通过各类终端（WEB端、微信小程序等）直接面向用户（防洪应急避险管理部门、分洪区人民群众等），为用户各类业务管理提供辅助支撑的软件，是提升管理能力的主要体现，同时业务应用也是数据汇集的主要渠道，通过业务应用的运行使用，使各类数据（如微信小程序用户人群数据、责任人信息数据等)能够汇集存储至数据库中。本平台考虑防洪应急避险的业务管理需要,设计统一的应用模块,该模块包括人群分布分析、预案管理、预警管理、转移监控、个人中心、路线规划等,后期可以按需进行补充扩展。

(4)门户层。

针对洪灾应急避险转移各级责任人的管理需求、分洪区人民群众面对洪灾时的生命财产保障需求,分别形成个性化的应用门户。本平台的门户涉及 WEB 端与微信小程序。

3.2 平台技术流程

通过搭建基于 LBS 人群属性动态反馈驱动的防洪应急避险辅助平台,引入并深度挖掘互联网 LBS 实时人群属性数据、手机通信定位大数据、水情数据、空间地形数据在防洪应急避险转移领域中的应用价值;调用洪灾避险路线规划模型或互联网地图导航服务引擎,实时动态规划避险转移路线;利用虚拟电子围栏技术与实时通信技术,及时将洪灾预警与路线规划信息推送至责任人及风险区人群。该平台可突破现有基于户籍的人员转移方式和技术瓶颈,做到避险转移精确到人,大幅提高了避险人群识别、预警、引导、跟踪及反馈的精准性与时效性,具体技术流程见图 14。

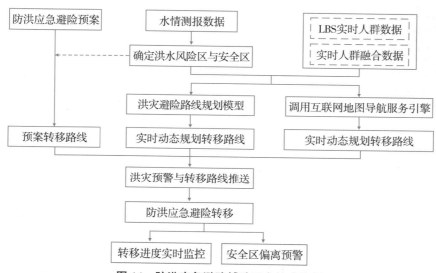

图 14 防洪应急避险辅助平台技术流程

(1)开发预案管理模块(WEB 端与微信小程序均有),录入预案中转移路线的起点信息、途经点信息、终点信息,并在地图中同步展示。

(2)开发 LBS 数据接口,在应急状态下接入互联网获取 LBS 实时人群属性监测数据;开发人群分布分析模块(WEB 端),分析高风险区人群分布规律。

(3)开发水情测报数据交互接口,接入水情测报系统的水情预报数据或人工输入水情预报数据,结合空间地形数据,确定洪水风险区与安全区的范围。

(4)开发路线规划模块(微信小程序),在 LBS 实时人群属性数据或融合的实时人群数据驱动下,调用洪灾避险路线规划模型或互联网地图导航服务引擎,以洪水风险区为起点、安全区为终点,实时动态规划洪灾避险的转移路线。

(5)开发预警管理(WEB 端与微信小程序均有,可管理责任人信息)与个人中心模块(微信小程序,其用户主要为分洪区人民群众),嵌入预警机制,利用虚拟电子围栏技术与实时通信技术,将洪灾预警消息、转移路线及时推送至相关责任人及风险区人民群众。

(6)开发实时监控模块(WEB 端),基于 LBS 实时人群属性数据对洪灾应急避险转移的进度进行实时监控。

3.3 应急避险转移系统

（1）人群分布分析（图15）。

可视化展示人群热力分布，并对人群分布特征进行自动分析，包括实时人群分布与历史人群分布两个子功能。实时人群分布展示当前时刻的人群热力分布图与人群分布统计，历史人群分布则展示历史某一时段的人群热力分布图与人口趋势变化统计。

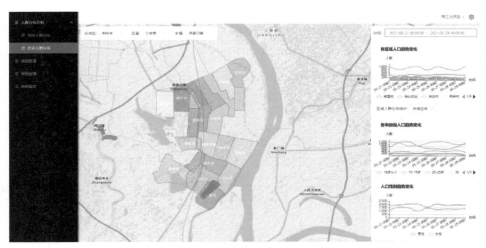

图15 人群分布分析界面

（2）预案管理（图16）。

对应急预案进行统一管理，有预案区可快速查看预案信息，无预案区支持智能生成预案，包括预案查看、安全区生成、预案基本信息管理、预案生成子功能。其中，预案查看子功能显示所有预案的列表，实现预案概览与预案路线查询；安全区生成子功能可基于水动力模型的洪水淹没模拟结果生成洪水安全区，以用于预案生成；预案基本信息管理子功能对起点信息、途经点信息、终点信息及模拟生成的洪水安全区信息进行统一管理；预案生成子功能支持无预案区域根据地形数据或水动力模型的洪水模拟结果智能生成应急避险预案。

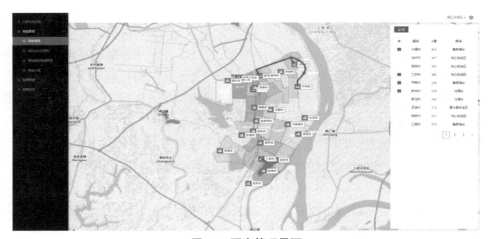

图16 预案管理界面

（3）预警管理。

实现分洪区的区县级、乡镇级、村级责任人管理,洪水预警信息的管理及向微信小程序用户发送信息推送,分为责任人信息管理和预警消息管理子功能。责任人信息管理对各级责任人的信息,包括姓名、责任级别、职务、联系方式等信息进行管理,支撑预警消息推送及责任范围内人群应急联系;预警消息管理可定制化填写预警信息内容,如分洪区名称、控制站水位、控制站水位趋势、预警级别、预计淹没时间、预计淹没范围等,并将预警消息定向发送至责任人与风险区人群,以及时做好应急响应工作。

（4）转移监控（图17）。

实现对应急避险转移进程的实时监控及不同转移预案下转移过程的推演,分为实时监控和转移推演两个子模块。实时监控对安全区的人群容量与风险区的待转移人群进行实时监控;转移推演对不同转移预案下的人群转移过程进行推演并可视化展示,辅助决策者及时掌握转移进程,制定科学合理的应急决策。

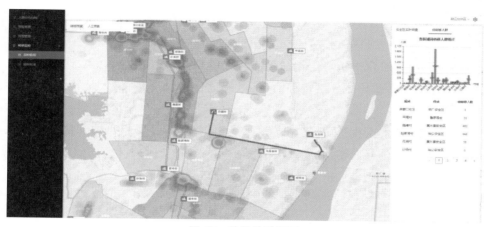

图17　转移监控界面

3.4　应急避险转移微信小程序

应急避险转移微信小程序主要包括个人中心、预案信息、预警消息、路线规划等功能模块。

（1）个人中心。

填写用户本人及其家庭成员的信息,同时统计LBS难以监测到的人群（一般为老人、小孩）数据,并将这些数据与LBS实时人群数据融合,便于制定人群转移方案。当定位位置偏离填报的现住址较远时,更新现住址为用户定位位置。无手机及移动网络的人群一般为老、幼年,较少有大范围位置流动,其现住址一般保持不变;特殊情况下,更新为家庭其他成员的现住址信息。微信小程序采集的人群数据实时性较差,但可精准捕捉老、幼年人群信息。

（2）预案信息。

为微信小程序用户提供预案信息查看功能。界面地图显示分洪区、村落、安全区、安全台、中转点范围;用户查询预案时,选择某一路线,则地图同步显示该条路线的具体线路及起点终点信息。

（3）预警消息。

小程序后台监测记录用户当前的地理位置,当用户所在区域将要发生洪水淹没或用户抵达安全区后由于各种原因再次偏离安全区时,发出预警消息。预警消息包括预警（一般）与偏离预警。预警主要提示用户所在区域面临洪水风险,需考虑避险转移;偏离预警则主要基于电子围栏技术,提示用户已偏离安全区,需立即返回至安全区域。点击某一条预警消息,小程序将跳转至预案信息页面,用户可浏览预案转移路线,进行避险准备。

（4）路线规划。

对应急避险的转移路线进行实时、动态规划。对于某一特定村庄,其避险转移的目的地(安全区)可能有多个,相应地,转移路线也有多个,用户可通过"选择路线"选项选择其中的一条进行路线规划。同时,小程序支持集中转移和自行转移两种路线规划方式,用户可通过"转移方式"选项进行自主选择:当选择集中转移方式时,路线导航至统一调度安排的起点,此后由乡镇责任人统一安排车辆转移至指定安全区;当选择自行转移方式时,路线由当前位置导航至所选安全区,用户根据导航自行转移撤离。

3.5 平台基础保障体系

（1）建立空—地一体化网络服务体系。

建立空—地一体化网络服务体系,实现网络信号全范围、不间断覆盖。在洪水威胁区,加密布设地面基站,提高地面网络通信的覆盖范围与信号强度;利用飞机/无人机承担空中Wi-Fi角色,在飞行过程中不断发射Wi-Fi信号,形成空间网络网,应对巨型洪灾发生时地面基站网络瘫痪的突发情况。

（2）保障通知方式多样性。

保障通知方式多样性,除平台推送短信与微信小程序消息外,还应包括电视、广播、电话、鸣锣、挂旗等多种方式或挨户通知等形式迅速传播分洪转移命令,做好危化品快速转移、人员转移、财产转移、转移安置接收等准备工作。

在洪水威胁区,尤其是人群密集区域,加密布设广播站,一方面高音喇叭通知群众洪灾避险转移,另一方面引导飞机航行,保障网络信号通畅,开展救援工作。

4 结 论

围绕避险人群识别预警、实时洪灾避险路径优化、防洪应急避险决策支持平台等方面进行了全面深入系统的研究和实践应用,研发了基于人群属性的应急避险技术。

（1）提出了基于LBS的多源人群数据融合方法和基于虚拟电子围栏的风险区人群预警方法,研发了对洪水风险区域内不同属性人群的精准识别、快速预警和实时跟踪技术;研发了人口避险转移路径、安置方案的动态优化技术,提高了转移安置的实时性、时效性和有效性。

（2）研发了基于人群属性动态反馈驱动的防洪应急避险决策支持平台,实现了应急避险全过程、全要素的实时精准调度与智慧管理。

基于LBS人群属性的应急避险技术能为各流域受洪水威胁的防洪保护区、蓄滞洪区、洲滩民垸、山洪防治区、病险水库及堰塞湖等提供人员转移避险调度,已纳入《水利部智慧水利优秀应用案例和典型解决方案推荐目录》《水利先进实用技术重点推广指导目录》,获得水利先进实用技术推广证书,具有重大的科技意义和工程应用推广价值。目前,应急避险技术已被成功地应用于2018年金沙江白格堰塞湖应急处置,并在长江流域荆江分洪区麻豪口镇、嫩江流域梅里斯乡、淮河沂沭泗流域皂河镇开展了模拟应用。为提高其普适性,建议进一步开展推广、示范应用,总结经验,形成应急避险技术体系。

参考文献

[1] 张永领. 公众洪灾应急避险模式和避险体系研究[J]. 自然灾害学报,2013,22(4):227-233.

[2] 黄艳,李昌文,李安强,等. 超标准洪水应急避险决策支持技术研究[J]. 水利学报,2020,51(7):805-815.

[3] 陈思,高山. 地图服务引擎中虚拟电子围栏的实现方法[J]. 地理空间信息,2020,18(1):81-84.

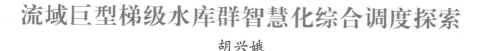

流域巨型梯级水库群智慧化综合调度探索

胡兴娥

（中国长江三峡集团有限公司流域枢纽运行管理中心,湖北宜昌,443133）

摘　要: 随着 2020 年、2021 年乌东德、白鹤滩水电站分别正式投产发电,三峡集团在长江干支流建设、运营与管理的水库总数达到 9 座,形成了从金沙江下游到三峡—葛洲坝再到清江的流域巨型梯级水库群。为实现梯级水库群的联合、多目标协同综合调度,提升流域梯级枢纽安全运行与水库科学调度的数字化和智慧化水平,三峡集团在持续、系统组织开展大量关键技术研究和调度实践、试验的基础上,积极推动科研成果转化应用与落地,实施智慧流域运行管理工作平台建设工作,首次在行业内探索开发流域枢纽综合调度运行管理系统,通过集成与开发包括"空、天、地"全要素动态监测与预报预警的主动感知体系、优化算法与人工智能技术相融合的优化调度模型、基于事件驱动和知识图谱的辅助决策支持等功能,形成一整套梯级水库智慧化综合调度工具和解决方案,极大地提升了流域梯级水库综合调度决策的智慧化水平。本文主要介绍了三峡集团梯级水库群运行管理现状、综合调度研究及其智慧化支撑系统开发应用情况,并对流域水库群智慧化综合调度未来发展方向提出了建议。

关键词: 巨型水库群;联合调度;智慧化;综合调度

1　研究背景

2003 年,三峡工程蓄水发电,三峡—葛洲坝梯级枢纽正式形成。2012 年、2013 年金沙江下游向家坝、溪洛渡水电站相继建成投产。2015 年底,湖北能源所属清江水布垭、隔河岩、高坝洲梯级电站并表三峡集团。2020 年、2021 年乌东德、白鹤滩水电站分别正式投产发电,形成了从金沙江下游到三峡—葛洲坝再到清江的长江流域巨型梯级水库群,也是当今世界由单一业主建设、运营与管理的规模最大的梯级水电枢纽工程群系统。9 座水电枢纽工程的开发任务涉及防洪、发电、航运、水资源利用以及促进地方经济社会发展等综合效益,梯级上下游各水库之间水文、水力、电力、泥沙、水环境、生态等联系复杂。如何科学处理好该巨型梯级水库群联合防洪、发电、航运、抗旱、生态补水等多目标协同调度关系,实现整体综合效益最大化,充分发挥其在长江流域防洪安全、能源安全、航运安全、水资源安全和生态安全等方面的基础保障作用,是水库调度主管部门和枢纽工程运行管理单位亟待解决的重大技术和管理难题。当前,随着"网络强国""数字中国""智慧社会"等一系列国家战略实施,水利行业"数字水利"向"智慧水利"转变提升加速发展,对流域水库群综合调度工作带来了新的机遇和挑战,提出了更高的要求。2011 年以来,在持续开展以三峡为核心的长江流域水库群科学调度关键技术系列研究的基础上,三峡集团积极推动科研成果的转化应用与梯级水库联合调度实践、试验工作,被纳入长江流域水工程联合调度运用的所属梯级水库数目、范围和综合效益不断拓展,探索建立了梯级水库群联合、多目标综合调度与运行管理的体制机制,基本实现流域全要素基础数据采集、传输、共享;依托大数据、云计算、人工智能等新技术手段,为流域梯级枢纽安全稳定运行与水库科学高效调度赋能、梯级水库群智慧化综合调度注入新的动力,全面提升了流域梯级水库群运行管理水平。

2   三峡集团梯级水库群概况

三峡集团所属长江流域巨型梯级水库群主要特征参数详见表1,各水库具体位置见图1。根据《2021年长江流域水工程联合调度运用计划》,2021年被纳入长江流域水库工程联合调度运用范围的控制性水库共计47座,总调节库容1066亿 m^3,总防洪库容695亿 m^3。其中,三峡集团被纳入联合调度范围的7座水库(乌东德、白鹤滩、溪洛渡、向家坝、三峡、水布垭、隔河岩)总调节库容473亿 m^3,总防洪库容386亿 m^3,分别占长江流域联合调度水库总调节库容和防洪库容的44%和56%,在长江流域水工程联合调度中发挥着关键骨干作用。

表1   三峡集团长江干支流梯级水库设计特征参数

水库	调节性能	死水位(m)	防洪限制水位(m)	正常蓄水位(m)	设计洪水位(m)	校核洪水位(m)	坝顶高程(m)	调节库容(亿 m^3)	防洪库容(亿 m^3)	装机容量(万 kW)
乌东德	季	945	952	975	979.38	986.17	988	30.2	24.4	1020
白鹤滩	年	765	785	825	827.83	832.34	834	104.36	75	1600
溪洛渡	不完全年	540	560	600	604.23	609.67	610	64.6	46.5	1386
向家坝	季	370	370	380	380	381.86	384	9.03	9.03	640
三峡	季	145	145	175	175	180.4	185	221.5	221.5	2250
葛洲坝	日	62	—	66	66	67	70	—	—	273.5
水布垭	多年	350	391.8	400	402.24	404.03	409	23.83	10	184
隔河岩	年	160	193.6	200	203.14	204.54	206	19.41		121.2
高坝洲	日	78	—	80	80	82.9	83	—	—	27
合计	—	—	—	—	—	—	—	472.93	386.43	7501.7

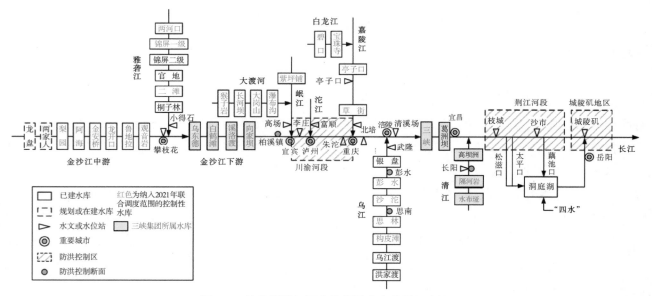

图1   三峡集团长江干支流所属水库位置示意图

2.1   金沙江下游梯级

乌东德水电站是金沙江下游四个水电梯级中第一级,电站坝址所处河段的右岸隶属云南省禄劝县,左岸隶属四川省会东县,上距攀枝花市 213.9km,下距白鹤滩水电站 182.5km。水电站开发任务以发电为主,兼顾防洪、航运和促进地方经济社会发展。2020 年 1 月 15 日开始蓄水,6 月 5 日成功蓄水至死水位 945m,6 月 29 日首批机组投产发电,8 月 23 日蓄水至 965m。2021 年汛前,乌东德水电站具备全面正常运行及度汛条件,6 月 16 日水电站全部机组投产发电。

白鹤滩水电站是金沙江下游四个水电梯级中第二级,电站位于金沙江下游四川省宁南县和云南省巧家县境内,上接乌东德,距乌东德坝址约 182km,距巧家县城约 41km;下邻溪洛渡,距溪洛渡坝址约 195km,距宜宾市河道里程约 380km。水电站开发任务是以发电为主,兼顾防洪、航运,并促进地方经济社会发展。2021 年 4 月 7 日开始蓄水,5 月 31 日大坝全线浇筑到顶,6 月 28 日首批机组投产发电。

溪洛渡水电站是金沙江下游四个水电梯级中的第三个梯级,电站位于四川省雷波县和云南省永善县交界的金沙江干流上,上接白鹤滩电站尾水,下与向家坝水库相连,坝址控制流域面积 45.44 万 km²。水电站开发任务以发电为主,兼顾防洪,此外尚有拦沙、改善库区及坝下河段通航条件等综合利用效益。2013 年 5 月下闸蓄水,6 月 23 日首次蓄至死水位 540m,7 月首批机组发电,12 月 8 日蓄到 560m;2014 年汛后首次蓄至正常蓄水位 600m,工程具备正常运行条件。

向家坝水电站是金沙江下游四个水电梯级中的最下一级,坝址左岸位于四川省宜宾县,右岸位于云南省水富县,控制流域面积 45.88 万 km²。水电站设计开发任务以发电为主,同时改善航运条件,兼顾防洪、灌溉,并具有对溪洛渡水电站进行反调节等作用。2012 年 10 月下闸蓄水,10 月底首台机组发电;2013 年 7 月 5 日蓄至死水位 370m,9 月 12 日首次蓄至正常蓄水位 380m,具备正常运行条件。

2.2　三峡—葛洲坝梯级

三峡水利枢纽工程位于湖北省宜昌市三斗坪,坝址以上流域面积约 100 万 km²,占长江流域面积的一半以上。三峡工程是治理开发长江的关键性工程,具有防洪、发电、航运、水资源利用等综合效益。2003 年 6 月 10 日,三峡水库蓄水至 135m,进入围堰发电期;2008 年开始 175m 试验性蓄水,进入试验性蓄水期,2010 年 10 月 26 日,三峡水库首次蓄水至 175m;2020 年 11 月 1 日三峡工程完成整体竣工验收全部程序,进入正常运行期。

葛洲坝水利枢纽位于三峡大坝坝址下游约 38km 处,是三峡水利枢纽的航运反调节枢纽,其调度任务是对三峡水利枢纽日调节下泄的非恒定流过程进行反调节,在保证航运安全和畅通的条件下充分发挥发电效益。葛洲坝水库于 1981 年 5 月 23 日下闸蓄水,6 月 5 日首次蓄至 60m,12 月电站首台机组发电;1986 年 6 月 26 日首次蓄至正常蓄水位 66m,1988 年 12 月最后一台机组投入运行。

2.3　清江梯级

水布垭水电站位于湖北省恩施州巴东县境内,坝址上距恩施市 117km,下距隔河岩水电站 92km,为清江干流中下游河段三级开发的龙头梯级,是一座以发电为主,兼顾防洪、航运效益的大型水电枢纽。工程于 1999 年开工,2007 年 6 月首台机组投产发电,2008 年 8 月全部 4 台机组投入运行。

隔河岩水电站位于长阳县城上游 9km 处,下距清江河口 62km,为清江干流中下游河段三级开发的第二级,是一座以发电为主,兼顾防洪、航运效益的大型水电枢纽。工程于 1986 年 10 月开始施工,1993 年 6 月首台机组投产发电,1994 年 11 月全部 4 台机组投入运行。

高坝洲水电站是隔河岩电站调峰和航运的反调节枢纽,位于湖北省宜都市境内,上距隔河岩水电站 50km,下距清江与长江交汇口 12km,为清江干流最下游一个梯极,是以发电为主,兼有航运、水产效益的中型水利枢纽。主体工程 1994 年开始施工,1997 年首台机组投产发电,1999 年 6 月全部 3 台机组投入运行。

3 梯级水库群综合调度研究与实践

水库调度是水电枢纽工程蓄水投运以后的核心工作,直接决定梯级水库综合效益能否充分发挥。梯级水库群的综合调度是一项以水为纽带,涉及防洪、发电、航运、供水、生态、泥沙、水环境等多目标、多因素,考虑上下游、干支流、左右岸等不同区域以及水利、电力、交通、环保、国土等多部门和多行业需求的极其复杂的系统性工程,必须科学协调、统筹兼顾,才能实现整体综合效益最大化。为解决不断变化的新环境、新形势、新需求下长江流域梯级枢纽科学调度与高效运行难题,一是技术层面需要开展大量、全面、系统的科学研究工作,提供强有力的基础理论与技术支撑;二是管理层面需要做好科研成果的转化应用与调度实践及试验工作,积极推进科研成果落地并建立有效的联合调度体制机制。

3.1 关键技术问题研究与攻关

2011 年以来,三峡集团与长江水利委员会持续组织、开展了三个阶段的三峡水库科学调度关键技术系列研究项目(简称三峡科调系列研究)。在长江经济带建设、长江大保护战略背景以及长江上游水库群不断建成投运的新形势下,围绕流域水库群联合调度提能增效,从三峡单库到以三峡为核心的梯级水库群,从单目标到多目标,以水文泥沙演变及预测预报为基础,开展防洪、蓄水、消落、发电等调度技术重大核心问题研究,解析调度运行与生态环保的响应关系,探索新技术、新方法和智能调度在梯级水库群多目标协同联合调度中的应用,通过制定联合调度体制机制及规程标准体系进行示范应用,建立了一整套流域梯级水库综合调度研究框架体系(图 2)。该研究框架体系在调度对象上涵盖了三峡集团长江干支流已投运的梯级水库群;时间上覆盖了汛前消落、汛期防洪、汛末蓄水、枯期补水全调度周期;调度目标上强调了防洪、发电、航运、生态修复、泥沙减淤、水资源利用等多目标综合调度及智能调度决策,凸显了国家重大战略和行业发展对流域水库群调度的新需求。研究体系内容涵盖面广,问题目标明确,结构逻辑清晰,关联层次分明,是充分发挥以三峡为核心的长江流域梯级水库群在长江经济带发展中的基础保障作用和在长江大保护中的关键主力作用的重要技术支撑体系。

3.2 联合调度管理创新与实践

在开展一系列关键技术研究的同时,三峡集团始终以解决流域梯级水库群综合调度实际问题为导向,以科研成果与核心技术高效、高质量产出的工程应用型研究为标杆典范,建立了调度主管部门和运行管理单位提出需求、组织应用实践,科研机构完成理论突破与技术支撑,行业主管部门和权威专家指导评价与给予政策支持的"政、企、研"一体化应用型研究实践平台。依托"政、企、研"一体化应用型研究实践平台,三峡集团长江干支流所属梯级水库年度调度方案不断优化,联合调度能力逐年增强,综合调度效益持续提升。

2017 年,汛期联合调度运用的水库数目由 2014 年的溪洛渡—向家坝—三峡—葛洲坝梯级 4 库增至 7 库(增加清江梯级),2020 年、2021 年又进一步增至 9 库(先后增加乌东德、白鹤滩);9 库联合防洪调度在完成梯级上下游不同区域协同防洪任务的同时,还需兼顾考虑向家坝下游及三峡—葛洲坝两坝间航运、三峡水库中小洪水资源化利用、三峡库区回水淹没风险控制及支流水华防控等多个方面的调度要求,水库多目标协同难度大,综合调度要求高。2018 年,参与联合蓄水及联合消落调度的水库数目由 2016 年的溪洛渡—向家坝—三峡梯级 3 库增至 5 库(增加清江水布垭、隔河岩),2021 年进一步达到 7 库(增加乌东德、白鹤滩);7 库联合蓄水及联合消落调度不仅要提高梯级水库群整体蓄满率,还需兼顾电网用电负荷,梯级下游工业、农业、生活等综合用水最小下泄流量等要求。2017 年,在 2011 年以来持续开展三峡水库 3 库生态调度的基础上,进一步拓展调度范围,丰富调度内容,首次开展了溪洛渡、向家坝、三峡 3 库联合生态调度试验,试验目标和类型包括促进产漂流性卵鱼类(四大家鱼、铜鱼等)繁殖的水文过程生态调度试验及促进产黏沉性卵鱼类(达氏鲟、胭脂鱼等)繁殖的水温调度。

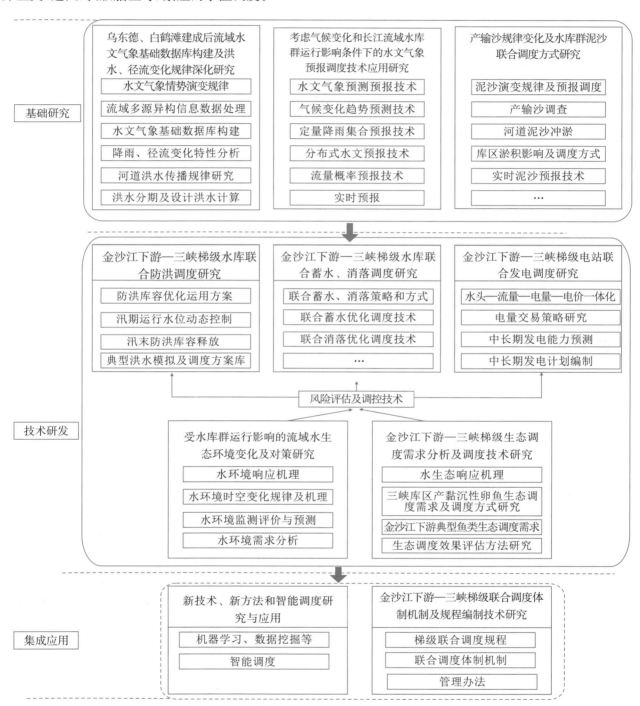

图 2　梯级水库群综合调度关键技术问题研究体系

通过"研究—试验—总结—再研究",梯级水库联合调度综合效益显著发挥,以 2018—2020 年为例。防洪方面,2018 年汛期,溪洛渡—向家坝—三峡梯级水库累计蓄洪 150.05 亿 m³,确保下游沙市、城陵矶水位均未超警戒,有效地保证了长江中下游的防洪安全,减轻了防洪压力;2019 年汛期,三峡水库单独或联合溪洛渡、向家坝实施防洪调度,充分发挥拦蓄作用,成功应对两场洪峰流量超 40000m³/s 洪水过程,同时为长江中下游洞庭湖和鄱阳湖地区实施一次防洪补偿调度,成功应对了 2019 年长江第 1 号洪水;2020 年汛期,5 次编号洪水期间,在保障工程自身防洪安全的前提下,以三峡为核心的长江上中游水库群多次实施联合调度,流域防洪减灾成效显著,水库群共拦蓄洪水超过 490 亿 m³,削减 5 次编号洪水三峡入库洪峰流量 2000 ~13000m³/s,降低中下游干流宜昌至大通河段洪峰水位 0.2~3.6m,避免了宜昌至石首河段水位超保证,缩短中下游干流各站超警时间 8~22 天。发电方面,2018—2020 年,在保证防洪安全和生态安全的前提下,通过研究与实施水资源高效利用,为发电提供了良好的水头和水量条件,溪洛渡、向家坝、三峡发电量屡创新高,2020 年三峡电站年发电量达到 1118 亿 kW·h,创造了单座电站年发电量世界纪录,为支撑我国国民经济发展,构建清洁低碳、安全高效的能源体系,力争在 2030 年前实现二氧化碳排放达峰值,2060 年前实现碳中和作出了三峡贡献。水资源利用方面,2018—2020 年 9、10 月蓄水期,三峡水库出库分别为 15100m³/s、14800m³/s、21800m³/s,溪洛渡—向家坝梯级下泄流量 9310m³/s、5680m³/s、9930m³/s,远高于三峡 8000~10000m³/s、溪洛渡—向家坝 1200m³/s 的最低下泄流量标准,有力保障了蓄水期梯级水库下游用水需求,有效减缓了长江中游荆江三口断流;2018—2020 年枯水期,金沙江下游—三峡梯级水库分别向下游补水 290.8 亿 m³、330.8 亿 m³、311.8 亿 m³,累计补水 260 天、308 天、298 天,平均增加三峡水库下泄流量 830m³/s、2170m³/s、1600m³/s,较好满足了长江中下游枯水期下游生产生活用水及生态供水需求。生态方面,2018—2020 年,三峡水库生态调度期间宜都江段监测到的四大家鱼总产卵规模达 44.3 亿颗,占 2011 年以来生态调度期间宜都江段四大家鱼总产卵规模的 71%。

4 智慧流域运行管理工作平台建设与应用

4.1 建设情况

流域枢纽运行管理中心(以下简称流域管理中心)作为三峡集团特设机构,统筹负责三峡集团在长江流域的枢纽运行管理工作。在信息化方面经过多年的建设、运行和管理实践,建成了自主开发的梯级水库调度相关软件、三峡水库泥沙冲淤演变三维动态演示系统、泥沙预报预测系统、三峡工程安全监测自动化系统、三峡枢纽管理区地理信息系统等应用系统,在三峡枢纽的调度管理、防汛管理、泥沙管理、通航管理等方面发挥了重要作用。随着流域枢纽运行管理范围扩展、业务增多,管理难度进一步加大,考虑 2020—2021 年乌东德—白鹤滩梯级投运、信息技术迅猛发展、各方需求提高、管理水平有待提升等新形势新要求,流域管理中心启动了智慧流域运行管理工作平台建设工作。工作平台的建设目标是:运用现代化信息技术手段,实现流域枢纽运行全要素信息的快速智能采集、传输、存储、分析和共享;进一步优化完善各业务系统,促进系统整合与协同;提升工作效率和管理水平,为流域枢纽综合调度运行管理提供高效、智能的基础支撑和决策支持。在充分利用三峡集团已建的数据中心等基础设施、运行环境基础上,工作平台按照"3 系统+2 中心"的架构(图 3)进行建设。

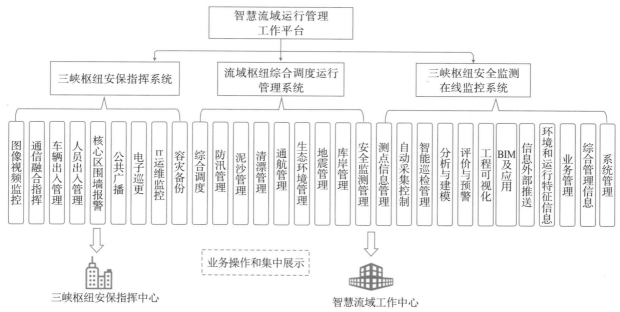

图 3 智慧流域运行管理工作平台架构图

4.2 流域枢纽综合调度运行管理系统

3 个子系统中,流域枢纽综合调度运行管理系统涵盖业务最多,是整个平台促进综合效益发挥的核心,包括综合调度管理、防汛管理、泥沙管理等 9 个业务功能模块,对梯级水库智慧化综合调度进行探索和尝试。它的主体结构由数据资源层、支撑平台层、智慧应用层和展示层构成。

4.2.1 数据资源层

由生态环境采集、视频监控采集、专业类监测采集(包括大坝安全监测采集、漂浮物监测采集、船舶通航信息采集等)组成流域枢纽运行管理全方位的信息采集体系,同时接入水雨情、泥沙等数据,共同为智慧流域运行管理提供数据感知,多元化数据采集为全面掌握流域枢纽运行状态提供数据支撑。

4.2.2 支撑平台层

由满足上层应用系统建设需要的软件平台和公共支撑服务两部分组成,并搭建持续交付环境。支撑平台为上层应用提供通用产品化服务,既具备一定的软件功能,也可基于支撑平台进行二次开发或扩展应用,包括通用流程平台、视频集成平台、智能报表分析平台、大数据分析与可视化平台、地理信息平台、短信平台和文件存储系统;公共支撑服务是提供公共服务的软件,为相关应用提供通用的接口服务,包括统一用户管理、统一身份认证、统一权限管理、综合检索服务、数据共享交换服务及消息服务等。

4.2.3 智慧应用层

主要由业务管理、决策支持、综合展示三部分构成。业务管理包括调度管理、清漂管理、环境管理、泥沙管理、防汛管理、应急管理、枢纽通航管理、库岸管理。决策支持是根据调度目标,构建水库常规调度模型和防洪优化调度模型,考虑洪水预报信息、水库工况以及防洪控制目标等,以最优化理论为基础,计算求解出最优的水库防洪调度方案;同时以河道演进模型为基础,以水文预报或历史数据为输入条件,进行梯级水库从上游至下游洪水调节过程的模拟计算,结合水库上下游及自身防洪标准控制要求,进行关键控制站水位、流量预警预报评估分析,为下游河道防洪形势分析提供辅助决策支持。综合展示以地理信息系统 GIS 一张图为基础,对枢纽状况、水雨情、泥沙、漂浮物、通航、环境监测等数据进行可视化展示。

4.2.4 展示层

展示层主要包括个人电脑用户、大屏用户、移动App终端用户。

4.3 智慧化调度决策支持应用探索

在梯级水库智慧化调度决策支持手段上,流域管理中心在大数据和人工智能算法应用方面也开展了相关的研究和应用工作,例如机器学习方法在回水计算中的应用、基于机器学习的预报模型参数自优化算法研究、基于知识图谱和机器学习的长江洪水调度规则库建立和智能调度算法研究。

4.3.1 基于机器学习方法在回水计算研究及应用

在三峡集团所属梯级水库中,三峡水库自2010年首次蓄至175m以来,已经连续11年成功完成蓄水目标,积累了丰富的调度运行数据,为大数据和人工智能技术的研究与应用奠定了良好的基础。

水库回水计算是梯级水库实时调度的重要支撑技术,三峡水库由于河道距离长、水位波动幅度大、断面数量多、实时来水边界条件难以准确测量,基于水动力学原理的回水计算方法的精度难以完全满足应用需求。通过对2012年、2014年和2020年数场较大洪水过程中水面线变化特点的研究,发现三峡库区长寿区域对库尾水位最为敏感,该区域水位的准确预测是回水计算的关键和难点。

流域管理中心研究团队从数据驱动的思想出发,首先分析并选取了三峡入库流量、寸滩流量、武隆流量、三峡出库流量、坝前水位为长寿站水位的主要影响因素;然后根据入库流量和坝前水位运用情况对水情进行了分类,设计了带有注意力机制的循环神经网络模型;最后在每个水情分类上训练并测试模型,完成参数的学习和验证。该方法通过在水库运行的历史数据中学习知识,寻找长寿站水位与其主要影响因素之间的映射关系,不需要率定糙率参数,可避免使用地形资料,预测精度可随着水库运行数据的不断丰富而提高。

图4是基于注意力机制的循环神经网络模型结构,其中$x_i(i=1,\cdots,n)$表示第i个时刻的输入向量,由长寿站水位主要影响因素构成;h为各层隐藏状态;W、U、b为网络参数;$\bar{h}$为网络的输出值,是长寿站水位的拟合;$a_i(i=1,\cdots,n)$是注意力中的权重参数。图5是2010—2019年长寿站水位的测量值与预测值的对比图,从中可以看出预测值和测量值之间十分接近,拟合效果较好。图6是长寿站水位与拟合误差的关系图,可以看出长寿站水位较高时误差相对减小,反之增大,这说明高水位的预测精度好于低水位,特别是当长寿站水位高于171m时预测误差全部在±0.5m以内,这与实际应用需求相符合。

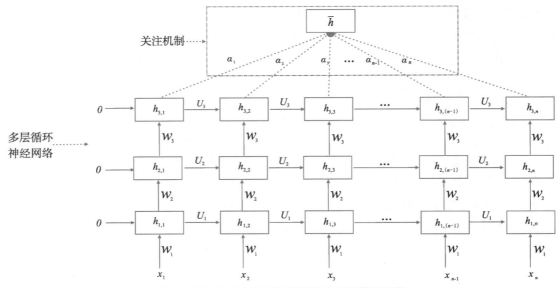

图4 基于注意力机制的循环神经网络模型结构

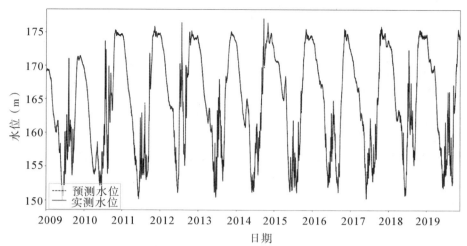

图5　2009—2019年长寿站水位与拟合和实测值对比图

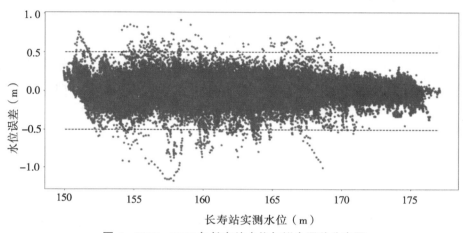

图6　2009—2019年长寿站水位与拟合误差分布图

4.3.2　基于机器学习的预报模型参数自优化算法研究

基于机器学习的预报模型参数自优化算法主要开展基于机器学习的水文预报模型及传统预报模型参数自优化技术在典型试验区的应用研究,为进一步提高水文预报精度、实现水工程科学精细调度提供有力的技术支撑。其主要内容如下:

(1)水文过程特征因子识别与提取。收集流域面上及主要控制断面或站点的水文气象数据,采用聚类、分类、关联规则、神经网络等数据挖掘技术,探明不同水文过程的水文气象成因及形成机理,提取各类影响水文过程演变的特征因子,并建立完备的特征因子库。

(2)传统预报模型及水文过程静态参数库构建。梳理不同传统水文预报模型的参数集合,采用遗传算法等进行不同水文预报模型的参数率定和优选,构建静态参数库。

(3)传统预报模型参数自优化技术体系构建。针对实际发生的水文过程,采用聚类、人脸识别等机器学习算法,匹配静态参数库中的分组、模型及配套参数以完成预报,并根据实际过程与预报偏差情况动态更新静态参数库,实现参数库的实时调整,使静态参数库可累积、可成长。

(4)基于机器学习的水文预报模型研究。开展基于机器学习的水文预报模型探索,根据影响河道洪水过程演进的特征因子的分析、提取和识别结果,拟合特征因子的上、下断面水文过程关系,实现跨域传统水文模型的预测预报。

(5)预报模型参数自优化技术应用研究。在三峡库区开展基于机器学习的水文预报模型及传统预报模型参数自优化技术应用研究。

4.3.3 基于知识图谱和机器学习的长江洪水调度规则库建立和智能调度算法研究

基于知识图谱和机器学习的长江洪水调度规则库建立和智能调度算法研究通过合理、高效有机地组织构建调度运用计划研究成果知识体系,形成以三峡为核心,联合金沙江下游梯级、荆江和城陵矶蓄滞洪区等水工程为重要示范的洪水调度规则库;在调度规则库的基础上,运用数据挖掘算法,结合面临工况、决策对象、控制指标、防洪效果等因素,实现对金沙江下游—三峡梯级和重要蓄滞洪区洪水自动化模拟调度,并与传统模型仿真结果进行对比,分析其时效性、精确性。主要内容为:

(1)长江洪水调度规则库建立。依据流域水工程特征和调度运用计划,抽象化涉及的水工程、来水边界站点、控制对象,在此基础上解析水库的启用条件、来水情况、控制对象、控制需求、运行方式等要素间语义逻辑关系及内在规律,推导梯级水库运行规则的信息化描述构架,形成可供调度模拟应用的洪水调度规则库构建框架;根据金沙江下游—三峡梯级和重要蓄滞洪区的调度运用计划,明确调度涉及的来水边界站点、控制对象,结合调度运用计划的条款说明、相关专题成果和调度人员实践经验,分析其中考虑的洪水类型、预报趋势、计算边界、调度需求等信息和数据,采取知识图谱实体抽取和关系抽取相结合的方式,依据规则库的描述构架提取各对象间的逻辑联系和数据信息,完成规则库构建,增强规则库的完备性和兼容性。

(2)智能调度算法研究。收集整理历史洪水调度过程和涉及的气象、水文、水工程运行方式、调度决策偏好、调度目标等信息,从中分析提出控制时段洪量、多日涨水速率、流量/水位峰值、面临工程防洪能力、预见期降雨量、决策中首要考虑对象等尽可能全面的参考指标,结合调度经验构建符合实践规律的调度案例多维指标体系;根据历史实测记录的实际调度过程和实际洪水的会商调度过程,梳理生成洪水调度样本;根据调度涉及的流域信息和知识挖掘指标体系,应用合适的大数据挖掘方法,为洪水调度规则库搭建机器学习模型,通过对调度样本库进行训练学习,确定知识挖掘模型参数,完成模型的训练和测试。

(3)智能洪水调度技术示范应用。根据金沙江下游—三峡梯级和重要蓄滞洪区的日常调度需求,将上述研究内容进行有针对性的智能洪水调度示范应用。

5 关于智慧化综合调度发展的几点思考

随着一大批库容大、调节性能好的控制性水库相继建成,传统独立运行水电枢纽调度面临重大挑战,出现了流域规模巨型梯级水库群联合多目标综合调度难题。近年来,云计算、大数据、物联网、移动互联网、人工智能等新一代信息技术迅猛发展,与各领域的融合发展已成为不可阻挡的时代潮流,这些新技术不断催生新应用、新业态、新生产方式,为加快传统水电行业数字化、智能化转型升级提供了创新发展环境。此外,随着梯级水库群的流域规模化、电站运营市场化、需求多元化发展,调度任务的不断加重和需求矛盾的不断加剧,智慧化综合调度将成为未来水电行业发展的必然趋势。流域巨型水库群智慧化综合调度目前处于探索阶段,尚存在以下几个方面的问题:

(1)流域水库群上下游、左右岸、干支流水文、水力、电力、泥沙、水环境、生态等联系复杂,如何科学处理好该巨型梯级水库群联合防洪、发电、航运、抗旱、生态补水等多目标协同调度关系,仍然是实时预报调度中的难点。

(2)数字流域仿真建设薄弱,综合调度决策支持数据类型单一,现有基础数据监测体系以雨量、水位、流量等水文数据为主,缺乏遥感影像、泥沙、水质水环境、枢纽安全监测、地震监测、视频监控等水库调度与枢纽运行相关要素,难以支撑精细化的预报、预警、预演、预案"四预"流域水模拟需求。

（3）传统水文预报的预见期、预报精度已无法满足流域范围、巨型梯级水库群联合调度的时空需求，水文预报方法有待创新和突破。

（4）水库调度方案、经验的准确数学表达、规则化、知识化是智慧化调度的基础，目前多数水库调度模型或决策支持系统主要依据人机交互进行方案计算。水库调度模型及信息化系统对调度研究科技成果、专家经验的客观反映仍远远不足，调度知识尚未实现有序组织和结构化，难以充分体现调度过程中各个调度要素之间的因果关系和有机联系。

针对上述存在的问题，提供相应的建议如下：

（1）持续开展以三峡为核心的长江流域水库群综合调度关键技术问题研究，破解流域水库群实时、联合、多目标协同调度难题，不断提升流域梯级枢纽安全高效运行水平，切实发挥流域水库群在长江经济带和长江大保护战略中的重要作用。

（2）加强基于数字孪生技术的数字流域场景建设，推进"四预"功能实现，助力梯级水库群调度的精细化模拟和精准化决策；进一步完善数据获取的技术手段，建立健全长江流域多源信息共享机制，实现跨行业、单位之间多元数据的实时共享，借助 5G 技术实现遥测站点的视频图像，依靠智能视频图像识别技术完成视频图像信息的分析和识别，作为现有监测体系数据的补充来源；加快推进智慧流域运行管理工作平台建设，与建设中的长江流域控制性水利工程综合调度支持系统加强数据共享。

（3）创新水文预报方法，将传统的以机理方法为主的水文预报模型与以人工智能、大数据等信息技术为工具的数据驱动模型结合起来，走机理模型与数据模型融合发展之路。

（4）着力构建梯级水库群综合调度全要素关联体系，建设梯级水库群调度知识图谱，实现基于调度规则库与知识图谱的多目标综合调度方案智慧化自动优选与推荐。

参考文献

［1］郭生练，陈炯宏，刘攀，等. 水库群联合优化调度研究进展与展望［J］. 水科学进展，2010，21（4）：496-503.

［2］陈桂亚. 长江流域水库群联合调度关键技术研究［J］. 中国水利，2017，（14）：11-13.

［3］陈进. 长江大型水库群联合调度问题探讨［J］. 长江科学院院报，2011，28（10）：31-36.

［4］秦昊，陈瑜彬. 长江洪水预报调度系统建设及应用［J］. 人民长江，2017，48（4）：16-21.

［5］刘汉宇. 国家防汛抗旱指挥系统建设与成就［J］. 中国防汛抗旱，2019，29（10）：30-35.

［6］郭翀. 现代信息技术与水利信息化的研究［J］. 信息系统工程，2017，（6）：23.

"烟花"台风下浦阳江洪水预报调度系统应用

钟华[1]　王旭滢[2]　马婷[3]　常鸿[1]　林源君[4]　石朋[4]

(1.水利部交通运输部国家能源局南京水利科学研究院,江苏南京,210029;

2.中国三峡上海勘测设计研究院有限公司,上海,200335;3.诸暨市水利局,浙江诸暨,311800;

4.河海大学,江苏南京,210098)

摘　要:我国东南地区经常受台风侵袭,每年台风暴雨导致的洪涝损失特别巨大。建设流域洪水预报调度系统,是实现洪涝灾害精准预报、合理调度,减轻洪涝灾害损失的基础性工作。本文以浙江省浦阳江流域为例,基于水雨情站网监测资料,采用新安江三水源模型和马斯京根河道汇流演算方法,构建浦阳江流域干支流关键站点洪水预报模型;采用历史实测资料开展参数率定验证,形成满足预报要求的参数方案。在此基础上,对2021年7月22日—8月1日发生的"烟花"台风暴雨洪水进行预报模拟。结果显示,浦阳江流域洪水预报调度系统能够有效预测洪峰流量,相对误差小于10%;集雨面积较小($50km^2$ 以内)的水库相对误差小于20%。通过精准预测洪峰流量和峰现时间,优化流域水库防洪调度,充分发挥工程防洪减灾效益。

关键词:浦阳江;洪水预报;水库调度;"烟花"台风

1　引言

一个世纪以来,以全球平均气温升高和降水变化为主要特征的气候变化和以城市化发展为主要标志的高强度人类活动对地球系统产生深远影响,其中水安全受气候变化和人类活动影响严重[1-2]。我国东南沿海地区具有洪涝致灾因子多样性、孕灾环境复杂性及承灾体脆弱性的特点。地处海陆相过渡带,河道受陆地径流和海洋潮汐、风暴潮的影响,易遭受台风风暴潮、洪水、暴雨袭击[3-5]。随着水库、堤防等水利工程的建设完善,流域防洪排涝安全保障稳步提高。随着气候变化的不确定性增加,极端降水发生的频率越来越高,基于水雨情监测数据,对水库、河道洪水预测预报,有助于防御极端降水引发的超标准洪水[6]。

2021年7月25日12时30分,强台风"烟花"在浙江舟山普陀沿海登陆,登陆时恰逢天文大潮,形成"强风、暴雨、洪水、高潮"四碰头,浙江钱塘江支流浦阳江、曹娥江,甬江支流姚江、慈江、东江,苕溪及上海黄浦江等27条河流发生超警戒以上洪水,其中浦阳江流域发生超历史洪水,诸暨站水位11.94m,超警戒水位1.3m;湄池站水位10.58m,超警戒水位2.38m,超历史最高水位0.1m。

本文以浙江省浦阳江流域为研究对象,基于新安江模型构建了浦阳江流域洪水预报调度系统。该系统针对"烟花"台风开展了洪水预报预测,根据预报结果模拟预演水库调度,预判流域防洪形势,为台风防御工作提供科学决策支持。

2　研究区域概况

浦阳江流域属钱塘江流域,位于钱塘江流域东北,集水面积$3452km^2$。干流浦阳江流向自南向北,最终在闻家堰汇入钱塘江,经杭州湾注入东海,主要支流有大陈江、开化江、五泄江、枫桥江、凰桐江、永兴河。浦阳江地形地貌较为复杂,流域境内有山地、丘陵、盆地和平原。流域东部、西部、南部均为山区,地面起伏较

基金项目:浙江省重点研发计划(2021C03017);国家自然科学基金(51809174);江苏省自然科学基金(BK20191129)。

大,是河流的发源地;中部为通道式盆地,地面起伏小且河道纵横;北部为萧绍平原的边缘地带,地势低平。

城区设有浦阳江流域内重要的防洪控制断面诸暨水文站,干支流设有大唐、枫桥、湄池等水位监测站点,下宅溪、通济桥、苏溪、横岭顶、黄宅、礼张、安华、后宅、杨佳山、陈蔡等雨量站。通济桥、安华、石壁、陈蔡等水库都自设水位站,主要观测水库水位等(图1)。

浦阳江流域洪水来源主要分为三个部分:一是上游干支流洪水,二是区间暴雨洪水,三是下游钱塘江潮水顶托[7]。诸暨市建有7座大中型防洪水库:干流上游安华水库、开化江上游石壁水库和陈蔡水库、五泄江上游青山水库和五泄水库、枫桥江上游征天水库和永宁水库;中游建有高湖蓄滞洪区;下游建有沿江电排站,形成了"上蓄、中分、下泄"的防洪格局。

图1　浦阳江流域水系站点图

3　水文预报模型构建

3.1　产汇流分区

本文采用新安江三水源模型(XAJ)和马斯京根河道汇流演算模型(MSK)模拟流域洪水。新安江模型[8]是一个分散参数的概念性模型,分为蒸散发计算、产流计算、分水源计算和汇流计算四个层次。根据流域下垫面的水文、地理情况将流域分成若干个单元面积,对每个单元面积,计算到达流域出口的流量过程,再进行出口以下河道洪水演算,求得流域出口的流量过程。把每个单元流域的出流过程叠加起来就是整个流域的预报出流。单元面积水文模型中,产流采用蓄满产流;蒸散发分为三层,即上层、下层和深层;水源分为地表、壤中和地下径流;汇流分为坡地汇流和河网汇流两个阶段,流域汇流采用线性水库,河道汇流采用马斯京根分段连续演算。

根据流域内水系流向、站点建设以及大中型水库分布,对上游7座大中型防洪水库控制区域、干支流区间的产汇流规律进行模拟。产汇流分区见表1。

表1　　　　　　　　　　　　　　　　　浦阳江流域产汇流分区

序号	控制断面	所属河流	集水面积(km²)
1	安华水库	干流	640
2	安华水位站	干流	898

续表

序号	控制断面	所属河流	集水面积（km²）
3	石壁水库	开化江	108.8
4	陈蔡水库	开化江	187
5	街亭水位站	开化江	584
6	诸暨水文站	干流	1719
7	青山水库	五泄江	50
8	五泄水库	五泄江	31.5
9	大唐水位站	五泄江	225
10	永宁水库	枫桥江	73.6
11	征天水库	枫桥江	13.4
12	枫桥水位站	枫桥江	109
13	骆家桥水位站	枫桥江	330
14	凰桐江河口	凰桐江	167.2

　　流域内仅安华水库、石壁水库、陈蔡水库和诸暨水文站有长序列实测流量资料，因此采用历史实测资料对以上四个区域的水文预报模型参数进行率定验证，其他站点用诸暨水文站分区的水文参数进行计算[9]，各分区预报方案见表2。

表2　　　　　　　　　　　　　　　　　各分区预报方案

序号	预报断面	洪水来源	模型方法	参数来源
1	安华水库	库区降雨	XAJ＋MSK	历史洪水率定
2	安华水位站	安华水库泄洪	MSK	移用诸暨水文站
		区间降雨	XAJ	
3	石壁水库	库区降雨	XAJ＋MSK	历史洪水率定
4	陈蔡水库	库区降雨	XAJ＋MSK	历史洪水率定
5	街亭水位站	石壁水库泄洪	MSK	移用诸暨水文站
		陈蔡水库泄洪	MSK	
		区间降雨	XAJ	
6	诸暨水文站	安华水库泄洪	MSK	历史洪水率定
		石壁水库泄洪	MSK	
		陈蔡水库泄洪	MSK	
		区间降雨	XAJ	
7	五泄水库	库区降雨	XAJ＋MSK	移用诸暨水文站
8	青山水库	库区降雨	XAJ＋MSK	移用诸暨水文站
9	大唐水位站	五泄水库泄洪	MSK	移用诸暨水文站
		青山水库泄洪	MSK	
		区间降雨	XAJ	
10	永宁水库	区间降雨	XAJ＋MSK	移用诸暨水文站
11	枫桥水位站	永宁水库泄洪	MSK	移用诸暨水文站
		区间降雨	XAJ	
12	征天水库	区间降雨	XAJ＋MSK	移用诸暨水文站
13	骆家桥	征天水库泄洪	MSK	移用诸暨水文站
		永宁水库泄洪	MSK	
		区间降雨	XAJ	
14	凰桐江河口	区间降雨	XAJ	移用诸暨水文站

3.2 参数率定与验证

安华水库采用1989—2014年共17场洪水资料进行率定验证[9]。其中,1989—1999年12场次洪资料用于率定,2007—2014年资料5场洪水用于验证。率定期和验证期洪水模拟相对误差均在13.81%以内,17场洪水中仅15场洪水确定性系数高于0.85。安华水库新安江模型次洪参数见表3。

表3 安华水库新安江模型次洪参数

参数	K	WM	WUM	WLM	C	B	SM	EX	KI	KG	CS	CI	CG	KE	XE
值	1	150	20	80	0.16	0.28	15	1	0.45	0.2	0.5	0.88	0.995	1	0.1

石壁水库采用1990—2020年共10场洪水资料进行率定验证。其中,1989—1999年8场次洪资料用于率定,2020年资料2场洪水用于验证。率定期和验证期洪水模拟相对误差均在20%以内,确定性系数均大于0.827,全部合格。石壁水库新安江模型次洪参数见表4。

表4 石壁水库新安江模型次洪参数

参数	K	WM	WUM	WLM	C	B	SM	EX	KI	KG	CS	CI	CG	KE	XE
值	1	150	20	80	0.16	0.43	10	1	0.4	0.2	0.5	0.85	0.99	1	0.48

陈蔡水库采用1988—2020年共12场洪水资料进行率定验证。其中,1988—1999年8场次洪资料用于率定,2015—2020年资料4场洪水用于验证,合格洪水11场,不合格洪水1场。陈蔡水库新安江模型次洪参数见表5。

表5 陈蔡水库新安江模型次洪参数

参数	K	WM	WUM	WLM	C	B	SM	EX	KI	KG	CS	CI	CG	KE	XE
值	1	150	20	80	0.16	0.43	10	1	0.4	0.2	0.5	0.85	0.99	1	0.48

诸暨水文站采用1987—2017年共24场洪水资料进行率定验证[9]。其中,1987—1999年17场次洪资料用于率定,率定期确定性系数高达0.887;2007—2017年7场洪水资料用于验证,验证期确定性系数达0.83。根据《水文情报预报规范》(GB/T 22482—2008)[10],预报方案基本接近甲级,可用于洪水预报作业。诸暨水文站新安江模型次洪参数见表6。

表6 诸暨水文站新安江模型次洪参数

参数	K	WM	WUM	WLM	C	B	SM	EX	KI	KG	CS	CI	CG	KE	XE
值	1.1	150	20	80	0.16	0.4	16	1	0.5	0.2	0.5	0.85	0.998	1	0.1

3.3 模型方案评定

根据《水文情报预报规范》(GB/T 22482—2008),在调试参数时,拟合精度以《水文情报规范》规定的两种目标函数,即确定性系数准则和合格率准则表达。

确定性系数准则:确定性系数DC表达式为:

$$DC = 1 - \frac{\sum_{i=1}^{n}(Q_i - Q_{ci})^2}{\sum_{i=1}^{n}(Q_i - \overline{Q})^2}$$

式中，Q 为实测值的均值；n 为系列点次的个数。

浦阳江流域预报模型平均确定性系数均大于 0.8，可用于流域洪水预报作业，统计结果见表7。

表7　　　　　　　　　　　　　　　　　　模型方案确定性系数统计

方案名称	安华水库方案	石壁水库方案	陈蔡水库方案	诸暨水文站方案
率定确定性系数	0.896	0.912	0.899	0.887
检验确定性系数	0.86	0.85	0.87	0.83

4 "烟花"台风暴雨洪水预报

4.1 "烟花"台风暴雨特性分析

"烟花"台风暴雨期间，7月22日8时—28日8时，浦阳江流域诸暨市平均雨量359.2mm，最大累计降雨量赵家驻日岭达700mm，7个站点过程雨量超历史极值，降雨持续时间长达7天，降水集中在7月24日—7月26日三天。其中开化江、枫桥江降雨量较大，受洪水影响最为严重。

4.2 "烟花"台风暴雨洪水预报模拟

基于浦阳江全流域洪水预报模型，对"烟花"台风暴雨场次洪水（2021年7月22日1时—8月2日0时）进行预报模拟，得到上游干支流水库20210722场次洪水预报和实测过程，见图2。

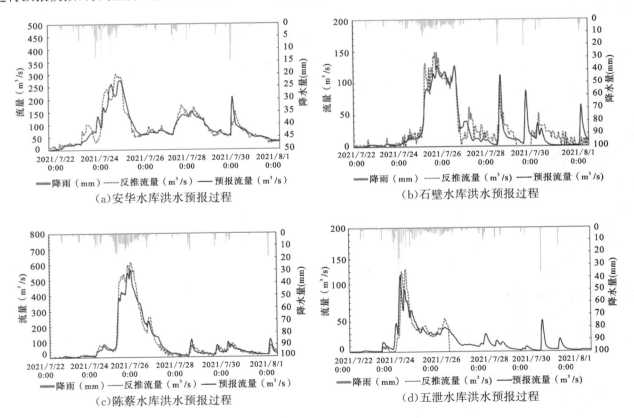

（a）安华水库洪水预报过程

（b）石壁水库洪水预报过程

（c）陈蔡水库洪水预报过程

（d）五泄水库洪水预报过程

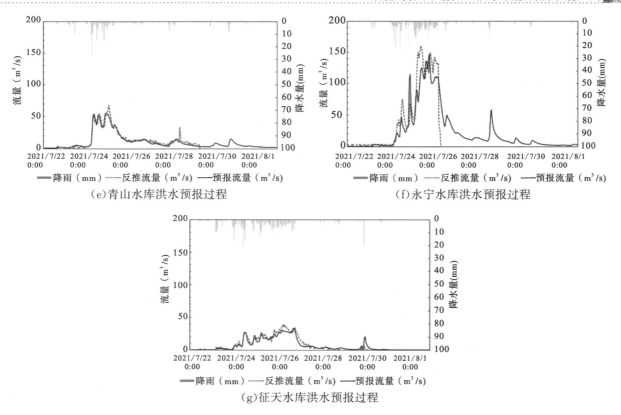

(e)青山水库洪水预报过程　　　　　　　　　(f)永宁水库洪水预报过程

(g)征天水库洪水预报过程

图2　浦阳江流域大中型水库"烟花"台风暴雨洪水预报模拟过程

由预报模拟结果(表8)可知,基于新安江模型的流域洪水预报方案可有效预测水库洪水洪峰流量和峰现时间,水库洪峰流量相对误差均在20%以内;洪峰流量大于$200m^3/s$的安华水库、陈蔡水库,其相对误差均在10%以内。以降雨量最大的陈蔡水库为例,洪峰误差为-7.5%,且准确预测了洪峰出现时间。

表8　　　　　　　　　　　　　　　　　　水库预报模拟结果

水库名称	预报洪峰流量 (m^3/s)	实测反推洪峰流量 (m^3/s)	相对误差 (%)	峰现时差 (h)
安华水库	274	286	-4.1	预报滞后5
石壁水库	128	148	-13.7	预报提前1
陈蔡水库	567	607	-7.5	0
五泄水库	124	133	-6.6	预报提前1
青山水库	67	55	$+17.9$	预报提前3
征天水库	39	34	$+12.8$	0
永宁水库	160	146	$+8.7$	预报提前1

基于新安江模型对诸暨水文站洪水过程进行预报(图3),以气象预报的降雨信息作为输入,结合水库防洪调度下的泄洪预估,通过模型对诸暨站的洪峰进行预测。预测结果显示诸暨水文站洪峰出现在7月25日11:00,预报流量为$1000m^3/s$,且高水位持续时间为$5\sim6h$。诸暨水文站实测洪峰流量为$939m^3/s$,相对误差仅为6.5%,峰现时间为7月25日12:30,预测提前1.5h。

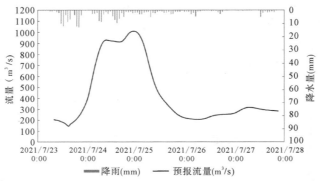

图3 诸暨水文站洪水预报过程

5 水库群洪水调度

由流域预报结果可知,上游暴雨洪水集中在开化江和枫桥江流域。开化江上游建有陈蔡水库和石壁水库,枫桥江上游建有征天水库和永宁水库,均具备一定的防洪调度能力。

在"烟花"台风期间,陈蔡水库最大一日降雨量为202.3mm(7月25日),达20年一遇,预报入库洪峰567m³/s,为保证下游诸暨水文站所在的城区无洪水漫堤、溃堤,需对安华水库、石壁水库和陈蔡水库进行错峰调洪。陈蔡水库根据预报来水按照调度规则进行泄洪,石壁水库提前腾出部分库容,安华水库库容较小且移民线较低,因此不拦洪,见图4。通过上游水库群的联合调度,诸暨水文站实测最高水位为11.94m,未超过保证水位12.14m。

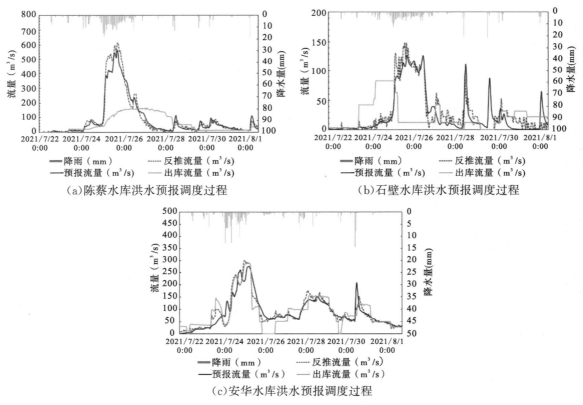

(a)陈蔡水库洪水预报调度过程　　　　(b)石壁水库洪水预报调度过程

(c)安华水库洪水预报调度过程

图4 陈蔡、石壁、安华水库预报调度图

"烟花"台风期间,枫桥江永宁水库最大三日降雨量(7月23日—7月25日)为286mm,达20年一遇,预报峰现时间为洪峰流量为160m³/s。为同时保证水库本身及枫桥江下游安全,结合上下游控制站点预报结果,对永宁江水库进行调度模拟,见图5。在常规调度的基础上,于7月25日11—14时加大泄洪量,且在下游落水时于26日6—9时再次加大泄洪量,保证水库水位不超过设计洪水位。

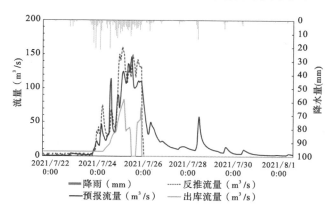

图5 永宁水库预报调度图

6 结论

(1)本文以浦阳江流域为例,基于新安江三水源模型和马斯京根河道汇流模型构建浦阳江流域安华水库等7座大中型水库坝址以上入库流量、水库水位等洪水预报方案,基于马斯京根河道汇流模型计算上游水库来水并叠加区间产汇流形成干支流关键防洪断面洪水预报方案,形成了"一干五支"的流域预报全覆盖,提高了浦阳江流域洪涝灾害的预报预警能力。

(2)对"烟花"台风暴雨洪水进行预报预测,结果显示浦阳江洪水预报调度系统能够有效预测水库、河道洪水涨落过程,洪峰流量和峰现时间与实测误差较小,满足流域、区域应对大洪水等灾害性事件时的需求。同时,关键断面预报结合水库承洪能力分析,可以推导最优调度方案,做到提前预报、合理调度,有效减轻了洪涝灾害造成的社会经济及人民生命财产损失。

参考文献

[1] 张建云,王国庆.气候变化对水文水资源影响研究[M].北京:科学出版社,2007.

[2] Mcdonald R I, Green P, Balk D, et al. Urban growth, climate change, and freshwater availability [J]. Proceedings of the National Academy of Sciences of the United States of America,2011, 108 (15):6312-6317.

[3] 许红师.沿海城市多维致灾洪涝风险分析与灾防决策模型研究[D].天津:天津大学,2018.

[4] 程晓陶.城市型水灾害及其综合治水方略[J].灾害学,2010,S1:10-15.

[5] 张建云,宋晓猛,王国庆,等.变化环境下城市水文学的发展与挑战——I.城市水文效应[J].水科学进展,2014,4,594-605.

[6] 轩玮,王为.强化"四预"措施提升防御能力牢牢守住水旱灾害防御底线——访水利部水旱灾害防御司司长姚文广[J].中国水利,2021,(9):1-2,9.

[7] 王旭滢,阮跟军,马婷,等.基于水文水动力模型的浦阳江流域洪水情景模拟[J].中国农村水利水电,2021,(2):113-118.

[8] 赵人俊.流域水文模拟——新安江模型与陕北模型[M].北京:水利电力出版社,1984.

[9] 王旭滢.浦阳江流域洪水模拟与风险管理[D].南京:河海大学,2019.

[10] GB/T 22482—2008,水文预报情报规范[S].北京:中国标准出版社,2008.

2020 年江垭水库防洪调度实践与思考

刘常　王毅　杨开华　肖翀　王凌峰　李嘉

(湖南澧水流域水利水电开发有限责任公司,湖南长沙,410004)

摘　要:受长时间徘徊滞留的副热带高压的影响,澧水流域发生流域性较大洪水,降雨量及来水量均居建库以来首位。本文主要以江垭水库 2020 年汛期调度实践为例,阐述江垭水库主要洪水过程、调度过程及成效,总结提炼遇特大暴雨下江垭水库科学调度、洪水预报分析、典型洪水案例分析等水库调度方面的经验与问题,为水库科学调度工作提供参考。

关键词:澧水流域、水库、防洪调度

1　流域概况

1.1　自然概况

江垭水利枢纽工程[1]位于溇水干流,溇水为澧水[2]最大的一级支流,地处湖南西北部,跨湘、鄂两省的鹤峰县、五峰县、桑植县、石门县、慈利县。江垭水库流域属副热带季风气候,暖湿多雨,为湖南省最大的暴雨区之一,多年平均年降雨量 1650mm,溇水雨季一般自 4 月开始,9 月底结束,雨量年内分配不均。暴雨主要发生于 4—8 月,以 6 月、7 月暴雨最大,4—8 月平均降雨量占多年平均年降雨量的 69%[3]。主要暴雨类型为梅雨,强度大,历时长,雨区广。江垭站多年平均流量 132m³/s,相应多年平均年径流量 41.6 亿 m³。其中 4—8 月多年平均径流量达 29.8 亿 m³,占多年平均年径流量的 72%,丰水年更为集中。江垭水库洪水主要发生在 5—8 月,6 月、7 月尤为频繁。

1.2　枢纽建筑物

江垭水利枢纽工程位于湖南省慈利县境内,澧水支流溇水中游,下距慈利县城 57km,是以防洪为主,结合发电,兼有灌溉、供水、航运、旅游等综合效益的大(1)型水利工程[4-5]。枢纽工程主要由大坝、引水发电系统、通航过坝和灌溉取水等建筑物组成。大坝坝顶长 368m,坝顶高程 245m,最大坝高 131m,坝址以上控制流域面积 3711km²。枢纽工程主要建筑物(大坝)按 500 年一遇洪水标准设计,按 5000 年一遇洪水标准校核;厂房按 50 年一遇洪水标准设计,按 500 年一遇洪水标准校核。水库正常蓄水位 EL236.0m,相应库容 15.75 亿 m³,防洪限制水位 EL210.6m,正常蓄水位下预留防洪库容 7.4 亿 m³。为了防范长江流域全流域性超标准洪水,在 7.4 亿 m³ 防洪库容基础上,增加 3m 坝高,增加超蓄库容 1.15 亿 m³,作为遇超标准洪水的防洪紧急备用库容。

2　2020 年雨水情信息

2.1　雨情信息

江垭水库 2020 年累计降雨量 2416.2mm,较设计多年平均年降雨量 1650mm 偏多 46.41%,汛期(4 月

1 日—9 月 30 日)累计降雨量 1764mm,占全年降雨量的 73.01%,较设计多年汛期平均降雨量(1155mm)偏多 52.74%。其中,主汛期 6—7 月受梅雨锋雨带影响,澧水流域发生连续性强降雨过程,江垭库区共发生 7 次强降雨过程,6—7 月累计降雨量为 1262.4mm,比设计多年 6—7 月平均降雨量(556.3mm)偏多 126.93%,居建库以来历史同期第一位(图 1)。2020 年 6—7 月共降雨 52 天,其中最长连续降雨 16 天,降雨量达到 334mm。流域最大日降雨量是 6 月 27 日 101.9mm,最大三日降雨量是 7 月 5—7 日 255.4mm;单站最大日降雨量为 6 月 28 日中营站 263mm,超历史最大日降雨量 249.3mm(1980 年 5 月 31 日)。

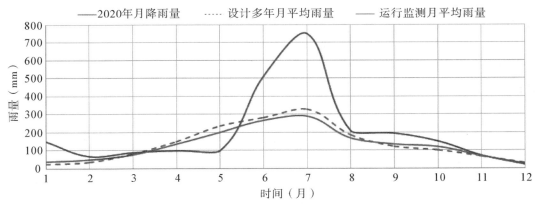

图 1　2020 年江垭水库降雨量统计表

2.2　水情信息

江垭水库 2020 年累计来水量 50.9771 亿 m³,较设计多年来水量(41.6 亿 m³)偏多 22.54%,汛期(4 月 1 日—9 月 30 日)累计来水量 41.2384 亿 m³,占全年来水量的 80.90%,较设计多年来水量(32.8804 亿 m³)偏多 25.42%。2020 年江垭水库来水量较为集中,7 月来水量 26.6958 亿 m³,占汛期来水的 64.74%,占全年来水的 52.37%,比设计多年月平均来水量(8.2763 亿 m³)偏多 225.57%(图 2)。最大入库流量为 7 月 2 日 14 时的 5100m³/s。

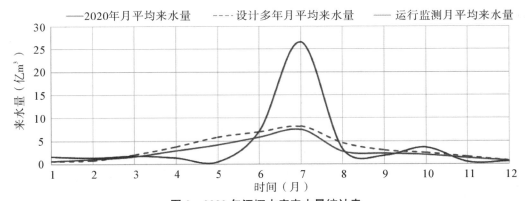

图 2　2020 年江垭水库来水量统计表

受连续强降雨影响,澧水流域发生了流域性较大洪水,洪水过程历时长达 44 天。主要特点是:①洪峰小,洪量大,由于长时间降雨,径流系数高,洪峰过程线扁平,单次洪水洪量偏大。②洪峰连续叠加:6 月 13 日—7 月 26 日共发生 7 次洪水过程,其中 6 月 28 日—7 月 6 日三次洪水连续叠加,洪量共达 11.43 亿 m³,超过 50 年一遇三天洪量 10.6 亿 m³。③来水量大且集中,受持续强降雨影响,加之间隔时间短,土壤含水率高,江垭水库 6—7 月来水量为 34.0577 亿 m³,较设计多年平均来水量偏多 121.46%,居建库以来第一位。

3 2020 年江垭水库调度

3.1 主要洪水过程及调度情况

江垭水库 2020 年总计来洪七次,分别是 0613 号、0622 号、0628 号洪水、0702 号洪水、0706 号洪水、0719 号洪水、0726 号洪水。流域平均降雨量分别为 115.3mm、145.5mm、139.5mm、113mm、281.6mm、191.1mm、62.8mm;洪峰分别为 445m³/s、1601m³/s、1258m³/s、3321m³/s、2958m³/s、2512m³/s、1201m³/s(表1)。其中,0613 号洪水因上游江坪河电站拦洪,洪峰偏小。

2020 年江垭水库非常成功地完成了防洪的重大使命,在七次洪水中分别削峰 445m³/s、1219m³/s、846m³/s、2715m³/s、1253m³/s、2512m³/s、501m³/s;分别拦洪量 0.5272 亿 m³、1.2226 亿 m³、1.3566 亿 m³、1.2409 亿 m³、1.4861 亿 m³、2.9551 亿 m³、0.9397 亿 m³,削峰率分别为 100%、76.1%、67.2%、81.75%、42.4%、100%、41.7%(表2)。七次洪水过程共计为下游拦洪 9.7282 亿 m³,有效减轻了澧水下游的防洪压力;联合皂市水库,最大降低洞庭湖水位 1m,极大地减轻了洞庭湖水位上涨的压力。

表1 主要洪水过程特征值统计表

洪号	开始时间	结束时间	总降雨(mm)	洪峰(m³/s)	相应时间	洪量(亿 m³)	
						7月1日	7月3日
0613 号洪水	6.12 17:00	6.15 8:00	115.3	445	6.13 14:00	0.2886	0.5747
0622 号洪水	6.17 9:00	6.23 7:00	145.5	1601	6.22 15:00	1.0066	2.2188
0628 号洪水	6.27 3:00	6.30 8:00	139.5	1258	6.28 17:00	0.9012	2.3907
0702 号洪水	7.2 2:00	7.5 8:00	113	3321	7.2 14:00	1.4386	3.4534
0706 号洪水	7.4 23:00	7.9 8:00	281.6	2958	7.6 20:00	2.0745	5.2116
0719 号洪水	7.16 19:00	7.19 9:00	191.1	2512	7.19 8:00	1.6124	2.9551
0726 号洪水	7.25 21:00	7.27 2:00	62.8	1201	7.26 17:00	0.7076	1.7552

表2 主要洪水过程调度特征值统计表

洪号	起调水位(m)	相应时间	最大出库(m³/s)	相应时间	调洪最高水位(m)	相应时间	削峰(m³/s)/削峰率(%)	拦洪量(亿 m³)	弃水量(亿 m³)
0613 号洪水	190.98	6.12 17:00	83	6.13 23:00	194.2	6.15 8:00	445/100	0.5272	0
0622 号洪水	194.86	6.18 2:00	382	6.22 19:00	206.14	6.23 14:00	1219/76.1	1.2226	0
0628 号洪水	205.27	6.27 20:00	412	6.30 1:00	212.05	7.2 00:00	846/67.2	1.3566	0
0702 号洪水	212.21	7.2 2:00	1719	7.4 14:00	218.11	7.4 11:00	2715/81.75	1.2409	2.5357

续表

洪号	起调水位（m）	相应时间	最大出库（m³/s）	相应时间	调洪最高水位（m）	相应时间	削峰(m³/s)/削峰率(%)	拦洪量（亿 m³）	弃水量（亿 m³）
0706 号洪水	215.3	7.6 2:00	2410	7.6 23:00	221.97	7.9 13:00	1253/42.4	1.4861	2.6490
0719 号洪水	212.98	7.18 2:00	700	7.23 22:00	225.49	7.21 8:00	2512/100	2.9551	0.1228
0726 号洪水	226.25	7.26 11:00	700	7.26 19:00	229.98	7.29 8:00	501/41.7	0.9397	0.8366

根据湖南省防汛抗旱指挥部下达的《关于下达 2020 年大型水库汛期控制运用方案的通知》，江垭水库2020 年汛期运用方案维持不变[6-8]，具体汛期控制运用方案见表 3。

表 3 江垭水库汛期控制运用方案

	日期	水位(m)	蓄水量(亿 m³)	防洪库容
主汛期	5 月 1 日—6 月 20 日	210.6～224	8.34～11.87	3.85～7.38
	6 月 21 日—7 月 31 日	210.6～215	8.34～9.44	6.28～7.38
后汛期	8 月 1 日—8 月 31 日	230～236	13.72～15.72	0～2.00
	9 月 1 日—9 月 30 日	236	15.72	0

2020 年江垭水库汛期调度过程大致分为以下 6 个阶段：

（1）由于前期降雨较少，上游江坪河电站提前蓄水，再加上为湖南省电网调峰调频和保证生态基流，江垭库水位较往年同期偏低，在保障生态流量的前提下，一直低负荷运行。

（2）从 6 月初开始，降雨明显增多，水库入库流量逐步增大。6 月 20 日，江垭库水位 197.49m，低于汛限动态控制水位（224m）26.51m，日均入库流量 330m³/s，在结合澧水流域专业气象预报结果的前提下，坚持以防洪为主，兼顾发电、灌溉、航运供水等综合效益，江垭水电站加大负荷，出库流量从 74m³/s 增至 280m³/s，再增至满发 420m³/s，将库水位控制在汛限水位（210.6m）以下。

（3）为迎战后期超强降雨，气象预报结果显示，7 月 3 日—7 月 7 日预计未来 5 天还有 93mm 降雨量，7 月 3 日江垭库水位 216.37m，超汛限动态控制水位（215m）1.37m，考虑为下游支流拦洪错峰，江垭水库于 7 月 3 日 15 时开始开闸泄洪，水库出库流量（含发电流量）逐渐从 1000m³/s 增至 1700m³/s、2400m³/s，控制水位不超过汛限水位 215m，后根据来水情况以及天气预报结果，将出库流量降至 1400m³/s、700m³/s，后又根据实时来水情况以及天气预报情况，多次调整下泄流量，将江垭水库 7 月中旬库水位控制在 215m 左右。

（4）机组全停阶段：由于长时间的强降雨过程，在洞庭湖全面超警戒水位时，为保证澧水不超保证水位、石门控制站不超 12000m³/s，7 月 18 日 16 时起，江垭水库闸门、机组全关，全力为洞庭湖拦洪，累计停机时长 112h，有效减轻了澧水下游的防洪压力。

（5）7 月 23 日江垭水库水位 227.92m，超汛限动态控制水位（215m）12.92m，根据专业气象预报结果，澧水流域未来 5 天还有 70mm 降雨，在下游防洪压力进一步减小的情况下，江垭水库再次开闸泄洪，水库出库流量（含发电流量）700m³/s，尽可能将水位控制在 236m 以下。

（6）退水段调度，7 月 26 日洪峰已出现了，入库流量逐渐减小，且江垭水库采取汛期动态水位控制，8 月为后汛期，根据江垭水库汛期控制运用方案，库水位可逐步蓄至 236.0m 的正常高水位。为缓解下游防汛压力，江垭水电站于 7 月 27 日 23 时再次闸门、机组全关，全力为洞庭湖拦洪，累计停机 84h。江垭水电站动态调度过程线见图 3。

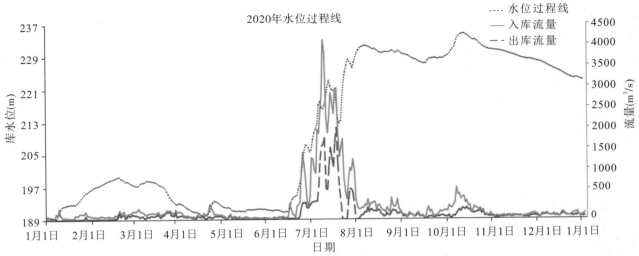

图3 2020年江垭水库动态调度过程线

江垭水库严格服从省防指的调度指令,自7月3日15时开始泄洪,先后进行了14次泄洪量调整,腾出足够库容迎接可能的新一轮降雨,在主汛期通过预泄方式,总共调节泄洪水量为13.19亿 m^3,为防范可能发生的超标型洪水预留防洪库容。详细调度过程如表4所示。

表4   2020年江垭水库调度过程

序号	调令文号	调令主要内容
1	湘防水调〔2020〕59 号	7月3日15时,水库按平均出库流量1000m^3/s控制
2	湘防水调〔2020〕63 号	7月4日12时,水库按平均出库流量1700m^3/s控制
3	湘防水调〔2020〕67 号	7月6日22时,水库按平均出库流量2400m^3/s控制
4	湘防水调〔2020〕70 号	7月7日16时,水库按平均出库流量1400m^3/s控制
5	湘防水调〔2020〕72 号	7月7日23时,水库按平均出库流量700m^3/s控制
6	湘防水调〔2020〕87 号	7月10日11时,水库按平均出库流量1700m^3/s控制
7	湘防水调〔2020〕96 号	7月12日12时,水库按平均出库流量1200m^3/s控制
8	湘防水调〔2020〕99 号	7月13日23时,水库按平均出库流量1700m^3/s控制
9	湘防水调〔2020〕103 号	7月14日20时,水库按平均出库流量2200m^3/s控制
10	湘防水调〔2020〕105 号	7月16日2时,水库按平均出库流量1700m^3/s控制
11	湘防水调〔2020〕106 号	7月16日14时,水库按平均出库流量700m^3/s控制
12	湘防水调〔2020〕111 号	7月18日12时,水库按平均出库流量420m^3/s控制
13	湘防水调〔2020〕118 号	7月23日21时,水库按平均出库流量700m^3/s控制
14	湘防水调〔2020〕132 号	7月27日23时,水库按平均出库流量0m^3/s控制

3.2 典型洪水案例分析(0702 号洪水)

3.2.1 雨情

受副高摆动及中低层切变的共同影响,江垭水库流域于7月2日2时开始降雨,7月4日22时基本结束(表5)。流域平均降雨量为113mm,降雨较为集中(图4),最大单站累计降雨量为人潮溪站128.5mm,最大日降雨量为56.6mm,单站最大单小时降雨量为氽湖71.5mm,单站最大24小时降雨量为人潮溪128.5mm。

表 5   0702 号洪水降雨统计表

日期	7月1日	7月2日	7月3日	7月4日	累计降雨
降雨(mm)	28.2	56.6	10.3	17.9	113

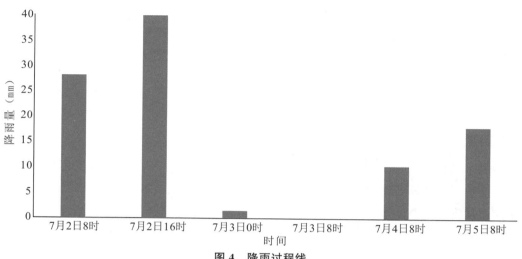

图 4   降雨过程线

3.2.2 洪水特点

本次洪水涨落速度快,于 7 月 2 日 14 时出现了最大洪峰流量 5100m³/s。本次洪水的产生原因分析如下:降雨强度大,降雨比较集中;因为前期连续强降雨,土壤含水率较高,所以本次洪水产流率较高,并且因上游江坪河电站超汛限水位开闸泄洪,最大泄量为 950m³/s,促使洪峰较大,来水较多。

3.2.3 洪水调度

本次洪水自 7 月 2 日 2 时开始起涨,起调水位 212.21m,初始入库流量 876m³/s,于 7 月 2 日 14 时出现洪峰 5100m³/s,一日洪量 1.5827 亿 m³,三日洪量 3.8279 亿 m³,最高库水位为 218.11m,上游水位涨幅达 5.90m。本次洪水过程中,江垭水电站坚决服从湖南省防汛抗旱指挥部的调度,于 7 月 3 日 15 时开闸泄洪,总出库流量(含发电流量)按 1000m³/s 控制。并在 7 月 4 日 12 时加大泄量,总出库流量(含发电流量)按 1700m³/s 控制。在此次洪水调度过程中,江垭水电站为下游共拦蓄水量 1.3567 亿 m³。本次洪水过程削峰 2715 m³/s,削峰率为 81.75%,在下游慈利县发生强降雨的情况下保证了下游的安全(表 6、图 5)。

表 6   0702 号洪水过程特征值

开始时间	结束时间	总降雨(mm)	洪峰(m³/s)	相应时间	洪量(亿 m³)	
					7月1日	7月3日
7.2 2:00	7.5 8:00	113	5100	7.2 14:00	1.5827	3.8279
起调水位(m)	相应时间	最高调洪库水位(m)	相应时间	最大出库(m³/s)	弃水量(亿 m³)	拦洪量(亿 m³)	削峰量(m³/s)	削峰率(%)
212.21	7.2 2:00	218.11	7.4 11:00	1719	2.5357	1.3567	2715	81.75

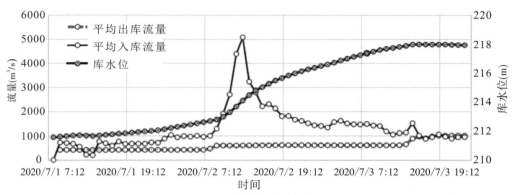

图5 洪水调度过程线

3.2.4 洪水调度小结

在0702号洪水过程中，江垭水库迎来5100 m³/s的洪峰，此时，下游澧水石门站已出现6000m³/s的洪峰，如果江垭水库不拦洪错峰，石门站流量将叠加至12000m³/s，石门县城可能进水受淹（图6）。在这紧急时刻，江垭水库服从省防指调度令，和皂市水库联合削减上游洪峰流量7000m³/s，保石门县城安然无恙。直到下游险情缓和后，在省防指的统一调度下，江垭水电站于7月3日15时开启闸门，下泄流量按1000m³/s控制。

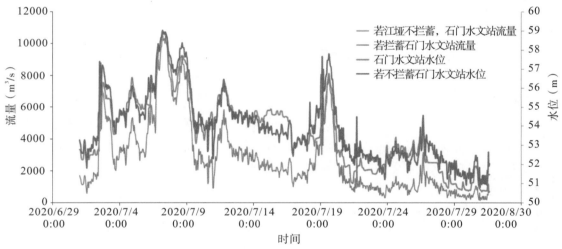

图6 江垭拦蓄与否与石门水文站流量对比图

3.3 水库调度成效

（1）与其他防洪水库一起，保洞庭湖区波澜不惊。

2020年汛期多轮强降雨轮番席卷三湘，尤其是澧水流域降雨量为近年来之最。洞庭湖区连续超警戒水位，尤其是城陵矶站，连续60天处于警戒水位32.5m以上，防汛形势一度非常紧张。在下游压力最大的时候，江垭水库服从湖南省防指的调令，在已超汛限水位的情况下，从大局出发，服从整体利益，分别于2020年7月18日17时，7月28日0时关闸停机，为下游错峰，停机长达196h。

（2）保石门县城不超警戒水位。

6月中旬至7月上旬，江垭水库七次为下游拦洪错峰，与皂市水库联合调度，极大地削减了三江口洪峰流量，避免了下游石门站流量超过12000 m³/s。

（3）超蓄保水供电。

截至 8 月 1 日江垭水库拦蓄尾洪 8.08 亿 m³，可为湖南电网迎峰度夏提供优质电能 9700 万 kW·h，并为后期抗旱工作和生态用水提供有力的保障。

4 经验及建议

（1）服从防洪整体利益。在下游洞庭湖全面告警时，已超汛限水位，顶住上游洪水压力，服从省防指统一调度，减小甚至无出库，使洞庭湖区平稳度洪。

（2）积极与电力系统沟通协调。为充分利用水量，根据气象台的预报，与电力公司积极沟通，通过加大出力的方式在主汛期到来之前提前腾库。在洪水来临时，电力公司给予了大力支持，保证在洪水期间机组退出 AGC，稳定带基荷满发运行长达 33 天（其余时间为洞庭湖错峰，0 出库），既保证了尽快将水位削落下去，又提供了优质电能。

（3）充分利用气象预报手段。与气象部门建立了长期服务关系，汛期由气象部门对水库流域范围提供准确的短期、中长期天气预报，对指导水库科学调度提供重要科学依据。在 2020 年主汛期遇有较大洪水过程时，与气象台沟通联系，提前腾库。在下游遇到洪峰时，根据气象预报，适时为下游削减洪峰。

（4）联合调度成效突出。江垭水库的防洪任务主要是提高澧水下游慈利、石门、临澧、澧县、津市、安乡、松澧平原等地区的防洪标准，其次是代替洞庭湖区部分蓄洪垦殖区的蓄洪任务，江垭水库单库的防洪目标是将建库前澧水尾闾地区 4～7 年一遇的防洪标准提高到 17～20 年一遇。与皂市水库联合运行，防洪能力达到 30 年一遇[9]。2020 年汛期，与皂市联合调度，最大削峰 7000 m³/s，削峰率 54%，防洪效益显著。根据澧水流域规划，若再加上宜冲桥水库，可将防洪能力提高到 50 年一遇。

（5）江垭水库上游江坪河水库坝址以上控制流域面积 2140km²，占澧水流域总面积的 39.6%，占江垭坝址以上流域面积的 57.7%，江垭水库一半以上的入库水量来自江坪河电站的出库水量。现今，上游江坪河水电站已建成蓄水发电，江垭原有的防洪因素发生了很大的变化，应加强与上游水库联系，建立联合调度关系，尤其是预报后期有明显洪水过程的情况下及时与上游沟通，增强本站洪水预报的准确性。同时，建议对江垭电站进行分期洪水分析研究，进一步细分主汛期控制水位，可考虑提高汛限水位，争取枢纽工程效益最大化。

参考文献

［1］刘红运. 江垭水库［M］. 北京：中国水利水电出版社，2007.

［2］曹茂华. 澧水流域的防洪与发电［J］. 湖南水利水电，2002，(1)：31-33.

［3］黎玮，谭攀辉. 澧水流域洪水特性和水库的防洪作用［J］. 湖南水利水电，2020，226(2)：31-33.

［4］刘世军，刘祥，杨特群，等. 澧水流域降水特征及上游降水对江垭水库来水量影响［J］. 水利科技与经济，2020，26(2)：1-8.

［5］凌玉标. 江垭水库超蓄能力及效益分析［J］. 水力发电学报，2000，(3)：90-95.

［6］刘景平，叶泽纲. 江垭水库防洪作用分析［J］. 人民长江，2001，(12)：35-36.

［7］刘世军. 汛限水位动态控制在江垭水库的运用［J］. 大坝与安全，2006，(4)：19-22.

［8］杨开华，王毅，刘常，等. 江垭水库汛期运行水位动态调度控制及成效分析［J］. 人民长江，2020，51(11)：6.

［9］刘世军，吴德强. 2020 年澧水流域大洪水江垭水库与皂市水库防洪作用研究［J］. 水利水电快报，2021，42(8)：21-23，28.

岸基超高频雷达测流系统在汉江仙桃水文站防汛测报中的应用与探索

香天元[1]　陈静[2]　张莉[1]

(1.长江水利委员会水文局,湖北武汉,430010;

2.长江水利委员会水文局长江中游水文水资源勘测局,湖北武汉,430012)

摘　要:国内现有的岸基超高频雷达测流大多还停留在比测试验上,尚无在国家基本水文站尤其是大江大河上收集基本水文资料的案例。本文利用武汉大学自主研发的岸基超高频雷达测流系统,通过在汉江下游仙桃水文站与常规缆道流速仪测流开展比测试验工作,判断其测得的表面流速分布的合理性;重点研究表面流速反演流量的技术方法,并开展相应的误差分析。结果表明,岸基超高频雷达测流系统有较稳定、可靠的流量测验精度,并取得了上级部门在高洪测报中应用的投产批复,可为该系统在水文监测中的应用提供参考。

关键词:岸基超高频雷达;流量反演;比测研究;误差分析

1　引言

水文监测是我国水文行业最基础的工作之一,水文监测工作包括水文基本资料的收集、传输、整理整编、入库归档与发布等,旨在为解决国民经济和社会发展中存在的水问题提供科学决策依据,为水旱灾害防御、水资源开发利用、水环境保护和生态建设等提供全面服务[1]。水文基本资料中,流量资料的传统收集方法主要有声学多普勒流速剖面仪法、流速仪法等。

美国地质调查局(USGS)专门成立了水文二十一委员会(HYDRO 21),确定了雷达技术最有希望被应用于水深、水位高程以及水面流速的远程测量[2]。2000年,国外学者首次利用非接触式雷达系统成功测得了河流表面流速数据,并计算得到河流流量。当前,我国水文行业正处于一个由传统向现代过渡的阶段[3-8],在参考和借鉴国外非接触式雷达测流应用研究的基础上,国内对侧扫雷达测流的应用也开展了较多研究工作,如在长江、黄河、图们江及南京秦淮河上均开展了实地监测和探测试验,来验证雷达测流方案的可行性和适用性[9-20]。

然而,目前国内侧扫雷达测流系统的应用大多还停留在比测试验上,尚无在国家水文站尤其是大江大河上参与整编归档的案例。这可能是因为测验人员对侧扫雷达测流系统原理、性能、流速比测、表面流速反演流量的技术方法研究不够透彻,数据分析处理水平滞后于测验技术现代化水平。面对严峻的防汛抗旱压力,水文部门对在大江大河上使用新仪器设备开展水文监测的态度是相对比较谨慎的。

综上,本文利用武汉大学自主研发的岸基超高频雷达测流系统,在仙桃水文站与常规缆道流速仪测流开展比测试验工作,验证其测得的雷达表面流速分布的合理性,分析侧扫雷达测流系统误差存在的原因;重点研究雷达测得的表面流速反演流量的技术方法,并开展相应的误差分析,探索侧扫雷达测流在大江大河水文信息监测中的可行性及适用途径,对推进提高水文现代化水平和支撑现代经济社会体系高质量发展具有十分重要的意义。

2 基本概况

2.1 仙桃水文站基本情况

仙桃水文站地处湖北省仙桃市龙华山六码头,东经 $113°28'$,北纬 $30°23'$,集水面积 $142056km^2$,距汉江河口距离约 $157km$,是控制汉江下游经东荆河分流后设立的一类精度站、国家重要水文站。现有监测项目有水位、水温、流量、悬移质泥沙、床沙、降水等,为国家长期积累基础信息,为长江流域防洪调度提供水文情报预报,为汉江区域提供水资源监测信息和考核评价依据等。

基本水尺断面位于仙桃市龙华山六码头下游约 $25m$,测验断面上距兴隆水利枢纽 $111km$,上游右岸约 $82km$ 为汉江分流,流入东荆河口,下游右岸 $6km$ 处为杜家台分洪闸。测验河段上下游有弯道控制,顺直段长约 $1km$,基本水尺断面设在顺直段下部。河槽形态呈不规则的 W 形,右岸为深槽,左岸中低水有浅滩,中高水主槽宽 $300\sim350m$,全变幅内均无岔流串沟及死水;中高水峰顶附近及杜家台分洪期右岸边有回流。河床为乱石夹沙组成,冲淤变化较大,且无规律。两岸堤防均有砌石护岸。主流低水偏右,中水逐渐左移,高水时基本居中。

全年采用缆道流速仪法测流,按连时序法布置测次。水位流量关系受洪水涨落、变动回水、不经常性冲淤影响,长江干流高水期对该站水位流量关系有明显顶托影响,低水期水位流量关系受河槽控制呈临时单一关系。仙桃站历史最低水位 $22.33m$,调查最高水位 $36.24m$;历史最小流量 $165m^3/s$,实测最大流量 $14600m^3/s$。

水位级划分详见表1。

表1 仙桃站水位级划分

高水期水位(m)	中水期水位(m)	低水期水位(m)	枯水期水位(m)
≥27.00	(27.00,25.50]	(25.50,24.60)	≤24.60

2.2 岸基超高频雷达测流系统简介

雷达测流系统技术基本原理主要是利用多普勒效应和 Bragg 散射理论。

多普勒效应是利用接收回波与发射波的时间差来测定距离,利用电波传播的多普勒效应来测量目标的运动速度,并利用目标回波在各天线通道上幅度或相位的差异来判别其方向,从而得到矢量速度,进而推算出流量。

Bragg 散射理论主要是指当雷达电磁波与其波长一半的水波作用时,同一波列不同位置的后向回波在相位上差异值为 2π 或 2π 的整数倍,因而产生增强性 Bragg 后向散射(图1)。

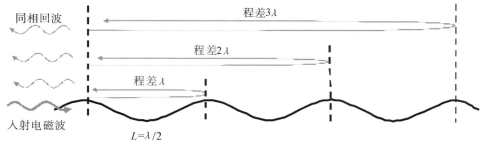

图1 Bragg 后向散射基本原理

当水波具有相速度和水平移动速度时,将产生多普勒频移。在一定时间范围内,实际波浪可以近似地认为是由无数随机的正弦波动叠加而成的。当雷达发射的电磁波与波长正好等于雷达工作波长一半、朝向和背离雷达波束方向的二列正弦波作用时,二者发生增强型后向散射。朝向雷达波动的波浪会产生一个正的多普勒频移,背离雷达波动的波浪会产生一个负的多普勒频移。多普勒频移的大小由波动相速度 V_p 决定。受重力影响,一定波长的波浪的相速度是一定的。在深水条件下,即水深大于波浪波长 L 的一半时,波浪相速度 V_p 满足以下定义:

$$V_p = \sqrt{\frac{gl}{2\pi}} \tag{1}$$

由相速度 V_p 产生的多普勒频移为:

$$f_B = \frac{2V_p}{\lambda} = \frac{2}{\lambda}\sqrt{\frac{g\lambda}{4\pi}} = \sqrt{\frac{g}{\lambda\pi}} \approx 0.102\sqrt{f_0} \tag{2}$$

式中,雷达频率 f_0 以 MHz 为单位,多普勒频率 f_B 以 Hz 为单位。这个频偏就是所谓的 Bragg 频移。朝向雷达波动的波浪将产生正的频移,背离雷达波动的波浪将产生负的频移。

在无表面流的情况下,Bragg 峰的位置正好位于式(2)描述的频率位置。

当水体表面存在表面流时,上述一阶散射回波所对应的波浪行进速度 $\vec{V_s}$ 便是河流径向速度 $\vec{V_{cr}}$ 加上无河流时的波浪相速度 $\vec{V_p}$,即

$$\vec{V_s} = \vec{V_{cr}} + \vec{V_p} \tag{3}$$

此时,雷达一阶散射回波的幅度不变,而雷达回波的频移为:

$$\Delta f = \frac{2V_s}{\lambda} = 2\frac{V_{cr} + V_p}{\lambda} = \frac{2V_{cr}}{\lambda} + f_B \tag{4}$$

通过判断一阶 Bragg 峰位置偏离标准 Bragg 峰的程度,计算出波浪的径向流速。

根据上述原理,武汉大学研制的岸基超高频雷达测流系统雷达波长为 0.88m,频率为 340MHz,利用水波具有相速度和水平移动速度时会对入射的雷达波产生多普勒频移的原理来探测河流表面动力学参数,以非接触的方式获得大范围的河流表面流的流速、流向。在河道等宽的顺直河道,可使用单站式系统实现流量探测;在河道不等宽、非顺直河道及其他流场复杂的河段,可使用双站式系统实现流量探测(图2)。

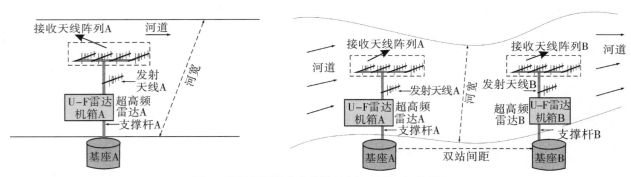

图2 流量探测系统的野外站(左:单站;右:双站)

3 比测研究概况

3.1 仪器安装

根据仙桃水文站测验河段特性,岸基超高频雷达测流系统采用双站式,安装布设如图3所示。A 站和 B 站均安装于河岸右侧的堤顶上,雷达监测区域处于一个 U 形的弯道内,且靠近雷达的一边为深水区,远离雷

达的一边为浅水区。

图3　仙桃站岸基超高频雷达测流系统布设位置图

3.2　比测内容及方法

考虑常规流速仪测验已经形成了长系列的水文资料,采用仙桃站常规测验方法——水文缆道测流与雷达测流系统同步进行流速、流量测验比对。雷达测流的误差统计以常规流速仪法测验成果为"真值",利用数理统计方法和公式,统计或估算各项比测误差。

UHF雷达系统于2018年2月安装,3月运行开始趋于稳定,并于3月10日开始,至9月底有较为稳定的测流数据。B站雷达金属支架使接收天线信号较弱,经7月3日维修改进后,开始采用双站矢量合成流速。

仙桃站作为国家基本水文站,生产任务繁忙,本次比测工作结合仙桃站日常生产,将雷达数据与仙桃站日常生产的资料进行对比分析,因此,需要采用内插法来解决比测时间不一致及点流速横向分布不一致的问题。

3.2.1　比测时间

雷达测流系统根据设置在整点前5min开始工作,每20s采集一组数据,连续采集5min流速数据后取平均值生成表面流速数据,与实际流速仪测流时段并非严格重合。因此,要根据实际流速仪测流的平均时间,查找与该平均时间最接近的整点所对应的雷达测流数据,进行对比分析。

3.2.2　起点距定位

由于雷达处理得到的表面流速对应的雷达斜距(0m,10m,20m,30m,⋯)为雷达发射位置到断面处水体表面的直线距离,与实际的断面起点距存在一定差别。因此,要根据雷达发射位置的高程、坐标、大断面数据及各测次的水位,将雷达斜距做水平投影并加上断面线起点至雷达的水平距离(27m),最终将雷达斜距转换成与实际的大断面起点距相对应的距离(图4)。

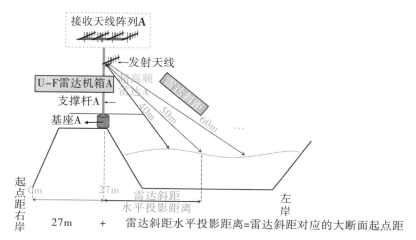

图4　雷达斜距与断面起点距转换关系示意图

经过转换后的雷达斜距不再为10m的整数倍,与本站测速垂线起点距不重合,要根据本站断面起点距,对相邻雷达斜距对应的雷达表面流速进行线性插补,得到与本站测速垂线起点距对应的雷达表面流速,再进行误差分析。

3.3 比测资料选用

本研究采用的雷达测流数据为3月14日—8月31日的A站雷达测流数据(共计60个测次),7月4日—8月31日的双站合成雷达测流数据(共计24个测次)。采用的流速仪实测资料的时间范围为3月14日—8月31日,水位在24.46~28.68m(低水位12次、中水位19次、高水位29次),实测流量在811~3150m^3/s。

4 流速比测

4.1 数据选用

对雷达测流系统测流进行比测研究,首先必须要验证其测得的表面流速分布是否与流速仪实测相一致。由于本次比测缺乏必要支持,只能结合仙桃站的日常生产来开展比测工作,本站断面最大水深不超过10m,垂线流速分布呈指数分布,在一般水情下,0.2相对水深位置的流速与水面流速大小大致接近,且如果流速仪过于接近水面位置可能会对雷达测速产生影响,因此将雷达测速与流速仪0.2相对水深位置的流速进行相关性分析,判断其测得的表面流场是否合理。

表面流速比测A站共有15次,双站共有10次,高、中、低水位级比测测次均在3次及3次以上,具体见表2。

表 2　　　　　　　　　　　　表面流速比测分析统计表

序号	时间	水位	雷达	水位级	序号	时间	水位	雷达	水位级
1	5月6日 14:00	25.19	A站	低水	9	7月22日 9:00	26.98	A站、双站	中水
2	5月9日 15:00	25.67	A站	中水	10	7月26日 11:00	26.59	A站、双站	中水
3	5月11日 9:00	26.08	A站	中水	11	7月27日 15:00	26.48	A站、双站	中水
4	5月12日 9:00	25.90	A站	中水	12	8月19日 18:00	25.75	A站、双站	中水
5	5月18日 10:00	25.72	A站	中水	13	8月21日 9:00	25.40	A站、双站	低水
6	7月7日 17:00	27.80	A站、双站	高水	14	8月27日 9:00	24.88	A站、双站	低水
7	7月9日 20:00	28.68	A站、双站	高水	15	9月17日 9:00	23.70	A站、双站	低水
8	7月16日 9:00	27.55	A站、双站	高水					

4.2 相关性及误差分析

根据实际流速仪测速的平均时间,查找与该平均时间最接近的整点所对应的雷达测速数据进行比较。根据本站断面起点距,对雷达表面流速进行线性插补,得到与本站测速垂线起点距对应的雷达表面流速,再与该起点距下的流速仪流速进行表面流速横向分布相关性分析。

虽然前期已经将雷达斜距做水平投影后加27m换算成与实际的大断面起点距相对应的距离,但在表面流速横向分布相关性比较中,发现雷达测速与流速仪测速分布存在一定的水平位移差,因此对雷达测速数据水平移动不同距离后,再根据流速仪实测流速统计相关系数,得到相关系数最大的最佳吻合位置,详见

图5。

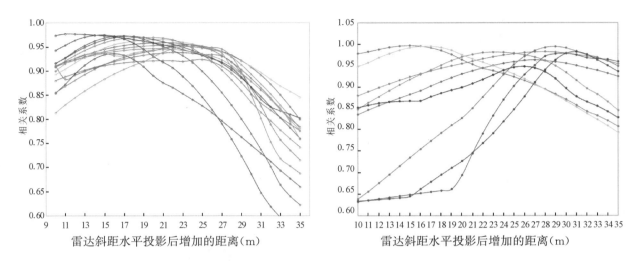

图5　雷达测速数据水平移动不同距离后的相关系数分布(左:A站;右:双站)

如图6所示,从单站的整体相关系数分布来看,雷达斜距水平投影加19m后转化成的起点距与流速仪测速吻合较高,即雷达测速数据整体向右岸偏移8m,与流速仪测速相关系数在0.91～0.97。

从双站的整体相关系数分布来看,雷达斜距加27m后转化成的起点距与流速仪测速吻合较高,这也与实际情况较为符合,相关系数在0.91～0.99。据此,对雷达双站合成表面流速与流速仪流速相比,相对误差的绝对值在10%以内的占22.22%,10%≤相对误差<20%的占42.22%,20%≤相对误差<50%的占30.00%,相对误差≥50%的占5.56%。详见图6。

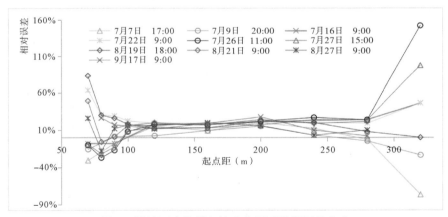

图6　雷达测速数据与流速仪测速数据误差分布

4.3　小结

(1)由雷达测速横向分布相关性分析可知,雷达测得的表面流速与实际断面流速分布的一致性较高,且双站的测速数据更加稳定、可靠。

(2)根据双站雷达测速误差分析可知,雷达测速相对误差以10%～20%为主,存在误差的原因主要有以下几个:

1)比测位置的不一致:受条件所限,流速仪测的是0.2相对水深位置的流速,这导致垂向位置不一致;同时,雷达测流系统的测量区域是以仪器安装点为圆心,由天线发射张角构成的扇形区域(图7),某点的流速为10m×10m扇形方格网(A站)或10m×10m矩形方格网(双站)面上测量得到的平均值,每隔10m一个数据,与流速仪测速固定断面起点距不一致,本次是将雷达流速内插到相应起点距位置后与流速仪测速进行比较,必然会存在一定的误差。

2)比测时间的不一致:雷达系统为整点前5分钟流速数据的平均值,而传统的水文缆道流速仪测流限于具体的操作方法,往往难以做到测流时间为整点时间,单次流量成果的测验时间为开始时间和结束时间的平均值,因此比测的时间也存在不对应。本次是查找与该流速仪测流平均时间最接近的整点所对应的雷达测流数据进行比测,会存在误差。

3)误差较大的地方主要出现在两岸,这主要是由于:①岸边流速本身较小,计算相对误差时基数小,误差数值大。②岸边流速相对主泓变化剧烈,非线性关系(图8),而雷达测速是10m×10m面内的平均值,在单点比较上会存在一定的不同。但是岸边流速对断面流量的贡献相对较小,对断面流量的影响基本很少。

(3)综上,根据流速相关性分析和误差分析,在条件限制的情况下,可以认为雷达测得的表面流速与实际天然流速存在一定一致性,可用于后续表面流速反演流量的进一步分析。

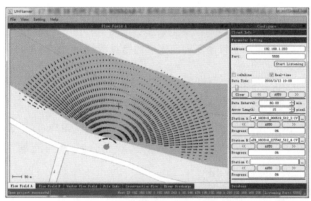

图7 雷达系统获取的表面径向流速图

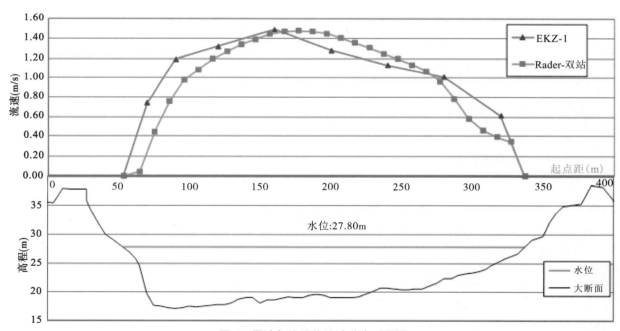

图8 雷达与流速仪流速分布对照图

5 流量反演方法及误差分析

据了解,目前,侧扫雷达测得河流表面流速后反演流量的主要方法包括流速面积法、类浮标法、指标流速法及水动力学模型等四种方法,本文对上述三种较为常规的方法进行分析。

5.1 流速面积法

岸基超高频雷达测流系统软件利用流速面积法进行断面流量的计算,主要步骤为:将雷达测流生成的各垂线表面流速按照指数分布,计算得到各垂线平均流速;根据测站自记水位计,查得相应水位;借用仙桃站2018年汛前实测大断面,以本断面测速垂线为界,将过水断面划分为若干部分,计算部分面积、部分平均流速,得到部分流量 $q_i = V_i A_i$,累加得到断面流量 $Q = \sum_{i=1}^{n} q_i$。其中,针对某些异常值,软件采用中值滤波法处理。

在指数模型下,其指数关系满足:

$$\frac{v}{v_*} = a \left(\frac{y}{y'}\right)^m \tag{5}$$

对 y 积分得垂线流速与表面流速关系如下:

$$\frac{V}{v_0} = \frac{[(h + y')(m + 1) - y'(m + 1)]}{(m + 1)h(m + 1)}$$

$$= \frac{1}{(m + 1)}\left(\frac{y'}{h}\right)^{m+1}\left[\left(\frac{h}{y'} + 1\right)^{m+1} - 1\right] \tag{6}$$

经分析,A站雷达系统流量与本站实测流量相关系数为0.9614,相对误差在 $-17.5\%\sim8.5\%$,系统误差为 -2.68%,随机不确定度为12.6%。

双站合成雷达系统流量与本站实测流量相关系数为0.9734,相对误差在 $-10.9\%\sim7.9\%$,系统误差为1.83%,随机不确定度为10.7%(图9)。

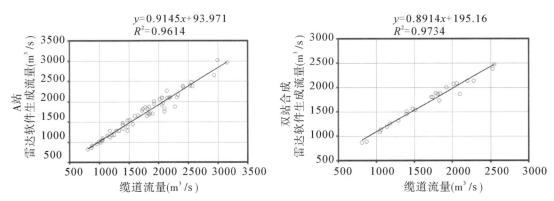

图9　雷达系统流量与实测流量相关图(左:A站;右:双站)

5.2 指标流速法

将流速仪测流的断面平均流速与雷达测流各位置表面流速进行比较分析,找出与流速仪测流的断面平均流速相关关系最好的若干条雷达表面流速的垂线位置,将多条垂线测得的雷达表面流速加权作为指标流速($V_{index} = \sum_{i=1}^{n} \alpha V_i$,$\alpha$ 为权重系数),建立与流速仪测流断面平均流速的相关关系 $[V_m = f(V_{index})]$。

利用试错法,根据经验,综合考虑横向分布代表性较好的若干条垂线(如主泓选择3条左右的垂线,两岸各选1条),在Excel表中,按一定步长微调权重系数,观察各垂线对相关系数贡献,找到与流速仪测流断面平均流速相关系数最高的垂线位置及其权重系数。具体结果如下:

$$V_{A站加权} = 0.45V_{40} + 0.02V_{70} + 0.02V_{110} + 0.45V_{160} + 0.03V_{200} + 0.02V_{250} \tag{7}$$

$$V_{双站加权} = 0.02V_{60} + 0.19V_{110} + 0.60V_{160} + 0.18V_{200} + 0.01V_{270} \tag{8}$$

建立指标流速与流速仪实测断面平均流速的相关关系:指标流速与流速仪实测断面平均流速相关关系曲线公式采用抛物线拟合,选取点群中心高、中、低三个节点,微调节点,动态观察曲线走向及误差变化,选取误差最小与实测点配合最佳关系式:

$$\overline{V}_{A流速仪} = 0.0612V_{A站加权}^2 + 1.0056V_{A站加权} + 0.1284 \tag{9}$$

$$\overline{V}_{流速仪} = 0.2724V_{双站加权}^2 - 0.0902V_{双站加权} + 0.5292 \tag{10}$$

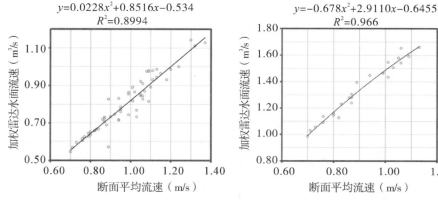

图10 加权雷达表面流速与断面平均流速相关图(左:A站;右:双站)

根据两者的相关关系,计算出雷达测流的断面平均流速,将其与流速仪法计算得到的断面平均流速进行误差分析,A站相对误差在−18.8%～12.6%,系统误差为−0.25%,随机不确定度为10.5%;双站相对误差在−5.71%～6.01%,系统误差为−0.08%,随机不确定度为5.7%。

5.3 类浮标法

本次主要采用均匀浮标法的计算方法,把雷达测得的表面流速当作浮标流速,部分平均虚流速、部分面积、部分虚流量、断面虚流量的计算方法与流速仪法测流的计算方法相同。

对同一时间雷达表面流速计算得到的虚流量与本站实测流量建立相关关系,得到:

$$Q_{实测} = 0.9479Q_{虚-A站} - 56.7678 \tag{11}$$

$$Q_{实测} = 0.9423Q_{虚-双站} - 158.22 \tag{12}$$

根据雷达计算虚流量与本站实测流量的相关关系[式(11)、式(12)],计算出雷达断面流量,与实测流量进行误差统计分析,得到以下结果:A站:相对误差在−24.9%～13.9%,系统误差为0.52%,随机不确定度为13.9%;双站合成:相对误差在−10.4%～9.6%,系统误差为0.16%,随机不确定度为10.0%。

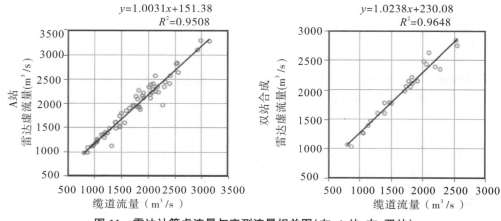

图11 雷达计算虚流量与实测流量相关图(左:A站;右:双站)

5.4 小结

通过上述 3 种方法分析,可以发现:①双站合成的精度均高于单站(A 站),这是由于双站矢量合成的表面流速相比单站更加稳定、精确;②指标流速法精度最高;③参照《水文资料整编规范》(SL 247—2012)水位流量关系定线精度指标,一类站单一曲线法系统误差在 ±1% 以内,随机不确定度在 8% 以内,采用水面浮标法测流定线随机不确定度可增大 2%~4%。除采用 A 站浮标法推流随机不确定度超过 12% 外,其他均满足精度要求。

表 3   3 种流量反演方法误差分析结果

序号	比测分析方法		与断面平均流速/断面平均流量相关关系	系统误差（%）	随机不确定度（%）
1	流速面积法	A 站		−2.68	12.6
		双站		1.83	10.7
2	指标流速法	A 站	$\overline{V}_{A流速仪}=0.0612V^2_{加权}+1.0056V_{加权}+0.1284$	−0.25	10.5
		双站	$\overline{V}_{流速仪}=0.2724V^2_{双站加权}-0.0902V_{双站加权}+0.5292$	−0.08	5.7
3	类浮标法	A 站	$Q_{实测}=0.9479Q_{虚-A站}-56.7678$	0.52	13.9
		双站	$Q_{实测}=0.9423Q_{虚-双站}-158.22$	0.16	10.0

6 结论与展望

6.1 结论

(1)通过对仙桃站岸基超高频雷达测流系统比测研究分析,参照《水文资料整编规范》(SL 247—2012),本文认为采用岸基超高频雷达测流系统进行测流,将收集到的流量基本资料进行处理后,采用适宜的流量反演方法可得到较好的推流精度,可作为重要成果参与资料整编,初步具备了投产条件。2018 年 12 月,经长江水利委员会水文局审查研究后批准投产,同意使用该雷达测流系统进行高洪流量测验与相应流量报汛,测验数据与传统方法同步整编,并尝试将其作为流量测验基本手段进一步试验研究。

(2)侧扫雷达系统安装简单,易于维护,比测中稳定性良好,具有较好的重复性和精确性。

(3)指标流速法和浮标法优于雷达测流系统本身的流量计算方法,说明雷达测流系统本身的流量计算方法有进一步优化的可能。

(4)本次侧扫雷达测流尚缺乏更加系统全面的资料依据,如本次比测期无大水,比测范围主要在中、低水位级,高水位、大流量资料代表性不足,有待继续收集。由于条件限制,现有的比测方案适应性还需要进一步提高。

6.2 展望

通过比测试验与示范应用可以看出,侧扫雷达测流系统实现了全天候、全自动、连续性的河流流量监测,且其被安装于岸边,方便技术人员日常维护,是非接触式法中应用较为成功的仪器之一,可作为常规测流技术的补充或替代,该项技术为我国基本站水文信息监测新方法提供了新思路,必将有效地推进水文信息监测现代化技术水平。

由于测量原理上的较大差异,雷达测流系统"面"流速等概念超越了《河流流量测验规范》相关规定的理论基础,亟待提出更为科学合理的比测思路与方法。根据《水利部办公厅关于印发〈水文现代化建设技术装备有关要求〉的通知》,新仪器投产前可与 ADCP 进行比测,因此建议将雷达与 ADCP 进行比测,设置雷达在

ADCP该段测流时间内持续工作,提取ADCP的点流速进行流速比测。

同时,可探索寻找最适合该站断面的垂线平均流速分布模型,还可采用数值模拟方法对河流进行流体动力学模拟,取得不同边界和初始条件下的河流研究范围内任一断面或者不同点的流速,再将表面流场流速数据同化到三维水动力学模型来计算断面流量。

此外,由于雷达系统暂时无法获取实时大断面,需要对仙桃站游荡性河床断面冲淤随时间、随季节、随水位级、流量级、洪水过程变化引起的流量误差分布进行分析,进一步累积资料样本,给出侧扫雷达系统测流在该站水文基本资料收集的适用条件。

参考文献

［1］香天元. 水文监测信息生产自动化体系设计［A］. 水利部科技推广中心,华北水利水电大学,清华大学土木水利学院,等. 大数据时代的信息化建设——2015(第三届)中国水利信息化与数字水利技术论坛论文集［C］. 北京:北京沃特咨询有限公司,2015.

［2］陆伟佳,时霞. 浅谈雷达测流技术在美国的发展［J］. 水利水文自动化,2006,(4):43-45.

［3］香天元,熊珊珊. 论水文监测信息生产现代化体系的构建［J］. 人民长江,2015,46(3):65-69.

［4］赵昕,梅军亚,李厚永,等. 水文监测创新在2016年长江洪水测报中的作用［J］. 人民长江,2017,48(4):8-12.

［5］陈守荣,香天元,赵昕. 长江水文测验方式方法技术创新实践与探讨［J］. 中国水利,2010,(5):45-47.

［6］王俊. 长江水文测验方式方法技术创新的探索与实践［J］. 水文,2011,31(S1):1-3.

［7］熊莹,王俊. 长江水文测验体系创新实践与方向性问题探讨［J］. 华北水利水电大学学报(自然科学版),2017,38(2):11-15.

［8］香天元,梅军亚. 效率优先:近期水文监测技术发展方向探讨［J］. 人民长江,2018,49(5):26-30.

［9］陈荣,郑永伟. 双轨式雷达波自动测流系统流量系数率定分析［J］. 人民长江,2018,49(S2):62-65,102.

［10］周凌芸,潘仁红. 非接触式雷达测流技术在阳朔水文站的应用［J］. 广西水利水电,2014,(2):56-59.

［11］李庆平,秦文安,毛启红. 非接触式流量在线监测技术在山区性河流的应用研究［J］. 湖北民族学院学报,2013,31(3):354-356.

［12］黄剑,刘铁林,王贞荣,等. 非接触式雷达测流系统在吉安地区中小河流的应用研究［J］. 珠江水运,2018,(18):53-54.

［13］李柯. 基于全数字超高频雷达海浪Bragg与非Bragg散射机理研究［D］. 武汉:武汉大学,2015.

［14］吴汉,宋丽琼. 雷达测速仪水文测验的应用研究［J］. 中国水利,2014,(7):58-59.

［15］沈晓红. 雷达波测流技术在永定水文站的应用［J］. 水利科技,2016,(2):53-56.

［16］杨志红,张春林,王汉卿. 雷达波流速仪流量测验水面流速系数分析研究［J］. 农业科技与信息,2015,(4):97-99.

［17］庞雷. 雷达波流速仪在我省中小河流流量测验中的应用［J］. 陕西水利,2013,(1):35-38.

［18］张琦. 雷达波流速仪在中小河流流量测验中的应用分析［J］. 黑龙江科学,2017,8(2):47-48.

［19］刘代勇,邓思滨,贺丽阳. 雷达波自动测流系统设计与应用［J］. 人民长江,2018,49(18):64-68.

［20］王文华. 雷达测流仪比测分析［J］. 人民黄河,2016,38(5):6-9.

白山、丰满水库联合调度方案关键技术研究

李晓军　王强　郭东浦

（中水东北勘测设计研究有限责任公司,吉林长春,130021）

摘　要: 自白山、丰满水库建成后,两库调度方案经多次修改以适应不同时期水库防洪运用条件,指导不同时期的水库防洪调度,保障了水库大坝的自身安全及下游防洪目标的安全。自2012年丰满工程重建后,工程运用条件发生了改变,且随着洪水系列的延长及洪水典型的增加,白山、丰满水库的设计洪水成果发生了较大变化。在不改变水库防洪任务前提下,考虑以往设计洪水变化,利用白山工程和新丰满工程,在以往联合调度方案基础上,开展了一些探索性研究,开创性提出了水库防洪联合调度新思路,重新提出丰满水库与白山水库联合调度方案,优化了防洪调度原则,增强了方案的可操作性和灵活性,其研究思路综合考虑的各方面因素可供类似工程借鉴参考。

关键词: 丰满水库;白山水库;洪水特性;联合调度方案

1　引言

白山、丰满水库位于第二松花江干流中上游,是第二松花江干流重要的控制性工程,在松花江流域防洪工程体系中具有举足轻重的作用。白山水库位于第二松花江干流上游的长白山区,距离吉林市约230km,距离下游丰满水库坝址约210km。白山水库坝址控制流域面积1.9万 km²,约占第二松花江流域面积的26%。水库防洪库容4.53亿 m³,调洪库容10.46亿 m³。水库设计洪水标准为500年一遇,校核洪水标准为5000年一遇[1],水库于1975年开工兴建,1983年首台机组发电。丰满水库位于吉林省境内松花江干流丰满峡谷口,是一座以发电为主,兼有防洪、城市及环境供水、灌溉、水产养殖、旅游等效益的综合利用枢纽工程。由于工程建设特殊的历史时期,工程在整体性、原材料、施工工艺、混凝土抗渗抗冻、安全裕度、金属结构、防洪能力等方面存在着诸多先天不足,虽经多年补强加固和维护,固有缺陷无法消除,特别是大坝安全可靠性低,抵抗风险能力差,失事后果严重,严重影响着电站的安全可靠运行和下游人民的生命财产安全。丰满重建工程于2012年10月开工,2020年7月全部建成发电,重建工程按恢复电站的原任务和功能,保持原水库兴利特征水位不变的标准,在原大坝下游120m处新建一座大坝。水库总库容103.77亿 m³,调洪库容34.32亿 m³,防洪库容30.86亿 m³。水库设计洪水标准为500年一遇,校核洪水标准为10000年一遇[2]。

白山、丰满水库防洪联合调度方案是松辽委实施两库防洪调度的重要依据,是第二松花江流域干流防洪安全的重要保障,也是流域防洪调度管理的重要技术文件,事关整个松花江流域防洪安全。由于丰满水库大坝工程重建,工程规模、库容曲线、泄洪能力、设计校核洪水等均发生了变化,且随着洪水系列的延长及洪水典型的增加,白山、丰满水库的设计洪水参数也相应地发生了变化,原国家防汛抗旱总指挥部批复的2004年联调方案已不再适应建成后的新丰满工程的防洪调度安全要求,为适应新丰满工程的基本条件,需要重新制定白山水库丰满水库防洪联合调度方案。新方案汲取以往方案和多年水库防洪调度实践经验,结合流域洪水特性及工程最新的运用条件,提出聚合水库调度模式,将上下游两座串联水库作为一个整体统筹考虑,同时提出了实时防洪调度原则框架,提高了方案的实用性和可操作性,新方案简化了水库防洪调度的判别指标,优化了调度原则,降低了洪水调度的复杂性,并解决了丰满、白山水库的运用次序问题,提高了

水库运用的灵活性;新方案在科学应对2020年多场台风强降雨袭击和流域性较大洪水工作中得到了应用验证。

2 流域洪水特性及设计洪水

第二松花江属松花江的南源,发源于长白山的主峰白头山天池,流域面积7.34万km²,河道全长825.4km[3]。流域的洪水主要由暴雨产生,面积较大,流域内各地区在地形上也有很大差别,主要的暴雨成因是冷锋、气旋、蒙古低压、贝加尔湖低压和台风等。流域内暴雨一般出现在7—8月,以7月居多。从暴雨持续时间来看,绝大部分地区降雨量超过50mm持续时间1天,持续时间2天的暴雨较少。但本流域的暴雨洪水仍旧频繁,虽然暴雨强度不大,但由于是连绵阴雨,容易形成大洪水[4]。第二松花江大洪水一般发生在6—9月,第二松花江洪水既有单峰洪水,也有双峰及多峰洪水发生,单峰洪水过程在7~11天,双峰洪水总历时一般14~19天,洪水3天洪量较集中。

丰满水库的洪水地区组成分为两种情况:一种是以白山以上来水为主的上游型洪水;另一种是以白山—丰满区间来水较大的中下游型洪水。丰满水库的设计洪水地区组成采用同频率洪水组成法,分为两种情况:①丰满控制、白山同频率、白山—丰满区间相应;②丰满控制、白山—丰满区间同频率、白山相应。白山、丰满坝址汛期设计洪水成果见表1。

表1   白山、丰满设计洪水成果

站名	各频率最大洪峰流量(m³/s)				
	$p=0.01\%$	$p=0.2\%$	$p=1\%$	$p=2\%$	$p=10\%$
白山	28400	18800	13700	11500	6600
丰满	40700	27600	20600	17500	10500

3 联合调度方案研究

3.1 以往水库调度简况

丰满水库工程自建成至1987年为单库调度运用,1987年成立了防洪调度领导小组,联调工作随之起步;1988—1993年,因原丰满工程加固加高施工,白山水库降低汛限水位运行,调度方案为临时调度运用;1994—2003年,联调方案执行国汛〔1994〕5号文;2004—2007年,联调方案执行国汛〔2004〕8号文;2008—2012年,因丰满大坝鉴定为病坝,丰满降低汛限水位运行,联调方案执行松汛〔2008〕8号文临时方案。2012—2020年,因丰满工程重建施工,执行施工期调度方案。这些调度方案是为适应不同时期的水库防洪运用条件编制的,调度方案随之不断优化,指导了流域发生的1953年、1957年、1960年、1991年、1995年、2010年、2013年等不同时期大洪水的防洪调度,防洪效果和防洪效益显著,保障了水库大坝的自身安全及下游防洪目标的安全。

3.2 联调方案研究必要性

2004年国家防汛指挥部批复的国汛〔2004〕8号文联调方案,是根据当时的洪水系列数据,并复核了设计洪水成果,选用了1953年、1960年、1991年、1995年型洪水,进行了同倍比和同频放大,在原防洪对象、防洪标准情况下,增加了下游河滩地的防洪要求,即当丰满水库遇10年及以下标准洪水时,水库泄量不超过2500m³/s,加重了水库的防洪任务情况下,经多方案研究论证,制定了2004年白山、丰满水库联合调度方案,并得到国家防总批复,经过2010年和2013年两次实际大洪水的调度验证,通过两库提前预泄、及时错峰联合调度,2010年洪水削峰率达到79%,2013年洪水削峰率达到88%,避免与嫩江干流洪峰叠加,防洪作用

十分显著,极大地保障了下游防洪安全,且汛后抬升调蓄水位,充分储存水库水量,实现了防洪效益、发电效益双赢目标,经济效益可观,社会效益巨大[5]。

批复的2004年联调方案的复杂性及其对调度方案实施的风险也是客观存在的,当时水库受自身条件限制、流域洪水特性变化、防洪要求增加对河滩地的保护等影响,联调方案中对洪水控制不得不采用以库水位、入库洪峰流量及三天洪量等作为判别指标,增加了洪水调度的复杂性,特别是在洪水调度过程中,三个条件缺一不可,要求随时掌握水库水位、泄流量并据此还原水库入库流量,随时计算过去三天的入库洪量,对资料进行分析并形成调度方案等过程均需要时间,极大地增加了防洪实时调度的风险性。同时,丰满重建工程泄洪设备也发生了较大变化,因而有必要研究新的联调方案,以适应新形势、新工程条件下的防洪调度安全。

3.3 两库防洪能力分析

白山水库汛限水位413.0m,500年设计洪水位418.3m,5000年校核洪水位420.7m,水库总库容60.12亿 m^3 ,调洪库容10.46亿 m^3 ,水库防洪库容4.53亿 m^3 。丰满水库汛限水位260.5m,500年设计洪水位268.2m,10000年校核洪水位268.5m,水库总库容103.77亿 m^3 ,水库调洪库容34.32亿 m^3 ,水库防洪库容30.86亿 m^3 。合计两水库总库容163.89亿 m^3 ,其中合计调洪库容44.78亿 m^3 ,占两库总库容的27.3%。

为研究不同频率洪水所使用水库最大调洪库容量,以现有水库防洪能力为基础,应用聚合水库调度方式,将白山、丰满水库作为一个整体统筹考虑,在不考虑白山水库洪水调节作用,且满足丰满水库下游防洪要求的前提下,估算各频率设计洪水所使用水库调洪库容,详见表2。经估算,水库最大使用调洪库容量为42.22亿 m^3 。

表2　　　　　　　　　　　　　联合调度所使用调洪库容估算表　　　　　　　　　　　　单位:亿 m^3

频率	单峰洪水及双峰洪水的前峰洪水						双峰洪水的后峰洪水		
	1953年	1960年	2010年	1991年	1995年	最大	1991年	1995年	最大
10%	16.19	16.46	15.76	4.08	15.76	16.46	18.60	19.63	19.63
2%	22.69	23.29	21.36	8.81	21.78	23.29	32.19	24.81	32.19
1%	23.20	24.17	20.70	10.99	22.88	24.17	35.75	20.05	35.75
0.2%	28.20	29.87	26.86	11.80	29.24	29.87	37.55	20.42	37.55
0.01%	28.28	33.59	29.26	19.67	29.92	33.59	42.22	16.21	42.22

根据防洪需求分析成果(表3),两库调洪库容合计44.78亿 m^3 ,需要水库最大拦蓄洪量42.22亿 m^3 ,调洪库容总量略有剩余,满足防洪水量要求。调单峰洪水可不借助白山水库拦蓄洪水,丰满水库调洪库容完全可以满足要求。调100年及以上的双峰洪水,最多需要拦蓄洪量35.75亿 m^3 ,超过丰满水库的调洪库容34.32亿 m^3 ,丰满水库无法单独承担,白山水库必须帮忙承担拦洪量1.43亿 m^3 ;调500年一遇的双峰洪水,最多需要拦洪量37.55亿 m^3 ,超过丰满水库的调洪库容,白山水库需要承担拦洪量3.23亿 m^3 ,低于防洪库容;500年及以下一遇洪水,白山水库需要承担的水量均低于水库防洪库容4.53亿 m^3 ;调10000年一遇双峰洪水,最多需要拦蓄42.22亿 m^3 水量,其中丰满水库拦洪量34.32亿 m^3 ,需要白山水库拦洪量7.9亿 m^3 ,不会突破白山水库的校核水位420.7m。

表3　　　　　　　　　　　　　　　防洪需求分析表　　　　　　　　　　　　　　　单位:亿 m^3

频率	白山水库最大防洪能力	丰满水库最大防洪能力	两库合计最大防洪能力	最大需求库容		两库最大防洪能力,即最大需求库容
				单峰洪水	双峰洪水	
10%	4.53	15.34	19.87	16.46	19.63	0.24
2%	4.53	27.5	32.19	23.29	32.19	0
1%	5.89	30.86	36.75	24.17	35.75	1.0

频率	白山水库 最大防洪能力	丰满水库 最大防洪能力	两库合计 最大防洪能力	最大需求库容		两库最大防洪能力， 即最大需求库容
				单峰洪水	双峰洪水	
0.2%	7.00	32.82	39.82	29.94	37.55	2.27
0.01%	10.46	34.32	44.78	33.59	42.22	2.56

3.4 联调方案研究

联调方案研究不能受工程原设计指标影响，丰满、白山水库最高调洪水位分别不超过268.5m、420.7m。根据《水利部关于〈丰满、白山水库防洪联合调度方案的批复〉》（水防〔2019〕199号）要求，丰满水库10年、50年、100年、500年最大出库流量分别不超过2500m³/s、4000m³/s、5500m³/s、7500m³/s，白山水库视丰满水库防洪调度需求，适当为丰满水库帮忙错峰，研究提出满足两库防洪目标要求的联合调度原则。

3.4.1 丰满水库

（1）当丰满水库发生10年一遇及以下洪水时，控制出库流量不超过2500m³/s，水库水位不超过264.70m，遇特殊洪水（即已出现一次洪峰，丰满水库水位尚未退至汛限水位，又出现洪峰。下同），白山水库需协助拦蓄洪水。

（2）当丰满水库发生超过10年一遇但不超过50年一遇洪水时，控制出库流量不超过4000m³/s，水库水位不超过266.20m；遇特殊洪水，白山水库协助拦蓄洪水，丰满水库水位不超过267.20m。

（3）当丰满水库发生超过50年一遇但不超过100年一遇洪水时，控制出库流量不超过5500m³/s，水库水位不超过266.40m；遇特殊洪水，白山水库协助拦蓄洪水，丰满水库水位不超过267.90m。

（4）当丰满水库发生超过100年一遇但不超过500年一遇洪水时，可控制出库流量不超过7500m³/s，白山水库协助拦蓄洪水，丰满水库水位不超过266.70m；遇特殊洪水，丰满水库水位不超过268.20m。

（5）当丰满水库发生超过500年一遇洪水时，丰满水库开始敞泄。调度白山水库，使白山、丰满水库水位均不超过校核洪水位。

（6）丰满水库敞泄时，可只用溢流坝泄洪，发电机组、泄洪洞可不参与泄洪。

3.4.2 白山水库

当发生洪水时，在确保白山水库自身防洪安全的前提下，根据联合调度的需要，适时拦蓄洪水。

（1）当白山水库发生20年一遇及以下洪水时，可随时拦蓄；当白山水库发生20年一遇以上的大洪水时，拦蓄洪水在洪峰出现后进行，洪峰出现前尽量维持水库水位不上升。

（2）当丰满水库调洪最高水位不超过267.90m时，白山水库主动拦蓄洪水（指水库出库流量小于泄流能力）应控制水库水位不超过416.50m。当丰满水库调洪最高水位超过267.90m但不超过268.20m时，白山水库主动拦蓄洪水应控制水库水位不超过418.30m。当丰满水库调洪最高水位超过268.20m时，白山水库主动拦蓄洪水应控制水库水位不超过419.20m。

（3）白山水库拦蓄洪水后，在满足丰满水库防洪安全的前提下，白山水库应尽快回落至汛限水位。

（4）当白山水库出库流量超过10660m³/s，可只用泄洪孔泄洪，发电机组可不参与泄洪。

4 联调成果分析及应用

4.1 联调成果分析

按照拟定的联调方案，经1953年、1960年、1991年、1995年、2010年型洪水调洪计算，丰满水库10000年、500年一遇洪水调洪最高水位268.50m、268.20m，与丰满校核和设计水位相同。20年、5年一遇最高洪水位分别265.67m,263.42m,均比工程相应设计水位高0.69m、0.44m,但均低于居民和耕地淹没水位,不会增加库区淹没范围;白山水库5000年、500年一遇洪水调洪最高水位420.61m,417.32m,均不超过白山校核及设计洪水位420.7m和418.3m。30年、10年一遇洪水调洪最高水位415.22m、413.84m,均低于淹没迁移线。新的联调方案,对白山、丰满工程设计水位不产生影响,水库不增加淹没,优化了联调方案,调度较为灵活。

4.2 实际洪水调度应用

对2020年实测洪水进行调度应用验证。

2020年9月,受台风"巴威"北上影响,流域有两次大到暴雨过程。依据批复的最新调度方案,汛前丰满、白山水库加大泄流,主动降低库水位,丰满水库总出库流量由179m³/s先后加大至1600m³/s,机组满发出流(总出库流量不超过2500m³/s),白山水库总出库流量由127m³/s先后加大至800m³/s、1050m³/s。为了给下游区间错峰,丰满水库9月7日减小出流至700m³/s,9月9日加大出流至1600m³/s,9月18日转为发电调度。先后下发4次调度令,调度丰满、白山水库共拦蓄洪水55.8亿m³,削峰率达77.5%,控制第二松花江干流不超警,减淹下游40万亩河滩地,避免1.09万人转移[6]。

5 结语

本文针对丰满重建工程实际,综合考虑了工程基本条件、防洪要求,以及水文特性变化对联调方案的影响等,在原2004年联调方案的基础上,开展了一些探索性的研究,开创性地提出了水库防洪联合调度新思路,优化了防洪调度原则,增强了方案的可操作性和灵活性。创新性地提出了丰满、白山水库联合调度聚合调度模式,将两库虚拟为一个水库,整体把握来水量级和剩余防洪能力,减少了两库蓄泄组合的工作量,有利于两库库容的统筹运用;明确指出了实时防洪调度原则与工程设计使用的调洪原则的差异性,提出了实时防洪调度原则框架,解决了调度方案与实际调度"两层皮"问题,提高了方案的实用性和可操作性;简化了水库防洪调度的判别指标,将原来的3个指标减少至2个,降低了洪水调度的复杂性;解决了丰满、白山水库的运用次序问题,根据防洪能力分析结论,可优先使用丰满水库拦蓄洪水,白山水库根据联合调度的需要适时拦蓄洪水,提高了白山水库运用的灵活性;该方案在科学应对2020年多场台风强降雨袭击和流域性较大洪水工作中得到了应用验证,有效地发挥了丰满、白山水库的两库联合调度优势,防洪效益显著。

参考文献

[1] 中水东北勘测设计研究有限责任公司. 白山水库调度设计报告[R]. 长春:中水东北勘测设计研究有限责任公司,1994.

[2] 中水东北勘测设计研究有限责任公司. 吉林丰满水电站全面治理(重建)工程可行性研究报告[R]. 长春:中水东北勘测设计研究有限责任公司,2011.

[3] 于德万,谢洪伟,李萍. 吉林省第二松花江暴雨洪水特性及防洪对策[J]. 水利规划与设计,2008,(5):16-18.

[4] 水利部松辽水利委员会. 松花江干流治理工程可行性研究报告[R]. 长春:水利部松辽水利委员会,2014.

[5] 中水东北勘测设计研究有限责任公司. 白山、丰满水库防洪联合调度方案设计报告[R]. 长春:中水东北勘测设计研究有限责任公司,2004.

[6] 水利部松辽水利委员会. 2020年松辽委水库调度总结[R]. 长春:水利部松辽水利委员会,2020.

不确定性影响下水库群预留防洪库容优化分配研究

王权森[1,2]　李安强[1,2]　卢程伟[1,2]

(1.长江勘测规划设计研究有限责任公司,湖北武汉,430010;

2.流域水安全保障湖北省重点实验室,长江勘测规划设计研有限责任公司,湖北武汉,430010)

摘　要:随着长江流域控制性水库陆续修建,以水库群为骨干的大规模防洪系统已逐步形成。为合理规划与分配参与调度的各水库防洪库容,充分发掘上游水库群防洪潜力,本文选取了溪洛渡—向家坝梯级(以下简称溪—向梯级)与瀑布沟水库为研究对象,采用DP-POA优化算法分别计算各水库对李庄与朱沱预留库容大小,且考虑共用库容的影响,对水库群联合调度库容分配策略进行研究,并进一步分析不确定性条件下上游水库群调度对下游三峡水库运行方式的影响。研究结果表明,瀑布沟水库可为溪—向梯级分担部分川江河段防洪压力,使溪—向梯级预留防洪库容减少。同时,考虑上游水库配合调度以及不确定性条件下,三峡水库对城陵矶补偿水位可进一步抬升,在保证荆江防洪安全前提下,进一步提高对城陵矶地区的防洪能力。

关键词:联合防洪调度;库容分配;DP-POA优化算法;不确定性;补偿水位

1　研究背景

我国一直是受洪灾最为严重的国家之一,约有 50% 的人口和 70% 的财产分布在洪水威胁区内。根据国家防汛抗旱总指挥部于 2010 年发布的《2009 年中国水旱灾害公报》[1]对我国近 20 年洪涝灾害统计[1],我国洪涝灾害年均经济损失超过 1000 亿元,约占同期年均 GDP 的 1.41%,若遇 1996 年、1998 年等大水年份,洪涝灾害损失占 GDP 比例更是高达 3%~4%。在此背景下,我国在防洪战略上不断调整,习近平总书记就防灾问题提出了"两个坚持、三个转变"的新时期防灾减灾新理念,将灾害风险管理和综合减灾上升到国家治理理念的新高度。因此,结合我国具体国情,建立现代化的防洪安全体系,加强洪水灾害风险防范和控制,已成为事关我国经济、社会、环境与民生的重大战略问题之一。

水库作为现代化防洪体系的主体,对流域防洪减灾有着至关重要的作用[2]。现阶段,全国已建成水库 9 万余座,水库数量已跃居世界之首[3]。现已在长江流域、黄河流域、珠江流域、辽河流域等 13 个流域,建成了规模庞大、结构复杂的流域水库群,以水库群为骨干的大规模防洪系统已逐步形成。随着参与调度水库数量的增加,水库调蓄以及气候变化的影响,加剧了流域水资源的时空分布不均等问题,流域水资源综合配置矛盾日益凸显,现有的联合防洪调度规则仍需进一步完善[4]。本文以金沙江下游溪洛渡、向家坝梯级水库与岷江瀑布沟水库为目标,在现有的研究基础上[5-6]对水库群联合调度库容分配策略进行研究,并进一步分析上游水库群调度对下游三峡水库运行方式的影响,为指导大规模混联水库群联合防洪调度提供科学依据。

2　研究区域概况

溪洛渡、向家坝梯级水库位于金沙江流域最下游,防洪库容总和为 55.53 亿 m³,是长江流域联合防洪体系中的重要工程。其不仅肩负着川渝河段宜宾、泸州防洪安全,还需配合三峡水库对长江中下游地区进行防洪调度。瀑布沟水库位于岷江大渡河流域,水库防洪库容为 11 亿 m³,其在保证本流域的防洪安全的前提下,需要配合三峡对长江中下游进行防洪,必要时需配合金沙江梯级对川江河段进行防洪。各水库地理位置如图1所示。

目前,在溪洛渡、向家坝联合调度专题研究中,对两库采用等量拦蓄的方法,初步判定溪洛渡水库需预留 14.6 亿 m³ 库容来保证川江河段的宜宾与泸州的安全,剩余 40.93 亿 m³ 库容可保证重庆与长江中下游地区防洪安全[7]。但是,若考虑瀑布沟水库对川江的防洪作用,针对川江河段的防洪调度即从原本的单库调度问题转变成了并联水库联合调度问题,同时上游水库群预留库容的改变也会对下游三峡水库的运行方式产生影响[8]。如何对溪—向梯级水库与瀑布沟水库合理地分配预留防洪库容,充分发挥上游水库防洪效益,与此同时,相应调整下游水库运行方式以实现上下游水库群联合调度,值得进一步研究。

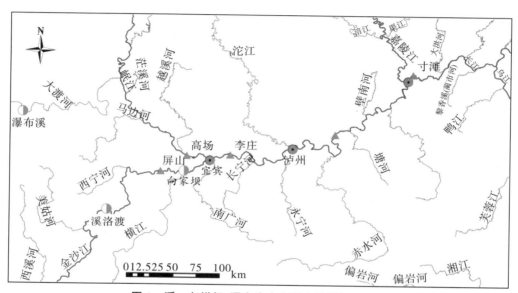

图 1　溪—向梯级、瀑布沟水库联合防洪调度系统

3　溪洛渡、向家坝和瀑布沟水库预留库容分配方案研究

3.1　研究思路

川江河段主要防洪对象为宜宾、泸州与重庆,对应的防洪控制点为李庄、朱沱与寸滩。根据《长江流域综合规划 2012—2030》可知[8],下游重庆地区洪水与荆江地区洪水关联性较好,因此上游水库群对荆江防洪的同时也可以分担重庆的防洪压力,因此,首先需要计算宜宾与泸州的防洪库容需求,扣除预留川江河段防洪库容后,水库群剩余库容可应用到长江中下游地区与重庆防洪中。

针对李庄与朱沱的多水库防洪调度是一个涉及协调多区域的防洪安全的决策问题,因此,本研究采用大系统分解协调理论,分别计算不同防洪控制点的防洪需求,进一步确定整体防洪库容需求与分配方案。现阶段,在确定川渝河段防洪库容大小时,采用的是等量拦蓄的方法,计算出所需的防洪存在一定优化空间。为此,本研究基于动态规划-逐步优化(DP-POA)嵌套算法建立并联水库群联合防洪调度优化模型,计算防洪库容大小为保证防洪安全的最小所需预留的防洪库容,可以为进一步研究提取最优库群联合调度方式提供优化边界。研究首先利用 DP 算法求得初始解,再利用 POA 模型对初始解进行二次优化,具体计算步骤见文献[5],联合调度模型的目标是满足防洪控制点安全的条件下,水库群调度过程中最大占用库容最小,目标函数如下:

$$\min\left\{\max\left(\sum_{i=1}^{n} V_{i,t}, t=1,2,\cdots,T\right)\right\} \qquad (1)$$

式中,$V_{i,t}$ 为第 i 个水库第 t 时段消耗的库容;n 为水库的个数,T 为调度的时段长。模型所需要满足的约束包括库水位上下限约束、水量平衡约束、水库泄流能力约束,水库下泄流量及水位变幅约束和河道洪水演进约束。

研究首先利用DP-POA算法优化计算上游水库保证宜宾所需防洪库容大小,在保证宜宾防洪安全的条件下,计算上游水库在对宜宾拦蓄过程中对泸州过境洪水的削峰效果,将调蓄后的结果进一步优化计算保证泸州安全所需防洪库容的大小。具体研究流程如图2所示。

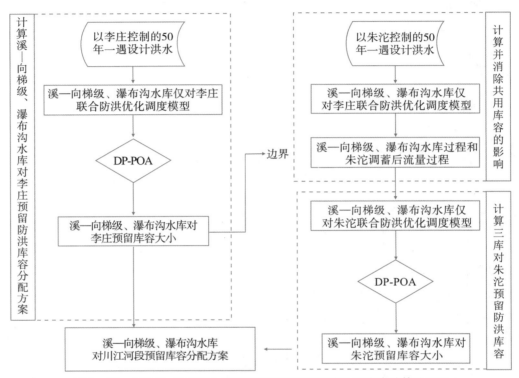

图2 溪—向梯级、瀑布沟水库对川江河段预留库容分配方案计算流程图

3.2 对宜宾防洪调度

宜宾位于金沙江与岷江交汇合口处,主要洪涝灾害由金沙江、岷江的洪水造成,其防洪标准为50年一遇,对应李庄安全洪峰流量为51000m³/s。研究通过分析金沙江与岷江洪水遭遇规律,选取了1961年、1966年、1981年、1991年、1998年、2010年与2012年7场李庄发生较大洪水的15天典型洪水过程,时段步长为6h,并根据李庄设计洪水资料,将李庄站与上游屏山、瀑布沟站洪水过程同倍比放大到50年一遇,作为联合优化调度模型的输入。

从兴利角度出发,防洪库容可全部预留在溪洛渡水库中,为此仅对溪洛渡与瀑布沟进行联合优化调度,优化时间步长为6h。同时,为避免因水库被动滞洪影响准确估算占用防洪库容大小,本研究拟定溪洛渡起调水位580m,瀑布沟起调水位为841m,对李庄的优化调度结果如表1所示:

表1 溪—向梯级、瀑布沟水库对李庄优化调度结果

典型年	李庄流量（m³/s）		耗用库容（亿 m³）		
	天然洪峰	调蓄后洪峰	溪—向梯级	瀑布沟水库	总和
1961	58300	50997	6.83	0.26	7.09
1966	52000	50996	0.48	0	0.48
1981	57600	50999	3.23	2.76	5.99
1991	59600	50999	5.62	0.26	5.88
1998	57800	50999	3.49	3.25	6.74
2010	58900	50998	2.84	3.21	6.05
2012	63000	50999	6.46	2.39	8.85

从表1中可以看出,运用溪—向梯级与瀑布沟水库对李庄进行防洪调度时,7场30年一遇的典型洪水均能有效拦蓄,其中2012年两库消耗防洪库容之和最大,各水库调度结果如图3(a)所示,李庄流量过程如图3(b)所示,两库消耗库容之为8.85亿 m³,其中溪—向梯级消耗库容为6.46亿 m³,瀑布沟水库消耗库容为2.39亿 m³。

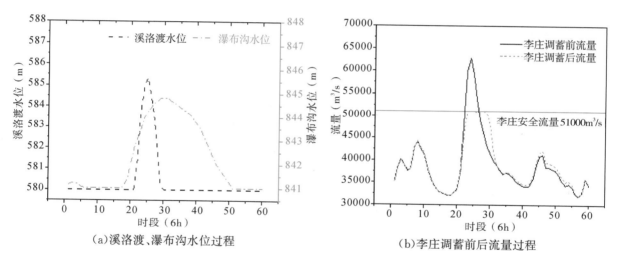

（a）溪洛渡、瀑布沟水位过程　　　　（b）李庄调蓄前后流量过程

图3　对李庄调度结果图

3.3　对泸州防洪调度

泸州市位于宜宾市下游约100km处,防洪标准为50年一遇,对应其控制站朱沱洪峰流量不超过52600m³/s。将上述7场典型洪水过程作为基础,以朱沱站为控制站放大至50年一遇,并同倍比放大上游李庄、瀑布沟、屏山站流量过程,作为联合调度模型的输入。李庄与朱沱洪水具有一定的同步性,因此,上游水库为宜宾预留防洪库容,对李庄拦蓄的同时也可对泸州的洪水产生一定的削峰效果。在计算泸州预留库容大小时,应该考虑这部分共用库容。为探明上游水库在对宜宾拦蓄过程中,对泸州过境洪水的削峰效果,以3.2节计算的各水库对宜宾的预留库容为调蓄的上下边界,仅对宜宾进行防洪调度,计算调蓄前后朱沱等站点的流量过程,调度结果如表2所示。其中溪洛渡580m起调,预留6.46亿 m³防洪库容对应的最高调洪水位为585.36m,瀑布沟起调水位为841m,要预留2.39亿 m³防洪库容对应的最高调洪水位为844.01m。

表2   上游水库仅对宜宾调度结果

典型年	朱沱流量(m³/s)		李庄流量(m³/s)		耗用库容(亿 m³)		
	天然洪峰	调蓄后洪峰	天然洪峰	调蓄后洪峰	溪—向梯级	瀑布沟水库	总和
1961	52284	50947	58500	57584	0	1.08	7.09
1966	60458	58820	56800	54901	6.46	2.39	8.85
1981	49481	49481	57500	57500	0	0	0
1991	59425	51722	58700	52795	6.46	0.92	7.38
1998	54730	50993	55400	52347	1.86	2.27	4.13
2010	56728	50977	57817	55033	3.31	2.39	5.70
2012	55989	50969	58812	57309	2.13	1.37	3.50

从表2可以看出,遇1966年、1991年、1998年、2010年金沙江干流或者宜宾河段发生大洪水的典型洪水时,对宜宾拦蓄的同时能有效地对泸州洪峰流量进行削减,而当遇到李庄洪峰流量较小或者基本没超标,李庄—朱沱区间来水较大,如1961年、1981年、2012年典型洪水时,对朱沱的削峰效果较弱,上游水库对宜宾预留的防洪库容共用性较差。

为摒除李庄与朱沱共用库容的影响,更准确地计算朱沱所需预留防洪库容的大小[7]。将上述各典型年对宜宾的调度结果,即溪洛渡出库、瀑布沟出库、调度后的朱沱流量过程再一次输入联合防洪优化调度模型,仅对朱沱进行防洪调度,模型目标仍为水库群调度过程中最大占用库容最小,考虑的防洪约束为朱沱过流量不超过52600m³/s,其他约束与水库的起调水位不变。其优化调度结果如表3所示:

表3   溪—向梯级、瀑布沟水库对朱沱优化调度结

典型年	朱沱流量(m³/s)		耗用库容(亿 m³)		
	天然洪峰	调蓄后洪峰	溪—向梯级	瀑布沟水库	总和
1961	57584	52599	4.85	1.82	6.67
1966	54901	52599	6.46	0.11	6.57
1981	57500	52600	2.55	3.42	5.97
1991	52795	52598	0.14	0.28	0.42
1998	52347	52347	0	0	0
2010	55033	52520	2.17	1.79	5.70
2012	57309	52599	2.13	1.37	3.50

由表3可知,上游水库对7场典型洪水调度后,能有效控制朱沱站流量在52600m³/s以下。其中1961年、1966年、1981年、2010年四个典型洪水过程消耗的防洪库容较大,1961年与1991年洪水主要由于李庄来水较小或者超标洪量不大,而李庄—朱沱区间来水较大,需要额外的防洪库容来保证朱沱的防洪安全。而对于1961年、1966年典型洪水,以泸州50年一遇设计标准放大后的洪水峰量较大,因此上游水库所需要投入使用的防洪库容也较大。其中1961年洪水所需防洪库容总和最大,其调度过程如图4所示,溪洛渡需要预留4.85亿 m³,瀑布沟需要预留1.82亿 m³。从整体来看,为保证川渝河段宜宾与泸州的防洪安全,溪洛渡水库在预留宜宾6.46亿 m³基础上还需要预留4.85亿 m³防洪库容,总共需要预留11.31亿 m³防洪库容。同样,瀑布沟需要预留4.1亿 m³防洪库容。

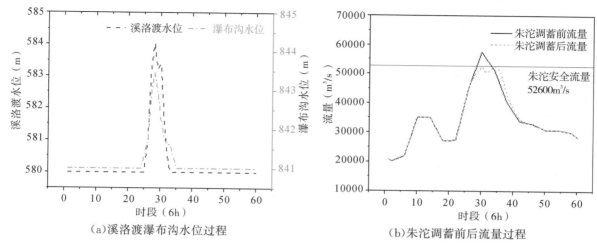

图 4 　对朱沱调度结果图

4　考虑不确定性条件下上游水库预留防洪库容对三峡的影响分析

长江上游水库群在预留一部分保证本流域防洪安全的同时,还需要配合三峡水库对长江中下游地区进行防洪[11]。根据 3.3 节计算可得,溪洛渡、向家坝需要预留 11.31 亿 m³ 库容为川江河段防洪,剩余 44.22 亿 m³ 库容可对重庆以及配合三峡对下游地区进行防洪。瀑布沟水库需要预留 5 亿 m³ 防洪库容保护下游成昆铁路、沿河城镇以及河心洲的防洪安全,剩余 6 亿 m³ 为中下游以及川江河段进行防洪,根据 3.3 节的计算,需要预留 4.1 亿 m³ 库容配合金沙江梯级对川江河段进行防洪,剩余 1.9 亿 m³ 库容则配合三峡进行联合防洪调度。三峡水库主要承担城陵矶与荆江的防洪安全,在上游水库群配合调度情况下,三峡水库对城陵矶的补偿水位可以适当提高[12]。但上游水库距离三峡较远,溪—向梯级与瀑布沟水库均依据预报三峡入库来实时决策拦蓄流量,由于预报不确定性的存在,会使调度过程中产生风险[13]。为此,本节拟研究考虑不确定性条件下,上游水库群配合三峡联合调度时三峡水库不同补偿水位的风险大小,探索不同补偿水位的可行性,进一步保证长江中下游防洪安全。

4.1　预报不确定性模拟

研究考虑了寸滩和宜昌的洪水预报信息,采用不同的分布对误差序列进行拟合,通过 RMSE 和 AIC 指标优选出合理的分布函数[14]。如图 5 所示,结果显示预报误差的最优分布为 Wakeby 分布。通过蒙特卡洛随机抽样方法对寸滩和宜昌的预报误差进行随机模拟。通过对比统计指标均值、C_v 和 C_s 判断模拟效果,如表 4 所示。结果显示所模拟的结果可以很好地描述预报不确定性的特征。

4.2　不确定性条件下上游水库群配合三峡联合防洪调度风险分析

抬高三峡水库对城陵矶的补偿水位将会使水库对荆江防洪调度空间变小。在遭遇量级较大的洪水并考虑上游水库预报不确定性情况下,三峡水库可能会产生一定的风险(水库水位超过 171m 等)。为探明不确定性条件下,上游水库群配合三峡联合调度时,三峡水库设定不同对城陵矶补偿水位的可行性,研究构建溪—向梯级、瀑布沟、三峡常规调度模型。上游溪—向梯级、瀑布沟水库在预留一定防洪库容保证本流域以及川江河段的宜宾市与朱沱市防洪安全的基础上,分别投入 44.22 亿 m³ 与 1.9 亿 m³ 防洪库容为重庆以及配合三峡为长江中下游地区进行防洪,具体库容使用方式见相关文献[11]。控制三峡补偿水位为 155～159m,离散精度为 0.2m。选取 1954 年、1968 年、1969 年、1980 年、1981 年、1982 年、1996 年、1998 年、2010

年、2012年十场典型洪水,以宜昌站为控制放大到百年一遇,并同倍比放大上游屏山站、瀑布沟站、寸滩站作
为调度模型输入。

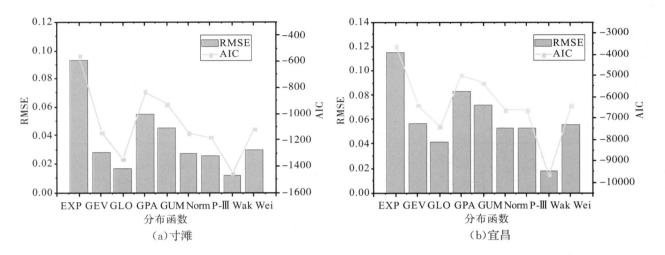

（a）寸滩   （b）宜昌

图 5　预报误差分布优选结果

表 4　　　　　　　　　　　　　　　　　　预报不确定性模拟结果

统计指标	寸滩		宜昌	
	实测	模拟	实测	模拟
均值	0.68%	0.69%	−2.60%	−2.60%
C_v	4.96	4.93	−3.80	−3.75
C_s	0.002	0.002	−1.12	−1.14

为衡量不确定性条件下不同补偿水位的调度风险,引入条件风险价值（CVaR）来衡量不确定性条件下
三峡不同补偿水位下的风险[15]。CVaR是指超越选定概率以上的所有损失的加权平均期望值,可准确反映
由不确定性引起的极端情况所造成的损失大小,在金融风险分析领域使用十分普遍。本文采用蒙特卡洛法
估算不确定性条件下不同三峡水库不同补偿水位的CVaR,来衡量对应的风险大小。利用上述预报误差分
布进行10000次随机取样,分别对每个典型年不同补偿水位进行10000次模拟调度,统计每次调度后三峡最
高调洪水位,得到10000个三峡最高调洪水位。利用式（2）计算CVaR。

$$\text{CVaR}(\alpha) = \frac{1}{1-\alpha} \sum_{i=1}^{M} (H_i \cdot P(H_i)); M = INT(n \cdot (1-\alpha)) \tag{2}$$

式中,α 为置信水平,这里取1%;n 为模拟总次数;H_i 是指三峡最高调洪水位序列中的第 i 高的水位;
$P(H_i)$ 是指第 i 高水位出现的概率,这里等于 $\frac{1}{n}$。考虑不确定性后,各典型年不同补偿水位对应的CVaR
如图6所示。针对不同典型来水,风险分析结果不同,如遇1980年（100年一遇设计）洪水时,三峡最高调洪
水位的CVaR相对其他典型洪水较高。随着三峡对城陵矶补偿水位抬高时,考虑不确定性后,三峡最高调
洪水位的CVaR将会随之增大。以三峡百年一遇设计洪水位171m为风险阈值,若某一补偿水位条件下,考
虑不确定性后三峡最高调洪水位的CVaR超过171m,则认为该补偿水位存在风险。以1980年为例,当补
偿水位抬高到158m时对应的CVaR为170.87m,若继续抬高,CVaR值将会超过171m。因此,在上游水库
群配合三峡进行调度时,在不确定性条件下综合考虑城陵矶与荆江地区的防洪安全,选取三峡对城陵矶补
偿水位为158m。

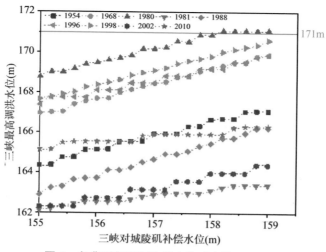

图 6 各典型年不同补偿水位对应的 CVaR 值

5 结论

本文利用大系统分解—协调的思路,以水库群剩余防洪库容最小为目标,分别构建了溪—向梯级与瀑布沟水库对宜宾与泸州的联合防洪优化调度模型,利用 DP-POA 优化算法对不同典型年进行优化调度,确定了溪—向梯级水库与瀑布沟水库对川江河段的最优预留库容分配方案。在此基础上,探究了不确定性条件下,上游水库群配合三峡联合调度后对三峡运行方式的影响。分析了联合调度条件下,三峡水库对城陵矶不同补偿水位的风险大小。在保证荆江地区防洪安全条件下,结合风险分析的结果,进一步论证了抬高三峡水库对城陵矶补偿水位的可行性。本文对预留库容的使用方式大多建立在现有的常规调度规则基础上,下一步研究可根据水库群联合防洪优化调度结果,优化常规调度方案,进一步深化研究水库群预留防洪库容的使用方式,这将对于完善大规模复杂水库群联合防洪调度体系,提高流域防洪减灾能力,有着重要的指导意义。

参考文献

[1]《中华人民共和国水利部公报》编辑部. 2011 年中国水旱灾害公报[R]. 北京:中华人民共和国水利部,2012.

[2] 陈桂亚,冯宝飞,李鹏. 长江流域水库群的联合调度有效缓解了中下游地区防洪压力[J]. 中国水利,2016,(14):7-9.

[3] 中华人民共和国水利部. 第一次全国水利普查公报[J]. 水利信息化,2013,(2):64.

[4] 郭生练,陈炯宏,刘攀,等. 水库群联合优化调度研究进展与展望[J]. 水科学进展,2010,21(4):496-503.

[5] Chao Z, Na S, Lu C, et al. Optimal Operation of Cascade Reservoirs for Flood Control of Multiple Areas Downstream: A Case Study in the Upper Yangtze River Basin[J]. Water, 2018, 10(9):1250.

[6] Zha G, Zhou J, Yang X, et al. Modeling and Solving of Joint Flood Control Operation of Large—Scale Reservoirs: A Case Study in the Middle and Upper Yangtze River in China[J]. Water, 2020, 13(1):41.

[7] 李安强,张建云,仲志余,等. 长江流域上游控制性水库群联合防洪调度研究[J]. 水利学报,2013,44(1):59-66.

[8] 水利部长江水利委员会. 长江流域综合规划(2012—2030 年)[R]. 武汉:长江水利委员会,2012.

大藤峡水利枢纽智慧调度思路探索

李颖　谢燕平　黄光胆

(广西大藤峡水利枢纽开发有限责任公司,广西南宁,530200)

摘　要:本文结合大藤峡水利枢纽初期蓄水至初期运行阶段实际与智慧调度最新研究进展,从水库智能预警、高效调度决策、一体化调度需求管理等方面进行科学探索,提出有效建设思路,为实现大藤峡水利枢纽智慧调度总目标提供参考。

关键词:大藤峡水利枢纽工程;水库优化调度;智慧水库;思路探索

大藤峡水利枢纽自 2020 年 3 月 10 日开始下闸蓄水,9 月 6 日 18 时蓄水至 52m,一期工程具备全面发挥综合效益条件,为保通航、保发电提供坚实保障。计划 2023 年工程建设完工,届时将蓄水至 62m 高程。近年来,广西电力需求将与日俱增,大藤峡水利枢纽作为国家 172 项节水供水重大水利工程的标志性工程和珠江流域关键控制性工程,肩负防洪、航运、发电、补水压咸、灌溉等重任,如何协调各方调度需求将是枢纽正式建成完工后的重中之重。随着大数据与相关设备的发展,加上大藤峡公司在大数据中心建设上的努力[1],智慧调度在实际应用上有了更多可能。下面将结合目前初期蓄水调度实际与相关领域最新研究,讨论大藤峡水枢纽在水库智能预警、高效调度决策、一体化调度需求管理等方面的未来发展思路。

1　水库智能预警

大藤峡水利枢纽所在的黔江流域地处我国低纬度地带,属亚热带季风气候区,大部分地区的气候特点是春季阴雨连绵,雨日较多;夏季高温湿热,暴雨频繁;秋季常受台风入侵影响。历史资料显示,1915 年、1994 年、2005 年都发生过西江历史大洪水[2]。大藤峡位于西江中下游,直通粤港澳大湾区,需要配套有效的洪水预警系统。目前随着柳州洪水预警预报系统、国家防汛抗旱指挥系统、西江中下游洪水预警预报系统、中小河流水文监测系统等基础设施的建成,西江洪水预警系统的基础工程已较为完善。西江流域水库群洪水预警系统亦有深入研究[3]。对于大藤峡本身来说,还需要考虑大藤峡上下游各水工建筑物、堤坝、近水道路、涉水设备等的预警需求。

为做好大藤峡水库预警工作,大藤峡水利枢纽工程水情测报系统已于 2019 年 1 月建成,系统中遥测站点采用广西区水文系统现有的水文站网设施(包括水位站 67 个、雨量站点 111 个),覆盖龙滩至大藤峡坝址区间、柳江流域,面积约 84071km² ;系统中的洪水预报模块采用多种预报模型对来水进行预报,并能实现自动预报功能。要实现智能预警,后续可通过监测设备、预警规则、预警设备三方面进行建设。监测设备方面:优化水文站网布设,合理增加测站,对已有水文站点进行维护与升级,提升预测精度。预警规则方面:理

作者简介:李颖,女,硕士,1056312889@qq.com;谢燕平,女,云南宣威人,硕士,主要从事水库调度管理,E-mail:2542678292@qq.com;黄光胆,男(壮族),广西都安人,工程师,大学本科,主要从事水库调度管理,E-mail:75975940@qq.com。

清大藤峡上下游各水工建筑物、堤坝、近水道路、涉水设备等的预警需求,明确重点预警区域及预警方式。预警设备方面:针对不同预警方式进行预警设备布设,一是参考数字化安防系统的应用[4],结合大藤峡已初步构建的出入控制电子系统与监控系统与水情测报系统,对枢纽区内人员进行范围管控,重点预警区域作业人员及相关责任人将自动接收预警信息;二是对接广西防办预警平台,参考西江流域水库群洪水预警系统研究[3],对影响大藤峡上下游河道的关键水情信息,自动生成预警信息并自动发送各级防办及相关人员。通过监测设备、预警规则、预警设备三方面布局建设,最终实现大藤峡枢纽区及受大藤峡枢纽水库调度影响区智能预警。

2 高效水库调度决策

根据水库一期初期运行阶段实际情况,对于大藤峡水利枢纽这种河道型日调节水库而言,快速有效地完成水库调度决策方案是重要的日常工作。目前大藤峡公司进行水库调度决策采用的是 2020 年初建成的水调系统数据交换与共享模块,拥有多源数据采集与共享、建设数据存储与管理、建设应用支撑平台三大功能,可以实现水雨情数据的传输与存储,重点数据上传广西中调的功能。大藤峡水库调度要提升智能化水平,可在水调系统数据交换与共享模块基础上,完成调度自动化系统(简称"调度系统")建设。调度系统主要由以下三方面支撑完成高效调度决策:

一是动库容模型耦合。目前大藤峡采用静库容水量平衡的方法进行大藤峡入库流量的推算。而大藤峡水库属于河道型水库[5],动库容所占比重相对较大,且与入库流量相关,不考虑动库容的影响会使推求的入库流量带来一定的误差。2020 年 3 月,大藤峡实施下闸蓄水开始一期蓄水发电,库区干流河道和支流柳江河道受水库回水影响,洪水传播规律发生了变化,红水河迁江站、柳江象州站站以下的区间洪水预报方案需要根据动库容模型结果进行优化调整,以适应蓄水发电以后的调度需求。

二是调度数据智慧分析。对枢纽的水情、电站信息的实时过程、日过程、月过程、年过程分析进行任选时段的分析,也可对某项数据进行同期对比分析,还可以在同一图形中进行套绘对比分析,以为后续调度方案选择进行理论支撑。

三是调度方案自动生成。依据实时水雨情信息、洪水调度方案及相关调度规程,通过静库容调洪模型(龙滩、岩滩等水库)、动库容调洪模型、防洪泄流规则调度模型、水位控制模型、指令调度模型自动生成防洪调度预案,以人机交互方式制定实时调度成果,并进行调度成果可视化,为调度实施提供支持。

3 一体化调度需求管理

大藤峡水利枢纽处于一期初期运行阶段,已初步具备调蓄洪水和生态补水的能力,并在 2021 年春节期间成功对下游进行了压咸补水,有效保障了春节前后澳门、珠海及中山等粤港澳大湾区城市供水安全。而随着电力市场改革的不断推进,新的水电站调度模式要求水电站在满足防洪要求后,应当按照发电效益最大化进行调度,提高水库的发电综合效益。不断变化的新要求提高了大藤峡水库调度难度。针对西江流域水库群的补水压咸与发电,学界有深入研究[6-8],但这些研究成果目前还未正式进入常态应用阶段。

作为日调节水库,大藤峡枢纽的防洪、航运、发电、补水压咸等水资源具体服务对象不一致,且根据实际情况会产生紧急调度需求,调度需求是动态变化的,若可在系统上集成各方调度需求,将大大提升调度方案制定时间,提升调度管理水平。一体化调度需求管理可依托调度系统,一是将调度需求数据化,在调度系统上开放模型活动边界,由水调人员进行人机交互,根据实时调度情况滚动更新调度方案;二是需求可视化,将更新后的调度方案及所考虑的调度需求实时展示在相关平台界面上,为各方进行相关工作计划安排提供参考依据。

4   总结

大藤峡水利枢纽作为红水河柳江的下游、梧州的上游,承担着重要的水量调配任务,同时对缓解广西电力紧张具有积极意义,但是如何协调防洪、发电、补水压咸等作用仍将是未来大藤峡水利枢纽调度的一大难点。立足大藤峡现有的监测系统、水情测报系统与水调系统数据交换与共享模块,积极考虑将最新科技成果融入水库调度日常工作,构建智慧调度新格局,科学调度、合理调度,力求不浪费每一滴水,将对地方防洪、发电、生态起到积极作用。

参考文献

[1] 廖华春,丘仕能,牟舵,等.大藤峡水利枢纽工程大数据中心建设研究[J]人民珠江,2019,40(S2):5.

[2] 水利部珠江水利委员会.珠江流域综合规划[J]人民珠江,2013,(S1):65-66.

[3] 覃金帛.考虑水库群调度的西江流域洪水预警预报研究及系统集成[D].武汉:华中科技大学,2019.

[4] 向超,刘波,曾升伍.数字化安防系统的应用分析[J].数字通信世界,2020,181(1):140-141.

[5] 陆庚唐.关于河道型水库的防洪动库容[J].水文,1994,(4):11-13.

[6] 蒋志强,冯仲恺,覃晖,等.西江流域混联水库群多目标蓄能调度图研究[J].人民珠江,2020,41(5):77-87,99.

[7] 王方方,雷晓辉,彭勇,等.考虑水电调蓄的西江水库群应急防洪调度研究[J].中国农村水利水电,2017,(4):189-193.

[8] 刘夏,白涛,武蕴晨,等.枯水期西江流域骨干水库群压咸补淡调度研究[J].人民珠江,2020,41(5):84-95.

东江流域水工程联合调度探究

杨一彬　　李兴拼

(珠江水利科学研究院,广东广州,510611)

摘　要:随着东江流域人口快速增长和经济社会快速发展,东江流域用水量居高不下。外河道用水量占平均用水量常年超过25%,水资源开发利用程度超过适宜可利用量,已造成河道内水体自净能力不足,东江流域水工程联合调度保障防洪、供水和生态用水就显得尤为重要。本文以保障东江流域防洪安全、广东省和香港地区取水量、河道重要控制断面的最小下泄流量和水质要求为目标,基于新丰江、枫树坝、白盆珠三大水库联合调度模型,分析东江流域水工程联合调度运用方式及调度效果,探讨水工程调度过程中的制约因素,提出完善流域水工程联合调度的思考建议。

关键词:东江;水库联合调度;风险调控能力;预警预案制度

1　研究背景

东江是珠江流域三大水系之一,发源于江西省寻乌县桠髻钵山,上游称寻乌水,南流入广东境内,至龙川合河坝汇入安远水后称东江,全长562km,集水面积35340km²。东江流域(石龙以上)已建有蓄水工程875宗,其中大型水库3宗,分别为新丰江、枫树坝、白盆珠水库,总库容170.48亿m³。目前东江流域三大水库功能已调整为防洪供水为主,为东江流域防洪、供水的骨干水库[1]。

东江流域承担着河源、惠州、东莞、深圳、广州东部地区及香港地区合计4000余万人的供水任务,供水区域人均水资源量约800m³,仅占全国人均水平的1/3。随着东江流域沿岸的惠州、东莞以及流域外的深圳、大亚湾等地区经济的持续快速发展,城市人口的不断增长和居民生活质量的不断提高,以及农村城镇化步伐的进一步加快,这些地区对水资源的需求不断增加,使东江流域水资源的供需矛盾日益突出[2-3]。与此同时,由于发展初期的粗放型经济增长模式和污染治理措施的相对滞后,流域内部分区域的水质性缺水问题日渐突出,加上区域节能减排力度不够,水质和河流生态受到影响,下游咸潮威胁加剧,水资源开发利用和保护面临严峻形势[4]。

2　东江流域水工程联合调度

新丰江、枫树坝、白盆珠三大水库控制流域集雨面积11740km²,占博罗站以上集雨面积的46%,合计总库容170.48亿m³,其中防洪库容42.49m³,兴利库容81.26 m³,是东江流域主要的控制性蓄水工程。广东省政府于2002年将新丰江、枫树坝水库功能调整为防洪、供水为主并兼顾发电、航运;惠州市政府于2004年将白盆珠水库功能调整为以防洪、供水为主,兼顾灌溉、发电。2008年8月广东省政府颁布的《广东省东江流域水资源分配方案》中,明确提出了三大水库要按照防洪、供水为主兼顾发电的功能进行联合优化调度,统一调配水资源[5-6]。

2.1 三大水库调度任务

（1）枫树坝水库调度任务。

枫树坝水库防洪对象为龙川县城——老隆镇，调度任务为将龙川县老隆镇10年一遇洪水降为2年一遇，并根据流域水雨情及来水形式进行水量调度保障供水，同时保障下游龙川断面的生态流量达标。

（2）白盆珠水库调度任务。

白盆珠水库防洪对象为惠东县，调度任务是将惠东县20年一遇洪水降为10年一遇，并根据流域水雨情及来水形式进行水量调度保障供水，同时保障下游河源断面的生态流量达标。

（3）新丰江水库调度任务。

新丰江水库调度对象为东江中下游河源、惠州、博罗和东莞，调度任务是通过与枫树坝、白盆珠水库联合运用，将河源20年一遇洪水降为5年一遇，将博罗50年一遇洪水降为20年一遇，将博罗100年一遇洪水降为30年一遇。并根据流域水雨情及来水形式进行水量调度保障供水，同时保障下游博罗断面的生态流量达标。

2.2 水库联合调度模型

对东江河流水系进行概化（图1），建立由单库优化调度模型和河网汇流模型组成的东江水库群联合调度模型。根据各水库的入库流量特性、相互遭遇情况和各水库及河道区间的预测来水过程，先建立单一水库的优化调度模型，然后根据流域下游控制断面流量要求，以枫树坝、新丰江和白盆珠水库下泄水量为协调变量，建立基于马斯京根法的河道水量演进模型，求得下游控制断面的组合来水过程，并以满足流域水资源调度需求为目标进行调度优化。

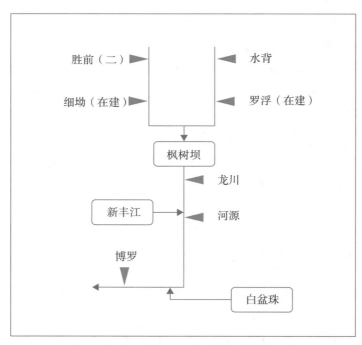

图1 东江主要调度水库及控制断面示意图

2.2.1 模型构成

东江流域三大水库联合优化调度模型系统核心计算模块包括以下两大模块：

（1）节点平衡模块。

节点是模型中的基本计算单元，各节点的水量平衡，是汇总各分区、各河段，及全流域水量平衡的基本数据。节点水量平衡计算中，考虑了节点来水、区间入流、回归水、调入调出水量、生活及工业用水、农业用水、水库蓄水变化、水库损失水量及节点泄流等因素（图2）。

对于 $i-1$ 节点和 i 节点组成河段，若区间来水 $Q_R(i,t)$ 不能满足区间用水需求 $Q_P(i,t)$ 时，其差值 $Q_S(i,t)$ 为区间缺水。

$$Q_S(i,t)=Q_R(i,t)-Q_P(i,t)-Q_L(i,t) \tag{1}$$

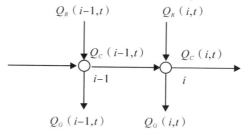

图2　节点水量平衡图

当 $Q_S(i,t)<0$ 时，有缺水，需要由 $i-1$ 节点的来水 $Q_C(i-1,t)$ 进行补偿；当 $Q_S(i,t)<0$ 时，有余水进入下一节点。模型中计算回归水时，允许一个节点的回归水回归到多个节点，一个节点也可以接收多个节点的回归水。回归水一般按本月考虑。

（2）水库补水模块。

第 m 个水库与第 $m+1$ 个水库之间各河段区间缺水之和为上游第 m 水库供水的下限值 $Q_{bu}(m,t)$。

$$Q_{bu}(m,t)=\sum_{t=k(m)+1}^{k(m)+l(m)}\left[(1-\alpha(i))Q_Q(i,t)+\alpha(i)Q_Q(i,t+1)\right] \tag{2}$$

式中，$k(m)$ 为 m 水库的节点编号，$l(m)$ 为 m 水库直接供水的河段数。其中：

$$Q_Q(i,t)=\Delta Q(i,t)+Q_S(i,t) \tag{3}$$

当 $Q_Q(i,t)<0$ 时，并有

$$\Delta Q(i+1,t)=Q_C(i,t) \tag{4}$$

当 $Q_Q(i,t)<0$ 时，并有

$$\Delta Q(i+1,t)=Q_Q(i,t)+Q_C(i,t) \tag{5}$$

$$\Delta Q(k(m)+1,t)=0 \tag{6}$$

2.2.2　约束条件

本次三大水库联合优化调度的约束条件主要包括水库防洪约束、水库状态约束、河道系统、水电站装机容量和过水能力约束、非负约束等，即：

约束1：水库状态约束。水库调度期间满足水量平衡方程以及水库特征水位约束，包括水库正常蓄水位、防洪限制水位以及死水位等。

约束2：河道系统。主要包括河道节点水量平衡、节点水质、水位约束以及主要控制断面生态流量控制目标约束。

约束3：水电站装机容量和过水能力约束。主要包括三大水库及干流梯级电站的水电站装机容量约束和水轮机过水能力约束等。

马斯京根法河道水量演进参数采用2011年广东省人民政府印发的《广东省东江流域新丰江、枫树坝、白盆珠三大水库供水调度方案(试行)》,演进参数见表1。

表1 东江马斯京根法洪水演进参数表

河段		ΔL(km)	Δt(h)	K	X
枫树坝—龙川		58	8	8	0.35
龙川—河源		88	18	18	0.30
河源—岭下		87	18	20	0.20
岭下—博罗	$Q<5000\text{m}^3/\text{s}$	59	18	18	0.10
	$Q>5000\text{m}^3/\text{s}$		18	28	0.05
双下—下廖		27	4	6	0.25
下廖—西枝江口		72	18	25	0.10

2.2.3 输入条件

本次三大水库联合优化调度的输入条件包括节点图、需水方案、来水方案、入境水量方案以及流域供、用水顺序等。

输入条件1:节点图。结合广东省东江流域资料情况和计算需要,以水资源分区五级区及县(市)级行政区为计算单元,考虑东江干支流主要断面、水库以及各种水源工程等,全流域按水资源分区划分为24大片区,按流域水力联系连接起来,形成三大水库联合优化调度计算节点图。

输入条件2:需水方案。按照严格需水管理要求,以县级行政区为单元,以分水方案中需水方案作为本次三大水库联合优化调度中需水方案,以东江分水方案中90%、90%~95%各行政区配水额度作为本次水资源配置供需平衡校核验证方案。

输入条件3:来水方案。选取1956年4月—2005年12月各水资源五级分区逐月天然来水长系列作为来水方案。

输入条件4:入境水过程。东江流域有0.35万km²在江西境内,本次充分考虑江西省东江流域未来经济发展需水要求,选用全国水资源综合规划中珠江流域委员会提供的2010水平年广东省东江流域入境水径流系列并进行适当延长作为入境水过程。

3 效益评估

东江流域(石龙以上)水量调度采用水文年为调度期,为4月—次年3月。对来水保证率不大于90%年份,调度选择10月—次年3月为关键调度期。据雨水情预测结论,2019年4月—2020年3月东江来水较多年同期正常略偏多,其中汛期来水较多年同期偏多,枯水期(10月—次年3月)来水较多年同期偏少。汛期来水较丰,各断面天然来水均能满足生态流量要求,因此,本次方案计算重点分析2019年10月—2020年3月调度情况,计算中各水库按照当前实测库水位起调。结合来水及水库运行方式,根据东江流域枯水期年度水量调度方案进行分析。各水库调度图见图3至图5。

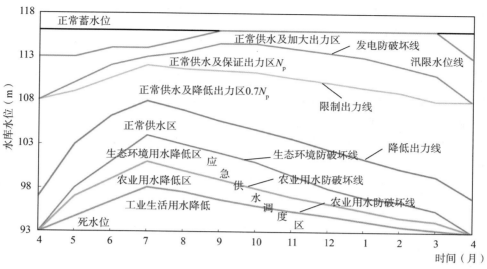

图3 新丰江水库供水调度图

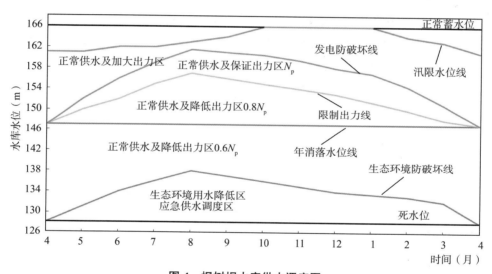

图4 枫树坝水库供水调度图

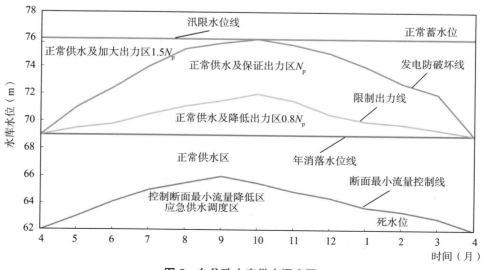

图5 白盆珠水库供水调度图

东江流域新丰江、枫树坝、白盆珠三大水库作为东江流域主要控制性蓄水工程,对流域水资源的调控利用发挥着重要作用。立足于这一实际,广东省水利厅、广东省东江局以三大水库调度为核心,逐步实施了流域全年无间断水量调度。

(1)防洪效益评价。

根据东江流域三大水库对水资源的调配,通过加强雨水情监测预报,科学拦蓄洪水资源,储备枯水期调度水源,在枯水期的有效蓄水,保障了下游的供水和生态安全。在汛期时通过汛期放水,及时调蓄洪水并有效有组织地下泄,稳定地起到了削峰调蓄作用,保障了下游城市的防洪安全,减轻了防洪压力。

(2)供水效益评价。

东江流域三大水库对流域水资源的调配具有至关重要的作用,其建成生效、调节运用,改变了广东省东江流域水资源时间分布,在一定程度上起到蓄丰补枯的作用,有效调节了流域水资源,对保障流域供水起到了一定作用。尤其是新丰江水库作为多年调节的大型水库,对跨年度调节流域水量缓解枯水年度供需矛盾方面起到关键作用。河源、惠州和东莞等地市城镇生产生活供水保证率要达到97%以上,农村生产供水和生态供水保证率要达到90%以上,结果显示各项供水保证率均达到要求。

(3)生态效益评价。

根据东江分水方案的要求及东江河道的实际情况,综合考虑河道生态基流、稀释净化需水、河口生态环境需水、水力发电及航运需水等用水要求,以及下游行政单元的取用水要求等,确定了枫树坝水库坝下、河源、东兴桥和博罗四个控制断面的控制流量为 $60 \text{m}^3/\text{s}$、$220 \text{m}^3/\text{s}$、$40 \text{m}^3/\text{s}$ 和 $320 \text{m}^3/\text{s}$。

来水频率 $P=95\%$ 年份,枫树坝水库坝下、河源、东兴桥和博罗控制断面全年平均流量分别为 $84.0 \text{m}^3/\text{s}$、$202.8 \text{m}^3/\text{s}$、$72.8 \text{m}^3/\text{s}$ 和 $363.7 \text{m}^3/\text{s}$,其中汛期平均流量分别为 $76.1 \text{m}^3/\text{s}$、$213.5 \text{m}^3/\text{s}$、$93.1 \text{m}^3/\text{s}$ 和 $419.6 \text{m}^3/\text{s}$,非汛期平均流量分别为 $91.9 \text{m}^3/\text{s}$、$192.1 \text{m}^3/\text{s}$、$52.4 \text{m}^3/\text{s}$ 和 $307.6 \text{m}^3/\text{s}$,四个断面全年平均和非汛期平均流量指标均达到要求。

4 建议

(1)加快解决移民问题。

由于目前新丰江、枫树坝水库移民问题没有得到有效的解决,因此只能通过降低汛限水位、占用一定的兴利库容来解决库区防洪问题,从而使水库的正常兴利效益得不到充分的发挥。东江流域当前的水资源供需矛盾十分突出,解决好两大水库的移民问题、恢复水库的正常兴利库容,对缓解当前的水资源供需矛盾至关重要。

(2)进一步加强调度三大水库。

三大水库运行过程中仍存在出库过程不平稳、部分时段出库流量偏大等情况。按照分水方案"蓄丰补枯"原则,应进一步加强调度三大水库,及早编制汛期三大水库调度规则,汛期在确保防洪安全基础上力争三大水库多蓄余水,枯水期在确保干流水质和取水户用水安全前提下有效减少三大水库出库流量和稳定出库过程。

参考文献

[1] 冯永修. 新丰江水库汛期分期蓄水目标研究[J]. 云南水力发电,2019,35(5):44-47.

[2] 冯林森. 浅谈枫树坝不完全年调节水库调度运用特性与对策[J]. 科技创新与应用,2017,(5):206.

[3] 潘齐权. 清水江流域2015年暴雨洪水及水库调度分析[J]. 中国防汛抗旱,2017,27(2):75-77.

[4] 刘胡,童立新. 水库调度在实现东江工程综合效益中的作用分析[J]. 湖南电力,2011,31(S1):80-85.

[5] 潘玉敏. 东江三大水库转变功能目的及调节计算原理[J]. 广东水利电力职业技术学院学报,2004,(3):51-55.

[6] 李宁,王大刚. 东江分水方案实施对三大水库调度的影响分析[J]. 广东水利水电,2018,(12):1-3,13.

控制汉江中下游水华暴发的丹江口生态调度研究

杨春花[1,2]　尹正杰[1,2]　殷大聪[1,2]　李清清[1,2]

(1.长江科学院水资源综合利用研究所,湖北武汉,430010;

2.长江科学院流域水资源与生态环境科学湖北省重点实验室,湖北武汉,430010)

摘　要:结合汉江中下游缓解水华暴发的水文需求,以沙洋站、仙桃站为节点,采用考虑一维水流模型的POA算法计算丹江口水库生态调度模型,分析在南水北调工程供水40亿 m^3、95亿 m^3 不同工况下丹江口水库生态调度对水库年发电量、供水量等兴利指标的影响,结果表明,丹江口水库开展缓解水华暴发的生态调度对水库兴利效益影响不大,随着南水北调工程供水规模增加,生态调度对丹江口水库兴利效益影响有所增加。

关键词:生态调度,水华,供水,发电,南水北调

自1992年以来,汉江中下游已暴发多次严重的春季硅藻水华事件[1]。众多研究表明,汉江水华事件的诱因[2-5]主要包括营养盐负荷加剧、缓慢的水流条件、适宜的气象等。缓慢的水流条件可通过汉江中下游水库调节控制其少发生[6-7],南水北调中线工程实施后,调水规模由2016年的近40亿 m^3 至2020年的70亿 m^3,调水量将逐渐提高至设计规模95亿 m^3,丹江口水库下泄水量将进一步减少[8],汉江流域中下游生态环境用水矛盾将更加尖锐,迫切需要协调对外调水、本流域用水矛盾,把调水对汉江中下游水华暴发影响降到最低点,更好地维护河流健康。

本文结合已有的汉江中下游缓解水华暴发的水文需求,建立丹江口水库的多目标优化调度模型,将水库的生态调度需求作为水库调度的约束条件,通过多目标决策和优化方法,对丹江口水库生态调度与常规调度目标进行模拟计算,结合生态调度对水库年发电量、供水量等兴利指标的影响,评估缓解水华暴发的水量调度方案的成本和可行性。

1　生态调度方案的设置

殷大聪、尹正杰、杨春花等[9]通过对比分析汉江中下游历年水华暴发年份与无水华年份的水文条件特点,研究提出的缓解下游水华暴发的水量调度方案如下:

(1)对汉江兴隆以上汉江干流江段,若藻类密度累积接近 $1×10^6$ ind/L,出现水华暴发征兆时,则以应急调度方式加大丹江口水库下泄流量,使得沙洋站的流量不小于 $900m^3/s$ (对应90%的保证率),持续7日使得钟祥以下水体水华藻类冲刷到兴隆水利枢纽坝前水体,即可达到控制汉江兴隆以上春季水华的目的。

(2)对江汉兴隆以下汉江干流江段,若藻类密度累积接近 $1×10^6$ ind/L,出现水华暴发征兆时,则以应急调度方式,通过丹江口水库加大下泄与引江济汉工程调水联合运用,补充汉江水量使得仙桃站的流量不小于 $800m^3/s$ (对应90%的保证率),持续7日即可达到控制汉江兴隆以下春季硅藻水华的目的。

若兴隆以上和以下河段同时出现水华暴发征兆,则考虑丹江口水库和引江济汉工程的联合运行,在丹江口水库加大下泄满足沙洋站不小于 $900m^3/s$ 的7日最小流量时,兴隆水利枢纽同步加大下泄,并配合引江济汉工程,满足仙桃站不小于 $800m^3/s$ 的7日最小流量。

2 丹江口生态调度模型的建立

2.1 调度模型

调度目标函数为发电量和供水量最大化,如下式所示:

$$obj: \begin{cases} \max\sum_{t=1}^{T} C_{L_1} \cdot \Delta t \\ \max\sum_{t=1}^{T} Q_{g_1} \end{cases} \tag{1}$$

式中,C_{L_t} 为第 t 时段出力;Q_{g_t} 为第 t 时段供水量;Δt 表示计算时段。

时段 t 的平均出力计算式为:

$$CL_t = \begin{cases} AH_t Q_{out_t}, & AH_t Q_{out_t} \leqslant \overline{N_t}, \\ \overline{N_t}, & AH_t Q_{out_t} > \overline{N_t} \end{cases} \tag{2}$$

式中,A 为出力系数;Q_{out_t} 为第 t 时段出库流量;H_t 为第 t 时段发电水头;$H_t = (Z_{t+1} + Z_t)/2 - Z_{d_t}$;$Z_{t-1}$,$Z_t$ 分别为第 t 时段初和时段末水位;Z_{d_t} 为第 t 时段水库下游水位,通过流量查下游水位特性得到,即 $Z_{d_t} = Z_d(Q_{out_t})$;$\overline{N_t}$ 为时段最大出力,由水头和水轮机特性曲线确定。

时段供水量计算式为:$Q_{g t} = f(Z_t)$,$t = 1, 2, \cdots, T$,主要参照供水调度确定供水量。

这里将多目标非线性规划模型通过加权平均法,把多目标改造成单目标非线性规划模型。

2.2 主要约束条件

(1)水量平衡方程:

$$V_{t+1} = V_t + (I_t - Q_{g t} - Q_{out_t}) \cdot \Delta t, \quad t = 1, 2, \cdots, T \tag{3}$$

式中,V_{t+1},V_t 分别表示水库第 t 时段末和时段初的库容;I_t 表示第 t 时段入库流量;Q_{out_t} 为第 t 时段出库流量。

(2)水位过程约束:

$$\underline{Z_t} \leqslant Z_t \leqslant \overline{Z_t}, \quad t = 1, 2, \cdots, T \tag{4}$$

式中,Z_t 表示水库第 t 时段水位,$\underline{Z_t}$ 和 $\overline{Z_t}$ 分别为水库第 t 时段允许最低水位和最高水位。正常情况下(非汛期)一般为死水位和正常蓄水位;汛期则为死水位和防洪限制水位。

(3)流量约束:

$$\underline{Q_t} \leqslant Q_{out_t} \leqslant \overline{Q_t}, \quad t = 1, 2, \cdots, T \tag{5}$$

式中,Q_{out_t} 表示水库第 t 时段出库流量,$\underline{Q_t}$ 和 $\overline{Q_t}$ 分别为水库第 t 时段要求最小出库流量和最大出库流量,最小出库流量、最大出库流量受水库泄流能力、上下游水位变幅及水库最小泄流要求等控制。

(4)电站出力限制:

$$\underline{CL_t} \leqslant CL_t \leqslant \overline{CL_t}, \quad t = 1, 2, \cdots, T \tag{6}$$

式中,CL_t 表示电站第 t 时段发电出力,$\underline{CL_t}$ 和 $\overline{CL_t}$ 分别为电站第 t 时段最小发电出力和最大发电出力。

(5)生态约束:

$$\begin{cases} 若 \tau_{gs} \geqslant 1 \times 10^6 \text{ind/L}, Q_{syst+i} > 900, i = 0, 1, \cdots, 6 \\ 若 \tau_{gx} \geqslant 1 \times 10^6 \text{ind/L}, Q_{xtst+i} > 800, i = 0, 1, \cdots, 6 \end{cases} \tag{7}$$

式中，τ_{gs} 为藻类密度，$Q_{sy_{st+i}}$、$Q_{xt_{st+i}}$ 分别为沙洋站、仙桃站处的流量，采用带旁侧入流的一维圣维南方程计算：

水流连续方程：
$$B\frac{\partial h}{\partial t}+\frac{\partial Q}{\partial x}=q \qquad (8)$$

水流动量方程：
$$\frac{\partial Q}{\partial t}+\frac{\partial uQ}{\partial x}+gA\frac{\partial_z}{\partial_x}+\frac{gn_{1d}^2 Q^2}{AR^{4/3}}=0 \qquad (9)$$

2.3 优化算法

丹江口水库距沙洋站、仙桃站处距离较远，故此处采用丹江口调度模型与汉江中下游一维水流模型相结合，将常规的 POA 算法进行改进，具体计算流程图详见图1。

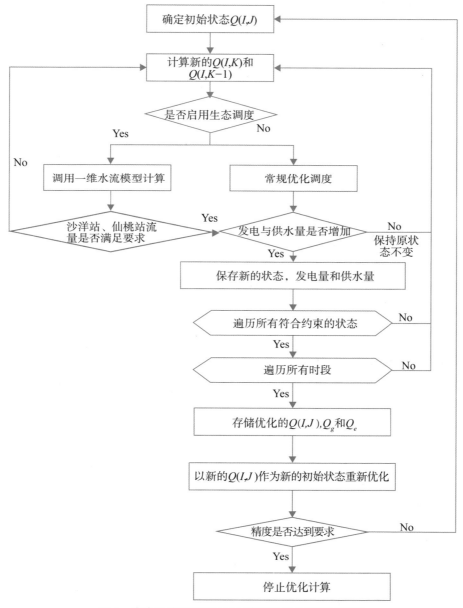

图 1 考虑生态调度后 POA 算法的优化调度流程图

3 计算结果及分析

根据已有的水华监测资料,1992年、1998年、2000年、2008年及2010年兴隆以上及以下均发生了水华,选发生水华的1992年、1998年、2000年、2008年及2010年作为典型年,进行生态调度模拟计算。丹江口水库在南水北调中线工程调水95亿m³时供水调度图详见图2,调水40亿m³时调度原则与设计调水95亿m³时保持一致,仅将各供水区的供水量按比例削减。兴隆以下有发生水华迹象,引江济汉工程调入汉江流域流量按200m³/s计算,丹江口水库初始水位160m作为起调水位对调水规模95亿m³、40亿m³两种工况下水库优化调度计算,结合汉江中下游一维水流模型,在考虑生态调度及不考虑生态调度的常规调度两种方式下得到下游沙洋站、仙桃站、丹江口水库供水、发电情况。

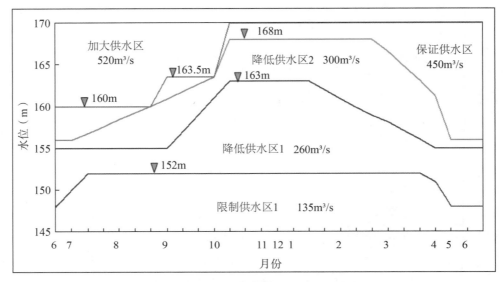

图2 设计调水工况下丹江口水库调度图

下游沙洋站、仙桃站在不同调水工况下水华暴发时段平均流量详见图3、图4。

各典型年实测流量中,1992年、1998年、2000年水华暴发时段实测流量较小,沙洋站流量在250～480m³/s,2008年、2010年水华暴发时段实测流量相对较大,沙洋站流量分别为570m³/s、764m³/s;仙桃站1998年、2000年水华暴发时段实测流量均小于350m³/s,1992年、2008年、2010年实测流量在500～700m³/s。

在不考虑生态调度的常规调度工况下,丹江口水库随着南水北调中线工程调水,在各典型年水华暴发时段下泄流量基本维持在490m³/s左右,其中调水95亿m³工况下2000年丹江口下泄流量在400m³/s左右。因枯水期区间流量较小,各典型年水华暴发时段沙洋站流量基本也在550m³/s以下,仙桃站考虑引江济汉工程200m³/s的调入水量,流量基本维持在650～700m³/s。与实测流量相比,不考虑生态调度工况下沙洋站1992年、1998年、2000年水华暴发时段流量有所提高,2008年、2010年有所减小;仙桃站1992年、1998年、2000年、2008年水华暴发时段流量有所提高,2010年有所减小。

按生态调度方案要求丹江口开展生态调度后,各典型年水华暴发时段丹江口水库下泄流量均提高到850m³/s以上,其中调水95亿m³工况下2000年丹江口下泄流量从常规调度的400m³/s增大到890m³/s,增加幅度最大,其他各典型年丹江口下泄流量从常规调度的490m³/s增大到850～900m³/s。沙洋站在水华暴发期间流量从常规调度的500～550m³/s提高至900m³/s。因有引江济汉工程调入水量,仙桃站流量从常规调度的 650～700m³/s 提高至 1023m³/s。

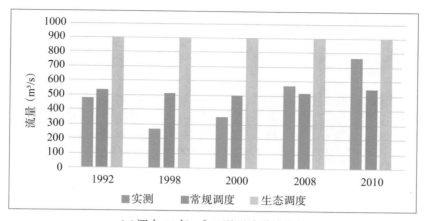

(a)调水 40 亿 m³ 工况下沙洋站流量

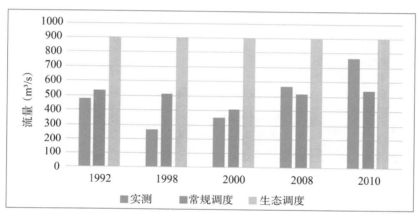

(b)调水 95 亿 m³ 工况下沙洋站流量

图3　不同调水工况下沙洋站生态调度时段平均流量

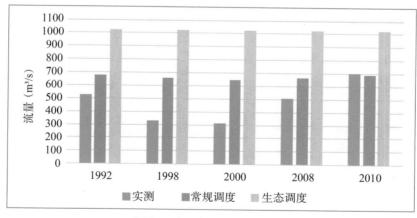

(a)调水 40 亿 m³ 工况下仙桃站流量

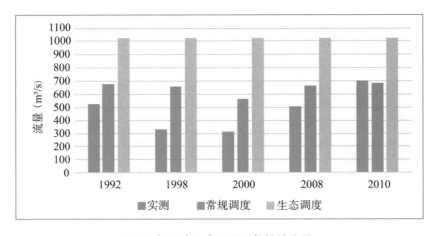

（b）调水 95 亿 m³ 工况下仙桃站流量

图 4　不同调水工况下仙桃站生态调度时段平均流量

两种调水工况方案下丹江口水库供水量与发电量详见表 1，与常规调度方案相比，发电成本按上网电价 0.25 元/（kW·h），调水成本按中线调水口门价 0.13 元/ m³，可以得出控制汉江中下游水华暴发的生态调度方案对丹江口的发电量与供水量影响，详见表 2。

表 1　　　　　　　　　　　　　　　　丹江口生态调度计算结果统计表

年份	调度方案	调水 40 亿 m³ 工况		调水 95 亿 m³ 工况	
		发电量（亿 kW·h）	调水量（亿 m³）	发电量（亿 kW·h）	调水量（亿 m³）
1992	常规调度	34.896	49.418	29.012	95.939
	生态调度	34.894	49.216	29.075	95.316
	变化量	−0.002	−0.2	0.063	−0.622
1998	常规调度	28.274	42.31	24.689	92.051
	生态调度	28.276	42.104	24.805	91.113
	变化量	0.002	−0.21	0.116	−0.937
2000	常规调度	25.422	39.907	20.413	76.028
	生态调度	25.428	39.627	20.625	74.408
	变化量	0.006	−0.28	0.212	−1.62
2008	常规调度	45.574	48.884	32.725	103.33
	生态调度	45.652	48.564	32.869	102.319
	变化量	0.078	−0.32	0.144	−1.011
2010	常规调度	56.561	54.975	43.783	119.966
	生态调度	56.566	54.918	44.063	118.092
	变化量	0.005	−0.06	0.28	−1.875

表 2　　　　　　　　　　　　　　考虑生态调度对丹江口发电与供水的影响

年份	调水 40 亿 m³ 工况（亿元）	调水 95 亿 m³ 工况（亿元）
1992	−0.03	−0.07
1998	−0.03	−0.09
2000	−0.03	−0.16
2008	−0.02	−0.10
2010	−0.01	−0.17

从表1及表2中可以看出,与常规调度相比,调水 40 亿 m³ 工况下丹江口启动生态调度年发电量除1992年有所减小外,其余年份均有所增加,增加幅度在 0.002 亿~0.078 亿 kW·h,而供水量均有所减小,减小幅度在 0.06 亿~0.32 亿 m³,各典型年下生态调度发电与供水兴利效益损失在 0.01 亿~0.03 亿元;调水 95 亿 m³ 工况下丹江口启动生态调度各典型年年发电量均有所增加,增加幅度在 0.063 亿~0.28 亿 kW·h,而供水量均有所减小,减小幅度在 0.622 亿~1.875 亿 m³,各典型年下生态调度发电与供水兴利效益损失在0.07 亿~0.17 亿元。丹江口生态调度期仅 7 天,需丹江水库加大下泄的水量不大,故整体上看两种工况下丹江口水库启动控制下游水华暴发的生态调度对其兴利效益影响不大。

对比两种工况下生态调度对丹江口兴利效益的影响发现,调水 95 亿 m³ 工况下丹江口启动生态调度对年发电量增加幅度更大,但同时供水量减少幅度也较大,综合兴利效益损失也更大,表明南水北调中线工程供水规模越大,丹江口启动控制下游水华暴发的生态调度对其兴利效益影响更大。

4 结论

本文结合汉江中下游缓解水华暴发的水文需求,构建了丹江口水库生态调度模型,采用改价 POA 算法进行求解,对发生水华的 1992 年、1998 年、2000 年、2008 年及 2010 年等典型年开展丹江口生态调度,结果表明,缓解水华暴发的生态调度方案对丹江口发电、供水影响较小,生态调度方案成本不大,具有可行性。

参考文献

[1] 李建,尹炜,贾海燕,等. 汉江中下游硅藻水华研究进展与展望[J]. 水生态学杂志,2020,41(5):136-144.

[2] 程兵芬,夏瑞,张远,等. 基于拐点分析的汉江水华暴发突发与归因研究[J]. 生态环境学报,2021,30(4):787-797.

[3] 汤显强,长江流域水体富营养化演化驱动机制及防控对策[J]. 人民长江,2020,51(1):80-87.

[4] 刘鑫,王超,王沛芳,等. 营养盐比例对硅藻水华优势种小环藻生长和生理的影响[J]. 环境科学研究,2021,34(5):1196-1204.

[5] 吴卫菊,陈晓飞. 汉江中下游冬春季硅藻水华成因研究[J]. 环境科学与技术,2019,42(9):55-60.

[6] 王俊,汪金成,徐剑秋,等. 2018 年汉江中下游水华成因分析与治理对策[J]. 人民长江,2018,49(17):7-11.

[7] 李昱燃,李欣悦,林莉. 2018 年汉江中下游水华现象的思考与建议[J]. 人民长江,2020,51(8):62-66.

[8] 曹圣洁,夏瑞,张远,等. 南水北调中线工程调水前后汉江下游水生态环境特征与响应规律识别[J]. 环境科学研究,2020,33(6):1431-1439.

[9] 殷大聪,尹正杰,杨春花,等. 控制汉江中下游春季硅藻水华的关键水文阈值及调度策略[J]. 中国水利,2017,(9):31-34.

基于 GIS 和 VR 技术的流域调度三维仿真平台实现

熊世川　郑钰　唐圣钧

(雅砻江流域水电开发有限公司,四川成都,610000)

摘　要: 为实现年调节流域电站群联合优化调度运行方式的研究成果展示,调度运用方案模拟实现,某集控中心建设了基于 GIS 和 VR 技术的流域调度三维仿真平台。文章对系统架构,三维场景建设进行了介绍,利用三维 VR 引擎,消息引擎等关键技术建成了一个覆盖流域、电站、站内楼层、房间之间的全部范围的三维仿真系统,实现了流域到电站的宏大流域场景和精细电站场景无缝融合,并让系统具备了漫游展示、仿真培训、实时监视、运行过程展示功能、优化调度过程仿真五大功能,为提升调度人员办公效率,更为直观、科学地进行决策分析提供了重要的技术支撑。

关键词: 三维仿真;系统架构;无缝融合

0　前言

某江下游水能资源开发已经全面完成,下游河段已建成五大电站,形成了总调节库容达 82.8 亿 m³ 两大水库,其中下游梯级水电站群,实现了年调节。为能更加直观地验证联合优化调度成果,培养优化调度人才,某江集控中心组织开发了中下游梯级水库联合调度三维仿真平台,以实现整个中下游流域环境仿真和联合优化调度的过程仿真。

本文系统由三维数字厂房子系统、虚拟现实子系统和仿真培训子系统构建而成,优化三维场景模型搭建,使用 VR 和 GIS 融合,虚拟现实平台,消息引擎等技术,采用多层服务架构,提升系统性能,实现系统的漫游展示、仿真培训、实时监视、运行过程展示功能、优化调度过程仿真五大主要功能。可在给定水文预报过程情况下,仿真中下游梯级水库发电调度过程,进行三维动态显示,实时渲染 3D 场景里的模型状态,实现沉浸式的虚拟现实环境。

1　总体框架

整个系统分为三个子系统:三维数字厂房子系统、虚拟现实子系统和仿真培训子系统,三维数字厂房为其他两个子系统提供基础的三维场景和基础支撑功能。

三维数字厂房和虚拟现实子系统是基于 3D VR 平台进行开发,其三层架构自下而上为专题数据,其中,逻辑数据库由运行仿真系统、自动化系统等按规则抽取而得;中间层为 3D 引擎、消息总线、缓存和建设的 3D 场景组成,用来提供对三维数字厂房和虚拟现实子系统的平台支撑服务;最上层为各类应用功能,供调度人员、领导、运维人员使用。3D 信息展示系统架构见图1。

3D 数字展示作为整个系统中的关键部分,丰富了整个系统的实时、模拟和属性数据展示手段,部分数据

作者简介:熊世川(1987—),2010 年 6 月大学本科毕业于东北电力大学电气工程及其自动化专业,从事水库调度、检修方式相关工作,工程师。

可来自其他系统,并可以与其他系统协同工作。

　系统内置了消息引擎,用来实现与其他系统的交互功能,如自动化系统、运行仿真系统等,通过发送标准消息来驱动本系统的模拟显示,进行实时工况和仿真模拟,如刷新实时监控数据,模拟启闭闸门,操作刀闸和断路器、控制仪表盘显示、控制 3D 水体的水位和流速;也可受控完成一些基本的 3D 场景操作,如定位 3D 模型、360°全景查看 3D 模型、沿线飞行漫游等。

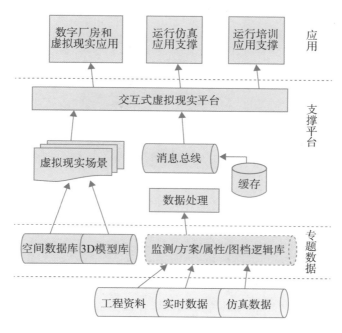

图1　3D 信息展示系统架构图

2　三维场景建设

2.1　场景概述

　GIS 流域场景为某江中下游流域,内容涵盖流域、大坝、电站。场景漫游至单个电站范围,如几十千米内,电站可以显示为三维大坝和建筑物模型。建筑物内部细节采用 720°全景影像展示,出线场采用实体建模,水轮机和发电机采用弹出式场景,进行展示。

2.2　三维地形

　三维地形的表现是三维场景建设的基础,直接影响场景的整体视觉效果。
　场景三维地形采用 DEM(数字高程模型)建立。整个场景地形采用整体大场景与局部精细场景相结合的方式来表现。大场景地形采用 1∶25 万 DEM 来表现,细部场景地形(沿江 5～10km 范围)采用 1∶1 万 DEM 或更高精度的数字地形数据来表现。这样既能满足整体场景的连续性,也能满足局部场景精细度的要求。
　卫星影像,大范围采用低分辨率的卫星影像,近库区范围采用高精度的卫星影像。综合考虑经济性和实用性,设计整场景范围采用 IRS-P6 的 LISS-3 多光谱影像,沿线范围采用至少 1.5m 精度的正射卫星影像。设计分幅进行存贮。

2.3　平面地物表现

　平面地物的表现方式采用不同分辨率的卫星影像作为地面纹理来表现。首先采用相对低分辨率(<

10m)的卫星影像表现大面积的地物特征,然后采用精细分辨率(<2.5m左右)的卫星影像来表现近库区的地物特征。不同分辨率结合的方式即经济,又不影响场景的表现精度和功能。要实现地形和影像的叠加结合,必须对大量卫星影像进行正射纠正、融合和配准处理。三维场景素材处理过程见图2。

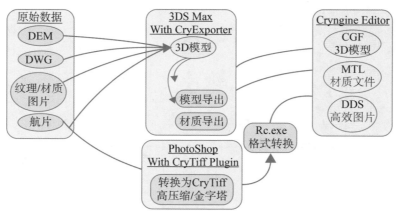

图2 三维场景素材处理过程图

3 系统性能及关键技术

系统提供从某江流域到电站的宏大流域场景和精细电站场景无缝融合,覆盖流域、电站、站内楼层、房间之间的全部范围。流域部分采用1∶25万或更高精度DEM数据;近库区采用1∶1万或更高精度数据,正射影像采用1.5分辨率或更高精度。利用各类优化和缓存技术,实现了在流域、厂区、建筑物间无缝漫游。

系统支持并发用户大于50人。场景加载速度快,在主流的工作站上,首次加载时间小于10s;大小场景切换时间小于1s,场景漫游清晰流畅,无拖拽、发卡现象;支持多级多分辨率模型调度,静态模型美观,动态水体模型动画流畅,水面、水流和泄洪效果逼真;离线语音合成迅速流畅。

VR和GIS融合,传统的VR引擎多局限于16km×16km的地理范围,对于数百千米长宽的宏观场景,多数力所不及,本系统引入了传统的3D GIS技术来弥补。采用多比例尺的3D GIS场景,搭建离线的后台地图服务器,提供多比例尺和多层级的预制地图瓦片,包含矢量地形瓦片、影像瓦片,以及高程专题渲染瓦片。VR平台采用了先进的虚拟现实平台Unity 3D,并进行二次开发,嵌入了轻量级浏览器——谷歌Chromium。嵌入该浏览器模块之后,再嵌入流行的3D GIS平台——Cesium JS,然后,开发基于Unity的JS API接口功能,实现CesiumJS和Unity间双向联动。

多层服务架构,系统分为前后端,前端采用Unity的系统打包程序,其中再内嵌Web前端页面,通过标准化的REST服务,与后台的服务集群通信,调用地图服务、数据操作服务、语音合成服务等;后台应用由多个服务器组成,GeoServer提供OGC标准的WMS、WFS、WMTS等服务;PostgREST提供基于PostGIS地理数据库的标准REST数据操作服务;基于Node.JS开发的可配置数据抽取变换服务(ETL),从而抽取ORACLE数据库中的实时数据、历史数据和调度方案数据等;将C++开发的离线语音合成驱动接口程序封装为标准音频文件服务。

数据驱动三维,利用REST服务定时轮询水库水位、闸门启闭状态等数据,驱动精细场景的三维水面涨落,启闭闸门模型,并叠加泄洪粒子效果,动画模拟展示大坝实时工况。

4 系统功能

4.1 漫游展示功能

采用混合编程方式,无缝集成2D/3D GIS和先进的VR平台技术,提供了从三维地球到大坝精细模型的数字孪生场景,并开发全流域和单电站自动漫游介绍场景功能,漫游过程融入人工语音合成和三维动画功能,丰富了介绍内容和介绍手段,内容涵盖流域概况、水文特征、电站概况、当前实时数据信息等,可以起到形象直观宣传作用。

4.2 仿真培训功能

画面中配有电网线路输电动画、洪水流向动画、泄水动画、地下厂房实景 VR 照片等,其中,实时数据或历史数据可参数化驱动展示三维水体和泄洪水体;基于二维矢量流图技术,模拟发电和泄洪工况下的三维下游水面的不同流向和流速模态。可用于辅助培训,对新员工快速熟悉工作生产信息有积极作用。

4.3 实时监视功能

系统可形象直观地实时展示降雨、流量、水位、发电、调度计划等信息,辅助水情人员做好水库调度值班工作。

4.4 运行过程展示功能

离线语音合成引擎利用静态文本和动态实时数据,生成流畅语音,并结合三维动画展示过去时段的来水信息、水位运行过程和发电完成情况。

4.5 优化调度过程仿真

联合优化的调度过程仿真,首先抽取联合优化调度的计算成果,通过数据驱动动态实体模型,将三维对象对应的水位、水流、闸门等状态的变化过程表现在三维场景中,实现不同方案模拟过程及实测过程的全动态仿真。

5 结束语

本文提出了一种基于 GIS 和 VR 的联合调度三维仿真平台系统统,主要实现了联合调度方案实时动态仿真模拟功能,文中系统还处于起步阶段。在此基础上,需进一步改进和完善基于 GIS 和 VR 技术的联合调度三维仿真系统,以适应流域中上游电站不断建成,流域水库不断增多的变化应用环境。为提升调度人员办公效率,更为直观、科学地进行决策分析提供重要的技术支撑。同时该三维仿真平台的建设对后续智能电站及智慧调度建设均有一定的借鉴意义。

参考文献

[1] 刘云根,郭锦超,罗李毅,等.三维场景下基于 GIS 技术的变电设备管理及数据展示模型[J].电力信息与通信技术,2021,19(7):90-97.

[2] 周元强,陈刚,费益军,等.面向智能运检管理的变电站三维实时监测展示系统开发与应用[J].电网与清洁能源,2018,34(12):41-47.

[3] 杨剑锋,杨建国,马玉慧,等.基于 GIS 和 VR 技术的输电线路巡线可视化研究及应用[J].电测与仪表,2021,7:1-7.

[4] 钱正浩,胡长华.VR 技术和 GIS 技术相结合的电力通道可视化管理[J].自动化技术与应用,2019,38(4):173-176.

基于 WinSock 分布式运算部署的 Web 洪水预报调度系统

杨邦　刘玉晶

（水利部海河水利委员会水文局，天津，300170）

摘　要： Web 洪水预报调度系统在管理、安全性、跨平台通用性方面优势明显，是目前洪水预报调度系统发展的方向；但随着系统的服务需求增加，该类系统计算能力瓶颈效应愈发突出。分布式运算部署是解决系统效率低下的最廉价的处理方式，本文基于 WinSock 网络通信技术构建了洪水预报调度系统的分布式运算部署，提高了系统的计算效率，有效地实现了系统负载均衡，具有实现简单、实用性强的特点。

关键词： 洪水预报调度；Web；分布式；WinSock

1　引言

洪水预报调度系统是防灾减灾重要的非工程措施，将提高水旱灾害信息采集、传输、处理的时效性和准确性，提高防汛抗旱指挥决策的科学性，更充分地发挥水利工程减灾效益。

长期以来，洪水预报调度系统多基于 C/S 模式构建，随着需求的不断拓展，此类系统在系统管理、安全性、跨平台通用性等方面存在明显不足[1]。随着计算机软硬件技术的发展，基于 B/S 构架的洪水预报调度系统在上述方面有着明显的优势[1-3]，是目前洪水预报调度平台的发展方向。但是，对于复杂系统而言，巨大的计算耗费时间无疑是阻碍系统应用的主要因素，随着系统的服务需求增加，B/S 系统计算能力瓶颈效应愈发突出。分布式运算无疑是解决运算效率低下的最廉价的处理方式，将模型的计算分别部署在不同计算机进行分布运算，大大提高了系统的计算效率，而不是一味地去升级硬件（服务器）资源。分布式运算部署关键技术在于网络通信及其协调，本文基于 WinSock 网络通信技术实现了洪水预报调度系统的分布式运算部署，提高了系统的计算效率，有效地实现了系统负载均衡，为防汛决策提供了有力的技术支撑。

2　WinSock 技术及其方法

WinSock[4-5]源自 Socket（套接字），后者最初是由加利福尼亚大学 Berkeley（伯克利）分校为 UNIX 操作系统开发的网络通信接口，随着 UNIX 的广泛使用，Socket 成为当前最流行的网络通信应用程序接口之一。20 世纪 90 年代初，由 Sun Microsystems，JSB，FTP software，Microdyne 和 Microsoft 等几家公司共同定制了一套网络通信标准，即 Windows Socket 规范（简称 WinSock）。使用 Microsoft VB 即可方便快捷编写 WinSock 网络程序，VB 编写 WinSock 网络程序主要有两种方式：①WinSock 控件；②WinSockAPI。二者相比，WinSock 控件具有使用简单、工作量小的优点。本文采用 WinSock 控件开发系统网络通信接口。

通信作者简介：杨邦（1982—），男，浙江江山人，博士，教授级高级工程师，研究方向为水文水资源，E-mail：boboyoung@263.net。

2.1 WinSock 控件的主要属性

（1）Protocol 属性[4-5]：设置 WinSock 控件连接远程计算机使用的协议（TCP 和 UDP），默认协议是 TCP。

（2）SocketHandle 属性：返回当前 socket 连接的句柄。

（3）RemoteHostIP 属性：返回远程计算机的 IP 地址。

（4）ByteReceived 属性：返回当前接收缓冲区中的字节数。

（5）State 属性：返回 WinSock 控件当前的状态，具体属性见表 1。

表 1　　　　　　　　　　　　　　　WinSock 控件 State 属性

State 属性	常数值	描述
sckClosed	0	关闭
SckOpen	1	打开
SckListening	2	侦听
sckConnectionPending	3	连接挂起
sckResolvingHost	4	识别主机
sckHostResolved	5	已识别主机
sckConnecting	6	正在连接
sckConnected	7	已连接
sckClosing	8	正在关闭连接
sckError	9	错误

2.2 WinSock 主要方法

（1）Bind 方法[4-5]：本控件绑定并占有一个端口号。

（2）Listen 方法：将程序置于监听检测状态（只在使用 TCP 协议时有用）。

（3）Connect 方法：连接本地计算机和远程计算机。

（4）Accept 方法：当服务器接收到连接请求后，判断是否接受客户端的请求。

（5）SendData 方法：服务器发送数据。

（6）GetData 方法：客户端接收数据。

2.3 Winsock 控件主要事件

（1）ConnectRequest 事件[4-5]：本地计算机接收到远程计算机发送的连接请求时被触发。

（2）SendProgress 事件：该事件记录了当前状态下已发送的字节数和剩余字节数。当一端的计算机正在向另一端的计算机发送数据时被触发。

（3）SendComplete 事件：所有数据发送完成时被触发。

（4）DataArrival 事件：建立连接后，收到新数据时被触发。

（5）Error 事件：运行中发生任何错误时被触发。

3　系统构架与业务流程

洪水预报调度系统不能单纯地利用网页编程技术实现，一是网页的响应具有及时性；二是洪水预报调度复杂，耗时相对网页多，因此需要将动态网页和计算模块分开部署，才能在保证系统运算效率的同时保证

B/S客户端的浏览体验。采用B/S、C/S松散耦合模式所构建的洪水预报调度系统较好地兼顾了上述要求，系统建设以数据库为中心，采用B/S、C/S混合（均衡）模式，采用"二元三层"结构体系，即客户端/服务器端"二元"结构，服务器端又可以分出客户端、Web服务器＋应用服务器、数据库服务器"三层"结构，其中Web服务器和应用服务器可以是同一台服务器，也可以是两台服务器。交互式计算主要通过浏览器/服务端（B/S）实现，为了保证系统使用效率，预报计算主要通过服务器端的C/S程序实现。这种松散耦合的体系结构可以轻松实现系统的分布式部署、无限拓展系统的服务能力，并能实现系统的负载均衡。系统结构图见图1。

　　系统B/C/S各模块之间的业务流程主要通过数据交换的形式来完成，数据交换的格式可以通过文本格式或数据库格式。在实现方式上可以分为主动和被动两种模式，主动模式通过网络脚本调用API函数ShellExecute直接在服务器激活C/S运算模块，通过网页轮询判断并调用计算生成的结果文件，如果B/S、C/S同时部署于一台服务器，这种方式的实现很简单，如果要实现分布式部署，需要通过WinSock网络通信技术来实现；被动模式是纯粹的数据交换模式，网络脚本不直接调用C/S运算模块，而是生成某种指令文件或数据库记录，C/S运算模块通过自身轮询发现该指令文件或数据库记录来激活运行，并生成结果文件或数据库结果，网页端则通过轮询判断结果是否生成。系统业务流程见图2。

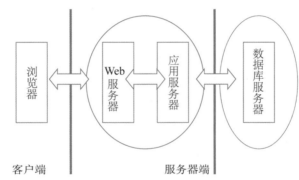

图1　系统结构图

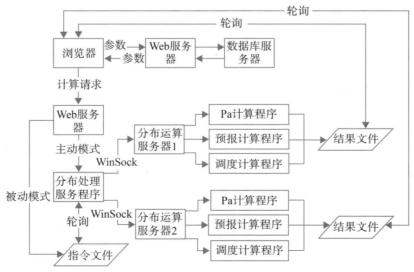

图2　系统业务流程图

4 基于 WinSock 分布运算部署实现

基于 WinSock 控件的分布式计算基于 TCP 协议,采用 C/S 模式。服务程序在一个众所周知的地址(其中包括端口信息)监听对服务的请求,也就是说,服务进程一直处于休眠状态,直到一个客户对这个服务的地址提出连接请求。这个时刻,服务程序被唤醒并对客户的请求作出适当的反应。Web 模块通过网络脚本调用 API 函数 ShellExecute 与客户端实现通信,服务器端通过 shell 函数调用模型计算模块。Web 模块在接受运算指令后激发客户端连接服务器,服务器接收指令后激发计算模块开始计算,同时,服务器把成功开始计算的消息通过 WinSock 转发给客户端,客户端接收指令后自行断开连接,服务器则等待新的连接指令。计算完成后,计算模块将计算结果文件存入指定的文件夹等待 Web 端的检索。基于 WinSock 通信的分布运算流程见图 3。

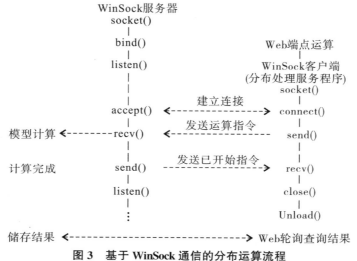

图 3 基于 WinSock 通信的分布运算流程

基于 WinSock 通信的核心编程思想为:服务器端建立 WinSock 控件数组[暂且命名 Sock()],利用 Listener 来侦听,当有客户端需要连接服务器时会触发 Listener_ConnectionRequest 事件,此时会遍历 Sock 控件数组,如果里面有空闲的 Sock 则用这个空闲的 Sock 和客户端进行连接,如果没有空闲的则重新 Load 一个进来。当客户端和服务器端成功连接后就可以利用 Sock 控件数组来和客户端相互传递数据了,VB 代码如下:

```
Private Sub wskServer_ConnectionRequest(Index As Integer,ByVal requestID As Long)
SockIndex = 8888
遍历控件
For ii = 0 To Sock. UBound
    If Sock(ii). State = 0 Then
    SockIndex = ii
Next
If SockIndex = 8888 Then
    Load Sock(Sock. UBound + 1)
    SockIndex = Sock. UBound
```

```
End If
接受请求
Sock(SockIndex). Accept (requestID)
End Sub
```

当客户端将数据发送给服务器端时会触发 Sock_DataArrival 事件,利用 GetData 方法即可以将数据读取出来。如果服务器想给客户端发送数据,则直接用 SendData 方法即可。

5　结语

本文探讨了基于 WinSock 分布式运算部署的 Web 洪水预报调度系统的构建思路与实现技术,通过分布式部署,系统具备计算拓展能力,可有效地实现数据计算负载平衡,提高系统运行效率,同时具有实现简单、实用性强的特点,为防汛抗旱调度、防洪减灾、水资源管理和保护等提供了技术支撑。

参考文献

[1] 陈华,郭生练,林凯荣,等.基于 Web 的水库洪水预报调度系统设计与开发[J].武汉大学学报(工学版),2004,37(3):27-31.

[2] 袁迪,张艳军,宋星原,等.基于 Silverlight 的 B/S 模式水库洪水预报系统设计与实现[J].水利水电技术,2014,31(8):12-17.

[3] 张建云,王光生,张建新,等.Web 洪水预报调度系统开发及应用[J].水利水电技术,2005,36(2):67-70.

[4] 唐永红,龚安.运用 Winsock 控件实现 C/S 网络通信[J].计算机系统应用,2006,(4):74-76.

[5] 邱育桥.基于 WinSock 的网络编程技术[J].电脑知识与技术,2009,5(14):3695-3696.

基于多元回归的两河口水电站汛期径流预测研究

唐圣钧　郑钰　邵朋昊　熊世川　宋涛

（雅砻江流域水电开发有限公司,四川成都,610051）

摘　要:基于多元回归模型,利用石渠—雅江降雨量、土壤前期含水量因子构建两河口断面汛期旬、月尺度径流预测模型,并对模型预测成果检验评估,结果表明,月尺度径流预测模型相对误差13.4%,枯丰转换期精度相对较低;旬尺度径流预测模型相对误差14.1%,月内各旬精度不均。两河口汛期旬、月尺度径流预测模型精度总体满足生产需求,后期仍需结合模型实际应用情况进一步优化模型参数。

关键词:径流;预测模型;多元回归

0　前言

两河口水电站位于四川省甘孜州雅江县境内的雅砻江干流上,为我国大型水电能源基地雅砻江干流中游的控制性水库电站工程,具有多年调节能力,是雅砻江中下游的"龙头"水库,其对中下游梯级电站、金沙江干流乃至长江干流的梯级电站都具有显著的补偿作用。目前中长期来水预测方法如混沌理论、模糊分析、灰色系统以定性为主,在电力市场改革环境下,定性来水预测难以满足梯级电站运行方式安排、发电计划及防洪调度等策略制定,尤其"龙头"水库定量来水预测对发挥"一条江"梯级电站联合优化调度至关重要。

根据实际调度工作经验,考虑月内来水分布不均特性,月尺度来水预测需要精细化上旬、中旬及下旬来水预测。通常降雨、土壤含水量及下垫面是影响流域来水的三个重要因素,而径流预测模型主要是以降雨—径流成因构建的,因此本文基于汛期降雨定量预测成果开展流域月尺度来水预测是一种科学有效方法。

1　来水预测模型

1.1　资料

1.1.1　降水资料

本文采用中国气象局整编的1981—2010年国家基本站日降雨资料集,选取雅砻江流域代表站18个,其中上游(石渠—雅江)测站7个,中游(雅江—锦屏)测站6个,下游(官地—二滩、安宁河)测站5个(表1、图1)。

通信作者简介:唐圣钧(1990—),2015年6月毕业于成都信息工程大学大气科学专业,从事水文气象预报及水库调度、发电运行相关工作,工程师。

表1	流域上、中、下游代表测站
区域	代表测站
上游	石渠、甘孜、新龙、雅江、色达、炉霍、道孚
中游	理塘、稻城、九龙、宁蒗、盐源、木里
下游	米易、盐边、冕宁、西昌、德昌

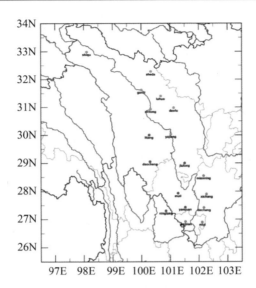

（红：石渠—雅江；蓝：雅江—锦屏；绿：官地—二滩）

图1　雅砻江流域分区域国家基本气象站

1.1.2　径流资料

采用甘孜州水文局整编1981—2010年雅江水文站日、旬、月尺度径流数据集。

1.2　模型构建

多元线性回归方法是一种多要素预报方法，具体指在相关变量中将一个变量视为因变量，其他一个或多个变量视为自变量，从大量历史实况资料中，利用数理统计的理论与方法建立多个变量之间线性数学模型数量关系式，并利用样本数据进行分析的统计分析方法。

本文以上游（石渠—雅江）代表站平均降雨量作为区域降雨，构建1981—2010年旬、月降雨—径流数据集。两河口月尺度降雨—径流预测模型输入项包括降雨、蒸发、土壤湿度、出口断面初始径流等影响。根据径流成因分析，月径流预测模型、旬径流预测模型构建是基于月初开展旬、月径流预测，为进一步简化降雨—径流模型，相关假设如下：

（1）假定本旬降雨量、本月降雨量是影响本旬及本月径流的降雨总量，假定可忽略降雨—径流汇流时间；

（2）假定每月1日断面径流量代表月初流域土壤含水量水平；

（3）假定旬、月径流与降雨存在线性或非线性关系；

（4）假定可忽略降雨强度、蒸发损失等因素对径流的影响。

基于模型的基本假设，旬径流预测模型分为三类，分别为上旬、中旬及下旬径流预测模型，输入项为月初1日断面径流量及预测当月各旬降雨量；月径流预测模型输入项月初1日断面径流量及月降雨量，旬、月径流预测模型基本形式如下：

$$Q_{ij} = Q(Q_{0j}, P_{1j}, \cdots, P_{ij}) \tag{1}$$

式(1)为旬径流预测模型,式中为流域某月旬降雨序列 P_{ij} 及 Q_{ij} 旬径流序列($i=1,2,3$ 旬,$j=5,6,\cdots,$ 10 月),Q_{0j} 为某月初 1 日径流量。

$$Q_j = Q(Q_{0j}, P_j) \tag{2}$$

式(2)为月径流预测模型,Q_{0j} 为某月初 1 日径流量,P_j 为某月降雨量,Q_j 为预测某月径流量($j=5,6,\cdots,10$)。

利用多元线性回归方程构建两河口断面上旬、中旬、下旬及单月降雨—径流模型,回归模型基本结构如下式(3)至式(6):

上旬预测模型:
$$Q_{1j} = a_1 P_{1j} + b_1 Q_{0j} + c \tag{3}$$

中旬预测模型:
$$Q_{2j} = a_1 P_{1j} + a_2 P_{2j} + b_1 Q_{0j} + c \tag{4}$$

下旬预测模型:
$$Q_{3j} = a_1 P_{1j} + a_2 P_{2j} + a_3 P_{3j} + b_1 Q_{0j} + c \tag{5}$$

单月预测模型:
$$Q_j = a P_j + b Q_{0j} + c \tag{6}$$

1.3 模型检验

通过率定两河口断面旬、月径流回归模型参数 a_1、a_2、a_3、b 及 c,模型回归效果的检验采用 F 检验,模型精度评价指标为平均相对误差、复相关系数,从整体上评估模型效果,进而为生产工作提供指导意义。

为检验预报因子对预报对象的显著水平,需对回归结果进行 F 检验。F 值计算公式如下:

$$F = \frac{U/f}{Q/df} \tag{7}$$

回归方差 $U = \sum_{i=1}^{N}(\hat{y}_i - \bar{y})$,残差方差 $Q = \sum_{i=1}^{N}(y_i - \bar{y})$,$N$ 为样本数,f 为回归自由度,数值上等于自变量个数,df 为残差自由度,数值上等于样本数扣除回归自由度和 1。

根据我国现行《水文情报预报规范》(GB/T 22482—2008),采用平均相对误差对回归模型预测精度进行评估,平均相对误差 S 计算公式如下:

$$S = \text{Average}\left(\sum_{i=1}^{N}(\hat{y}_i - y_i)^2\right) \tag{8}$$

衡量一个变量与多个变量之间的线性关系程度的量称为复相关系数,其为多元回归模型中常见的反映整体模型拟合优度指标,具有无量纲的性质,越接近 1,表示模型的拟合效果越好。R 定义如下:

$$R = \sqrt{1 - \frac{\sum_{i=1}^{N}(\hat{y}_i - y_i)^2}{\sum_{i=1}^{N}(y_i - \bar{y})^2}} \tag{9}$$

式中,y_i 为实际径流量,$\hat{y}_i$ 为模型预测的径流量,$\bar{y}$ 为历史径流量均值。

2 研究成果

2.1 月径流预测

利用 1981—2010 年石渠—雅江降雨、两河口断面径流资料构建 5—10 月两河口断面单月径流预测多元回归模型,回归模型参数及模型检验指标,见表 2 及表 3。

模型 F 检验时取置信度 $\alpha = 0.05$,建立的月径流多元回归模型预报因子为 2 个(月初径流量及月降雨量),检验样本数为 30 个(1981—2010 年断面月径流数据)。根据 F 检验临界值分布表,查出自由度 $F_{(2, 27)} = 3.35$,从表 3 中月模型 F 检验值均远大于临界值,故月径流预测模型回归效果显著,可用于预报计算。

径流平均相对误差 S 计算出 5—10 月平均相对误差 13.4%,其中 5 月径流平均相对误差最大(19.02),其次是 6 月(预报平均误差 15.18),从侧面说明枯丰转换期月径流预报较其他月份难度较大,而 8 月预报平均误差 13.6,通常流域 8 月受伏旱影响径流预测不确定性较大,10 月径流预报平均误差最小(9.08),这主要是因为 10 月为流域雨季结束期,径流受降雨影响较小。

复相关系数 R 可以看出 5 月相关性最小为 0.59,5 月枯丰转换期预报难度较大,而 6—10 月复相关系数 R 总体较高,均在 0.9 附近。

表 2   两河口汛期各月径流预测模型回归参数

回归参数	a	b	c
5 月	2.18	0.4	212.74
6 月	5.86	0.69	−237.67
7 月	9.07	0.36	−204.65
8 月	10.11	0.62	−644.13
9 月	8.17	0.53	−276.18
10 月	5.14	0.51	40.24

表 3   两河口汛期各月径流预测模型检验指标参数

检验指标	F	S	R
5 月	7.05	19.02	0.59
6 月	40.81	15.18	0.87
7 月	56.83	11.86	0.9
8 月	117.45	13.61	0.95
9 月	67.75	11.59	0.91
10 月	92.77	9.08	0.93

2.2   旬径流预测

利用 1981—2010 年石渠—雅江旬降雨量、两河口断面旬径流量构建 5—10 月两河口断面旬径流多元回归模型,回归模型参数及模型检验指标,见表 4 及表 5。

模型 F 检验时取置信度 $\alpha = 0.05$,建立旬径流多元回归模型上旬预报因子 2 个(月初径流量、上旬降雨量)、中旬预报因子 3 个(月初径流量、上旬降雨量、中旬降雨量)、下旬预报因子 4 个(月初径流量、上旬降雨量、中旬降雨量、下旬降雨量),检验样本数为 30 个(1981—2010 年断面旬径流数据)。根据 F 检验临界值分别表,查出自由度 $F_{上旬(2, 27)} = 3.35$,$F_{中旬(3, 26)} = 2.98$,$F_{下旬(4, 25)} = 2.76$,从表 3 中旬回归模型 F 值检验值均大于对应临界值,故旬径流回归效果显著,可用于预报计算。

旬径流平均相对误差 S 不同月份差异较明显。5 月各旬径流平均相对误差在 20% 以上,中旬平均相对误差最大(26.23%),复相关系数 0.52;6 月平均相对误差随时效增大,上旬和中旬平均相对误差 10%～13%,下旬径流平均相对误差达到 18%;7 月旬径流平均相对误差与 6 月类似,下旬径流相对误差较大(达到 17.27%);8 月中旬相对误差较大(14.78%),上旬及下旬相对误差 10% 左右;9 月中旬相对误差较大(15.7%),上旬及下旬相对误差 10% 左右;10 月受降雨影响较小,旬径流相对误差 10% 左右。

复相关系数 R 显示 5 月相关性较小,其他月份旬相关性系数均在 0.9 附近。

表4   两河口汛期各旬径流预测模型回归参数

回归参数	a_1	a_2	a_3	b	c
5月上旬	1.51			0.56	188.73
5月中旬	6.99	3.49		0.32	194.54
5月下旬	2.95	10.71	2.42	0.32	139.73
6月上旬	10.04			0.87	−199.08
6月中旬	17.06	13.01		0.68	−641.6
6月下旬	18.17	6.95	8.55	0.75	−633.05
7月上旬	13.79			0.71	−182.81
7月中旬	18.91	10.78		0.29	−279.38
7月下旬	6.76	14.69	16.11	0.19	−500.89
8月上旬	15.19			0.70	−96.27
8月中旬	22.54	12.96		0.39	−402.99
8月下旬	16.85	10.86	17.05	0.37	−776.05
9月上旬	10.58			0.88	−233.79
9月中旬	18.19	15.82		0.37	−429.9
9月下旬	8.87	12.49	9.44	0.29	−334.49
10月上旬	5.91			0.74	62.65
10月中旬	9.83	3.85		0.46	57.45
10月下旬	5.49	5.37	6.31	0.29	96.73

表5   两河口汛期各旬径流预测模型检验指标参数

检验指标	F	S	R
5月上旬	17.27	20.25	0.75
5月中旬	3.28	26.23	0.52
5月下旬	4.21	21.8	0.63
6月上旬	117.33	11.59	0.95
6月中旬	38.67	13.24	0.9
6月下旬	14.98	18	0.84
7月上旬	94.41	11.54	0.94
7月中旬	17.99	14.39	0.82
7月下旬	19.46	17.27	0.87
8月上旬	393	8.32	0.98
8月中旬	89.88	14.78	0.96
8月下旬	85.86	11.78	0.97
9月上旬	128.08	12.81	0.95
9月中旬	27.31	15.7	0.87
9月下旬	34.61	10.22	0.92
10月上旬	285.07	5.16	0.98
10月中旬	44.45	10.13	0.91
10月下旬	18.31	11.24	0.86

3 结论及展望

    随着两河口水电站投产,中长期来水预测精度对科学指导流域水库调度、发电计划编制及防洪度汛将更为重要。本文结合生产实际运行情况,开展基于多元回归方法两河口旬、月降雨—径流预测模型研究,为中长期流域来水预测提供指导意义,经检验统计分析,月径流预测模型相对误差13.4%,其中枯丰转换月预测精度相对较低;旬径流预测模型相对误差 14.1%,旬预测精度月内分布不均,精度有待进一步提高。本研究仅采用单一降雨量简单构建来水预测模型,后期需要结合模型实际预测成果及中长期降雨数值预测成果优化模型参数,同时结合历史数据集对模型预测成果开展后处理订正方法分析,以进一步提升流域来水预测精度。

参考文献

[1] 汤成友,官学文,张世明. 现代中长期水文预报方法及其应用[M]. 北京:中国水利水电出版社,2008.

[2] 李英晶,李新,田长涛. 多元回归法在伊春河流域枯季径流预报中应用[J]. 水利规划与设计,2016,35 (2):36-40.

[3] 程根伟,舒栋材. 水文预报的理论与数学模型[M]. 北京:中国水利水电出版社,2006.

[4] 袁秀娟,夏军. 径流中长期预报的灰色系统方法研究[J]. 武汉水利电力大学学报,1994,27(4):367-375.

[5] 葛朝霞,薛梅,宋颖玲. 多因子逐步回归周期分析在中长期水文预报中的应用[J]河海大学学报(自然科学版),2009,37(3):255-257.

[6] 徐炜,张弛,彭勇,等. 基于多模型预报信息融合的中长期径流预报研究[J]. 水力发电学报,2013,32 (6):11-18.

[7] 梁国华,王国利,王本德,等. GFS可利用性研究及其在旬径流预报中的应用[J]. 水电能源科学,2009, 27(1):10-14.

[8] 王东升. 基于气象水文耦合的中小河流枯季径流短期预报[J]. 中国农村水利水电,2018,11(5):67-71.

基于风险分析的贺江下游地区超标洪水应对策略研究

王玉虎[1,2]　吴亚敏[1,2]　易灵[1,2]　王保华[1,2]

(1. 中水珠江规划勘测设计有限公司,广东广州,510611;

2. 珠江流域防汛抗旱总指挥部调度研究中心,广东广州,510611)

摘　要:针对贺江下游防洪工程薄弱、洪涝灾害频繁的问题,综合考虑流域暴雨洪水特性及防洪工程现状,基于一、二维耦合水动力学模型研究了贺江下游不同量级超标洪水风险,在此基础上提出贺江下游超标洪水应对策略,为有效地应对贺江流域"黑天鹅""灰犀牛"事件提供技术支撑。

关键词:洪水风险;水动力学模型;一、二维耦合;超标洪水;应对策略;贺江下游

1　研究背景

我国是世界上洪水灾害频发的国家之一,洪水灾害已严重威胁着国民的生命安全并制约着社会经济的可持续发展。近年来,人们在与洪水灾害斗争的实践中,提出了由"控制洪水"向"洪水管理"转变的新的防洪理念[1,2]。洪水管理的核心就是洪水风险管理,而基于洪水风险分析编制的洪水风险图是国家落实防洪从"控制洪水"向"洪水管理"转变,建立风险管理制度,开展洪水风险管理的重要基础支撑。通过对防洪区进行不同量级洪水风险分析,预先判断洪涝灾害可能发生的区域和危险程度,完整准确地描述洪水风险信息,绘制洪水风险图,将各种风险信息直观呈现,可提高决策的科学性,使人们有效地适应或规避灾害带来的风险,对于洪水管理战略目标的实现具有重要意义。

在洪水风险研究方面,国际上美国、日本等发达国家已经开展了比较全面和系统的风险研究[3],其中,美国在20世纪30年代大规模防洪工程建设高潮之后从五六十年代开始研究并制作洪水风险图,已经有比较丰富的洪水风险图编制经验,并制定了相关法律和洪水风险图制作规范,到2003年为止已经绘制了9万张洪水风险图,其范围涵盖了大约1.9万个社区、38.9万km²的洪泛区[4]。我国的洪水风险图研究始于20世纪80年代,并逐步在永定河洪泛区[5]、小清河分洪区[6]、黄河[7]等区域绘制了洪水风险图。近年来,国内学者对洪水演进模拟、洪水风险图制作、洪水影响分析等洪水风险分析相关内容进行了广泛研究[8-19],并取得了较大进展。洪水模拟方面,牛帅等[10]建立珠江河口区域十三围的一维、二维耦合模型对洪水进行了演进模拟分析;丁勇[11]通过建立一维、二维耦合洪水泛滥模型,模拟了溃堤洪水在有无道路阻隔情况下的洪水淹没过程;赵琳等[12]采用一、二维耦合水动力模型对五泄江漫堤洪水进行了演进模拟。洪水影响分析方面,陈俊鸿等[15]采用一、二维耦合水动力模型对赣西联圩进行了溃堤洪水风险分析;李政鹏等[16]通过GIS技术结合MIKE软件建立了前坪水库溃坝一维、二维耦合数值模型,模拟了水库大坝在5000年一遇校核洪水位下溃坝及洪水下泄过程,计算分析了水库溃口流量过程及溃决后洪水在下游的演进过程,获得水库下游淹没区范围、淹没区流态等洪水风险信息;田雨等[17]构建水库溃坝洪水演进模型,对水库下游区域进行了洪水风险评价。

上述研究集中在洪水的模拟、风险分析及洪水风险图制作等方面,将洪水风险分析成果应用于超标洪水防御措施研究的相对较少。结合不同量级洪水风险分析成果,研究制定不同量级超标洪水防御措施是可行且必要的[20],洪水风险分析成果可为制定超标洪水防御对策提供科学可靠的决策依据。本研究拟通过建

立贺江下游地区一维、二维耦合水动力学模型,对贺江下游不同量级超标洪水进行风险分析,并在此基础上提出贺江下游超标洪水应对策略。

2　研究区域概况

贺江是珠江流域西江水系的一级支流,流域面积 1.16 万 km²,跨越湘、桂、粤 3 省(自治区)。流域属亚热带季风性湿润气候,雨量充沛,暴雨中心多出现在贺江中游和支流大宁河上游一带,流域大洪水一般发生在 4—7 月,贺江流域洪涝灾害历来较为频繁,洪水导致沿江城镇、农村及大面积农田受淹、河岸崩塌、冲刷严重。其中,贺江下游地区由于防洪工程薄弱,现状堤防标准低甚至不设防,两岸城镇由于地势较低,且受西江回水影响,遇暴雨洪水时往往受淹,洪涝灾害尤为严重,防洪压力大(图 1)。为切实做好贺江下游地区超标洪水防御工作,有效地应对超标洪水,最大限度地减轻灾害损失,通过开展贺江下游防洪保护区洪水风险分析,基于风险分析提出贺江下游地区超标洪水应对策略十分迫切且必要。

图 1　贺江流域防洪工程现状示意图

3　基于一、二维耦合水动力学模型的超标洪水风险分析

3.1　一、二维耦合水动力学模型

结合贺江下游防洪保护区及周边地区水文、地形等基础资料情况,考虑到贺江下游防洪保护区洪水来源主要为贺江洪水、西江洪水顶托及保护区内暴雨洪水,而贺江流域范围较大、河道两岸多为山区,从既满足计算要求,又兼顾计算效率出发,本研究洪水风险分析通过采用 MIKE 软件建立贺江、西江河网一维水动力数学模型与贺江下游防洪保护区二维水动力数学模型相互耦合的一、二维联解水动力学模型计算。其中贺江、西江河网及保护区内的主要河道采用一维非恒定流模型,防洪保护区采用二维非恒定流模型,通过一、二维模型的动态耦合模拟洪水在贺江、西江及保护区内的演进过程,得到不同洪水条件下保护区内的淹没水深、最大洪水流速、洪水前锋到达时间等信息,计算区域外的降雨汇流采用水文学方法计算流量过程

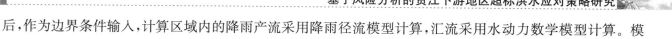

后,作为边界条件输入,计算区域内的降雨产流采用降雨径流模型计算,汇流采用水动力数学模型计算。模型计算原理如下:

3.1.1 一维水动力数学模型

一维水动力学模型控制方程为 Saint-Venant 方程组:

$$
\begin{cases}
\dfrac{\partial A}{\partial t} + \dfrac{\partial Q}{\partial x} = q \\[2mm]
\dfrac{\partial Q}{\partial t} + \dfrac{\partial}{\partial x}\dfrac{Q^2}{A} + gA\dfrac{\partial h}{\partial x} + g\dfrac{Q\,|\,Q\,|}{C^2 AR} = 0
\end{cases}
\tag{1}
$$

式中,x 为距离坐标;t 为时间坐标为;A 过水断面面积;Q 为流量;h 为水位;q 为旁侧入流量;C 为谢才系数;R 为水力半径;g 为重力加速度。

对于网河来说,节点还应满足下列质量守恒和能量守恒条件:

$$
\sum_{i=1}^{n} Q_i = \frac{\mathrm{d}w}{\mathrm{d}t}
\tag{2}
$$

式中,Q 为节点过流量;i 表示汇集于同一节点的各河道断面的编号;w 为节点蓄量。质量守恒条件即进出每一节点的流量与该节点内的实际水量的增减率相平衡。

若节点为无蓄量的几何点,则 $w=0$。因此:

$$
\sum_{i=1}^{n} Q_i = 0
\tag{3}
$$

能量守恒条件为不计节点汇合处的能量损失时,节点水位与汇集于该节点的各河道相邻断面的水位之间满足能量守恒约束——伯努利方程:

$$
z_k + \frac{v_k^2}{2g} = z_{k+1} + \frac{v_{k+1}^2}{2g} \quad k = 1, 2, 3, \cdots, k-1
\tag{4}
$$

式中,k 为节点分支,z 为各分支断面处的水位。

上述式(1)~式(4)即构成一维网河数值计算的数学模型。

3.1.2 平面二维水流数学模型

平面二维水动力学模型的主要控制方程的垂向平均如下:

质量守恒方程:

$$
\frac{\partial \zeta}{\partial t} + \frac{\partial p}{\partial x} + \frac{\partial q}{\partial y} = S
\tag{5}
$$

X 方向动量方程:

$$
\frac{\partial P}{\partial t} + \frac{\partial}{\partial x}\left(\frac{P^2}{h}\right) + \frac{\partial}{\partial y}\left(\frac{pq}{h}\right) + gh\frac{\partial \zeta}{\partial x} + \frac{gp\sqrt{p^2+q^2}}{C^2 h^2}
$$
$$
- \frac{1}{\rho}\left[\frac{\partial}{\partial x}(h\tau_{xx}) + \frac{\partial}{\partial y}(h\tau_{xy})\right] - \Omega q - fV V_x + \frac{h}{\rho}\frac{\partial}{\partial x}(p_a) = S_{ix}
\tag{6}
$$

Y 方向动量方程:

$$
\frac{\partial q}{\partial t} + \frac{\partial}{\partial y}\left(\frac{q^2}{h}\right) + \frac{\partial}{\partial x}\left(\frac{pq}{h}\right) + gh\frac{\partial \zeta}{\partial y} + \frac{gq\sqrt{p^2+q^2}}{C^2 h^2}
$$
$$
- \frac{1}{\rho}\left[\frac{\partial}{\partial y}(h\tau_{yy}) + \frac{\partial(h\tau_{xy})}{\partial x}\right] + \Omega q - fV V_y + \frac{h}{\rho}\frac{\partial}{\partial y}(p_a) = S_{iy}
\tag{7}
$$

式中,t 为时间 s;x、y 为右手 Cartesian 坐标系;ζ 为水面相对于未扰动水面的高度即通常所说的水位;h 为静止水深;g 为重力加速度;$p(x,y,t)$,$q(x,y,t)$ 分别为 x 方向和 y 方向的通量(其中 $p=uh$,$q=vh$);

u、v 分别为流速在 x、y 方向上的分量；P_a 为当地大气压；ρ 为水密度；$\Omega(x,y)$ 为 Coriol 系数，等于 $2\omega\sin\Psi$，ω 为地球自转角速度，Ψ 为计算点所处的纬度，一般取 $\Omega=0.729\times10^{-4}s^{-1}$；$C$ 为柯西阻力系数，$m^{1/2}/s$；$f(V)=\gamma_a^2\rho_a$ 为风摩擦因素函数，γ_a^2 为风应力系数，ρ_a 为空气密度，V 为风速，V_x、V_y 为 x 方向和 y 方向的风速，m/s；S 为源项，S_{ix} 为源项在 x 方向的分量，S_{iy} 为源项在 y 方向的分量；τ_{xx}、τ_{xy}、τ_{yy} 为各方向上的黏滞应力项。

3.2 模型边界范围

3.2.1 贺江、西江干流一维水动力数学模型

（1）外边界。

一维模型贺江上边界位于合面狮水库，西江上边界位于梧州站，两者采用流量过程入流边界条件。贺江的支流金装河、九井河、大玉口河、大玉口涌、莲都河、渔涝河、东安江等河流作为点源汇入；下边界采用高要站水位—流量关系。

（2）内边界。

对一维河网模型内的都平水电站、白垢水电站、江口水电站按照调度规则运行，敞泄时过流能力按堰流进行计算。

贺江、西江一维水流数学模型河道断面设置见图2。

3.2.2 贺江下游防洪保护区平面二维数学模型范围

（1）外边界。

保护区二维数学模型范围为贺江下游保护区自粤桂两省（区）交界至贺江出口，干流河长 120km，面积 2298km²，主要保护对象为广东省封开县境内的大玉口、南丰、都平、渔涝、白垢、大洲、江口 7 镇。鉴于贺江下游地形地貌条件，本次计算考虑自由漫堤的情况，二维模型四周边界按照封闭边界处理，但在临河侧由河道内水位与临河侧网格点高程来判断二维区域与外江进行水量交换计算。

（2）内边界。

对保护区内道路、河涌堤岸、鱼塘堤埂等都只考虑漫溢，不考虑溃决情况。

二维网格布置见图3。

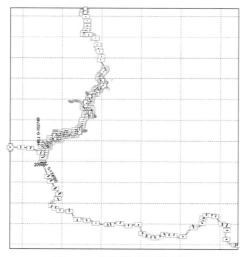

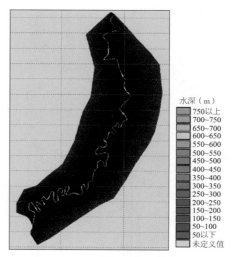

图2　一维河道断面设置图　　　　图3　二维网格布置图

3.3 模型参数率定和验证

本研究主要通过实地调研的历史洪水位作为参考资料,包括南丰站、古榄站、大洲镇、江口镇、都平水电站、白垢水电站、江口水电站等实测资料和记录的资料对水动力数学模型的参数进行率定与验证。模型采用 2013 年 8 月洪水分别进行洪水河道糙率的率定,采用 2002 年 7 月洪水进行验证,率定验证成果见表 1 和图 4、图 5。

从率定和验证成果看,南丰、古榄、梧州、高要最高水位误差小于 10cm,基本满足规程要求的模型精度要求。

表 1 　　　　　　　　　　　洪水最高水位模型率定成果表 　　　　　　　　　　　　单位:m

水文组合	2002.7 洪水			2013.8 洪水		
	实测值	计算值	误差	实测值	计算值	误差
南丰				40.52	40.52	0.00
都平电站上游				35.27	35.29	0.02
古榄	35.53	35.46	−0.07	31.08	31.07	−0.01
梧州	22.75	22.72	−0.03	18.43	18.35	−0.08

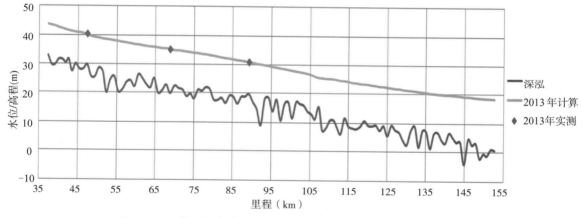

图 4　2013 年 8 月南丰、都平电站、古榄站实测水位与计算水位对比

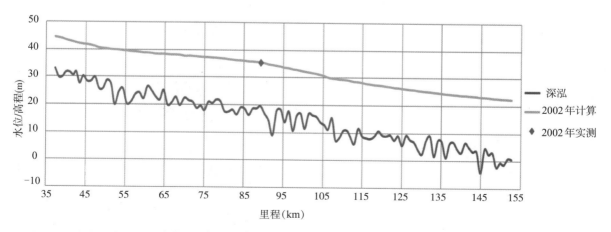

图 5　2002 年 7 月古榄站实测水位与计算水位对比

3.4 不同量级洪水风险分析成果

通过一、二维动态耦合模型模拟计算,得到研究区域不同洪水条件下的淹没水深、最大洪水流速、洪水前锋到达时间等信息。以南丰镇为例,当贺江中下游发生100年一遇设计洪水时,在 $t=18h$ 时刻,南丰镇九井河河口水位达到37.35m,九井河水位受贺江洪水顶托而漫溢出河道,进入南丰镇九井河两岸的较低区域。此后,随着贺江水位不断上涨,南丰镇受淹范围不断增大。在 $t=42h$,贺江洪水达到最大峰值,南丰镇水位达到42.14m,之后随着洪峰过境贺江水位逐渐下降、漫溢流量逐渐减小,保护区内淹没水位增加;在 $t=47h$,南丰镇内外水位41.9m,南丰镇左岸内外水位达到平衡状态;此后,围内水位逐渐降低,直至模拟时段结束,过程见图6。南丰镇遭遇100年一遇洪水,计算区最大水深分布如图6(c)所示,最大淹没面积636.3万 m^2,最大积水量1777.2万 m^3,受灾区平均淹没水深2.79m,淹没水深超过2m的区域面积415.1万 m^2,淹没水深1~2m的区域面积125.3万 m^2,淹没水深0.5~1m的区域面积49.0万 m^2。从洪水到达时间来看,九井河沿岸的地势较低区域在九井河漫堤后3~6h到达,洪水由地势较低地区逐渐上涨,河道两侧以外的地区基本洪水在6~24h达到。从洪水淹没历时来看,九井河沿岸的地势较低区域淹没历时一般为1~3d,河道两侧以外的地区基本在12~24h。其他量级洪水风险成果及研究区域其余各镇成果因篇幅不再分析。

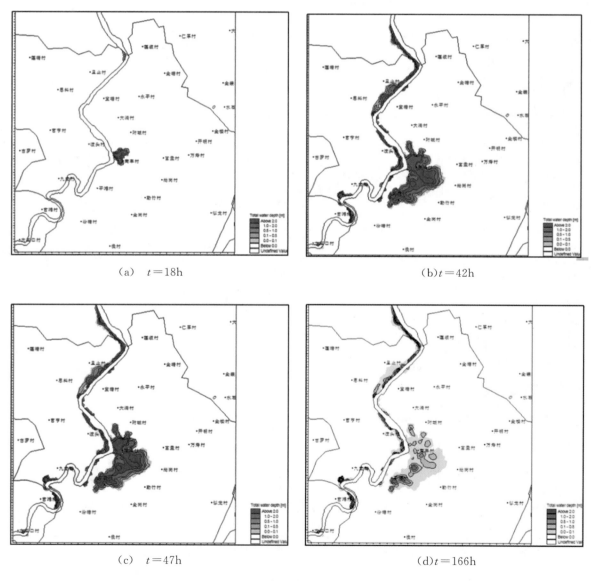

(a)　$t=18h$　　　　　　　　　　　　　　　(b)$t=42h$

(c)　$t=47h$　　　　　　　　　　　　　　　(d)$t=166h$

图6　南丰镇淹没范围图

依据分析得到的淹没范围、淹没水深、淹没历时等要素,叠加淹没区范围内封开县南丰镇、大玉口镇、都平镇、白垢镇、大洲镇、江口镇、渔涝镇基础地理信息和社会经济情况,利用洪灾损失率,进行洪水影响分析与洪灾损失评估,得到贺江下游保护区不同量级洪水影响分析成果,见表2。

表2　　　　　　　　　　　　　　　贺江下游保护区不同量级洪水影响分析成果

方案编号	洪水类型	洪水频率（%）	淹没面积（km²）	淹没居民地面积（万m²）	淹没耕地面积（公顷）	受影响公路长度（km）	受影响重点单位及设施（个）	淹没区人口（万）	受影响GDP（亿元）	洪水损失（万元）
1		50	3.27	192.62	50.74	2.06	7	0.36	0.31	41565
2		20	5.58	312.43	125.81	5.963	10	0.98	0.61	64523
3	贺江洪水为主	10	11.81	431.63	520.46	19.459	19	4.67	1.36	87938
4		5	15.56	519.58	736.8	29.542	22	7.36	1.83	127054
5		2	16.74	527.78	879.08	37.869	25	8.91	2	166189
6		1	17.21	535.78	951.34	44.412	30	9.81	2.08	188364
7		50	4.21	139.19	222.96	25.411	6	2.27	0.52	124732
8		20	7.18	238.95	366.55	27.812	8	3.62	0.86	130070
9	西江洪水为主	10	15.83	524.88	780.81	30.157	13	7.68	1.85	138721
10		5	16.31	534.23	798.71	32.047	17	7.73	1.89	145577
11		2	17.42	570.6	801.98	35.739	21	8.13	1.91	150265
12		1	17.56	585.99	820.18	36.418	25	8.3	1.92	154292
13		50	5.98	123.36	337.66	10.084	2	2.19	0.55	29184
14		20	6.06	133.26	365.96	10.466	3	2.62	0.7	32587
15	暴雨内涝为主	10	6.54	147.37	390.39	11.999	5	3.15	0.76	35337
16		5	7.39	159.42	627.43	16.459	5	5.17	0.86	41833
17		2	7.69	168.47	647.78	17.79	34	5.6	0.9	46674
18		1	8.18	175.45	654.38	18.295	45	5.92	0.96	47999

根据洪水风险图各方案的计算结果,依据淹没范围、洪水淹没水深、洪水流速以及洪水前锋到达时间等洪水风险要素为基础,以居民地为单位,综合人口分布、撤离道路、安置条件等基本信息,进行避险转移分析,得到贺江下游保护区避险转移路线、安置方案及启动条件见表3。

表3　　　　　　　　　　　　贺江下游保护区避洪转移、安置区及转移启动条件成果

序号	转移单元	所属乡镇	转移人口	转移批次	转移方式	安置区	安置区容纳人数	启动条件
1	且止村	南丰镇	288	第一批次	本地＋转移	且止小学	1000	≥10年一遇
2	渡头村	南丰镇	100	第一批次	本地＋转移	九盘小学	1000	≥5年一遇
3	九盘村	南丰镇	135	第一批次	本地＋转移	渡头中学	1000	≥10年一遇
4	附城村	南丰镇	132	第一批次	本地＋转移	附城小学	1000	≥5年一遇
5	南丰村	南丰镇	2300	第一批次	本地＋转移	附城小学＋勒竹小学＋平滩村委会	1000＋1000＋500	≥5年一遇
6	勒竹村	南丰镇	303	第一批次	本地＋转移	勒竹小学＋侯村小学	1000＋1000	≥5年一遇
7	平滩村	南丰镇	154	第一批次	本地＋转移	平滩村委会	500	≥10年一遇
8	尚岗村	南丰镇	184	第一批次	本地＋转移	尚岗村委会＋侯村小学	500＋1000	≥5年一遇
9	汶塘村	南丰镇	203	第一批次	本地＋转移	侯村中学	1000	≥20年一遇
10	金岗村	南丰镇	170	第一批次	本地＋转移	侯村中学	1000	≥50年一遇
11	官滩村	大玉口镇	30	第一批次	本地＋转移	官滩小学	1000	≥10年一遇
12	都平村	都平镇	165	第一批次	本地＋转移	都平敬老院	200	≥5年一遇
13	清水村	都平镇	115	第一批次	本地＋转移	清水小学	300	≥5年一遇

序号	转移单元	所属乡镇	转移人口	转移批次	转移方式	安置区	安置区容纳人数	启动条件
14	三洲村	都平镇	37	第一批次	本地＋转移	三洲村小学＋后山	225	≥100年一遇
15	贺江村	渔涝镇	98	第一批次	本地＋转移	古榄小学	100	≥20年一遇
16	河口村	渔涝镇	50	第一批次	本地＋转移	河口小学	500	≥20年一遇
17	寿山村	白垢镇	55	第一批次	本地＋转移	寿山村学校	1000	≥5年一遇
18	白垢村	白垢镇	61	第一批次	本地＋转移	白垢中学	2000	≥5年一遇
19	新泽村	白垢镇	132	第一批次	本地＋转移	新泽村小学	2050	≥5年一遇
20	大洲村	大洲镇	139	第一批次	本地＋转移	大洲中学	5000	≥5年一遇
21	东畔村	大洲镇	64	第一批次	本地＋转移	东畔小学	2000	≥5年一遇
22	东坡村	大洲镇	76	第一批次	本地＋转移	东坡小学	2000	≥20年一遇
23	大播村	大洲镇	64	第一批次	本地＋转移	大播小学＋百吉小学	400＋300	≥10年一遇
24	台洞村	江口镇	155	第一批次	本地＋转移	后山	500	≥5年一遇
25	勒竹口村	江口镇	106	第一批次	本地＋转移	勒竹口学校	1000	≥5年一遇
26	扶来村	江口镇	75	第一批次	本地＋转移	后山		≥5年一遇
27	群丰村	江口镇	6390	第一批次	本地＋转移	封开县体育中心＋后山	2000(体育中心)	≥5年一遇
28	丰沙村	江口镇	160	第一批次	本地＋转移	封开县体育中心	2000	≥100年一遇

4　超标洪水应对策略

贺江下游防洪工程体系以堤防工程为主，主要保护对象为下游的封开县及南丰、渔涝、白垢等镇，封开县规划堤防标准为30年一遇，其余镇规划堤防标准为20年一遇。现状封开县贺江沿岸堤防防洪标准多为3～5年一遇，局部达到5～10年一遇，尚未达到规划标准。位于流域中游的合面狮水库能适时发挥滞洪削峰作用，对下游保护对象的防洪安全有一定的保障作用。现状南丰镇洪水上街水位为36.20m（即水位达到36.20m时开始造成淹没），结合流域防洪现状，本研究将南丰站水位36.20m以下的洪水划分为标准内洪水，超过36.20m的洪水划分为超标洪水。

通过基于一、二维耦合水动力学模型分析的不同量级洪水风险分析成果，结合流域防洪现状，从水库工程调度、堤防防守、堤防弃守及人员转移等方面研究提出贺江下游地区不同量级洪水应对策略。

4.1　当合面狮水库按照规则调度后，预报南丰水位不超过36.20m时

4.1.1　工程调度

提前组织合面狮水库预泄，可按调度规则调度运用合面狮水库拦蓄洪水。提前组织都平、白垢、江口等梯级电站预泄，都平电站在入库流量达到2500m³/s时敞泄、白垢电站在入库流量达到1700m³/s时敞泄、江口电站在入库流量达到2500m³/s时敞泄；当西江干流来水较大，预报24h后梧州流量将超过46900m³/s时，即刻组织都平、白垢、江口梯级预泄，确保在梧州达到46900m³/s之前腾空敞泄。

4.1.2　堤防防守

当南丰水位达到警戒水位35.50m，加强工程巡查、防守。

4.2　当合面狮水库按照规则调度后，预报南丰水位超过36.20m时

4.2.1　工程调度

加强洪水预报预警，在保证水库自身安全的前提下，根据预报情况，充分利用龟石、合面狮等大中型水

库联合调度拦洪削峰。提前组织都平、白垢、江口等梯级电站预泄，都平电站在入库流量达到 2500m³/s 时敞泄、白垢电站在入库流量达到 1700m³/s 时敞泄、江口电站在入库流量达到 2500m³/s 时敞泄；当西江干流来水较大，预报 24h 后梧州流量将超过 46900m³/s 时，即刻组织都平、白垢、江口梯级预泄，确保在梧州达到 46900m³/s 之前腾空敞泄。

4.2.2　人员转移

经水库调度后，预报南丰水位仍超过 36.20m 时，提前做好受洪水威胁的南丰、白垢等镇沿岸地区人员转移安置，最大程度减轻洪灾损失，具体转移路线及安置、启动条件见表3。

4.2.3　堤防弃守

经水库调度后，南丰水位仍超过 36.20m 时，南丰、白垢等镇沿岸且止、三鸦等堤防加强巡查、防守、抢险，可视情加筑防浪子堤，适度利用设计水位至堤顶高程之间超高强迫行洪，洪水漫溢后弃守。

5　结论

本研究通过建立基于一、二维耦合水动力学模型，有效地模拟了贺江下游保护区内复杂的水流运动和漫溢洪水在保护区内的演进过程，得到了不同洪水条件下的淹没水深、最大洪水流速、洪水前锋到达时间等不同量级洪水的风险分析成果，为贺江下游超标洪水防御对策的制定提供科学有效的决策依据，对合理安排防洪部署，减少超标洪水条件下的洪灾损失，确保防洪保护区人民财产安全具有重要的作用。在此基础上提出的贺江下游超标洪水应对策略，为有效应对贺江流域"黑天鹅""灰犀牛"事件提供了技术支撑。

参考文献

［1］鄂竟平.论控制洪水向洪水管理转变［J］.中国水利，2004，（8）：15-21.

［2］从控制洪水到管理洪水防汛抗旱实现新转变［J］.中国减灾，2004，（12）：50.

［3］王义成.日本综合防洪减灾对策及洪水风险图制作［J］.中国水利，2005，（17）：32-35.

［4］Federal Emergency Management Agency. Guidelines and Specifications for Flood Hazard Mapping Partners［S］. USA，Federal Emergency Management Agency，2003.

［5］向立云.关于我国洪水风险图编制工作的思考［J］.中国水利，2005，（17）：14-16.

［6］刘树坤，李小佩，李士功，等.小清河分洪区洪水演进的数值模拟［J］.水科学进展，1991，（3）：188-193.

［7］赵咸榕.黄河流域洪水风险图的分析与制作［J］.人民黄河，1998，（7）：4-5，47.

［8］向立云.洪水风险图编制与应用概述［J］.中国水利，2017，（5）：9-13.

［9］陈文龙，宋利祥，邢领航，等.一维—二维耦合的防洪保护区洪水演进数学模型［J］.水科学进展，2014，25（6）：848-855.

［10］牛帅，刘永志，崔信民.十三围防洪保护区洪水风险分析［J］.长江科学院院报，2020，（1）：56-60.

［11］丁勇.河流洪水风险分析及省级洪水风险图研究［D］.大连：大连理工大学，2010.

［12］赵琳，李少卿，黄燕.MIKE FLOOD 在五泄江漫堤洪水演进模拟中的应用［J］.中国农村水利水电，2018（5）：138-143.

［13］姜晓明，李丹勋，王兴奎.基于黎曼近似解的溃堤洪水一维—二维耦合数学模型［J］.水科学进展，2012，23（2）：214-221.

［14］张文婷，唐雯雯.基于水动力学模型的沿海城市洪水实时演进模拟［J］.吉林大学学报（地球科学版），

2021,(1):212-221.

[15] 陈俊鸿,刘小龙,王岗,等.基于一维—二维耦合水动力模型的赣西联圩溃堤洪水风险分析[J].中国农村水利水电,2017,(6):43-47.

[16] 李政鹏,皇甫英杰,李宜伦,等.基于BIM+GIS技术的前坪水库溃坝洪水数值模拟[J].人民黄河,2021,(4):160-164.

[17] 田雨,张一鸣,李继安,等.水库溃坝洪水数值模拟及下游风险评价[J].水利水电技术,2016,47(9):130-133.

[18] 张妞.黄河宁夏段漫溃堤洪水耦合模型及风险评估[J].水资源与水工程学报,2018,29(2):139-145.

[19] 吕勋博,任双立.永定新河河口风暴潮对其右堤防洪保护区洪水风险影响分析[J].水利水电技术,2017,48(10):63-68.

[20] 郭燕波,许士国,孙朝余,等.基于洪水风险图的超标准洪水防御对策研究[J].中国防汛抗旱,2012,22(4):29-31.

基于改进遗传算法的水库防洪优化调度研究与应用

任明磊[1,2] 张琪[3] 顾李华[4] 王刚[1,2] 徐炜[3]

(1.中国水利水电科学研究院,北京,100038;2.水利部防洪抗旱减灾工程技术研究中心,北京,100038;
3.重庆交通大学,重庆,400074;4.安徽省水文局,安徽合肥,230022)

摘 要:本文以淠河流域佛子岭水库为例,通过改进的遗传算法对洪水过程进行防洪优化调度,并将结果与传统遗传算法、2020年大型水库汛期控制运用计划中的调度方案进行对比。结果表明,改进的遗传算法相较于传统遗传算法大大缩短了进化代数从而提高计算效率,同时原规划设计调度方案亦存在一定的局限性,可通过遗传算法对调度方案进行优化,以达到最大程度地保护下游安全的目的。

关键词:遗传算法;防洪;水库调度

1 引言

水库防洪优化调度,是一项重要的可以提高水库防洪能力的非工程性防洪措施,起到调节洪峰、储蓄洪水、减轻甚至避免洪涝灾害的作用[1]。在实践中一般通过构建优化调度模型,并基于一定的优化算法进行求解以实现水库的防洪优化调度。遗传算法(Genetic Algorithm,GA)是一类重要的优化算法,它模仿自然界的优胜劣汰法则,根据生成个体的适应度通过"选择"操作淘汰适应度低的个体,通过"交叉""变异"操作生成新的种群,随着向设定目标进行一代代地进化,最终得到满足决策者要求的可行解。相较于其他优化方法如线性规划、动态规划等,GA算法具有适应强、全局优化、自适应性、强鲁棒性等特点,因此被广泛应用于水库优化调度及其他领域[2,3,4]。然而水库调度过程中往往存在着较多的约束条件,传统的GA算法较为通用的处理方法是惩罚函数法,即通过给每代不符合约束条件的个体适应度施加惩罚从而起到加速筛选的作用。但由于惩罚函数的惩罚系数往往不易确定,系数过小算法可能收敛于某个不可行解,过大算法又有可能陷入局部收敛[5]。因此本文对传统GA算法进行改进,在生成初始种群时就考虑部分约束条件(如水量平衡约束、水位约束),对随机生成的基因进行筛选,保留一系列符合条件的基因,以避免相邻时刻水位差距过大而导致出流量为零甚至是负数的情况,从而减少惩罚函数的数量;同时对之后每一代经交叉、变异产生的新个体都进行筛选,保证每条染色体上的基因都符合约束条件,从而并提高计算效率。

淠河作为淮河中游的一条重要支流,坡陡流急,在历史上洪涝灾害频发,中华人民共和国成立以来,于1951年、1953年、1954年、1956年、1964年、1969年、1975年、1984年、1991年、1996年、1999年、2003年、2005年、2015年发生了较大洪水,给流域中下游带来了严重的洪涝灾害[6]。淠河流域暴雨中心多发生于佛子岭水库上游,佛子岭水库作为淮河治理工程的重要组成部分,保护距其下游17km的霍山县城和60km的六安市等重要城镇。因此,本文以淠河流域佛子岭水库作为研究对象,以高桥湾断面作为控制断面,通过改进的遗传算法与防洪优化调度模型,以该水库1999年6月场次洪水为例进行防洪优化调度,并与传统遗传

基金项目:中国水利水电科学研究院科研专项(JZ110145B0012021)。

算法及2020年大型水库汛期控制运用计划里的调度方案[6]（下称2020年调度规程）进行对比以验证改进遗传算法的有效性、合理性。

2 研究方法

2.1 防洪优化调度模型构建

水库进行防洪优化调度的前提是明确下游是否有防洪任务。若下游无保护对象,则水库仅需考虑自身的安全,下泄按自身的泄流能力即可;若下游有重要城镇之类的对象需要保护,那么水库泄流就不能仅考虑自身的下泄能力,在此基础上还需要兼顾下游保护对象[7],只有水库下泄流量低于下游保护对象控制断面的最大安全下泄流量,才可以认为保护对象处于安全状态。于是遭遇一场洪水时,优化目标为在保证水库自身及水库下游防护对象安全的前提下,占用的水库防洪库容越少越好[8,9],这样可以在保证水库自身及下游防护对象安全的情况下,水库本身留有尽可能大的库容去应对下一场可能到来的洪水。为了方便计算,将调度过程离散成 $t+1$ 个时刻,共 t 个时段,此时目标函数如式(1)所示。

$$V = \min(\max\{V\}) \tag{1}$$

式中, V_t 为水库第 t 时刻占用的防洪库容, $10^6\ \mathrm{m}^3$ 。

为了使模型运行的结果贴合实际情况,还需构建如下约束条件对求解过程进行限制以求得满足决策者要求的可行解。

(1)水位约束:

$$H_{\min} \leqslant H_t \leqslant H_{\max} \tag{2}$$

(2)下泄流量约束:

$$Q_{\mathrm{out}\_t} \leqslant Q_{\mathrm{out\_max}} \tag{3}$$

$$Q_{\mathrm{out}\_t} \leqslant Q_s \tag{4}$$

(3)水量平衡约束:

$$V_{t+1} = V_t + (Q_{\mathrm{in}\_t} - Q_{\mathrm{out}\_t}) \times \Delta t \tag{5}$$

(4)水位—库容关系、水位—下泄能力关系:

$$V_t = f_V(Z_t) \tag{6}$$

$$Q_{\mathrm{out\_max}} = f_Q(Z_{t+1}) \tag{7}$$

(5)非负约束:以上变量如水位、库容、泄流量等均不为负。

式(2)~式(7)中, $H_{\min}$ 、 $H_{\max}$ 分别为水库的汛限水位,设计洪水位,m; H_t 为水库第 t 时刻的水位,m; Q_{out_t} 为水库第 t 时段的下泄流量,m^3/s ; $Q_{\mathrm{out\_max}}$ 为各时段水库本身的最大下泄能力,包括泄洪钢管、溢洪道等,m^3/s ; Q_s 为水库下游控制断面的安全泄量,m^3/s ; Q_{in_t} 为水库第 t 时段的入流量,m^3/s ; Δt 为时段步长; $f_V(Z_t)$ 为水库第 t 时刻的水位库容关系曲线函数; $f_Q(Z_{t+1})$ 为水库第 t 时段末的水位泄流能力关系函数。

2.2 模型求解方法

本文通过改进的GA算法求解模型,具体步骤如下:

2.2.1 种群初始化

采用实值编码,以调度过程中各时刻的水位作为决策变量即基因,因此编码长度即为决策变量的个数。

$$H_1 = \{h_1, h_2, \cdots, h_t\}$$
$$H_2 = \{h_1, h_2, \cdots, h_t\}$$
$$\vdots$$
$$H_n = \{h_1, h_2, \cdots, h_t\} \tag{8}$$

式中，H 为种群个体；h 为染色体上的基因；t 为基因的个数；n 为种群大小。

水位确定后，可以通过式(5)～式(7)，计算得到相应的水库库容、泄流能力及下泄流量，还需通过式(9)及式(2)对初始水位进行筛选，从而得到更为优质的初始种群。

$$Q_{\text{out}\_t} = Q_{\text{in}\_t} - (V_{t+1} - V_t)/\Delta t \geqslant 0 \tag{9}$$

2.2.2 构造惩罚函数

惩罚函数分为两部分，分别为超过水库本身下泄能力而施加的惩罚 punish1，以及超过下游保护对象控制断面最大安全泄量而施加的惩罚 punish2，见式(10)、式(11)。

$$\text{punish1}_i = \sum_{t=1}^{T}(Q_{\text{out}\_t} - Q_{\text{out\_max}}) \tag{10}$$

$$\text{punish2}_i = \sum_{t=1}^{T}(Q_{\text{out}\_t} - Q_s) \tag{11}$$

式中，punish1_i 为第 i 条染色体上基因对应的泄流量不满足水库泄流能力约束而对其施加的惩罚之和；punish2_i 为第 i 条染色体上基因对应的下泄流量超过控制断面最大安全泄量而施加的惩罚之和。

2.2.3 计算种群适应度

适应度反映了种群个体的优劣程度，适应度函数的设计及复杂程度会影响到算法的收敛速度及稳健性，本研究中适应度函数由目标函数及惩罚函数两部分构成。

$$\text{fitness}_i = \min(\max\{T_t\}) + \text{punish1}_i \times k_1 + \text{punish2}_i \times k_2 \tag{12}$$

式中，fitness_i 为第 i 条染色体的适应度；$\max\{V_t\}$ 为该条染色体上最大基因对应的库容；k_1、k_2 为各惩罚函数对应的惩罚系数。

由于本研究目标函数为调度过程中占用的防洪库容尽可能小，适应度高的个体容易被淘汰，适应度越低代表个体的竞争力越强。

2.2.4 遗传操作

选择：模拟自然界中的优胜劣汰，选择种群中适应度较低的个体保留下来，之后从留存的个体中再次选择较优者来代替被淘汰的个体，从而保证种群的规模大小不变。

交叉：将选择后的种群通过染色体单点交叉的方式随机两两配对以产生新的个体。

变异：产生新种群的过程中部分个体会发生基因变异，因此需对交叉后产生的个体进行变异操作，其中适应度优良的个体变异概率小，从而保证染色体上的有效基因不会缺失[10]；同时随着进化代数的增加，变异幅度逐渐减小，进化初期以随机生成的基因代替原基因，进化后期对要进行变异的基因小规模地放大或缩小使算法进行局部搜索。

经过多次试算，本研究选择率 P_s、交叉率 P_c 分别定为 60%，80%，变异率 P_m 为 $0.2\%\sim10\%$。同时交叉、变异产生新种群后仍需对每个个体染色体上的基因进行筛选，使其满足水位、水量平衡约束条件。

遗传算法计算步骤如图1所示。

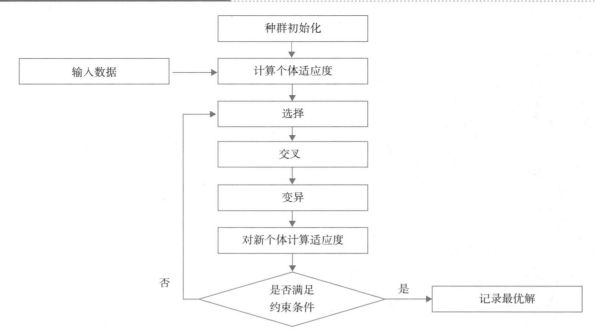

图1 遗传算法求解防洪优化调度模型流程图

3 应用实例

3.1 研究区概况

佛子岭水库位于淮河支流淠河东源上游,有漫水河、黄尾河径流入库,是一座以防洪为主,兼顾灌溉、发电、航运的大(2)型水库,防洪标准为1000年一遇。水库坝址在安徽省霍山县城西南处,控制面积为1270km²,主汛期汛限水位118.56m,设计洪水位128.17m,相应库容分别为262.02×10⁶m³、452.56×10⁶m³。水库泄流设施建有泄洪钢管、溢洪道等,底高程分别为85.56m、112.56m,当水位涨至对应高程时,泄洪钢管、溢洪道分别承担各自泄流任务。

水库需发挥防洪作用,保护距其下游17km的霍山县城和60km的六安市等重要城镇,保护下游合武、宁西铁路、G35与G42高速公路和距水库65km的312国道等重要基础设施,保护人口约130万、耕地72万亩。霍山县、六安市对应的控制断面分别为高桥湾断面、横排头断面,相应最大安全泄量分别为3760m³/s和4770m³/s。

由于高桥湾断面的最大安全泄量较小,横排头断面另有其他水库参与调节,且在2020年调度规程中,当佛子岭水库汛期水位上涨但未超过123.08m时,水库的下泄流量控制在3450m³/s以内,若水位继续升高,那么泄洪设施全部开启以保障水库自身安全。本研究仅选择高桥湾断面作为控制断面,水库安全下泄最大流量取为3450m³/s,即认为只要水库下泄最大流量不超过3450m³/s,那么下游的霍山县城就得到保护处于安全状态。

3.2 应用结果

3.2.1 入库径流过程

本文以佛子岭水库1999年6月的场次洪水为例进行防洪优化调度,坝上游洪水入库径流过程如图2

所示。

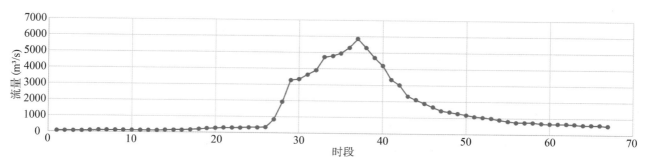

图 2   佛子岭水库 1999 年 6 月洪水入库过程线

将该场洪水入库过程离散化，共分为 67 个时段，每个时段步长取为 1h。由图 2 可知，入库流量自第 25 个时段开始激增，从第 31 个时段开始超过水库安全下泄最大流量，第 37 个时段达到最大值 5850m³/s，之后逐渐下降，至第 40 个时段低于最大安全泄量。

3.2.2   优化算法调度规则

（1）从主汛期汛限水位 118.56m 起调，该场洪水结束后要求水位降回至汛限水位，以应对可能到来的下一场洪水。

（2）调度过程中水库下泄流量不得超过 3450m³/s，若上游来水过大以至于下泄流量不得不超过安全泄量，要求尽可能降低控制断面的洪峰流量以减轻人民的财产损失。

3.2.3   优化结果

（1）改进遗传算法和传统遗传算法的对比。

二者种群中的每代最优个体适应度与进化程度关系的对比如图 3 所示，图中改进、传统遗传算法的进化程度分别每隔 300 代、5000 记录一次。由图 3 可以看到，二者最优个体的适应度均随着进化代数的增加而降低变优并直至收敛，其中改进遗传算法的最优个体适应度约在第 25 次记录即 7500 代左右达到收敛，而传统遗传算法却需要在第 58 次记录即 29 万代左右才能收敛，改进遗传算法大大提升了计算效率。

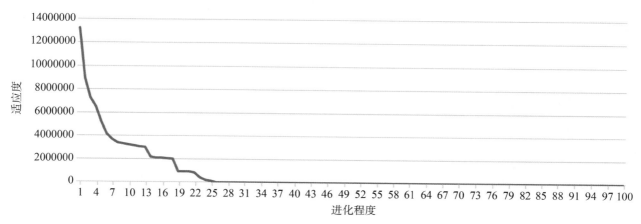

（a）改进遗传算法

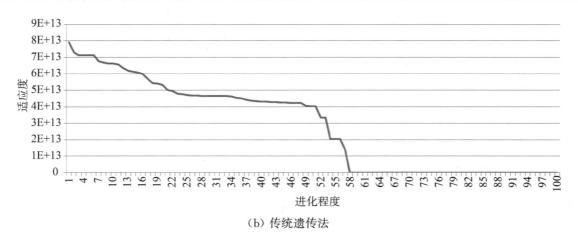

（b）传统遗传法

图3　改进遗传算法与传统遗传算法最优个体适应度—进化代数关系对比

（2）改进遗传算法和2020年调度规程的对比。

二者的水库调度过程如图4所示。在2020年调度规程下的调度方案中，占用的防洪库容自第29个时段开始增加，第39个时段水位超过123.08m，此时水库不再保障下游安全，泄洪设施全开按泄流能力3525.03m³/s下泄以保障自身安全，第41个时段库容达到最大（348.84×10⁶m³），相应泄流能力为3585.02m³/s，之后库容逐渐下降，至第44个时段水位低于123.08m，下泄流量重新控制在3450m³/s以内；而通过改进的遗传算法进行调度时，第38个时段水位超过123.08m，第41个时段占用的防洪库容涨至最高，达到362.16×10⁶m³，相应水位123.91m，之后库容逐渐降低至时段末，该方案下水库下泄流量全程未超过3450m³/s。

和2020年调度规程相比，改进遗传算法下的调度方案虽然占用的防洪库容最高达362.16×10⁶m³，超过了2020年调度规程下的348.84×10⁶m³，但水库下游始终处于安全状态，水库在保障下游安全且尽可能小地占用防洪库容的情况下，水位最高涨至123.91m未超过设计洪水位，该调度方案降低了防洪风险。

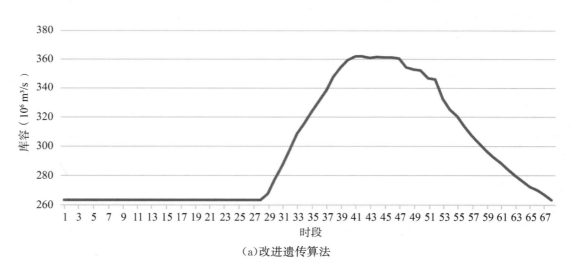

（a）改进遗传算法

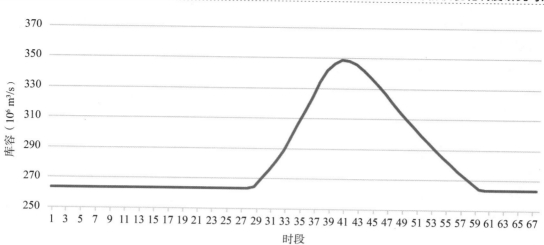

（b）2020 年调度规程

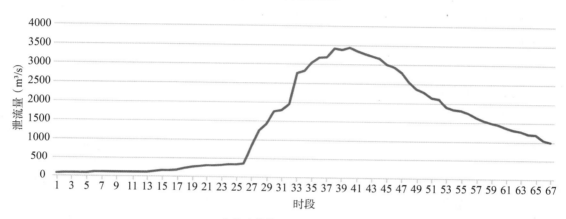

（c）改进遗传算法泄流变化过程

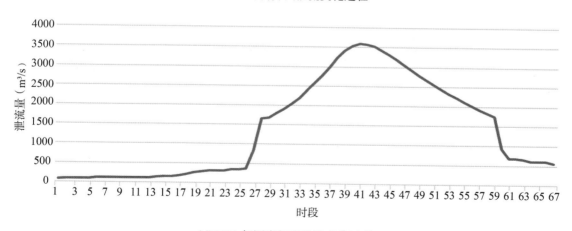

（d）2020 年调度规程泄流变化过程

图 4 改进遗传算法与 2020 年调度规程下的佛子岭水库调度过程

4 结论

本文通过改进的遗传算法进行防洪优化调度，将其结果与传统遗传算法、2020 年水库调度规程下的方案进行对比，得出主要结论如下：

（1）改进的遗传算法可以减少种群进化代数，提高计算效率。算法通过优化初始种群以及之后每一代

113

交叉、变异产生的新个体,使进化代数降低,计算效率得到提高;且由于在编码中就考虑了水量平衡约束、水位约束等,惩罚函数的个数减少,一定程度上使得惩罚系数便于确定。

(2)与基于2020年调度规程的方案相比,改进遗传算法对调度方案的优化,在尽可能占用较小防洪库容、不增加水库自身防洪风险的前提下,可以满足下游河道安全泄量的要求,同时保证水库自身和下游保护对象的防洪安全。

参考文献

[1] 罗福. 水库群联合防洪优化调度分析[J]. 南方农机,2017,48(16):176.

[2] 许凌杰,董增川,肖敬,等. 基于改进遗传算法的水库群防洪优化调度[J]. 水电能源科学,2018,36(3):59-62,153.

[3] 葛继科,邱玉辉,吴春明,等. 遗传算法研究综述[J]. 计算机应用研究,2008,(10):2911-2916.

[4] 王渤权. 改进遗传算法及水库群优化调度研究[D]. 北京:华北电力大学(北京),2018.

[5] 刘攀,郭生练,李玮,等. 遗传算法在水库调度中的应用综述[J]. 水利水电科技进展,2006,26(4):78-83.

[6] 张忠波,胡余忠,何晓燕,等. 淮河支流潩河流域联合防洪调度研究[J]. 中国防汛抗旱,2020,30(12):22-27.

[7] 陆承璇,方诗圣. 基于遗传算法的水库防洪优化调度研究[J]. 中国水运(下半月),2016,16(8):110-111.

[8] 陈芳. 金沙江下游梯级水库群优化调度研究及应用[D]. 武汉:华中科技大学,2017.

[9] 丁鹏齐. 基于专家经验的石头口门水库防洪调度方案研究[D]. 大连:大连理工大学,2020.

[10] 雷德义. 基于改进遗传算法的故县水库优化调度研究[D]. 郑州:郑州大学,2017.

基于区域搜索进化算法的水库群多目标优化调度研究

刘永琦　　王保华　　易灵　　侯贵兵

（中水珠江规划勘测设计有限公司,广东广州,510611）

摘　要: 水库群优化调度是一个典型的多目标、多变量、多约束、多峰、动态的非线性优化问题,随着流域水库群水库数目和优化目标数目的增长,传统智能优化算法所需非劣解数呈指数增长,在处理高维决策变量和高维目标的多目标优化问题时效率显著降低。基于上述问题,本文提出了考虑约束问题的区域搜索进化算法(RSEA),并应用于珠江流域骨干水库群供水、生态、发电多目标优化调度模型中,与传统 NSGA-Ⅱ算法对比,结果表明该 RSEA 算法能够同时提高种群分布性和算法收敛性。由此为大规模水库群高维多目标优化调度求解提供了一种可靠的方法,并为调度决策者提供有力的数据支撑。

关键词: 多目标优化;水库调度;高维多目标优化;智能进化算法

1　研究背景

水库一方面作为电力系统的重要组成部分,需要承担电力系统的发电任务;另一方面作为水利工程,还需要考虑流域内农业和工业的用水需求、水生态环境保护需求等其他综合利用效益[1]。科学合理地制定水库群调度运行方案,对于提高流域水能资源利用率和电站安全运行水平、修复和改善自然生态环境、充分发挥流域供水等综合效益具有重要意义。水库群优化调度是一个典型的多目标、多变量、多约束、多峰、动态的非线性优化问题,其多目标问题的处理以及模型的求解引起了国内外学者的广泛关注[2-4]。

在水库多目标优化调度求解问题上,吴炳方等[5]通过目标主次顺序采用线性规划方法求解多目标优化调度模型;黄志中等[6]以专家经验为指导,将水库大坝安全、堤防安全、下游防洪保护区淹没损失等多个目标通过权重法转化为单个目标,从而进行求解;陈洋波等[7]针对多目标发电优化调度模型,将保证出力目标转化为约束条件,通过改变约束条件范围,采用动态规划方法进行多次求解,获得了多目标优化调度模型的非劣解集。这类方法均是将多目标问题转化为单目标问题,然后采用数学规划的方法进行求解。该方法虽然计算简单通用,已经在水库调度中取得了不错的成果和应用,但存在一些不足:①单次优化只能得到一个调度方案,需要进行多次优化才能得到一组非劣调度方案集,计算效率较低;②动态规划等数学规划方法计算复杂度随水库数目呈指数型增长,在处理大规模水库群优化调度时会出现严重的"维数灾"问题。

为了解决上述方法存在的问题,以群体智能优化算法作为驱动的多目标进化算法(MOEAs)引起了水库多目标优化研究领域国内外学者的广泛关注。覃晖等[8]提出一种强度 Pareto 差分进化算法用于求解三峡梯级中长期多目标发电优化调度模型,显著提高了传统求解方式效率;王学斌等[9]提出了一种改进快速非劣排序遗传算法,对黄河下游生态、供水和发电多目标优化调度模型进行了求解;李力等[10]以河流生态需求满足度最大和梯级水库发电量最大为目标,建立了金沙江下游梯级水库群多目标生态优化调度模型,采用 NSGA-Ⅱ对模型进行了求解。以上传统基于 Pareto 支配机制的 MOEAs 多是针对两个目标的优化问题进行求解,而此类方法在进化过程所需非劣解数量随目标数量增加呈指数增长,处理高维多目标优化问题时效率显著降低[11],随着流域水库群规模的不断扩大与调度目标要求的不断增加,梯级水库群优化调度逐步呈现出大规模的高维多目标优化问题[12,13]。近年来,为了克服基于 Pareto 支配机制的 MOEAs 在求解高维多目标问题的缺陷,基于分解的多目标进化算法(MOEA/D)[14]、基于参考点的非支配排序遗传算法(NSGA-Ⅲ)[15]、基于 θ-支配的进化算法(θ-DEA)[16]等一系列算法被提出。

针对大规模水库群的高维多目标优化调度问题,本文提出了改进的区域搜索进化算法(RSEA),通过支配—分解选择策略和区域搜索策略有效处理了高维多目标的"维数灾"问题。以珠江流域 8 座大型水库群为研究对象,考虑供水、生态和发电需求,建立了流域水库群多目标优化调度模型,采用 RSEA 算法对模型求解,验证了 RSEA 算法在大规模水库群的高维多目标优化调度实际工程问题中的应用效果。

2 梯级水库群多目标优化调度模型

2.1 目标函数

本文以梯级水库群调度期内总发电量最大为发电目标,以供水断面最小出库流量最大为供水目标,以关键生态断面生态改变系数最小为生态目标,建立流域水库群多目标优化调度模型。

(1)梯级水库群发电目标:以梯级水库群调度期内总发电量最大为发电目标,其描述如下:

$$\max F_1 = \max E = \sum_{i=1}^{S_{num}} \sum_{t=1}^{T} K_i H_{i,t} Q_{i,t} \Delta t \tag{1}$$

式中,E 为梯级水库群总发电量,S_{num} 为水库群总个数,T 为调度时段数,K_i 为第 i 个水库的出力系数,$H_{i,t}$ 为第 i 个水库在时段 t 的水头,$Q_{i,t}$ 为第 i 个水库在时段 t 的发电引用流量,Δt 为计算时段长度。

(2)流域供水目标:以供水控制断面调度期内最小流量最大化为供水目标,以保证在调度期内供水断面每一调度时段的供水保证流量,其描述如下:

$$\max F_1 = \max\{\min Q_{s,t}\} \qquad t = 1,2,\cdots,T \tag{2}$$

式中,$Q_{s,t}$ 为供水控制断面在时段 t 的流量。

(3)流域生态目标:生态改变系数是衡量水库进行调度之后的径流值相对于自然情况下径流值变异程度的指标。生态改变系数越小,则断面流量过程越接近自然流量,变异程度越小,从而对生态的破坏程度也越小,其描述如下:

$$\min F_3 = \min \sum_{i=1}^{M} \delta_i = \sum_{i=1}^{M} \sqrt{\frac{1}{T} \sum_{i=1}^{T} \left(\frac{Q_{i,t}^o - Q_{i,t}^e}{Q_{i,t}^e}\right)^2} \tag{3}$$

式中,δ_i 为第 i 个生态控制断面的生态改变系数,M 为生态控制断面个数,$Q_{i,t}^o$ 为第 i 个生态控制断面在时段 t 的经过水库调度调节后的流量,$Q_{i,t}^e$ 为第 i 个生态控制断面在时段 t 的天然流量。

2.2 约束条件

水库群多目标优化调度模型的约束条件主要为:

(1)时段水位约束:

$$Z_{i,t}^{\min} \leqslant Z_{i,t} \leqslant Z_{i,t}^{\max} \tag{4}$$

式中,$Z_{i,t}$ 为第 i 个水库在第 t 时段的上游水位,$Z_{i,t}^{\min}$ 和 $Z_{i,t}^{\max}$ 分别为第 i 个水库在时段 t 的上游水位上下限。

(2)时段流量约束:

$$R_{i,t}^{\min} \leqslant R_{i,t} \leqslant R_{i,t}^{\max} \tag{5}$$

式中,$R_{i,t}$ 为水库在时段 t 的下泄流量,$R_{i,t}^{\min}$ 和 $R_{i,t}^{\max}$ 分别为第 i 个水库在时段 t 的下泄流量上下限。

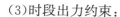

（3）时段出力约束：

$$N_{i,t}^{\min} \leqslant N_{i,t} \leqslant N_{i,t}^{\max} \tag{6}$$

式中，$N_{i,t}$ 为水库在时段 t 的发电出力，$N_{i,t}^{\min}$ 和 $N_{i,t}^{\max}$ 分别为第 i 个水库在时段 t 的发电出力上下限。

（4）水量平衡方程：

$$V_{i,t} = V_{i,t-1} + I_{i,t}\Delta t + \sum_{k=1}^{Nu_i} R_{k,t-\tau_{k,j}}\Delta t - R_{i,t}\Delta t \tag{7}$$

式中，$V_{i,t}$ 为第 i 个水库在时段 t 的库容，$I_{i,t}$ 为第 i 个水库在时段 t 的上游区间入库流量，Nu_i 为第 i 个水库直接上游水库的数量，$\tau_{k,i}$ 为水库 k 到水库 i 的水流时滞。

（5）初末水位约束：

$$Z_{i,0} = Z_{i,\text{Begin}}, Z_{i,T+1} = Z_{i,\text{End}} \tag{8}$$

式中，$Z_{i,\text{Begin}}$ 和 $Z_{i,\text{End}}$ 分别为第 i 个水库的初、末水位限制。

3 区域搜索进化算法

MOEAs 是求解多目标优化问题的有效方法，然而传统基于 Pareto 支配的 MOEAs 在求解水库群多目标优化调度模型时，随着水库数目增加和目标维度增加，大大削弱了算法搜索能力，使得其求解效率显著降低。RSEA 结合了 Pareto 支配关系以及决策偏好信息，提出了一种区域搜索策略父代更新过程的收敛性和种群多样性，是一种高效的多目标进化算法，是求解高维多目标优化问题的有效方法，其具体的求解步骤可参考相关文献[17]。然而，RSEA 仅限于处理无约束多目标问题，对此，本文在其基础上进行改进，使其能够处理有约束的多目标问题，求解梯级水库群多目标优化调度模型，主要改进如下。

3.1 自适应归一化过程改进

对于有约束的多目标优化问题，其约束违反值 $CV(\boldsymbol{x})$ 可计算如下：

$$CV(\boldsymbol{x}) = \sum_{j=1}^{J} \langle g_j \boldsymbol{x} \rangle + \sum_{k=1}^{K} |h_k(\boldsymbol{x})| \tag{9}$$

式中，$g_j(\boldsymbol{x})$ 和 $h_k(\boldsymbol{x})$ 分别表示第 j 个不等式约束和第 k 个等式约束；J 为不等式约束的个数；K 为等式约束的个数；$\langle g_j(\boldsymbol{x}) \rangle i$ 是括号运算符，如果 $g_j(\boldsymbol{x}) < 0$，则返回 $g_j(\boldsymbol{x})$ 的绝对值，否则返回 0；约束违反值 $CV(\boldsymbol{x})$ 越小，代表解 $\boldsymbol{x}$ 更优，当 $CV(\boldsymbol{x}) = 0$ 时，代表解 $\boldsymbol{x}$ 为可行解。

自适应归一化过程是在算法进化过程中实时估计种群理想点 $\boldsymbol{z}^*$（一般为 PF 中各个目标最小值组成的向量）和最差点 $\boldsymbol{z}^{\text{nad}}$（一般为 PF 中各个目标最大值组成的向量），然后采用 $\boldsymbol{z}^*$ 和 $\boldsymbol{z}^{\text{nad}}$ 归一化目标函数。算法 1 给出了改进后的更新 $\boldsymbol{z}^*$ 和 $\boldsymbol{z}^{\text{nad}}$ 伪代码：每次生成一个新个体 $\boldsymbol{x}^c$ 后，优先对比 $\boldsymbol{x}^c$ 与 m 个极限点的约束违反值，当约束违反值相同时，对比 $\boldsymbol{x}^c$ 与 m 个极限点的 ASF 函数值，若存在 i 使得 ASF$(\boldsymbol{x}^c) <$ ASF$(\boldsymbol{e}_i)$ 则更新 $\boldsymbol{e}_i$ 并重新计算截距、更新最差点 $\boldsymbol{z}^{\text{nad}}$。更新 $\boldsymbol{z}^*$ 和 $\boldsymbol{z}^{\text{nad}}$ 后，解 $\boldsymbol{x}$ 则按照下式归一化目标值：

$$F_j^{\text{norm}}(\boldsymbol{x}) = \frac{F_j \boldsymbol{x} - z_j^*}{z_j^{\text{nad}} - z_j^*} \tag{10}$$

式中，$F_j(\boldsymbol{x})$ 为解 $\boldsymbol{x}$ 第 j 个目标的目标值，$F_j^{\text{norm}}(\boldsymbol{x})$ 为解 $\boldsymbol{x}$ 第 j 个目标归一化后的目标值。

算法 1　UpdateIdealNadirPoint $(\boldsymbol{x}^c)$

Input：子代个体 $\boldsymbol{x}^c$

Output：理想点 $\boldsymbol{z}^*$，最差点 $\boldsymbol{z}^{\text{nad}}$

1　　　**for** each $j = 1, \cdots, m$ **do**

2   **if** $F_j(\boldsymbol{x}^c) < z_j{}^*$ **then** set $z_j{}^* = F_j(\boldsymbol{x}^c)$;

3   end for

4   needUpdateNad $=$ false

5   **for** each $j = 1, \cdots, m$ **do**

6   **if** $CV(\boldsymbol{x}^c) < CV(\boldsymbol{e}_j)$ **or** $(CV(\boldsymbol{x}^c) = CV(\boldsymbol{e}_j)$ **and** $\mathrm{ASF}(\boldsymbol{x}^c, \boldsymbol{w}_j) < \mathrm{ASF}(\boldsymbol{e}_j, \boldsymbol{w}_j))$ then

7    $\boldsymbol{e}_j = \boldsymbol{x}^c$

8   needUpdateNad $=$ true

9   end if

10   end for

11   **if** needUpdateNad **then**

12   计算截距

13   更新最差点 $\boldsymbol{z}^{\mathrm{nad}}$

14   end if

15   **return** $\boldsymbol{z}^*$, $\boldsymbol{z}^{\mathrm{nad}}$

3.2 更新过程改进

RSEA 的更新过程采用区域搜索策略。对于有约束的问题,更新父代时需优先对比约束违反值。算法 2 中给出了更新过程的伪代码,算法中,$\cos\langle \boldsymbol{x}^c, \boldsymbol{\lambda}^j \rangle$ 代表子代个体 $\boldsymbol{x}^c$ 与目标区域权向量 $\boldsymbol{\lambda}^j$ 之间的余弦相似度;$d_2(\boldsymbol{x}^c, \boldsymbol{\lambda}^k)$ 表示子代个体 $\boldsymbol{x}^c$ 与目标区域权向量 $\boldsymbol{\lambda}^j$ 之间的垂直距离。

算法 2   UpdtaePopulation(MP, $\boldsymbol{x}^c$)

Input:父代更新池 MP,子代个体 $\boldsymbol{x}^c$

1   region $= \underset{j=1:N}{\arg\max} \cos\langle \boldsymbol{x}^c, \boldsymbol{\lambda}^j \rangle$

2   设置 $a = 0$

3   **while** $a < 1$ and MP $\neq \varnothing$ **do**

4   从 MP 中随机选取一个索引 k

5    $MP := MP \backslash \{k\}$

6   **if** region $\neq k$ and $\cos\langle \boldsymbol{x}^c, \boldsymbol{\lambda}^k \rangle < \cos\langle \boldsymbol{p}^k, \boldsymbol{\lambda}^k \rangle$ **then**

7   **continue**

8   end if

9   **if** $CV(\boldsymbol{x}^c) < CV(\boldsymbol{p}^k)$ **then**

10   Set $\boldsymbol{p}^k = \boldsymbol{x}^c$

11    $a = a + 1$

12   **continue**

13   end if

14   **if** $CV(\boldsymbol{x}^c) = CV(\boldsymbol{p}^k)$ **then**

15   **if** $\boldsymbol{x}^c$ 支配 $\boldsymbol{p}^k$ **then**

16   **Set** $\boldsymbol{p}^k = \boldsymbol{x}^c$

17    $a = a + 1$

18   **else if** $\boldsymbol{p}^k$ 不支配 $\boldsymbol{x}^c$ and $d_2(\boldsymbol{x}^c, \boldsymbol{\lambda}^k) < d_2(\boldsymbol{p}^k, \boldsymbol{\lambda}^k)$ **then**

19   Set $\boldsymbol{p}^k = \boldsymbol{x}^c$

20          $a = a + 1$

21   **end if**

22   end if

23   end while

4   实例研究

珠江流域覆盖滇、黔、桂、粤、湘、赣等省区、港澳地区及越南社会主义共和国的东北部,是我国重要的战略水源地。西江是珠江流域的主要水系,发源于云南曲靖市境内乌蒙山脉的马雄山,流经贵州、广西,入广东,在思贤滘与北江来水重新分配后进入珠江三角洲河网区,经磨刀门入海。西江流域已建有一批骨干性工程如图1所示,在保障流域防洪安全、供水安全、生态安全、能源安全及生态环境保护修复等方面发挥着重要作用。本文以珠江西江流域中天生桥一级、光照、龙滩、岩滩、百色、红花、大藤峡、长洲八座骨干水库群为研究对象,以梯级水库群发电、流域下游梧州站生态和供水安全为调度目标进行研究,水库位置关系如图1所示。

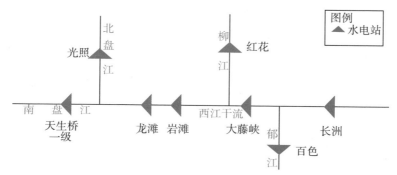

图1   珠江西江流域骨干水库群位置关系

4.1   编码及约束处理

首先,以各水库时段初水位为决策变量对个体进行实数编码,则每个个体都具有$(T+1) \times S_{num}$个实数编码:$\boldsymbol{x} = [Z_{1,1}, Z_{1,2}, \cdots, Z_{1,T+1}, Z_{2,1}, Z_{2,2}, \cdots, Z_{2,T+1}]$,在初始化过程中所有水位均按照时段水位上下限范围内随机生成,其中调度期初末水位均为定值。

采用此编码方式,并在进化过程中保证$\boldsymbol{x}$不超过限制范围,则能够保证模型中的时段水位限制约束和初末水位约束。针对时段泄流量上限约束和时段出力上限约束,采用调度过程动态修正的方法,即当时段泄流量大于上限值时使泄流量修正到上限值,并反算水位和出力;当发电出力大于上限值时,使发电出力修正到上限值,多余的泄流量作为弃水量计算。针对时段泄流量下限和时段出力下限这一类软约束,将其定义为约束违反函数$CV(\boldsymbol{x})$,通过改进的RSEA算法在进化过程中逐步优化调度方案,最终得到可行解的非劣解集。

4.2   调度成果及分析

将RSEA算法用于珠江流域骨干水库群供水—生态—发电多目标优化调度模型中。各个水库汛期水位控制在死水位到汛限水位之间,非汛期水位控制在死水位到正常蓄水位之间,最小出力约束控制在0.8倍的保证出力以上。根据长洲水利枢纽1959—2008年实测径流资料,分别选1997—1998年、2001—2002年和2007—2008年为丰、平、枯水年进行优化计算。为了验证RSEA算法的性能,本文同时采用了RSEA算法和NSGA-Ⅱ算法对模型进行求解,其中RSEA和NSGA-Ⅱ种群个数均设置为91个、变异概率设置为1/91、变异分布指数设置为20、总进化代数为5000代。两种算法得到非劣调度方案前沿见图2,从图2中可以看出RSEA算法求解得到的非劣解集比NSGA-Ⅱ的非劣前沿分布更广、更均匀,可为调度决策者提供更多有价值的非劣调度方案。

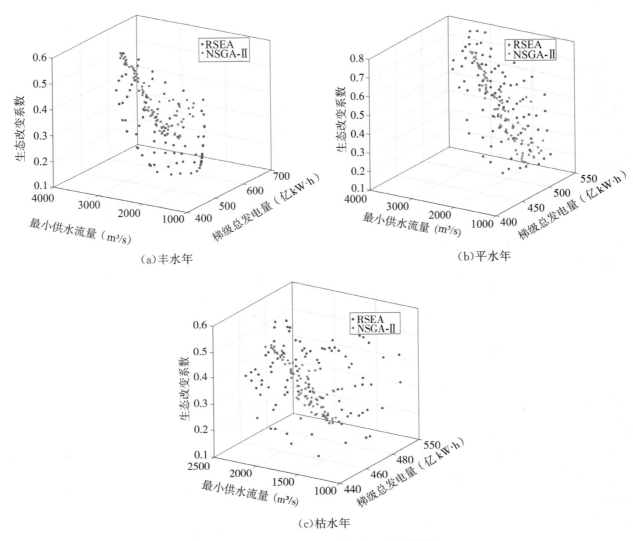

图2 RSEA和NSGA-Ⅱ的非劣调度方案前沿

为了分析供水、环境、发电目标之间的关系,本文选取非劣调度方案集中生态目标最优、供水目标最优、发电目标最优和供水发电综合目标最优四个典型方案,四个典型方案在不同来水条件下的目标值见表1。图3展示了平水年下两种算法的三维非劣前沿的二维投影,综合图3和表1的结果,可以发现西江流域骨干水库群优化调度方案随着最小供水量越大,生态改变系数也会增加,即供水目标与生态目标呈明显的互斥关系;随着梯级总发电量的增加,生态改变系数也会相应增加,表明发电目标与流域生态目标呈一定的互斥关系;在较高的发电量下,可以获得较高的供水量,表明发电目标和供水目标在一定程度上能够实现共赢。此外,可以从图3看出RSEA在发电、供水和生态三个目标的最优值均优于NSGA-Ⅱ,在获得良好的分布性的同时得到了比NSGA-Ⅱ更高的收敛精度。

表1 不同来水下各典型方案调度目标值

方案	丰水年			平水年			枯水年		
	发电量(亿 kW·h)	供水流量(m³/s)	生态改变系数	发电量(亿 kW·h)	供水流量(m³/s)	生态改变系数	发电量(亿 kW·h)	供水流量(m³/s)	生态改变系数
生态目标最优	568.8	1970	0.127	509.5	1350	0.193	452.7	1450	0.138
供水目标最优	617.4	3778	0.505	530.1	3224	0.783	481.7	2429	0.432
发电目标最优	619.6	3137	0.454	540.6	1887	0.586	489.3	1057	0.451
供水发电综合目标最优	617.5	3769	0.504	535.7	2936	0.781	486.6	2325	0.463

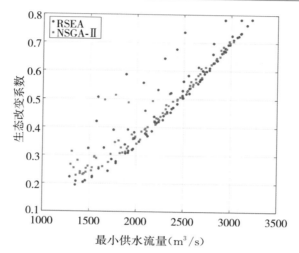

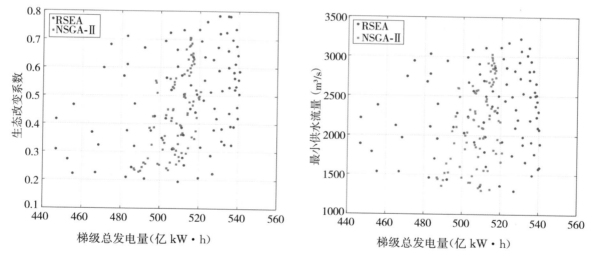

图3 RSEA 和 NSGA-Ⅱ 的平水年非劣调度方案目标投影

图4为平水年下生态目标最优、供水目标最优、发电目标最优和供水发电综合目标最优四个典型方案下,天生桥一级、光照、龙滩、岩滩、百色、红花、大藤峡水电站的水位过程以及长洲水利枢纽的出库流量过程。可以看出生态目标最优的方案与其他三个方案之间的差异明显,理论中生态最优的调度结果应该是所有水库敞泄,维持长洲站的天然径流,但是梯级水库群需要承担电力系统的发电任务,保证最小出力约束,无法按照理论调度运行。图4中生态目标最优的方案呈现出以下规律:在上游水库加大下泄流量时,下游水库逐步蓄水;上游水库蓄水时,下游水库补充下泄流量。这一调度方式利用了梯级水库群上游相互调节的作用,在满足电网发电需求的前提下,使得下游长洲站的径流过程与天然径流相似,减少了梯级水库群对下游径流的影响。发电最优方案与供水目标最优的方案较为相似,其主要区别在于天生桥一级、龙滩、岩滩、

百色四个水库在1—5月发电最优方案的水位过程更高,下泄流量更小;而供水目标最优的方案为了保证下游梧州站点的最小流量最大,在枯水期的时候通过上游水库加大下泄,降低了库水位。结果表明,具有较高调节性能的天生桥一级、龙滩、岩滩、百色四个水库在发电目标和供水目标中起到了决定性的作用,四个水库群在枯水期维持较高水位运行时能够得到更高的发电效益,四个水库群在枯水期加大对下游的供水能够提高下游供水保障率。综上所述,本文提出的RSEA算法能够求解得到分布均匀、分布范围广的非劣调度方案集,不同的目标偏好下的方案代表了不同梯级数据群联合优化调度方式,不仅验证了西江流域骨干水库群多样的调节方式,同时为调度决策者提供了可行方案集进行评价优选。

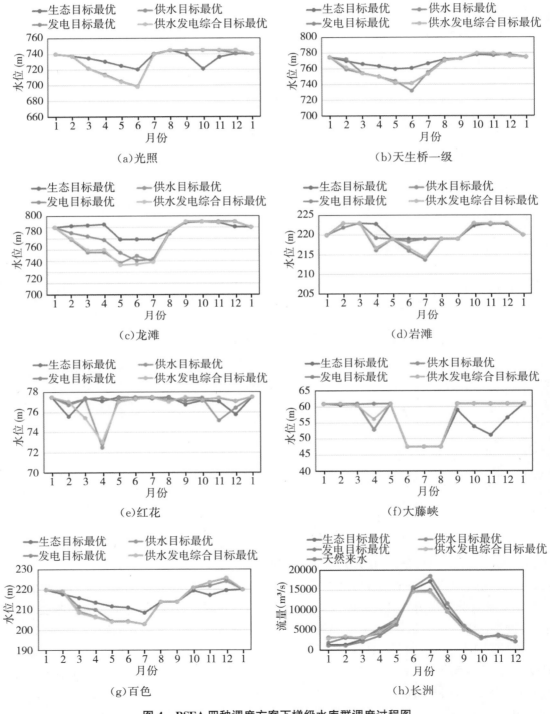

图4 RSEA四种调度方案下梯级水库群调度过程图

5　结语

　　针对流域水库群调度高决策维、高目标维、高约束维的多目标优化问题,本文提出了考虑约束问题的区域搜索进化算法(RSEA),该算法通过区域搜索策略决定父代种群的更新过程,能够保证非劣解集分布性、提高种群多样性、同时提高算法收敛精度。以珠江流域8座大型水库群为研究对象,考虑供水、生态和发电需求,建立了流域水库群多目标优化调度模型,采用RSEA算法和NSGA-Ⅱ算法对模型求解,获得了关于供水、生态和发电目标的非劣调度方案集。结果表明,RSEA算法在收敛精度和种群分布性上均明显优于传统的NSGA-Ⅱ算法,通过分析不同非劣方案的调度过程,验证了西江流域骨干水库群在多样的调节方式下获得了不同目标偏好的调度结果,为珠江流域调度决策者提供了数据支撑和理论依据。

参考文献

［1］王浩,王旭,雷晓辉,等. 梯级水库群联合调度关键技术发展历程与展望[J]. 水利学报,2019,50(1):25-37.

［2］覃晖,周建中,王光谦,等. 基于多目标差分进化算法的水库多目标防洪调度研究[J]. 水利学报,2009,40(5):513-519.

［3］白涛,阚艳彬,畅建霞,等. 水库群水沙调控的单-多目标调度模型及其应用[J]. 水科学进展,2016,27(1):116-127.

［4］Baltar A M, Fontane D G. Use of Multiobjective Particle Swarm Optimization in Water Resources Management[J]. Journal of Water Resources Planning & Management, 2008, 134(3):257-265.

［5］吴炳方,朱光熙,孙锡衡. 多目标水库群的联合调度[J]. 水利学报,1987,(2):43-51.

［6］黄志中,周之豪. 防洪系统实时优化调度的多目标决策模型[J]. 河海大学学报,1994,(6):16-21.

［7］陈洋波,胡嘉琪. 隔河岩和高坝洲梯级水电站水库联合调度方案研究[J]. 水利学报,2004,(3):47-52.

［8］覃晖,周建中,肖舸,等. 梯级水电站多目标发电优化调度[J]. 水科学进展,2010,21,(3):377-384.

［9］王学斌,畅建霞,孟雪姣,等. 基于改进NSGA-Ⅱ的黄河下游水库多目标调度研究[J]. 水利学报,2017,48(2):135-145.

［10］李力,周建中,戴领,等. 金沙江下游梯级水库蓄水期多目标生态调度研究[J]. 水电能源科学,2020,38(11):62-66.

［11］Trivedi A, Srinivasan D, Sanyal K, et al. A Survey of Multiobjective Evolutionary Algorithms based on Decomposition[J]. IEEE Transactions on Evolutionary Computation,2017,1:1-7

［12］Evgenii S, Ivana H, Joseph R, et al. Many-objective optimization and visual analytics reveal key trade-offs for London's water supply[J]. Journal of Hydrology,2015,531:1040-1053.

［13］纪昌明,马皓宇,彭杨. 面向梯级水库多目标优化调度的进化算法研究[J]. 水利学报,2020,51(12):1441-1452.

［14］Zhang Q, Li H. MOEA/D: A Multiobjective Evolutionary Algorithm Based on Decomposition[J]. IEEE transactions on evolutionary computation,2007,11(6):712-731.

［15］Deb K, Jain H. An Evolutionary Many-Objective Optimization Algorithm Using Reference-Point-Based Nondominated Sorting Approach, Part Ⅰ: Solving Problems With Box Constraints[J]. IEEE Transactions on Evolutionary Computation,2014,18(4):577-601.

［16］Yuan Y, Xu H, Wang B, et al. A New Dominance Relation-Based Evolutionary Algorithm for Many-Objective Optimization[J]. IEEE Transactions on Evolutionary Computation,2016,20(1):16-37.

［17］Liu Y, Qin H, Zhang Z, et al. A region search evolutionary algorithm for many-objective optimization[J]. Information Sciences,2019,488:19-40.

基于调度的流域洪水风险传递结构特征分析

严凌志　王权森

（长江勘测规划设计研究有限责任公司,湖北武汉,430010）

摘　要:本文引入"源-途径-受体-后果"（Source-Pathway-Receptor-Consequence）概念模型对洪水灾害发育过程进行了分析,梳理了灾害发育与风险传递的关系、洪水调度与风险调洪的关系,总结了基于调度的水库、堤防、蓄滞洪区和防洪工程系统的洪水风险传递路径,对流域洪水风险传递过程基本单元进行了结构分析,提出了变化环境下流域层面洪水风险传递结构特征。

关键词:风险管理;防洪安全

1　引言

1976 年,Lowrance 对"风险"进行了较为明确的定义,即"风险衡量负面影响的可能性与严重性"[1]。之后不同学科在上述定义基础上,又对风险的概念内涵和数学定义进行了各种延伸和修改[2]。由于知识背景和研究角度的不同,目前关于"风险"的定义尚未形成被学者普遍接受的结论[3]。但其核心含义大多是围绕界定不利事件（hazard）、不利事件发生的可能性以及事件后果这三个因素中的两者或三者之间的关系。早期有些文献以降雨为单一指标来评价区域洪水的危险性[4],但单一因子对洪水风险发育机理的描述难免存在偏差。后来逐渐引入气象、地理信息、社会经济等学科理念,采用多因子指标体系,如使用降雨、地面高程、地质条件、坡度、土壤类型、人口、洪水淹没次数、淹没范围、淹没深度、淹没历时等指标,采用层次分析法、模糊综合评价法、主成分分析法等对指标权重赋值,从而对区域洪水风险进行综合评价[5]。但指标体系评估法通常难以反映防洪工程体系与洪水风险的互动作用,不能充分反映洪水风险的动态演变过程。因此,本文在考虑流域水工程联合调度影响的基础上,研究分析洪水风险传递结构特征。

2　洪水灾害、风险与调度关系

根据区域灾害系统论,灾害是由致灾因子、孕灾环境与承灾体综合作用的产物[6]。因此洪水灾害的形成必须具有三个条件:一是存在诱发洪水的因素（致灾因子）;二是促使形成灾害的环境（孕灾环境）;三是洪水影响区内有人类居住或分布有社会财产（承灾体）[7]。一般来说,致灾因子主要包括暴雨、海啸、冰雪消融、冰凌、溃坝、决堤等,孕灾环境主要包括大气环境、水文环境及其地形地貌环境,承灾体则是人类及各种资源的集合,包括人口、各类建筑物、室内财产、农作物、牲畜等。上述三者形成了一个具有一定结构、功能及特征的复杂体系,即洪水灾害系统,其相互作用的结果构成了洪水灾害,承灾体受损程度即通常所说的灾情。

借助区域灾害系统论,我们对洪灾系统的构成有了一定认知。对于一场洪水灾害而言,致灾因子是灾害产生的充分条件,承灾体是产生灾害损失的必要条件,孕灾环境是影响致灾因子和承灾体的背景条件,承灾体受损后将转变为次生事件的致灾因子,灾害发育过程中致灾因子、承灾体、孕灾环境的时空关系十分复杂,需要引入其他概念模型辅助理解灾害发育过程。

"源-途径-受体-后果"（Source-Pathway-Receptor-Consequence）概念模型,简称 SPRC 模型,是从系统角

度描述事物从起源、经过相应途径到达受体并产生后果的一种概念模型。可追溯的文献中最早由 Holdgate 于 1979 年提出"源-路径-受体"模型（简称 SPR 模型）[8]，随后该模型以不同形式被用于各种环境风险评估。对于洪灾系统而言，SPR 模型可以抽象描述洪水从源头触及最终受体的过程，有助于分析洪灾系统物理结构特性。在此基础上，增加对洪水事件触及受体所产生后果（Consequence）的分析，即 SPRC 模型，可将风险的概念引入到洪灾系统。自 2004 年以来，SPRC 模型在欧洲沿海洪水风险研究中得到了广泛应用[9]，如欧盟综合洪水风险分析和管理方法研究项目 FLOODSITE、变化环境下欧洲海岸安全保障技术创新研究项目 THESEUS、美国北卡罗莱纳州海平面上升风险管理研究项目等均采用了 SPRC 模型开展洪水系统风险分析。

SPRC 模型包含 4 个要素（图 1），其中"源"（Source）指危害的主要来源，可分为自然源（气象灾害）和社会源（人类活动）；"途径"（Pathway）主要指源发挥作用的方式（如侵蚀、淹没等）；"受体"（Receptor）主要指影响的承担者，例如经济、社会、资源、环境等；"后果"（Consequence）通常指在源的作用下，受体所呈现出的状态，多数情况下体现为负面的、不好的结果。对比区域灾害系统论，SPRC 模型中的"自然源"通常可对应"致灾因子"、"社会源"可对应"孕灾环境"、"受体"对应"承灾体"、"后果"可对应"灾情"，新增加的"途径"概念可说明致灾因子作用于承灾体的方式，从而体现了灾害发育过程中"源""途径""受体"和"后果"之间的链式因果关系。

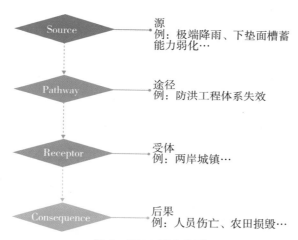

图 1　SPRC 概念模型

当用 SPRC 模型分析流域超标准洪水灾害系统时，洪水从"源"通过"途径"触及"受体"并产生"后果"的过程是多维且复杂的，涉及多个事件的发生、蔓延、耦合、转化和触发。这些洪水相关事件的演化模式即洪水灾害发育过程的基本结构。

根据突发事件连锁反应机理[10]，事件演化模式可概括为点式、链式、网式和超网络式，体现了灾害从简单到复杂的发育过程。一个不利事件可能会导致多种承灾体发生损失，有些承灾体受损后不会继续引发次生事件，有些承灾体受损后则可能继续引发其他事件，形成链式反应，复杂情况下多条灾害链交叉形成网状乃至超网络传递。例如在某防洪工程体系中，若水库拦蓄得当，只需要少量分洪即可保障防护区安全；但若水库超蓄漫溢，分洪量将大大增加，甚至引发堤防溃决，洪水灾害也相应扩大。由此可见，受损后引发次生事件的承灾体，是流域超标准洪水灾害发育史的关键节点。洪水灾害发育过程伴随着洪水风险的传递过程，水在洪灾系统中的流动，即伴随着洪水风险的传递。

风险调控是洪水风险管理的主要内容，可分为两类：第一类措施的主要作用是降低洪水触及受体的概率（Probability），是通过控制和改变洪水本身，将洪峰流量、河道水位等降低到安全线以下，以避免或减轻洪水泛滥，其保护对象是大片土地和土地上的人口、建筑物及其财产，强调的是总体，不过分考虑个别防护对象，以工程措施为主，包括水库、堤防、蓄滞洪区、河道整治工程、平垸行洪、退田还湖等。第二类措施的主要作用是降低可能造成的损失(Damage),不改变洪水本身特征,而是改变保护区和保护对象本身的特征,减少洪水灾害的破坏程度,或改变及调整灾害的影响方式(范围),将不利影响降到最低,以非工程措施为主,包括法律、行政、经济手段以及直接运用防洪工程以外的其他手段。洪水调度是风险调控的一种技术手段,通过对已建各类防洪工程的直接运用来改变洪水特征,如水库调蓄、堤防护岸、分洪等方式将河道内洪峰流量、河道水位等降低,避免或减轻洪水泛滥,从而实现对洪水风险传递的调控。

3   流域洪水风险传递结构特征

依据SPRC模型,宏观层面上,流域洪水风险传递过程的基本单元可大致划分为3个环节,如图2所示:

环节1是水体从云层到河道形成洪水的过程,即从"源"到"途径"的过程,影响洪水荷载大小的因素主要有极端气候条件、河道槽蓄能力、下垫面蓄水能力、沿江城市排涝等,相应的风险管理措施以事前措施为主,如建设海绵城市、开展河道整治工程等。

环节2是河道洪水途径防洪工程体系抵达最终灾害受体(城镇)的过程,即从"途径"到"受体"的过程,影响洪水触及受体概率的主要因素是防洪工程体系的可靠性,相应的风险管理措施以事中措施为主,即水工程联合防洪调度、堤防抢险措施、人工分洪等。

环节3是洪水抵达受体后形成灾害损失的过程,即从"受体"到"后果"的过程,影响损失大小的主要是因素是承灾体的脆弱性与暴露程度,相应的风险管理措施较多,包括事前优化城市发展空间规划,事中对分洪区内居民开展紧急转移安置,事后对灾区开展物资、医疗救援等。

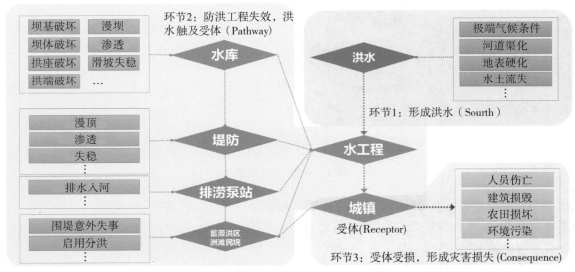

图2   流域洪水风险传递基本单元示意图

长期以来,气候变化和人类活动对上述3大环节均产生了显著影响,流域洪水风险传递路径也有所改变。

(1)环节1("源"—"途径")。

对产流的影响:流域产流影响因素包括降雨量、蒸散发量、最大蓄水容量及其初始蓄水量,以及土层界面的入渗率等下垫面条件。在全球气候变暖的背景下,极端性、灾害性天气多发,同时受人类活动影响,"雨岛效应"凸显,近年来城市大雨、暴雨、大暴雨、特大暴雨等降水事件的发生频次均明显上升,增加了超标准洪水发生概率。相关研究表明近40年来我国年均降水量增长显著[11],尤其是东北北部、华北中部、西北西部、西南和南方等地区,且未来很有可能继续保持增加趋势,这与全球变暖背景下极端降水事件增加的趋势一致[12]。以长江流域为例,2016—2020年均存在支流发生了超历史洪水。另一方面,社会经济发展需要开展市政交通、工/商/民用建筑等建设,地表硬化面积不断增加会影响其蒸散发和地表入渗能力,导致同等降雨强度的产流量增加。

对汇流的影响:汇流一般分为坡地汇流和河网汇流。从流域层面来讲,人类活动的影响主要表现在坡面土地利用变化、植被覆盖度变化、河道渠化、排涝能力提升等方面,地表硬化面积的增加和河道渠化会减小汇流阻力、甚至缩短汇流路径,进而加快了坡地汇流和河网汇流速度。

对洪水风险传递的影响:洪水过程由槽面降水、地表径流和地下径流共3种主要水源汇流至流域出口断面形成。变化环境下,极端降水强度和区域集中程度增加,汇流时间和路径缩短,城镇区域内涝风险升高,且更易沿河道向其下游和流域干流转移,导致其下游和流域干流河道洪水的洪峰、洪量进一步增加。

(2)环节2("途径"—"受体")。

对洪水过程的影响:水库群的建设运行可增加流域河道调蓄能力,利用水库库容拦蓄洪水,削减向其下游传递的洪峰、洪量,有助于减轻干支流洪水遭遇程度,延滞洪峰传播至下游的时间。堤防建设可以增加河道槽蓄空间,从而避免或减少洪水从河道转移至沿岸两侧地表,同样可以延滞洪水传播。但若发生溃(漫)坝、溃(漫)堤事件,将产生极端径流,极易引发严重灾害损失。此外,排涝泵站可减轻城市内涝,但会将水直排入河,进而抬高部分时段河道行洪水位。

对洪水灾害的影响:水库进行防洪调度时,当库水位上升到一定高度,库区回水可能会产生淹没损失,形成洪水灾害。

对洪水风险传递的影响:水库通过防洪调度可就地消减一部分河道洪水风险,并能延滞风险从上游向下游、从支流到干流的传播时间。堤防通过挡水运用可消减和延滞一部分河道洪水风险向其内陆侧转移。沿江涝区排涝会导致城镇内涝风险向其下游干流河道洪水风险转移。值得注意的是,随着水库水位、河道水位的升高,水库、堤防对风险的消减能力随之下降,甚至可能显著增加传递的洪水风险,尤其是水库库区可能会产生淹没损失,导致部分河道洪水风险向库区两岸内陆转移。

(3)环节3("受体"—"后果")。

对洪水灾害的影响:启用蓄滞洪区、洲滩民垸等,意味着将产生一定区域的淹没损失,形成洪水灾害,但同时也减轻了周边河段堤防的防洪压力,可以避免或减轻周边城市的淹没损失,从整体上降低流域层面的洪水灾害损失。

对洪水风险传递的影响:蓄滞洪区、洲滩民垸可将部分河道洪水风险转移至蓄滞洪区、洲滩民垸内部,实质是将潜在的城市淹没损失转移至蓄滞洪区、洲滩民垸,从整体上降低流域层面的洪水灾害损失。

4 防洪工程系统洪水风险传递路径

防洪工程系统与洪水荷载间的相互作用,是通过不同的水工建筑物联合运用实现的。水库、堤防、排涝泵站、蓄滞洪区、洲滩民垸等防洪工程的调度运用,是调控洪水风险的主要方式。洪水风险大小主要由洪水从"源"触及"受体"的"途径"和"受体"产生的"后果"共同决定。排涝泵站会对"源"的大小产生影响,水库、堤防是阻挡洪水从"源"触及"受体"的主要"途径",而蓄滞洪区和洲滩民垸运用则会影响"后果"的严重程度。

(1)水库。

在流域防洪工程系统中,水库常与其他防洪工程措施和非工程措施相结合,共同承担防洪任务。水库调度的洪水风险调控作用的效果与库水位高程有关,通过削峰拦量可消减、延滞向下游传递的洪水风险,但库水位随之升高,升至一定程度后会导致库区回水超过移民迁移线,产生库区淹没损失;若库水位超过坝顶高程,则将引发漫坝失事,甚至产生溃坝洪水,极大地增加向下游传递的洪水风险,基于调度的洪水风险传递路径如图3所示。

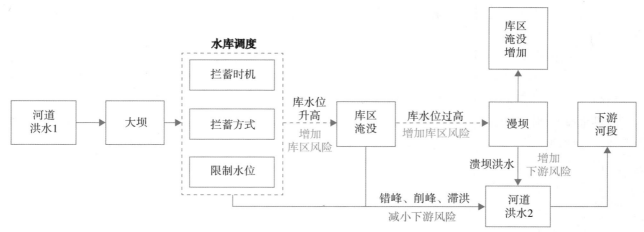

图3 水库调度洪水风险传递路径

（2）堤防。

堤防失事模式主要有漫堤和溃堤，漫堤破坏常见于汛期，通常由于坝顶高度不足或洪水位过高而发生，高度不足的原因通常是堤防设计标准不足、地基沉降、施工质量不足等，洪水位过高的原因通常是河道淤积、超标准洪水或浪涌等。水库和蓄滞洪区可以通过控制泄洪和分洪流量来调控河道水位，若水位流量关系、预报洪水过程等的准确度达到一定程度，可以通过水工程调度避免漫堤失事。

堤防水位不同，流域风险转移规律也有所不同，当河道堤防接近警戒水位时，且堤防外河水位继续上涨时，堤防设施功能大多能正常运行，此时不会产生风险，但需要加强巡堤检查；当下游堤防外河水位超过警戒水位且将接近保证水位时，若上游有水库等水工程，上游水库群则开始启用，承担相应防洪任务，此时下游水位上涨速率将显著降低，其风险相应降低，而上游水库由于拦蓄洪量使得库水位上升，库区将会产生一定淹没损失，其防洪风险则将会增加，堤防防洪风险将会转移由上游水库群共同承担。若河道水位进一步升高、超过保证水位，部分河道洲滩将被淹没，并且蓄洪区可能被启用来保障关键城市的防洪安全，由于行蓄洪空间的使用，关键防洪控制断面堤防风险降低，经济发达地区的防洪风险将会向经济发展较为落后的区域转移。当堤防水位继续升高至接近堤顶高程时，堤防风险将显著增加，此时可能发生漫堤或溃堤事件，风险将会扩散至重要防洪保护对象，进而将造成巨大的社会经济损失。

基于调度的堤防洪水风险传递路径重点分析漫顶失事如图4所示。

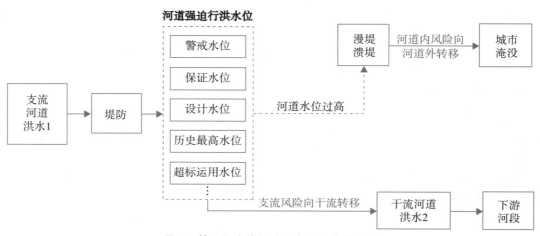

图4 基于调度的堤防洪水风险传递路径

（3）蓄滞洪区。

蓄滞洪区是指包括分洪口在内的河堤背水面以外临时贮存洪水或分泄洪峰的低洼地区及湖泊等。蓄滞洪区分洪增加了其暴露程度,将洪水风险从河道转移至蓄滞洪区;但对其他受益地区而言,蓄滞洪区分洪降低了受益地区的暴露程度,相当于将城市淹没风险转移至蓄滞洪区。蓄滞洪区调度对于洪水风险的调控主要体现在对灾害损失大小的影响方面。随着经济社会发展,蓄滞洪区内人口、资产不断累积,蓄滞洪区建设运用涉及的利益主体已由传统单一利益主体,即受蓄滞洪区保护的蓄滞洪区外的居民,变为了蓄滞洪区内的居民、受蓄滞洪区保护的居民,以及受蓄滞洪区社会经济影响的区外居民等多个利益主体。当蓄滞洪区启用后,受蓄滞洪区保护地区的洪水风险直接转移到蓄滞洪区内部,区内人口将进行避险转移,洪水将对蓄滞洪区造成直接的淹没损失,并且现在蓄滞洪区经济建设程度较高,若蓄滞洪区内建有油田、公路、矿山、耕地、电厂、电信设施和轨道交通等设施,这些设施的淹没损坏不仅会对区内社会经济造成影响,还会将经济风险、社会风险辐射扩散至周边工农业影响区域,其风险传递路径如图5所示。

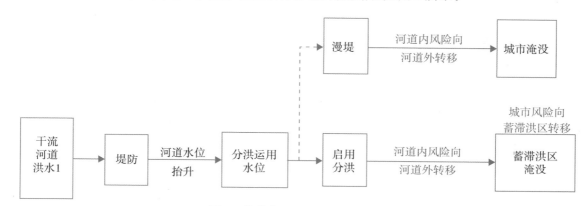

图5　蓄滞洪区洪水风险传递路径

(4)防洪工程系统。

流域防洪工程系统的洪水风险传递的复杂/性主要体现在工程的多样性和输入的复杂性。其中工程多样性主要体现在防洪工程的种类,如水库、堤防、蓄滞洪区、民垸、排涝泵站等;输入的复杂性主要体现在洪水的时空分布变化上,涉及干支流、上下游、左右岸之间的水力联系,主要受降雨和系统内各个工程的地理空间关系影响。

对于流域层面而言,防洪工程体系复杂,"源-途径-受体-后果"的因果关系是多维且非线性的,洪水到达受体的途径有很多,洪水风险传递路径不再是单一链式,可能呈现出网式、超网络式结构,可以分别构建水库、堤防、蓄滞洪区的风险传递路径模块,通过枚举工程洪水风险传递路径和组合方式,从而得到流域整体的洪水风险传递路径。对于图6所示防洪工程系统,其洪水风险传递路径示意图如图7所示。

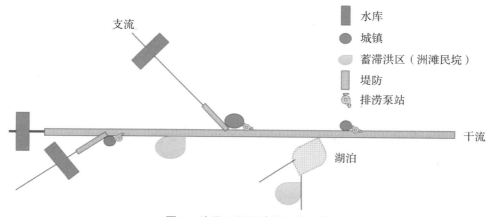

图6　防洪工程系统结构示意图

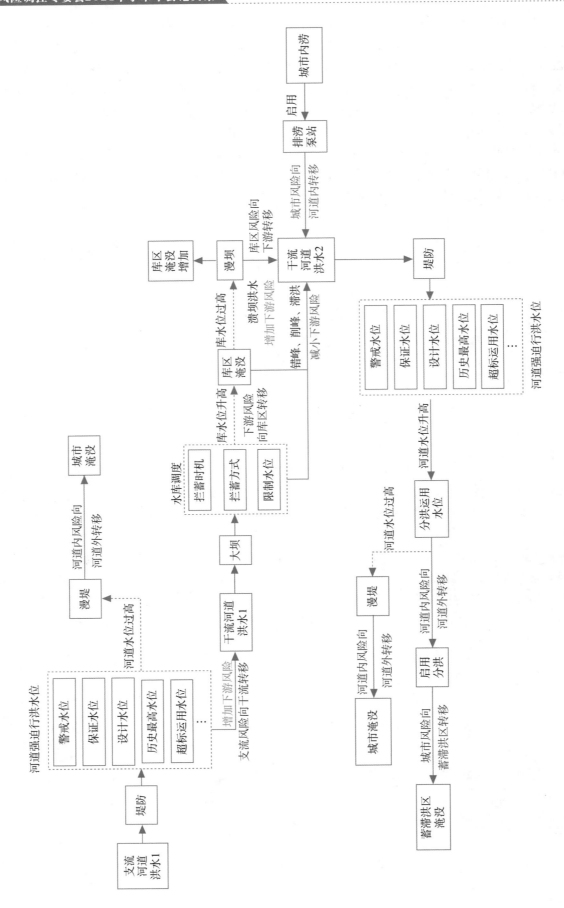

图7　防洪工程系统洪水风险传递路径示意图

5 结语

变化环境下极端降水事件呈增加趋势,产汇流速度、量级增大,局部区域超标准洪水发生概率增加,城镇内涝向河道洪水转移,支流风险向干流转移。洪水风险大小、传递方向与洪水过程、流动方向有关,可通过水工程调度调控。发生超标准洪水时,为减小流域灾害损失,可考虑对水工程开展超标运用,但同时会将目标河段的洪水风险转移至其他防洪保护对象或工程自身,需要权衡所采用的调度方案效果与风险。应注意,水工程对洪水风险的调控作用具有跃变性,需合理控制水工程防洪压力,例如水库水位升高至一定程度后可能导致部分河道洪水风险向库区两岸内陆转移,若发生溃(漫)坝事件会显著增加向下游传递的风险,堤防若发生溃(漫)堤事件会导致河道洪水风险向其内陆侧转移。

参考文献

[1] 王铮. 基于承灾体的区域灾害风险及其评估研究[D]. 大连:大连理工大学,2015.

[2] Massimo A. Some Considerations on the Definition of Risk Based on Concepts of Systems Theory and Probability[J]. Risk Analysis,2014,34(7):1184-1195.

[3] 黄崇福,刘安林,王野. 灾害风险基本定义的探讨[J]. 自然灾害学报,2010,19(6):8-16.

[4] Ologunorisa T E,Abawua M J. Flood Risk Assessment:A Review[J]. Journal of Applied Sciences & Environmental Management,2005,9(1):57-63.

[5] 窦馨逸. 基于灾害指数模型的洪水风险评估[D]. 西安:西北大学,2018.

[6] 史培军. 三论灾害研究的理论与实践[J]. 自然灾害学报,2002,11(3):1-7.

[7] 刘舒. 洪水灾害管理支持系统设计与集成技术研究[D]. 北京:中国科学院地理科学与资源研究所,2001.

[8] Moran J M. A Perspective of Environmental Pollution[J]. The Quarterly Review of Biology,1980,55(4):453.

[9] Narayan S,Nicholls R J,Clarke D,et al. Investigating the source-pathway-receptor-consequence framework for coastal flood system analyses[C]. London:ICE Coastal Management Conference,2011.

[10] 荣莉莉,张继永. 突发事件的不同演化模式研究[J]. 自然灾害学报,2012,(3):3-8.

[11] 杜懿,王大洋,阮俞理,等. 中国地区近40年降水结构时空变化特征研究[J]. 水力发电,2020,46(8):19-23.

[12] 程诗悦,秦伟,郭乾坤,等. 近50年我国极端降水时空变化特征综述[J]. 中国水土保持科学,2019,17(3):155-161.

基于遗传算法的长江上游流域水库群联合供水优化模型研究

何飞飞[1,2]　李清清[1,2]　许继军[1,2]　尹正杰[1,2]　吴江[1,2]　冯宇[1,2]

(1.水利部长江水利委员会长江科学院，湖北武汉，430010；

2.流域水资源与生态环境科学湖北省重点实验室，湖北武汉，430010)

摘　要：为缓解长江中下游流域水资源时空分布不均矛盾，保障长江中下游供水安全，提高长江中下游供水期下泄流量，本文首先基于小波分析得到的相对丰枯度来确定流域的供水次序，其次依据水库库容大小确定流域内部的水库进行供水次序，再依据供补系数确定流域内部各水库供水量，同时，引入遗传算法对来水不足条件下各水库供补系数进行优化，最后提出长江上游流域水库群联合供水优化模型，为保障长江中下游的供水安全提供可靠的决策方案。

关键词：遗传算法，长江上游，相对丰枯度，联合供水优化模型

0　引言

水库群供水优化调度是根据流域生产、生活、生态等用水需求，通过优化水库运行方式来调整水资源在时空上的分布，以期增加供水期和缺水地区的供水量，缓解水资源时空分布不均矛盾。长江中下游流域人口众多，经济发达，用水需求大，然而，该地区水资源在时空分布上严重不均，且缺乏大型调蓄工程，部分地区和时段存在缺水问题。长江中下游沿江地区的本地水资源量远远不能满足当地用水需求，需要利用过境客水，从长江干流取水利用。近年来，由于气候变化，上游来水偏枯，加上人类活动、经济社会快速发展，长江中下游地区水资源短缺矛盾愈发突出，为此，研究长江上游流域水库群供水调度模型，保障宜昌控制断面下泄流量对于解决长江中下游地区水资源短缺矛盾具有重要的研究价值。

国内外学者[1-4]围绕水库群供水调度问题进行了大量的研究工作，Cembrano 等基于共轭梯度法，研究了巴塞罗那某水库群联合供水调度问题。Shih 和 Revell 利用多边形搜索算法和迭代混合整数规划方法研究了基于连续对冲规则的供水调度规则的参数优化。Baltar 和 Fontane 采用多目标粒子群优化算法(MOPSO)，进行了供水、发电等多目标水库群优化调度研究。Reis 等采用基于线性规划和遗传算法的混合优化算法，辨识了水库群运行中的关键变量和影响费用的关键因子，进行了供水水库群系统调度研究。

在国内[5-7]，吕元平等建立了动态规划与线性规划相结合的供水优化调度模型，该模型在引滦工程的5座水库和3条输水渠道中得到了应用。曾肇京和韩亦方针对引滦供水系统的特点，建立了以弃水量、农业用水量和城市缺水量最小为目标的水库群供水调度模型。方淑秀建立了统一管理调度和分级管理调度模型，该模型被成功应用到引滦工程供水调度。

在模型的优化方法上，智能算法因为其优异的效果一直是研究的热点，大量专家学者将遗传算法[8-10]，模拟退火算法[11-13]；粒子群算法[14-16]，蚁群算法[17-19]，差分进化算法[20-21]等智能优化方法应用于水库群优化调度中，极大地推动了水库优化调度的进步，验证了在水库群优化调度中采用智能算法的可靠性。

本文选择相对丰枯度来确定流域供补次序，引入供补系数决定水库供补水量，引入遗传算法来优化各

基金项目：湖北省重点实验室开放研究基金(ZH20020001)，中央级公益性科研院所基本科研业务费(CKSF2021441/SZ)，湖北省自然科学基金(2021CFB151)，长江水科学研究联合基金(U2040206，U2040212)。

水库的供补系数,最后构建长江上游水库群联合供水优化模型,以期为解决长江中下游供水时空不均矛盾提供技术支持。

1 研究对象

研究对象包括长江上游金沙江流域梯级,雅砻江流域梯级,长江上游干流流域梯级,岷江流域梯级,嘉陵江流域梯级,乌江流域梯级和长江中游干流流域梯级的主要控制性水库,具体季调节以上控制性水库包括两河口、锦屏一级、二滩、乌东德、白鹤滩、溪洛渡、紫坪铺、双江口、瀑布沟、碧口、宝珠寺、亭子口、洪家渡、东风、乌江渡、构皮滩和三峡,共 17 个,各流域水库拓扑图如图 1 所示。

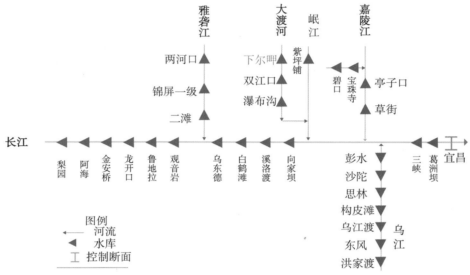

图 1 研究区域流域水库拓扑图

2 研究方法

2.1 小波分解

小波是一类具有震荡性、能够快速衰减到零的函数,小波变换中表征信号的方法与傅里叶变换相似,但采用了自适应时频窗口,将信号在一组基函数生成的空间中变换。小波分析能将目标函数或信号分解成多个频率分量的加权和,并通过一系列平移和伸缩等运算实现对函数或信号的时间频率精细分析功能,从而提取信号中的有用信息。通过小波变换,能够获得不同频带的子序列,并对原始序列进行主周期识别,展示其变化规律,同时可提取出序列的突变特征显示其细微的变化。小波变换的定义如下:

设 $L^2(R)$ 为平方可积空间,令 $f(t)$ 是 $L^2(R)$ 中的函数,其连续小波变换公式为:

$$W_f(a,b)=\langle f,\Psi_{a,b}\rangle=\frac{1}{\sqrt{|a|}}\int_{-\infty}^{+\infty}f(t)\overline{\Psi\left(\frac{t-a}{b}\right)}\mathrm{d}t \tag{1}$$

式中,$\Psi(t)\in L^2(R)$ 为母小波,$\overline{\Psi(t)}$ 表示 $\Psi(t)$ 的复共轭,a 为尺度因子,b 为平移因子。

将小波系数的平方值在 b 域上积分,就可得到小波方差,即

$$\mathrm{Var}(a)=\int_{-\infty}^{+\infty}|W_f(a,b)|^2\mathrm{d}b \tag{2}$$

小波方差图为小波方差随尺度 a 的变化过程。由式(2)可知,它反映的是信号波动的能量随尺度 a 的分布。因此,小波方差图能确定信号中不同尺度扰动的相对强度和存在的主要时间尺度,即主周期。

2.2　流域的相对丰枯度

定义相对丰枯度为流域主周期趋势图在某个年份对应的数值与该周期下峰值的绝对值之比,反映该流域的相对丰枯程度,记为 RDA_j:

$$RDA_j = \begin{cases} \dfrac{C_{j,a}(t)}{\max(f_a(C_j(t)))}, & C_{j,a}(t) \geqslant 0 \\[3mm] \dfrac{C_{j,a}(t)}{|\min(f_a(C_j(t)))|}, & C_{j,a}(t) < 0 \end{cases} \tag{3}$$

式中,RDA_j 是第 j 个流域的相对丰枯度,$C_{j,a}(t)$ 表示第 j 个流域第 a 个主周期的年径流变化过程中所求年份 t 的小波系数,f_a 表示年径流小波主周期变化拟合函数,$\max(f_a(C_j(t)))$ 和 $\min(f_a(C_j(t)))$ 分别表示变化函数在年份 t 所在周期的极大和极小值。

2.3　基于遗传算法的供补系数优化模型

当流域在某一月份来水不足时,依据流域的相对丰枯度判断流域供水次序,具体到某一流域内,通过供补系数来确定各水库供水比例,因此,供补系数作为模型的决策变量,目标函数为发电效益最大,表达式如下:

$$\max E_{total} = \sum_{k=1}^{K} \sum_{j=1}^{J} \sum_{i=1}^{I} f(\partial_{i,j}, Q_{i,j,k}, h_{i,j,k}, \eta_{i,j,k}) \cdot \Delta t \tag{4}$$

式中,$\partial_{i,j}$ 为第 i 个流域第 j 个水库的供补系数,$Q_{i,j,k}$ 表示第 i 个流域第 j 个水库在第 k 个时段的供水流量,m^3/s;$h_{i,j,k}$ 表示第 i 个流域第 j 个水库在第 k 个时段发电水头,m;$\eta_{i,j,k}$ 表示第 i 个流域第 j 个水库在第 k 个时段发电效率;$f(\cdot)$ 表示电站出力与流量水头和发电效率之间的关系式;Δt 研究时段,s。

相关约束如下:

(1)水量平衡约束条件:

$$\begin{aligned} V_{i,j,k+1} &= V_{i,j,k} + (Q_{i,j,k}^{in} - Q_{i,j,k}) \times \theta \\ Q_{i,j,k}^{in} &= Q_{i,j-1,k} + NQ_{i,j,k} \end{aligned} \tag{5}$$

式中,$V_{i,j,k}$ 表示第 i 个流域第 j 个水库在第 k 个时段的库容,亿 m^3;$Q_{i,j,k}^{in}$ 表示第 i 个流域第 j 个水库在第 k 个时段的入库流量,m^3/s;θ 表示流量与水量间的转化系数,$NQ_{i,j,k}$ 表示第 i 个流域第 j 个水库在第 k 个时段的区间来流量,m^3/s。

(2)水库水位约束:

$$H_{i,j,k}^{min} \leqslant H_{i,j,k} \leqslant H_{i,j,k}^{max} \tag{6}$$

式中,$H_{i,j,k}$ 表示第 i 个流域第 j 个水库在第 k 个时段的水库水位,$H_{i,j,k}^{min}$ 和 $H_{i,j,k}^{max}$ 分别表示第 i 个流域第 j 个水库在第 k 个时段的最小和最大水位,m。

(3)水库发电出力限制约束:

$$P_{i,j}^{min} \leqslant P_{i,j,k} \leqslant P_{i,j}^{max} \tag{7}$$

式中,$P_{i,j,k}$ 表示第 i 个流域第 j 个水库在第 k 个时段的出力,$P_{i,j}^{max}$、$P_{i,j}^{min}$ 分别表示第 i 个流域第 j 个水库最大、最小出力限制,kW。

(4)水库最小泄流约束:

$$Q_{i,j,k}^{min} \leqslant Q_{i,j,k} \leqslant Q_{i,j,k}^{max} \tag{8}$$

式中,$Q_{i,j,k}^{max}$、$Q_{i,j,k}^{min}$ 分别表示第 i 个流域第 j 个水库在第 k 个时段的最大、最小泄流量。

基于遗传算法的供补系数优化模型(图2)具体步骤如下:

步骤1:将供补系数作为待优化变量,初始化种群。

步骤2:将初始化种群带入供水调度模型,得到的三峡下游供水期下泄流量均值为适应度评价指标。

步骤3:判断是否满足条件,如果满足,跳至步骤7,如果不满足继续下一步。

步骤4:选择操作,从交换后的群体中选择优秀的个体为交叉变异作准备。

步骤5:交叉操作,对两个相互配对的染色体按某种方式相互交换其部分基因,从而形成两个新的个体。

步骤6:变异操作,随机选择群体中一定数量的个体,对于选中的个体以一定的概率随机改变一个基因在串结构数据中的值。变异操作后返回步骤3。

步骤7:输出最优个体。

步骤8:根据最优供补系数计算供水调度模型的最终结果。

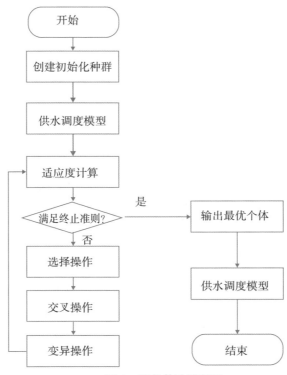

图2　遗传算法流程图

3　应用与分析

本文以长江上游流域为研究对象,选择同丰情景(1964年)和同枯情景(2006年)两种历史径流资料,进行长江上游水库群供水调度模型应用研究,并和三峡水库2003—2012年共10年的供水期平均下泄流量进行对比。

3.1　来流与用水需求情况和水库供水调度运行图

同丰情景下的1—4月以及同枯情景下的1—3月和12月存在来流不满足下游供水需求情况,此时需要水库群调用调蓄库容进行补充供水,流域补供次序判断见表1。同丰情景下的5—9月和10—12月以及同枯情景下4—9月和10—11月来流能够满足中下游供水需求,不需要水库群进行补供。

表1　　　　　　　　　　　　　　　　不同来水情景下丰枯度判断表

流域	多年平均年径流量（亿 m³）	多年平均年径流量（亿 m³）		RDA	
		同丰	同枯	同丰	同枯
金沙江流域	566	621	435	0.999	−0.761
雅砻江流域	482	526	325	0.962	−0.603
长江上游干流流域	1440	1530	1023	0.873	−0.979
岷江流域	402	433	307	0.415	−0.440
嘉陵江流域	653	907	307	0.995	−0.774
乌江流域	390	510	233	0.187	−0.922

从表1中可以看出，同丰情景下各流域的RDA均大于零，全流域呈现丰水状况，根据相对丰枯度RDA，得到的流域补水次序为：①金沙江流域②嘉陵江流域③雅砻江流域④长江上游干流流域⑤岷江流域⑥乌江流域。同枯情景下各流域的RDA均小于零，全流域呈现枯水状况，根据相对丰枯度RDA，得到的流域补水次序为：①岷江流域②雅砻江流域③金沙江流域④嘉陵江流域⑤乌江流域⑥长江上游干流流域。三峡作为流域节点性水库对上游供水进行补偿，汇总上游下泄流量并调蓄。

不同来水情景下各流域典型水库供水流量如图3所示：

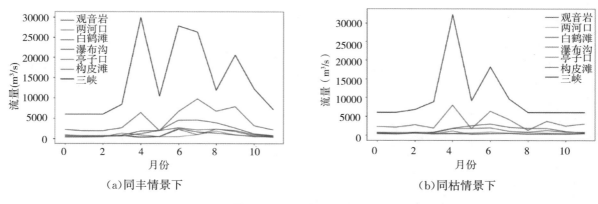

（a）同丰情景下　　　　　　　　　　　　（b）同枯情景下

图3　不同情景下各流域典型水库供水流量过程

同丰情景供水调度运行图示如图4所示，同枯情景供水调度运行如图5所示。

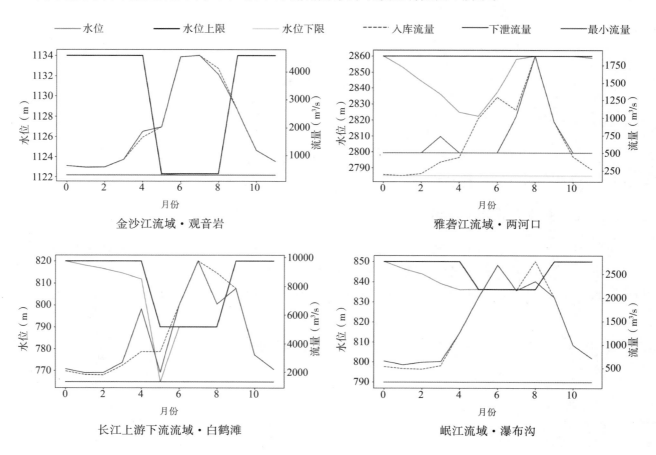

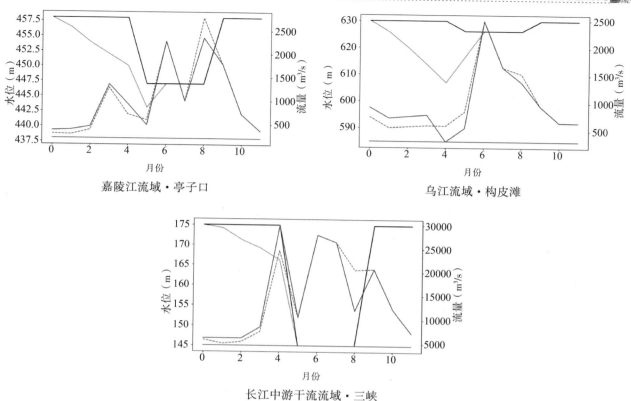

嘉陵江流域·亭子口

乌江流域·构皮滩

长江中游干流流域·三峡

图 4　同丰情景下各流域典型水库水位流量过程图

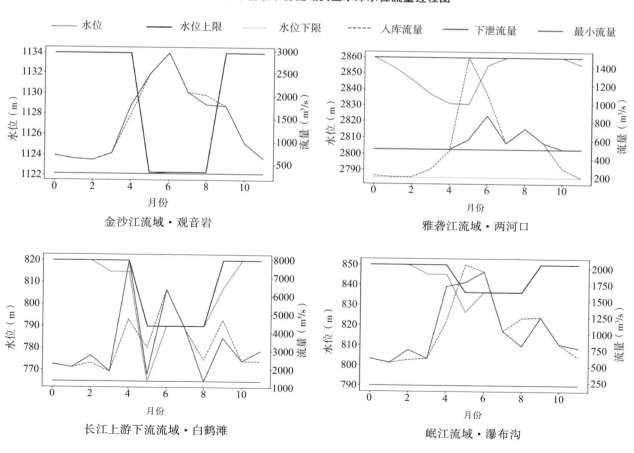

金沙江流域·观音岩

雅砻江流域·两河口

长江上游下流流域·白鹤滩

岷江流域·瀑布沟

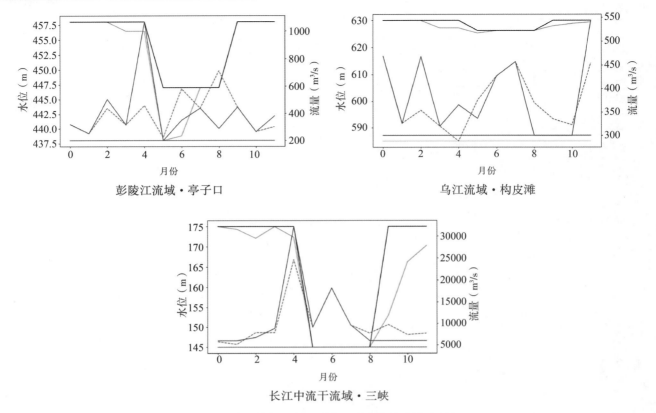

彭陵江流域·亭子口　　　　　　　乌江流域·构皮滩

长江中流干流域·三峡

图5　同枯情景下各流域典型水库水位流量过程图

3.2　来流大于用水需求的月份供水方案

同丰情景下的5—9月和10—12月以及同枯情景下的4—9月和10—12月,水库群先依照流域间供水任务分配以及流域内部水库供水任务分配得到的水库供水任务,再根据水库来流情况与供水任务对比,供余水量按照水库蓄水原则进行蓄水,最后将各水库供水任务与蓄余水量叠加得到各水库供水流量。水库群来流量大于中下游需水量,不存在补供,因此按照由上而下次序依次下泄。

3.3　来流小于用水需求的月份供水方案

同丰情景下的1—4月以及同枯情景下的1—3月和12月,水库群首先对各月计算来流量与供水需求量差值,将缺少部分按照补供次序调用库容依次补供直至满足要求。

3.4　计算结果分析

各情景下供水期三峡下泄流量提升量统计如表2所示,通过长江上游水库群联合供水优化决策策略,三峡下泄流量在供水期得到了不同程度的提升,在同丰情景和同枯情景下,下泄流量均在5月提升最高,分别为同丰遭遇下提升了176.25%,同枯遭遇下提升了197.69%。分析两种典型情景下最低提升比例,在同丰遭遇下,下泄流量最低在3月提升了18.11%;在同枯遭遇下,下泄流量最低在1月提升了24.31%,验证了模型的有效性。

表2　　　　　　　　　　各情景下供水期下泄流量提升量统计表

月份		1月	2月	3月	4月	5月
2003—2012 三峡下泄平均值(m^3/s)		4826	4383	5080	6883	10818
同丰	下泄流量(m^3/s)	6000	6000	6000	8389	29886
	下泄提升(m^3/s)	1173	1616	919	1506	19067
	下泄提升比例(%)	24.31	36.88	18.11	21.88	176.25
同枯	下泄流量(m^3/s)	6000	6000	6755	8832	32198
	下泄提升(m^3/s)	1173	1616	1675	1948	21379
	下泄提升比例(%)	24.31	36.88	32.97	28.31	197.62

4　结论

　　本文提出了一种基于相对丰枯度和遗传算法的长江上游流域水库群联合供水优化模型,本文所提模型在长江上游流域水库群中的应用结果表明,模型能够有效地确定来水不足情况下长江上游各流域供补次序,同时,通过模型的应用,三峡下泄流量在供水期能得到不同程度的提升,验证了本文所提模型能够有效提高供水期长江下游下泄流量,满足下游流域用水需求,为长江流域实际供水调度优化提供了新的思路。

参考文献

[1] Cembarano G，Brdys M，Quevedo J，et al Optimization of a multi-reservoir water network using a conjugate gradient technique［M］. Heidelberg：Springer，1988.

[2] Shih J S，Revelle C. Water-supply operations during drought：Continuous hedging rule[J]. Journal of Water Resources Planning and Management，1994,120：613-629.

[3] Baltar A M，Fontane D G. Use of multiobjective particle swarm optimization in water resources management ［J］. Journal of Water Resources Planning and Management，2008,134：257-265.

[4] Reis L，Bessler F，Walters G，et al. Water supply reservoir operation by combined genetic algorithm – linear programming (GA-LP) approach[J]. Water resources management，2006，20：227-255.

[5] 吕元平，朱光熙，胡振鹏.引滦工程水库群联合调度的系统分析.[J] 海河水利,1985,4：1-2.

[6] 曾肇京，韩亦方.引滦供水系统数学模型及合理调度研究[J].水利水电技术，1988,(2)：40-50.

[7] 方淑秀，王孟华.跨流域引水工程多水库联合供水优化调度[J].水利学报,1990,(12)：1-8.

[8] Holland J H. Adaptation in Natural and Artificial Systems：An Introductory Analysis with Applications to Biology，Control and Artificial Intelligence[J]. Control & Artificial Intelligence,1975，1：1-5.

[9] Kim T，Heo J H. Application of multi-objective genetic algorithms to multireservoir system optimization in the Han River basin[J]. Hepatology Research,2006,45：814-817.

[10] 景沈艳,孙吉贵,张永刚.用遗传算法求解调度问题.[J].吉林大学学报：理学版,2002,40：263-267.

[11] Kirkpatrick S，Vecchi M P. Optimization by Simulated Annealing ［J］. Science，1983，220：671-680.

[12] Teegavarapu R S V，Simonovic S P. Optimal Operation of Reservoir Systems using Simulated Annealing[J]. Water Resources Management，2002，16：401-428.

[13] 罗云霞，周慕逊，王万良.基于遗传模拟退火算法的水库优化调度.[J] 华北水利水电学院学报,2004,

25：20-22.

［14］ Eberhart R，Kennedy J. A new optimizer using particle swarm theory［C］. Nagoya：IEEE,1995.

［15］ 胡国强,贺仁睦.基于协调粒子群算法的水电站水库优化调度［J］.华北电力大学学报,2006,33：15
-18.

［16］ Kumar D N，Reddy M J. Multipurpose Reservoir Operation Using Particle Swarm Optimization［J］.
American Society of Civil Engineers，2006,1：192-201.

［17］ Socha K，Blum C. An ant colony optimization algorithm for continuous optimization：application to
feed-forward neural network training［J］. Neural Computing and Applications,2007,16：235-247.

［18］ 徐刚,马光文,梁武湖,等.蚁群算法在水库优化调度中的应用［J］.水科学进展,2005,16：397-400.

［19］ 王德智,董增川,丁胜祥.基于连续蚁群算法的供水水库优化调度［J］.水电能源科学,2006,24：77-79.

［20］ Storn R，Price K. Differential Evolution：A Simple and Efficient Heuristic for global Optimization
over Continuous Spaces［J］. Journal of Global Optimization，1997,11：341-359.

［21］ 覃晖,周建中,王光谦,等.基于多目标差分进化算法的水库多目标防洪调度研究.［J］水利学报,2009,
40：513-519.

金中流域梯级水电站群泄洪闸门远程集中实时调控研究与实施

章泽生　江安平　黄海军　浦亚

(华电云南发电有限公司,云南昆明,650100)

摘　要:大型流域水能资源作为可再生清洁能源,在我国经济社会发展中占有重要地位。随着科技的进步,能够节省人力成本、增加经营效益、提高水资源利用效率的流域梯级水电站群远程集中控制管理、电站侧"无人值班少人值守"生产管理模式大量涌现,特别是仅具备日调节性能的大型流域梯级水电站群泄洪闸门远程集中实时调控模式的实施,已成为整个水电行业从技术及管理观念上亟待解决的难题。本文针对水电站汛期闸门现地操作交通安全风险高、调令响应及时性差、闸门开度调控不精准、库水位控制变幅大、闸门操作影响机组实时出力等问题,利用闸门远程协调控制及安全保障集成技术,阐述了安全、经济、高效的溢流表孔泄洪闸门远程集中实时调控创新模式研究与实施路径。

关键词:大型流域;泄洪闸门;远程集中;实时调控

0　引言

梨园(装机 4×600 MW,多年平均年径流量 448 亿 m^3,配置 4 扇溢流表孔泄洪闸门)、阿海[1,2](装机 5×400 MW,多年平均年径流量 501 亿 m^3,配置 5 扇溢流表孔泄洪闸门)、鲁地拉(装机 6×360 MW,多年平均年径流量 561 亿 m^3,配置 5 扇溢流表孔泄洪闸门)水电站位于金沙江中游,其防汛管理被纳入长江流域统一管控范畴。

因梨园、阿海水电站为日调节水库、鲁地拉电站为周调节水库,均不具备拦蓄大量洪水的能力,受金沙江汛期来水量变化快的影响,为满足防洪安全、系统调峰需求及机组经济运行要求,三个电厂汛期泄洪操作频繁,仅 2018 年,梨园溢流表孔泄洪闸门操作 990 次,阿海 520 次,鲁地拉 484 次,一个电站的闸门操作次数就超过了流域十几个水电站闸门年操作量之和。加上受电网低谷调峰影响,闸门夜间操作较多、交通风险较高,整个汛期需要人员到现场操作,实时响应性较差,保证每年数千次安全、经济、高效的闸门操作任务,是金沙江中游龙头水库龙盘水电站投运前面临的客观难题。

为真正实现梨园、阿海、鲁地拉"无人值班少人值守"的生产管理模式,以提高闸门操作的安全性、实时性和经济性为目标,提出通过金中集控中心实现金中流域梯级水电站群[3]泄洪闸门远程[4]集中实时调控的创新思路,开展集控中心、电厂侧泄洪闸门控制系统[5,6]、工业电视系统、闸门振动监测等功能完善,制订泄洪闸门远程控制技术要求及相关管理制度、有关应急预案,优化了业务流程。自 2019 年起,阿海、梨园、鲁地

作者简介:章泽生(1973—),男,专科,工程师,高级技师,华电云南发电有限公司,从事流域集控水电生产技术管理,E-mail:2661151775@qq.com。江安平(1988—),男,本科,助理工程师,华电云南发电有限公司,从事流域集控水调技术管理。黄海军(1986—),男,本科,工程师,华电云南发电有限公司,从事电力系统自动化及智能控制管理。浦亚(1981—),男,本科,高级工程师,华电云南发电有限公司,从事电力系统自动化及通信管理。

拉电厂先后实现泄洪闸门远程控制,在国内同类大型流域公司率先实施每年上千次"集控水调令—集控运行操作"的泄洪闸门大规模远程集中实时调控模式。

1　大型流域梯级水电站闸门现地操作存在问题[5]

1.1　闸门现地调控实时性差,无法应对突发状况下的闸门操作指令要求

人员从营地驱车前往大坝需 30 分钟,电厂交通道路山高、坡陡、弯急,若遇电网突发故障需大量弃水,而操作人员受单点暴雨天气等极端天气或场内道路泥石流影响交通未能及时到达现场时,将造成闸门不能按时操作,存在超控制水位等严重威胁大坝安全的风险,现地操作的实时性不能满足突发状况下的指令要求,更不能满足"无人值班少人值守"生产管理模式要求。

1.2　雨季、夜间道路情况复杂,闸门现地操作人员的交通安全风险高

梨园、阿海、鲁地拉是位于金沙江中游河段的大型水电站,水库仅具备日、周调节性能,为保证防洪安全,同时兼顾机组更高的运行水头,每年汛期需频繁调整溢流表孔泄洪闸门开度,且夜间负荷低谷时段电网调峰导致的闸门操作指令居多,受山地道路塌方、落石等状况及雨季地质灾害影响,现地操作人员的行车安全、人身安全隐患较大。

1.3　现地调控管理模式效率低下

每年三个厂共计 1000 多孔·次闸门启闭操作均由集控中心下达水调指令至电厂水工人员,除水工人员需驱车往返耗时较多外,操作前后还需要与电厂运行人员报备等,工作环节较多,每次操作必须为两人操作(操作人和监护人),人力、物力耗费较大,闸门现地调控管理模式效率低下。

1.4　原有控制逻辑不完善,闸门操作安全及调节精度差

原泄洪闸门只具备现地及电厂中控制室遥控功能,若在中控室启/闭指令发出后通信突然中断,将无法下达停门指令,会导致闸门全开(关)等人为不安全事件发生;同时为减少现场人员来回多次操作闸门,调整开度采取一次性调整到位方式,引起库水位变幅较大,同时闸门大开度操作引起尾水雍高导致 AGC 异常退出事件频发,已对调频市场造成影响。

2　泄洪闸门远程集中实时调控模式探索

2.1　打造流域梯级水电站群闸门集中远控技术样板

鉴于行业内流域梯级水电站尚无开展的水调远程调控指令在集控中心完成(集控水调处下达指令,集控运行当值值班员完成远程操作)的管理模式,结合行业闸门远程操作的基本要求及公司既定的大规模远程集中实时调控意图,在自主开发的库水位动态控制模型、闸门动态调整系统基础上,通过增强数据采集、异常检测、远程控制、安全校验、全时段可视化、提前报警等技术,经逐步试验和大量的优化完善,构建了"遥控+遥调+遥视+广播"技术集成的大型流域梯级水电站群闸门远程调控技术样板。

2.2　研究建立闸门远控管理模式技术支撑体系

新增闸门开度精确控制逻辑。针对闸门无法实现模拟量控制闭环功能及闸门开度调节精度差的问题,

对开度采样、压力采样、温度采样等均进行冗余处理和异常诊断,增加闸门操作到位、闸门控制系统正常、闸门控制系统可调等一系列的安全校验措施,采用改造量小、自主可控,调节速度快、控制过程稳定的PI两段闭环闸门控制算法,闸门开度控制精度达99.9%。

完善闸门远控安全控制逻辑。将调节超时、开度波动、调节反向、开度及通信坏质量、闸门系统异常等纳入自动停门流程,增加闸门指令与实际动作方向的协联性判断停门、相邻两周期内行程相差过大、反馈信号超范围的判断停门功能,杜绝集控通信通道异常导致的闸门操作无法停止问题,以及操作滞后等导致的问题;引入各类状态判别信号以及现有的传感器信息,系统考虑闸门远程操作的安全闭锁功能,避免因人员精神状态不佳产生的误操作风险;闸门远程操作的调节超时、调节速率等指标均考虑各受控闸门的润滑水、操作油压建压准备等独立特性,确保集控中心远控时不因系统后台静默运行而发生误判风险;四是引入远方闸门开度控制权限等级、远方调门开度每次不能大于5m等安全保障措施,系统保障了闸门远程操作的安全。

提升闸门远控视频监控系统性能。闸门远程集中调控可将原现场40~50分钟的操作响应时间降低到5分钟,仅依赖远程监控系统和闸门控制系统无法直观掌握闸门操作过程中各部件的动作状况、泄洪出口的冲刷情况、坝后及下游人员活动的情况等,需安装具备夜视能力、广角、高清的工业摄像头,提高远程操作的观察范围和清晰度;开展视频带宽扩容、移动侦测录像存储等优化,提高视频系统的监视实时性和操作流畅性,辅助保障闸门远程操作的安全性。

强化闸门振动监测手段。结合不同水头、不同闸门开度下闸门振动情况的检测、监测结果,研究分析闸门各种开启组合及开度控制原则下的振动情况,为闸门开度远程精确控制及闸门调度计算提供安全策略参考,保障水工建筑物及金属结构的安全。

库水位动态调整模型和闸门调度系统开发。以不增加下游防洪压力,保证电站枢纽防洪度汛安全、满足监管机构防汛要求为前提,根据长江中下游防洪形势、上游来水、气象预测、电站工程特性曲线等数据来建立库水位动态调整模型,系统考虑电网电量安排及长江水利委员会对库水位浮动控制要求对电站发电计划的影响,并自主开发闸门调度系统,减轻闸门调度的人工计算量,实现3天、2天、1天的闸门控制滚动计划及高频动态调整,提升汛期发电水头,有效提高发电效益。

2.3　构建闸门远控一体化运行管理模式

规范泄洪闸门远程集中实时调控的技术及管理条件。编制泄洪闸门远程集中实时调控的技术及管理条件,规定闸门遥调、遥控操作、远程紧急停门、泄洪警报控制、工业电视监视和接入调试等技术条件,规定接入闸门远方操作时限和成功率、集控中心和电厂需配套的闸门远方操作管理制度、运行规程、应急预案等管理条件。

建立适应集控电厂泄洪闸门远控的运行管理体系。以实现泄洪闸门远程集中实时调控为目标,以保证闸门远程操作精确性和安全性为原则,以电厂泄洪闸门远程操作手册为基础,从设备性能提升、管理职能调整、电调、水调岗位人员技能贯通等方面着手,开展电站值守运行人员闸门操作技能培训,保障远程控制失效情况下可替代水工人员完成应急操作;编制《泄洪闸门远程集控实时调控管理实施方案》,完善《溢流表孔闸门远程操作手册》《泄洪闸门电源缺失应急处置方案》等内部管理标准、规程及应急预案等,建立适应泄洪闸门远程集中操作和运行管控的一体化模式,构建集控水调、集控运行、电厂运行和电厂水工多部门间高效协调的闸门操作工作机制。

完善闸门远控操作流程。细化闸门远程操作运行检查要求,操作前必须通过计算机监控系统核实溢流表孔闸门操作前状态、远程可调条件是否满足和是否有异常报警信号、通过工业电视系统固定画面浏览溢流表孔闸门上下游有无影响操作的漂浮物、通过工业电视系统固定画面浏览溢流表孔闸门液压系统、运行路径和开度指示标尺是否有异常。将闸门调度指令在"集控调度业务管理系统"上实现电子化流转,使闸门调度指令在跨单位、跨部门间流转更加顺畅和规范,保证闸门调度指令远控执行的及时性及准确性,同时所有闸门信息集中到金中集控中心,为适应"无人值班少人值守"生产管理模式变革及电力市场化打下基础。

固化闸门远程操作风险管控措施。将闸门年度首次溢流表孔闸门开启操作、溢流表孔闸门全部全关后的闸门开启操作、泄洪流量超过 5000m³/s 时等闸门高风险操作管控措施固化于管理制度中,每年汛前、汛后在检修门全关的工况下每扇闸门开展一次远方全行程开关校核,并将有相关校核记录报集控中心备案,并明确异常情况下闸门操作管理流程。

2.4　实现泄洪闸门集中、远程、精准、高频次的实时调控

采用"先行先试＋推广应用"方法,在可靠的网络安全防护、完善的远程控制逻辑、完备的应急措施保障下,建立金中流域梯级水电站群泄洪闸门远程、集中、实时、精准、高频次的全采、全监、全控的远程控制技术体系,构建金中流域水电站群泄洪闸门大规模远程集中实时调控一体化管理体系,实现现场生产人员水工、运行值守职能合一,实现集控中心水调值班人员下令到集控中心运行人员直接操作的扁平化泄洪闸门大规模远程集中调控模式,将闸门操作指令响应时间缩短到几分钟之内,打破原有闸门现地操作的成规定式,为真正实现集控中心受控电厂"无人值班少人值守"生产管理模式打下坚实基础。

精确到分钟级的泄洪闸门集中实时调控技术的应用,为结合水调自动化系统的来流量预测数据,实施日调节性能水库水位高频浮动控制技术、减少泄洪闸门集中泄水对机组水头影响、提高洪尾拦蓄能力的优化运行目标提供了强大技术支撑。

3　结语

本文针对仅具备日、周调节性能的大型流域梯级水电站闸门现地操作存在的问题,集成闸门远程协调控制及安全保障技术,以安全、快速、精准响应泄洪闸门远程集中实时调控指令、最大限度降低现场操作人员安全风险、最大限度提高水能利用率、不断适应"无人值班少人值守"生产管理模式变革及电力市场化需求为目标,研究与实施流域溢流表孔泄洪闸门远程集中大规模实时调控创新模式,可杜绝流域水电厂现场水工人员在夜间和雷雨天驱车往返的交通安全风险,可保证电网故障、发电设备故障、场内交通中断等突发状况下闸门操作的及时性,可较大程度减轻电厂水工专业人员的操作负担和集控水调人员的闸门调度压力,可根据水情预报信息超前高频预控、快速平滑精准调控泄洪流量,保证电厂防洪度汛安全,同时提高电厂经济运行水平及适应电力市场化的能力。

参考文献

[1] 新闻稿. 国内大型水电站泄洪闸门首次实现远程集控[J]. 云南水力发电, 2019, (S1): 169.

[2] 黄怀军. 大型水电站泄洪闸门远程集控的探索与实践[J]. 云南水力发电, 2020, 36(187): 130-133.

[3] 王超杰. 金湖公司梯级水电站群泄洪闸远程集控的探讨[R]. 福州: 福建省电机工程学会, 2015.

[4] 新闻稿. 华能澜沧江小湾水电站完成泄洪闸门远方操作功能改造[J]. 大坝与安全, 2019, (5): 8.

[5] 浦亚. 大型水电站泄洪闸门集控中心远程控制技术[J]. 云南水力发电, 2021, 37(192): 173-174.

[6] 吕在生, 刘杰. 五强溪水电厂泄洪闸门系统集控接口改造[J]. 水电与新能源, 2016, (9): 60-64.

面向防洪安全的水库群决策实时调整方法

唐海华　张振东　冯快乐　黄燨瑶　李琪

(长江勘测规划设计研究有限责任公司,湖北武汉,430010)

摘　要:针对流域实时防洪调度场景下各防洪控制站的安全要求,提供一套水库群调度决策的实时调整技术方案,对流域各计算节点进行统一拓扑概化,按一致性原则对所有相邻节点之间的区间流量进行还原计算,并实现各水库剩余防洪库容的快速分配,消除防洪安全预警。以某流域防洪体系的3场典型洪水为例,其模拟计算结果表明,本文方法可根据原始调度方案自动识别出需要调整的水库对象,并充分利用调蓄能力快速调整调度决策,且水库决策调整后仍然符合原始调度方案的决策意图。

关键词:决策调整;实时调度;防洪安全;库容分配

1　引言

流域防洪主要依靠水库、堤防、渠道、蓄滞洪区等各类防洪工程保障防洪对象安全[1-2]。不同防洪工程对洪水的抵御方式各不相同,其中堤防和渠道以行洪为主,蓄滞洪区以分洪为主,水库则以调洪为主[3]。行洪和分洪都是针对既定洪水过程的被动防御方式,只能接纳洪水而不能改变洪水;调洪则具备主动防御能力,可充分利用水库工程的防洪库容科学制定水库蓄泄策略,通过削峰减量改变水库下游洪水过程的峰值和量级,从而保障下游防洪对象安全。因此,流域防洪调度的总体模式为:充分利用流域内各水库工程的防洪库容,对流域内发生的洪水过程进行联合调蓄控制,尽可能保障所有河道堤防都能安全行洪,避免发生洪涝灾害;对于超出水库群调蓄能力和堤防行洪能力的洪水过程,则舍小保大,启用蓄滞洪区工程进行分洪,提前转移区域内的人员和财产,然后再将超额洪水分流到该区域,从而尽量减小洪灾损失。由此可见,如何利用各水库防洪库容进行洪水过程调蓄,对实现全流域防洪对象体系的整体安全至关重要。

2　研究背景

水库防洪调度决策的主要依据是防汛主管部门批复的汛期调度方案[4],该方案在最初编制时通常只会重点考虑水库自身及其防洪对象的安全情况。然而,在流域防洪调度场景下,上下游、干支流之间的水力联系及相互影响错综复杂,不同量级(反映洪水的大小)、不同组成(反映洪水的空间分布)的洪水过程协同调度需求往往差异较大,单纯依靠水库调度方案很难统筹兼顾防洪体系的整体安全。因此,当发生较大洪水时,流域防洪体系内各水库仅根据自身调度规程调蓄,通常会导致部分防洪对象产生超警戒或超保证预警,目前主要通过以下两种方式调整水库决策:

一是人工经验。防汛调度人员首先根据当前流域上下游、干支流不同地方的洪水预报结果、水库调度结果及安全预警情况,结合流域内各水库的剩余防洪库容和预警站点,人工筛选出合适的调节水库,并以安全预警的严重程度为依据,按经验研判出各水库的决策调整方式;然后通过决策支持系统[5-6]对调整方式进行模拟计算,若调整后还存在安全预警,则继续调整决策值,直到消除安全预警或将预警降低到可接受的程度为止。

二是数学优化[7-8]。防汛调度人员直接在决策支持系统设置各防洪对象控制站点的安全优化目标,以及各水库允许运行的最高水位、最低水位、最大出库流量等各类约束条件,提取洪水过程作为计算依据,采用动态规划、遗传算法等各类数学优化方法对各水库的运行过程进行优化调节,尽可能使各水库的调度决策既能满足其自身的边界约束条件,又能满足防洪对象控制站点的安全目标要求。

然而,无论是人工经验还是数学优化方式,都需要构建一套新的决策调整计算方案,重新准备输入条件和约束边界,过程繁琐、工作量大,容易出现误操作,且各计算节点之间的区间流量与原预报调度计算的区间流量也可能不一致,使得调整方案与原方案失去可比性。此外,人工经验调整水库决策时,需要多次反复试算,随机性高、主观性强、效率低下,难以在短时间内获取到合适的调度决策方案;数学优化方法又存在一定程度的优化速度慢、收敛稳定性不足等问题,决策时效性较差,若设置的约束边界不合适,甚至有可能找不到可行解,且最终决策方案来源于纯数学原理,与防汛主管部门批复的调度方案脱节,难以兼顾水库的多目标综合调度需求,调度结果缺乏物理含义,可执行程度不高。

针对上述问题,本文研究提出一种面向防洪对象安全的水库群调度决策实时动态调整方法,不再新建计算方案,直接以现有方案结果为基础,快速分配水库群剩余防洪库容,既能保持流域各节点之间的区间流量在调整前后具备一致性,又能最大程度实现全流域防洪对象的整体安全。

3 技术方案

首先将流域内所有需要承载计算任务的对象全部概化为拓扑节点,并自动识别水力联系;然后提取预报调度信息,还原区间流量,并以此为基础构建调度演进模拟器;最后判别防洪对象安全性,筛选出所有可调水库,快速分配剩余防洪库容,消除安全预警。决策调整总体流程见图1,具体技术方案如下:

(1)拓扑节点概化:将流域中所有承载计算任务的对象均按"单点双向"的概念化模型进行描述。"单点"指流域中任意对象节点,包括编码(id)、名称(name)和类型(type)三个属性,如河流、水库、测站、河段等;"双向"包括指向(parent)和流向(down)两个属性,指向反映父子层级关系,流向反映同层级上下游关系,若为空,则赋值 null。据此,拓扑节点可概化为:

$$ND = Topo(id, name, type, parent, down) \tag{1}$$

(2)节点排序和拓扑校验:按照"先支流后干流、先上游后下游"的顺序对所有拓扑节点进行排序,同时校验节点、河段之间拓扑关系是否存在错误和矛盾,并区分计算节点和非计算节点。其中水库、河段和测站均为计算节点,水库开展洪水调度计算、河段开展洪水演进传播计算、测站开展安全分析计算;河流为非计算节点,仅用于组织拓扑关系。

(3)预报调度信息提取:提取原始调度决策方案中所有水库、测站的来水预报和调度决策信息,包括水库的入库流量、出库流量、坝上水位过程,以及测站的水位、流量过程。

(4)区间流量一致性还原:针对某一河段,若下边界原始流量过程为Q,按上边界流量过程采用马斯京根、滞时坦化等河道水文演进方法演算得到的下边界演算流量过程为Q',则$Q-Q'$即为该河段的区间流量过程(可为负数,代表区间流量损失)。上述还原计算过程中,所有河段均同步存储其具体采用的河道水文演进方法及参数,在后续调整步骤中,各河段模拟演进计算的演进方法和演进参数均不再改变,从而可保证任一河段的区间流量过程从还原计算到传播演进始终保持一致。马斯京根和滞时坦化方的流量演算公式分别见式(2)和式(3)。

$$Q_{t+\Delta t} = C_0 I_{t+\Delta t} + C_1 I_t + C_2 Q_t \tag{2}$$

$$Q_{t+\Delta} = I_t \times CS \tag{3}$$

式中，I_t、Q_t 分别为 t 时刻河段上边界流量和下边界流量；Δt 为河段传播时间；C_0、C_1、C_2 分别为河段的马斯京根演算参数；CS 为河段的流量坦化系数。

(5)调度演进模拟器构建：在拓扑节点概化和区间流量还原基础上，构建所有计算节点的调度演进模拟器，实现水库调度、河道演进和测站分析的一体化模拟计算，并可任意指定计算的起点和终点。水库调度可任意设置不同的洪水调度决策指标和决策值，如出库流量、坝上水位、蓄水流量等，然后模拟计算出对应的详细调度过程；河道演进采用与区间流量还原步骤中相同的演进方法和演进参数；测站则重点分析关键统计指标，如洪峰水位、洪峰流量、峰现时间，以及超警戒、超保证情况等。

(6)防洪对象安全判别：对于所有测站节点，分别基于流量准则和水位准则判别，其中流量准则判断计算洪峰流量是否超过警戒流量或保证流量，水位准则判断计算洪峰水位是否超过警戒水位或保证水位；对于所有水库节点，则基于水位准则判别，判断水库调洪最高水位是否超过汛限水位。若测站或水库超过上述任一准则限制，则标记为预警节点，同时记录该节点的最晚预警时段号；针对所有预警节点，记录全局最晚预警时段序号 TCE，调整该序号之前的各时段水库调度决策，才能影响防洪控制对象安全。如果全流域没有产生预警节点，则说明全部满足防洪安全要求，直接返回，不需要调整。

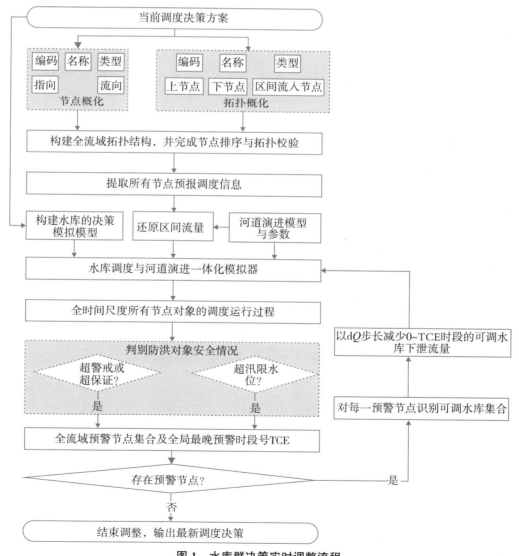

图 1　水库群决策实时调整流程

（7）可调水库集合识别：若产生预警节点，则针对每一预警节点，都根据拓扑关系筛选出对应的可调水库集合。可调水库的筛选标准为：一是在当前预警节点上游且与当前预警节点存在直接或间接水力联系；二是还存在剩余防洪库容或还具有调节能力；三是若当前预警节点为水库，则包含自身。

（8）剩余防洪库容快速分配：按预警节点顺序遍历，若该节点的可调水库集合非空，则在原下泄流量基础上，采用等步长递增方式进行拦蓄试算。设定出库流量拦蓄的调整步长为 dQ，对各可调水库的出库流量过程进行调整试算：将各可调水库第 $0 \sim TCE$ 时段内的下泄流量整体减小 dQ（需保证出库流量非负）；按调度演算模拟器，计算调整后全时间尺度所有节点对象的调度运行过程；判断全流域是否还存在预警节点，若不存在预警节点，则调整结束，输出当前调整后调度决策方案；若依然存在预警节点，则筛选出新的可调水库集合，继续按照步长 dQ 减小出库流量，重复这一过程直到不存在预警节点为止；若所有可调水库的出库流量已调整为 0，或可调水库集合为空（各水库水位都已达到上限），则说明当前预警节点的所有水库调节能力已全部启用，无论是否还存在预警，都不再继续调整。以上过程中，水库出库流量的调整步长 dQ 取值应根据不同的流量大小等级合理设置。此外，在单次计算中，若各水库的剩余可调库容相差不大，则各水库可以取相同的流量步长进行调整，否则，应根据各水库的剩余可调库容按等比例分配原则设定不同的流量步长进行调整，尽可能充分发挥水库群的协同调蓄能力。

4 应用案例

以图 2 所示的某流域水库群防洪体系为例，干流 X 上包含水库 A、B、C 和防洪控制站 E、F，支流 Y 上有水库 D，在测站 E、F 之间汇入干流 X。进行节点概化后的拓扑关系描述见表 1。

图 2 流域示意图

表 1　　　　　　　　　　　　　　　示例流域节点概化拓扑表

序号	id	name	type	parent	down
1	X	河流 X	河流	null	null
2	Y	河流 Y	河流	X	EF
3	A	水库 A	水库	X	AB
4	B	水库 B	水库	X	BC
5	C	水库 C	水库	X	CE
6	D	水库 D	水库	Y	null
7	E	测站 E	测站	X	Y
8	F	测站 F	测站	X	null
9	AB	河段 AB	河段	X	B
10	BC	河段 BC	河段	X	C
11	CE	河段 CE	河段	X	E
12	EF	河段 EF	河段	X	F

已知 A、B、C 和 D 水库四座水库的汛限水位分别为 776.4m、359.3m、222.5m 和 214m，E 和 F 两个测站的安全流量分别为 22000m³/s 和 30000m³/s。分别选取 3 场典型洪水，时段步长为 3h，根据各水库的洪

水调度规程进行模拟调度并开展河段演进计算,得 4 座水库的下泄过程和 2 个测站的流量过程,分别见表 2 至表 4。

表 2 　　　　　　　　　　　　　　典型洪水 1 按规程调度的流量过程　　　　　　　　　　　　　　单位:m³/s

时段	A	B	C	D	E	F
1	1596	4467	5624	1063	14777	23892
2	1943	5466	6777	1272	17555	27889
3	2139	6030	7429	1391	19125	30148
4	2004	5639	6978	1309	18038	28584
5	1702	4771	5975	1127	15622	25108
6	1332	3707	4747	904	12663	20851
7	1000	2752	3644	704	10005	17027
8	804	2188	2992	586	8435	14768
9	796	2166	2967	582	8375	14681

表 3 　　　　　　　　　　　　　　典型洪水 2 按规程调度的流量过程　　　　　　　　　　　　　　单位:m³/s

时段	A	B	C	D	E	F
1	1649	4619	5800	1095	15199	24500
2	1966	5531	6853	1286	17736	28150
3	2094	5900	7279	1363	18763	29627
4	2132	6008	7404	1386	19065	30061
5	2147	6052	7454	1395	19186	30235
6	2200	6204	7630	1427	19609	30843
7	2320	6551	8031	1500	20575	32234
8	2441	6898	8432	1572	21541	33624
9	2411	6811	8332	1554	21300	33277
10	2313	6529	8006	1495	20514	32147
11	2139	6030	7429	1391	19125	30148
12	1845	5183	6451	1213	16770	26759

表 4 　　　　　　　　　　　　　　典型洪水 3 按规程调度的流量过程　　　　　　　　　　　　　　单位:m³/s

时段	A	B	C	D	E	F
1	1849	5318	6142	1113	14797	21289
2	1955	5622	6493	1177	15643	22506
3	2988	8596	9928	1800	23917	34410
4	2913	8379	9677	1754	23313	33541
5	2521	7250	8373	1518	20173	29023
6	2445	7033	8123	1473	19569	28154
7	2302	6621	7646	1386	18421	26503
8	2015	5796	6694	1213	16126	23201
9	1781	5123	5917	1073	14254	20507

　　典型洪水 1 至典型洪水 3 的洪水流量过程逐渐增大,对防洪对象安全的威胁也逐渐增加。典型洪水 1 造成测站 F 的第 3 个时段超安全流量,但超额流量较小;典型洪水 2 造成 F 测站的第 4～11 个时段均超安全流量,且超额流量较大;典型洪水 3 则造成测站 E 和 F 在第 3、4 个时段都超安全流量,且超额流量在三场洪水中最大。

　　根据流域拓扑结构可知,测站 E 的可调水库集合为水库 A、B 和 C,测站 F 的可调水库集合为水库 A、B、

C和D。从按规程调度的初始方案中可提取调度信息并还原区间流量,只需要在决策调整过程中采用与初始方案相同的河道演进方法和参数,就能保证调整前后区间流量的一致性。取流量调整步长为$10m^3/s$,按本文方法逐渐减少下泄流量,使得防洪对象不超过安全流量。调整后3场典型洪水对应各水库的下泄流量和测站流量过程分别见表5至表7。

表5 典型洪水1调节后流量 单位:m^3/s

时段	A	B	C	E	D	F
1	836	3707	4864	1063	14017	23132
2	1183	4705	6017	1272	16795	27129
3	1361	5252	6651	1391	18347	29370
4	1231	4867	6206	1309	17266	27812
5	2319	5389	6593	1127	16240	25726
6	1950	4325	5364	904	13281	21468
7	1618	3370	4261	704	10623	17645
8	1413	2797	3601	586	9044	15377
9	1404	2774	3574	582	8982	15289

表6 典型洪水2调节后流量 单位:m^3/s

时段	A	B	C	E	D	F
1	889	944	2125	1095	11525	20825
2	1206	1811	3132	1286	14016	24430
3	1316	2117	3496	1363	14980	25844
4	1360	2181	3576	1386	15237	26234
5	1362	2166	3569	1395	15300	26350
6	1415	2273	3699	1427	15678	26913
7	1529	2569	4049	1500	16593	28252
8	1644	2864	4398	1572	17507	29590
9	1613	2730	4251	1554	17218	29195
10	2313	3198	4674	1495	17183	28815
11	2139	2649	4048	1391	15744	26767
12	1845	1752	3020	1213	13338	23328

表7 典型洪水3调节后流量 单位:m^3/s

时段	A	B	C	E	D	F
1	1089	1643	2349	599	11005	16982
2	1194	1902	2655	662	11805	18153
3	2210	4813	6027	1282	20016	29992
4	2141	4551	5731	1235	19368	29076
5	1735	3365	4370	1934	16169	25435
6	1660	3103	4192	1888	15638	24639
7	1510	2639	3664	1798	14439	22933
8	1217	1761	2660	1625	12092	19579
9	983	1042	1835	1484	10173	16838

对比调节前后4座水库的下泄流量和2个测站的流量过程可知,针对不同量级洪水和预警情况,需要动用的水库防洪库容各不相同。本例中,典型洪水1场景下只动用水库A的防洪库容即可保证防洪对象不超安全流量;典型洪水2场景下动用了水库A和水库B的防洪库容;典型洪水3场景下则动用了全部可调水

库的防洪库容,测站 E 和测站 F 调节前后流量对比如图 3 和图 4 所示。

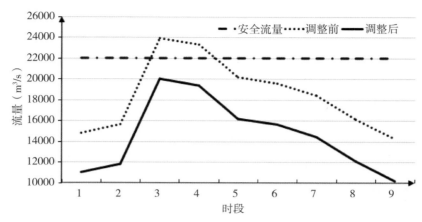

图 3　典型洪水 3 测站 E 调节前后流量过程对比

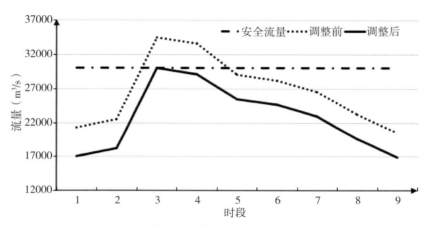

图 4　典型洪水 3 测站 F 调节前后流量过程对比

　　总体而言,采用本文方法可根据防洪控制站预警情况自动识别出需要调整的水库对象,且对水库调度决策进行调整后,各测站流量在全部时段均未超过安全流量,成功消除了安全预警,计算便捷,达到了决策调整的预期成效,其调整结果能有效反馈实时调度场景下各水库的决策的调整意图。

5　结语

　　在流域汛期的防洪调度中,承担防洪任务的水库通常需根据防洪控制站的安全要求确定最终调度决策。本文研究的技术方案成果已在多个流域防洪调度业务系统中实现了转化应用,实践表明:首先,可将所有计算节点的拓扑结构都进行通用化描述,且具备自动解析能力,准确性高,普适性强,可广泛应用于任意流域;然后,对区间流量进行的统一还原处理,保证了调整前后的调度决策方案是在相同的区间径流影响下生成,河道洪水的传播演进规律完全相同,具有良好的来水一致性和方案可对比性;最后,针对任意调度决策方案,可基于防洪对象的安全要求快速分配所有水库的剩余防洪库容,计算效率高,能够获取使全流域大规模防洪对象整体安全的调度决策结果,且调整后的调度策略总体上符合防汛主管部门批复的调度方案要求。未来,还可进一步针对水库的出库流量调整步长、调整时机等开展深入研究,更好地利用水库调蓄空间,在满足防洪控制站安全前提下,尽可能少地动用剩余防洪库容,即满足现状防洪安全,又预留足够的剩余防洪能力,为后续洪水应对奠定基础。

参考文献

[1] 马建华.完善流域防洪工程体系加快推进安澜长江建设[J].中国水利,2021,(15):1-3.

[2] 陈敏.长江防洪工程体系建设及在2017年1号洪水中发挥的作用[J].中国水利,2017,(14):5-7,10.

[3] 向旭.论流域性堤库结合的防洪工程体系[J].人民珠江,1990,(5):15-19.

[4] 唐海华,黄璨瑶,冯快乐.水库洪水调度方案的解析驱动方法研究与应用[J].水力发电,2021,47(10):75-79,99.

[5] 唐海华,李琪,黄璨瑶,等.流域洪水调控计算的组态耦合技术与应用[J].长江科学院院报,2021,38(8):146-150.

[6] 李琪,唐海华,黄璨瑶,等.基于敏捷搭建技术的水利业务应用系统架构研究[J].人民长江,2021,52(6):218-222.

[7] 周如瑞,卢迪.并联水库群联合防洪预报调度方式优化研究[J].水力发电学报,2018,(9):19-28.

[8] 王浩,王旭,雷晓辉,等.梯级水库群联合调度关键技术发展历程与展望[J].水利学报,2019,(1):25-37.

耦合中长期径流预报的跨流域调水优化

胡诗若　　赵建世　　王忠静

（水沙科学与水利水电工程国家重点实验室清华大学水利水电工程系,北京,100084）

摘　要：中长期径流预报是跨流域调水工程优化调度的重要信息支撑,如何提升中长期径流预报精度、提高跨流域调水工程的调度效益一直以来都是研究关注的重点问题。本文构建了一种自相关与遥相关结合的分期径流预报模型,并将中长期径流预报信息与跨流域调水工程优化调度问题相结合,基于滚动决策的框架提出了耦合中长期径流预报的跨流域调水优化方法。宁夏固原隆德县的实例研究表明：①该方法可以将当地的前期径流信息与全球大尺度气象信息相结合,预报结果平均合格率达到75.9%,分期选取预报因子能显著提升预报精度；②基于滚动决策的预报—调度模式可以充分利用预报信息同时降低预报不确定性对调度的影响,进而提升跨流域调水工程调度效果,优化后当地缺水指数明显降低。

关键词：遥相关；中长期径流预报；预报调度；水资源调度；跨流域调水工程

中长期径流预报在水库调度和水资源管理中具有十分重要的意义,尤其是周期较长的水资源调度优化（如灌溉等）,对径流预报的预报精度和预见期同时提出了更高的要求[1]。

大量中长期径流预报相关研究围绕预报模型、预报因子这两个方面展开。其中预报模型一般包括：概念性水文模型（水文物理模型）、随机模型[2]、数学/统计学方法[3,4]、机器学习方法[5]等。而预报因子的选取一般分为本地因子和气象因子,本地因子包括历史径流、气象数据、下垫面信息等；气象因子通常包括海平面温度、大气环流指数、气候异常指数等。由于径流影响因素在中长期时段内往往具有较大的随机性和不确定性,中长期径流预报的精度一直很难提高[6]。

此外,如何基于精度有限的径流预报开展跨流域调水工程调度的实时优化,也是值得关注的学术问题。关于跨流域调水工程调度优化的研究相对较少,而有关水库群优化的研究成果较多。水库群调度主要包括以下不同类型的模型[7]：顺序模拟法[8-10]、效用均衡理论[11]、聚合—分解方法[12]和水力关联矩阵法等。与水库群优化调度相比,跨流域调水优化是一项更为复杂的系统性工作,关注点在于综合考虑区间调水约束、需水点地理位置、不同水系自身调节能力等。如何将预报和调度有效结合也是研究中的难点。径流预报的精度和预见期往往难以满足调水优化的要求[13],导致现实生活中流域调水的优化求解和实时调度难以实现。

基于上述背景,本研究首先提出了一种自相关与遥相关结合的分期径流预报方法,致力于提升中长期径流预报的整体预报精度。同时基于滚动决策,给出了一种耦合中长期径流预报的跨流域调水优化方法,希望能将径流预报结果应用于现实调水优化问题中,改善流域水资源配置和缺水困境。

基金项目：国家自然科学基金资助项目（92047302）；水沙科学与水利水电工程国家重点实验室项目（2019-KY-01）。

作者简介：胡诗若,女,博士研究生,主要从事水库调度与水资源管理方面的研究,E-mail:hsr21@mails.tsinghua.edu.cn。
赵建世,男,教授,博士,主要从事水资源系统分析方面的研究,E-mail:zhaojianshi@tsinghua.edu.cn。

1 自相关与遥相关结合的分期径流预报

1.1 径流预报方法

地表径流量受到当地水文地理因素、气象因素，以及人类活动等多重因素的影响[14]。当地水文地理因素主要包括植被土壤条件、地下水情况等，这些因素能够影响降雨的入渗、产流，以及地表径流补给情况，从而间接影响地表径流。全球气象因素主要包括气象因子、温度、气压等，这些因素对降雨量和蒸发量产生影响，从而直接影响地表径流。

本研究主要基于当地水文地理和全球气象这两个关键影响因素，采用自相关与遥相关结合的方法开展月尺度径流预报工作。

1.1.1 自相关预报机理

在考虑当地水文地理因素对径流产生影响时，本文主要选取前期径流作为预报因子，即基于自相关的方法进行径流预报。在降雨量较少的情况下，前期径流量的多少能够体现出下垫面的干湿条件，也能一定程度上反映地下水补给状况。因此基于历史径流进行水文预报是合理可行的。

1.1.2 遥相关预报机理

遥相关是指远距离大气环流变化或气候异常与降雨径流之间存在较为显著的相关性关系。这种利用远距离相关性，选取气象因子进行水文预报的方法常被称作"水文—气象遥相关"方法。大量研究表明该方法能够有效增加预见期的长度和准确度[15]，因此可以借助遥相关机理，寻找与研究地区相关性较强的气象因子，并利用气象因子影响的时滞性对当地未来的降雨径流变化做出合理预测。

1.2 预报因子分期选取

我国主要以季风气候为主，绝大多数地区夏季炎热多雨，冬季寒冷干燥。雨季、旱季分明的降雨径流特点，导致年内不同月份地表径流的影响因素具有明显的差异性。基于此，本研究提出"预报因子分期选取"的原则，如表1所示，依据当地实际降雨径流特征，在年内划分出非汛期、汛期、过渡期三个不同的时段，依照不同时段的特点分期选取径流预报因子。

非汛期由于降雨量较少，因此选取前期径流作为预报因子，基于自相关的方法开展径流预报。汛期径流受降雨影响较大，但由于当月降雨难以提前预知，因此选取气象因子，基于水文—气象遥相关的方法进行径流预报。过渡期地表径流受到多方面因素影响，因此综合选取前期径流、前期降雨、气象因子等共同作为径流预报的要素条件。

在进行具体预报因子选取的过程中，以Pearson相关系数作为筛选的主要依据，相关系数计算见式(1)。分别计算备选预报因子序列与实测径流序列的相关系数，相关系数越接近1或−1，说明预报因子对径流的影响作用越明显，该因子可以用来进行径流预报。本研究中，选取与径流序列相关程度达到中等程度相关及以上的因子用于预报，即要求所选预报因子与径流序列之间的相关系数必须大于0.4。

$$R = \frac{\sum_{i=1}^{n}(X_i - \overline{X})(Y_i - \overline{Y})}{\sqrt{\sum_{i=1}^{n}(X_i - \overline{X})^2}\sqrt{\sum_{i=1}^{n}(Y_i - \overline{Y})^2}} \tag{1}$$

式中，R 为Pearson相关系数；n 为所选取时间序列的长度；X_i 及 Y_i 分别为两个时间序列在时刻 i 对应的变量值, $\overline{X}$ 和 $\overline{Y}$ 分别为两个时间序列的平均值。

受样本量大小的影响,相关系数筛选后的预报因子,还需要再采用统计学方法,通过 t 检验进行显著性验证,剔除掉未通过假设检验的因子。

1.3 径流预报模型

1.3.1 模型构建

在预报因子多源选取的基础上,分月份对径流进行预报,各个月份的预报模型具体构建形式如式(2):

$$Q = Q_0 + Q_w + \varepsilon \tag{2}$$

将径流划分为 Q_0 和 Q_w 两个主要构成部分,以及 ε 随机项。其中 Q_0 代表各个月份的基流流量,在预报的过程中看作定值。Q_w 代表受历史径流与降雨情况影响的地表径流,通过各个月份选出的预报因子进行拟合和预报。考虑到选取的预报因子,如降雨、径流、气象因子等,其相互之间具有较大的相关性。为了避免多元线性回归产生的多重线性问题,采用主成分回归分析的方法,通过正交变换将一组可能存在相关性的变量转换为一组线性不相关的变量,再对 Q_w 项进行拟合回归。

1.3.2 精度评价方法

本研究采用相关系数、均方误差、合格率这三项指标作为预报模型精度评价标准。

相关系数和均方误差是水文模型中的两个常见评价指标。相关系数用来表征预测值与真实值之间的线性相关程度,相关系数越接近 1,预报效果越理想。均方误差通过计算预测值与真实值之差的平方的均值,来反映预测值与真实值之间的差异程度。均方误差 MSE 的计算范围是 $[0, +\infty)$,MSE 越接近 0,预报效果越理想。

合格率计算方法见式(3),依据《水文情报预报规范》(SL 250—2000),中长期预报的精度评定方法如下:流量按多年变幅的 20%、要素极值的出现时间按多年变幅的 30% 作为许可误差,在许可误差范围内的预报结果认为合格。

$$\eta = \frac{n'}{n} \times 100\% \tag{3}$$

式中,n 代表预报数据的总个数,n' 代表合格的预报个数。

2 耦合径流预报的跨流域调水优化方法

2.1 调水优化模型

跨流域调水是解决区域内外水资源空间分布不均的主要途径,涉及供水、发电、生态等多重效益目标。本研究重点关注流域调水中的供水目标,将缺水指数 SI 作为目标函数,计算方法见式(4)。SI 指数越低,代表不同时段内的缺水情况越平均,以最小化缺水指数作为优化的目标函数。

$$SI = \frac{100}{T} \sum_{t=1}^{T} \left(\frac{SW_t}{D_t} \right)^2 \tag{4}$$

式中,T 代表划分的时段个数,SW_t 代表时段 t 的缺水量,D_t 代表时段 t 内的需水量。

优化模型的约束条件主要包括水量平衡约束、调水平衡约束、下泄流量约束、蓄水能力约束、供水量约束、调水能力约束、调水结构约束、初始蓄水量约束、非负约束等,各项约束条件表达式如式(5a)~式(5i)所示:

$$St_{m-1,i} + \text{inflow}_{m,i} + t_{入m,i} \times \text{in\_state}_i - l_{m,i}$$
$$= S_{m,i} + r_{m,i} + St_{m,t} + t_{出m,i} \times \text{out\_state}_i \tag{5a}$$

$$\sum_{i=1}^{n} t_{出m,i} = \sum_{i=1}^{n} t_{入m,i} \tag{5b}$$

$$r_{m,i} \geqslant \min D_{\text{Eco\_}i} \tag{5c}$$

$$0 \leqslant St_{m,i} \leqslant \text{storage}_i \tag{5d}$$

$$0 \leqslant S_{m,i} \leqslant D_{m,i} \tag{5e}$$

$$0 \leqslant t_{出m,i} \leqslant c_{出m,i} \tag{5f}$$

$$\text{in\_state}_i = 0 \text{ 或 } 1 \tag{5g}$$

$$\text{out\_state}_i = 0 \text{ 或 } 1 \tag{5h}$$

$$St_{1,i} = St_{T,i} = \text{storage0}_i \tag{5i}$$

式中, m 代表月份, i 代表流域, n 为参与调水的流域个数; inflow 代表来流量, r 代表弃水量, l 代表蒸发渗漏损失; S 代表供水量, D 代表需水量, D_{Eco} 代表生态需水量; St 代表流域总蓄水量, storage 代表流域蓄水能力, storage0 代表初始蓄水量; $t_{入m,i}$ 代表调入水量, $t_{出m,i}$ 代表调出水量, $c_{出m,i}$ 代表调水能力; in_state 代表调入状态, out_state 代表调出状态, 调入调出状态依据是否建有相应调水工程取值为 0 或 1。

2.2 耦合径流预报的滚动决策

事实上, 由式(4)和式(5)构建的调水优化模型属于完美预报调度, 即调度期内来流量 inflow 全部为已知值。然而在实际调水情景下, 年调节水库的调度期通常为一年, 而中长期径流预报的预见期最多只有几个月, 预见期达不到调度期要求是调度中经常面临的问题。基于此, 本研究依据滚动决策[16]的思想, 提出了能够耦合径流预报的优化调度方法, 将有限预见期的预报结果应用于实际流域调度中, 决策方案设计如下。

图1所示为耦合径流预报的滚动调度示意图。以调度期(假设有 T 个时段)为一个区间进行优化求解, 超出预见期范围的来流量用多年平均年径流量代替。优化计算完成后, 仅执行第一时段的调度决策。执行决策后, 依照实际来流情况更新径流预报结果, 同时更新第一时段末的流域状态为第二次优化求解的初始状态。第二时段依然以一个调度期为区间进行优化求解, 执行求解区间内第一时段的调度决策。依此类推, 一共求解 T 次, 最终得到调度期内 T 个时段的调度方案。

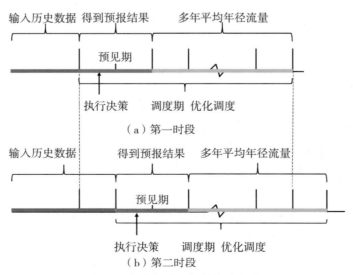

图1 耦合径流预报的滚动调度

3 实际应用——以宁夏固原隆德县为例

3.1 隆德县流域概况

隆德县地处宁夏南部山区,位于六盘山西麓丘陵地带,区域面积985km²。地势东高西低,海拔在1720~2942m。全县从北向南依次分布有唐家河、什字路河、好水川河、渝河、甘渭河、庄浪河、水洛河七个流域分区[17]。

以隆德水文站观测值为参考,隆德县多年平均年降雨量463~587mm,多年平均年径流量465万m³,年平均流量仅0.141m³/s。地表径流主要来源于大气降水,降雨和径流在年内分布严重不均,降水集中在6—9月,占全年72%左右,汛期径流量占全年的57%,最大月和最小月流量相差将近6.6倍。

隆德县城乡居民主要生产生活用水均来自库坝蓄水。全县共建成小型水库40座,兴利总库容2046万m³,现状供水量1088.03万m³。随着全球气候变暖,自2004年以来,隆德县发生持续干旱。径流量持续减少,农作物受灾严重,城乡供水告急。2015—2016年,隆德县实施了抗旱应急水源联通工程,但当地缺水形势依然相对严峻。图2所示为全县现状调水工程结构关系,四个小流域之间通过调水工程相互联通。在这样的背景下,开展中长期径流预报与水系优化调度是十分必要的。

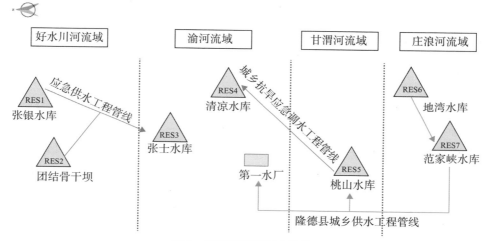

图2 隆德县基础调水结构

3.2 水文资料系列

在渝河支流——清流河上设立的隆德水文站建立于1972年1月1日,水文站总集水面积43.3km²。本文主要研究数据取自隆德水文站1972—2020年实测月尺度径流数据。此外还采用了杨家店雨量站1985—2020年降雨观测数据,丰台雨量站1973—2020年降雨观测数据,郭岔雨量站1979—2020年降雨观测数据,以及隆德水文站1976—2020年降雨观测数据。

隆德水文站上游建有多座水库,水库蓄水对实测径流产生影响。因此选用双累积曲线法[18]进行降雨径流一致性检验,并开展径流还原计算,采用径流还原后的数据开展预报。

3.3 径流预报结果

3.3.1 预报因子选取

对隆德水文站1972—2020年共计49年的水文序列进行径流自相关分析和降雨—径流相关性分析,选取与径流序列相关系数大于0.4的序列作为预报因子。相关性计算表明,对于非汛期(10月—次年5月),当月径流与前期径流有强相关性;对于汛期(7月、8月)当月径流与当月降雨具有强相关性。从产流机制的角度进行解释,非汛期降雨较少,因此径流主要受前期下垫面条件影响,呈现出与前期径流相关性较强的特点。汛期地表径流主要由降雨决定,因此历史径流对于汛期径流的影响非常微小,径流与降雨呈现出较强的相关性。相关性计算表明1.2节提出的预报因子选取原则是合理可行的。

在遥相关因子选取过程中,采用世界气象组织设在荷兰国家气象局(KNMI)的线上气象分析工具Climate Explorer,共选取42项常用的气象因子,分别考虑滞后期为1~12个月的情况。将一共504条气象因子数据与隆德站各月径流进行相关性分析,筛选出相关性较大的气象因子,作为汛期预报因子。

表1所示为隆德县非汛期、汛期、过渡期分别覆盖的月份以及不同时期筛选出的主要预报因子(未全部列出)。括号内的数字代表所选因子的滞后期(单位:月)。其中,非汛期主要预报因子为前1~4个月的径流,汛期主要预报因子包括北大西洋涛动、太平洋北美型、厄尔尼诺1、2区指数等气象因子,过渡期预报因子为降雨、径流、气象因子的综合。

表1 预报因子选取结果

时期	代表月份	预报因子
非汛期	10月—次年3月	runoff(1/2/3/4)
汛期	7月、8月	NAO(4/5),SNAO(4/1),EA(7),NINO12(3),PNA(10/3),AO(4),eq heat300(2/3),AAO(8),…
过渡期	4—6月、9月	runoff(1/2),rainfall(1),NAO(8/5/10),SNAO(10/7),EA(10/6/8),POL(6/2/1),…

3.3.2 径流预报结果

基于选取的预报因子,利用主成分回归分析的方法,分月份对隆德水文站1972—2011年径流数据进行拟合,并对2012—2020年逐月径流数据进行预报。

图3为1980—2020年径流预测结果。径流整体趋势的拟合预测效果较好,但峰值和低值还有待加强。丰水年汛期峰值来流量预测值普遍偏低,干旱年来流量预测值普遍偏高。分析原因主要有以下两点:其一,汛期洪水峰值来流量本身具有极大的不确定性,在中长期径流预报中难以做到准确预报;其二,本研究基于主成分回归的方法进行预报,回归模型导致预报结果趋于平均化,峰值和低谷被弱化,难以实现准确预测。

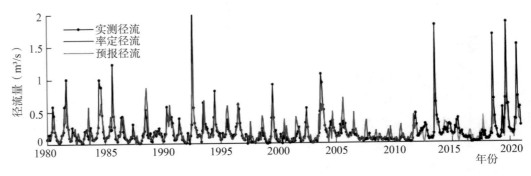

图3 1980—2020年径流预测结果

图4为各月份径流预测值与实测值的比较结果。按月份对径流预报结果进行分析和评价:对于非汛期1月、2月、11月、12月预测效果最好,3月和10月预报结果欠佳,均存在低值高估的现象;对于过渡期4月、5月、6月、9月,预报的数值点相对分散,但也基本集中在 $y=x$ 直线的两侧;对于汛期7月、8月,由于降雨量和洪水流量不确定性较大,预测的数据点比较分散,预报精度依然有待进一步加强。

表2所示为整体径流预报效果,在率定期和验证期,预测径流与实测径流之间的相关系数均在0.75以上,相关性较高。率定期均方误差0.021,验证期均方误差为0.052,预报误差都在允许范围内。对预测数据点进行合格率检验,率定期合格率达到90%以上,验证期合格率达到75%以上。

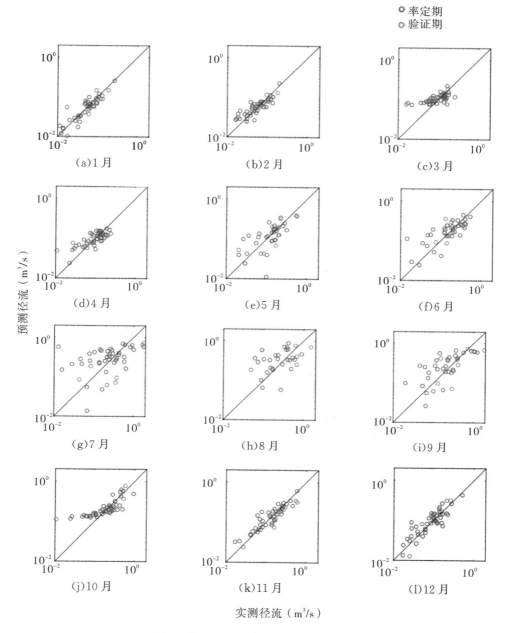

图4　各月份径流预测值与实测值比较

表2　　　　　　　　　　　　　　　径流预报效果

时期	相关系数	MSE	合格率
率定期	0.751	0.021	90.9%
验证期	0.787	0.052	75.9%

3.4 调水优化结果

3.4.1 调度情景设置

共设置三种调度情景：①无预报调度；②月尺度预报滚动调度；③完美预报滚动调度。其中无预报情景依照多年平均年径流量给出的调度方案进行调度，月尺度预报情景依照2.2节给出的方法进行耦合滚动调度，完美预报情景假设径流预报值与真实值相同进行调度。

为了保证跨流域调水具有足够的优化空间，在现有数据中选取偏枯年份2012年作为调度数据输入。包括2012年真实径流情况，以及3.3.2节中得到的2012年预报径流值。对于缺少水文数据的小流域，通过流域面积、产水模数等进行适当的数据扩充。

优化求解基于聚合的思想，将单个流域内的全部水利工程看作一个整体考虑，各个流域内水库的兴利库容与骨干坝有效库容全部相加之和，作为现状年不同河流分区的总调节库容。初始条件规定，在汛期结束后流域全部水库蓄满达到兴利库容。

3.4.2 调度结果对比

依照三种不同情景进行跨流域调水优化，得到流域各个月份的调水、蓄水、弃水决策方案。以月尺度预报滚动调度为例，图5所示为该情景下流域各月总蓄水量决策方案。

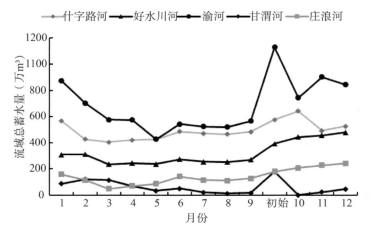

图5　月尺度预报滚动调度蓄水方案

图6所示为不同调度情景下，五个小流域年缺水量对比。对于偏枯年份，无预报调度情景下缺水指数达到0.95，单月最大缺水量230.88万 m³，缺水情况非常严重，缺水月份集中在6—8月、12月。月尺度预报情景下，流域整体缺水指数降低到0.07，缺水月份集中在7—9月。完美预报情景下，流域整体缺水指数为0.03，缺水指数进一步下降。

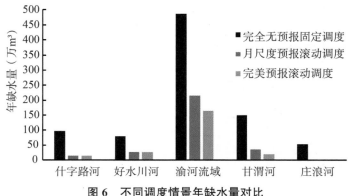

图6　不同调度情景年缺水量对比

分析得到以下结论:①有预报的调度效果明显好于无预报的调度。在偏枯年份,依照多年平均经验对流域水资源进行调度是不可行的。②本研究所提出的"耦合径流预报的滚动决策"调度方法,能够较好地应用有限预见期的径流预报结果,有效给出偏枯年份的跨流域调度方案,显著降低流域整体缺水指数。③完美预报调度的效果最好。说明预报精度越高,依照预报信息做出的调度决策越合理。对于跨流域调水来说,现阶段预报精度依然存在进一步提升的空间。

4 总结与讨论

本文提出了一种新的中长期径流预报方法。基于影响径流的主要因素,将一年划分为汛期、非汛期、过渡期三个不同的时期,依照自相关和遥相关的基本理论选取相应的预报因子,构建了一种自相关和遥相关结合的分期逐月径流预报模型。预报结果相关系数达到 0.7 以上,平均合格率达到 75.9%。分期选取多源预报因子能够有效提升中长期径流预报的整体精度。

本文构建了耦合中长期径流预报的跨流域调水优化模型。以宁夏固原隆德县流域调度为例,设置了三种不同的情景对模型效果进行评价,结果表明,耦合优化模型能够较好地利用径流预报结果,有效降低流域缺水指数。

本文所提出的径流预报方法,对于汛期洪水峰值来流量的预报精度依然有待提高。可以进一步探究影响汛期降雨径流的关键预报因子,对预报模型进行完善。同时,建议进一步研究耦合预报的跨流域调水优化方法,寻找利用有限预报信息的最优调度方案。

参考文献

[1] Zhao T,Yang D,Cai X,et al. Identifying effective forecast horizon for real-time reservoir operation under a limited inflow forecast[J]. Water Resources Research,2012,48(1):1-15.

[2] Yevjevich V M. Stochastic processes in hydrology[J]. Hidrologia, 1972,5:174-180.

[3] Salas J D,Delleur J W, Yevjevich V M,et al. Applied Modeling of Hydrologic Time Series[J]. Hidrologia, 1980,(1):1-5.

[4] 刘冀,董晓华,李英海,等. 基于多步预报模型的径流中长期预测研究[J]. 人民长江,2012,43(10):46-49,57.

[5] 王丽学,杨军,孙靓,等. 基于灰色系统与 RBF 神经网络的中长期水文预报[J]. 人民长江,2015,46(17):15-17.

[6] 王君. 非稳态条件下中长期径流预报及其在水库调度中的应用 [D]. 北京:清华大学,2014.

[7] 周婷,戚王月,金菊良. 水库群优化调度中的结构分析方法研究进展[J]. 长江科学院院报,2020,37(266):18-25,31.

[8] 徐刚,马光文. 基于蚁群算法的梯级水电站群优化调度 [J]. 水力发电学报,2005,(5):7-10.

[9] 马光文,王黎. 遗传算法在水电站优化调度中的应用 [J]. 水科学进展,1997,(3):71-6.

[10] 李璐,陈秀铜. 基于改进粒子群算法的水库优化调度研究[J]. 人民长江,2010,41(14):68-71.

[11] 曾祥,胡铁松,郭旭宁,等. 并联供水水库解析调度规则研究 Ⅱ:多阶段模型与应用 [J]. 水利学报,2014,45(09):1120-1126,33.

[12] 许银山,梅亚东,钟壬琳,等. 大规模混联水库群调度规则研究 [J]. 水力发电学报,2011,30(2):20-5.

[13] Zhao Q,Cai X, Li Y. Determining Inflow Forecast Horizon for Reservoir Operation[J]. Water

Resources Research,2019,55(5):4066-4081.

［14］Wu S,Zhao J,Wang H,et al. Regional Patterns and Physical Controls of Streamflow Generation Across the Conterminous United States[J]. Water Resources Research,2021,57(6):1-6.

［15］赵建世,王君,赵铜铁钢.非稳态条件下的中长期径流耦合预报方法[J].南水北调与水利科技,2016,14(5):7-12.

［16］包宇庆,王蓓蓓,李扬,等.考虑大规模风电接入并计及多时间尺度需求响应资源协调优化的滚动调度模型[J].中国电机工程学报,2016,36(17):4589-4600.

［17］固原市水利勘测设计院.隆德县水资源配置规划[R].固原:固原市水利勘测设计院,2019.

［18］胡彩虹,王艺璇,管新建,等.基于双累积曲线法的径流变化成因分析 [J]. 水资源研究,2012,1(4):204-10.

三峡水库支流库湾水华现状及其防控研究展望

姚金忠[1]　范向军[1]　杨霞[1]　黄宇波[1]　辛小康[2]

(1.中国三峡集团流域枢纽运行管理中心,湖北宜昌,443133;2.长江水资源保护科学研究所,湖北武汉,430051)

摘　要:三峡库区自2003年6月蓄水以来,水动力特征发生了显著变化,支流富营养化和水华成为库区亟待解决的问题。本文通过对库区29条主要支流2005—2017年富营养化状态进行评价。结果显示,10条支流以富营养状态为主,其余以中营养状态为主。2003—2015年的春季水华调查评价显示,支流水华多发于温度适宜、水位平稳的3—4月,主要优势藻种为甲藻和硅藻,藻密度和叶绿素a均呈先上升后下降趋势并在2009年达到最高值。对三峡库区水华防控对策进行了评述,并从加强富营养化防治、深化机制研究、建立水华智能预警、兼顾多目标的水库运行方式等角度提出相关水华防控对策研究展望,以期为三峡水库水华防控提供支撑。

关键词:三峡水库水华富营养化水华治理水动力调控生态调度

三峡工程是迄今为止世界上规模最大的水利枢纽工程,在防洪、发电、航运、水资源利用等方面发挥了巨大的社会、生态、经济效益。三峡水库自2003年6月蓄水运行后库区水文情势发生了显著变化,支流库湾由河流型水体向湖泊型水体转变,流速显著降低、富营养化水平和水力停留时间增加,这些因素使得水库支流回水区成为水华事件频发的敏感水域[1,2]。

水华作为富营养化的典型特征,通常是指水体在适宜的条件下,浮游藻类发生爆发性的繁殖,并在水面上层聚集形成肉眼可见的微型藻聚积物的现象[3]。有报道表明,浮游植物密度达到1.5×10^7 cells/L 即认为是典型水华,在形成水华时,水体中叶绿素a(chl-a)的浓度一般达到10 μg/L以上[4,5]。而水华暴发又会引起新的水环境问题[6-8]:一是威胁生态系统安全,藻类死亡后残体分解会大量消耗水体中的氧气,引起需氧生物窒息死亡;二是部分藻类产生藻毒素,对饮用水水质产生影响,威胁人畜安全;三是堵塞自来水厂滤池,增加自来水厂处理成本;四是水体异味,水色感观变差,降低水域景观价值。

近年来针对库区支流库湾水华问题,中国长江三峡集团公司结合防洪调度,自2009年以来开展了数十次中小洪水调度,以增加库区水位波动抑制水华。据统计,库区典型水华发生次数从2010年的18次降至2020年的3次,近十年(2011—2020年)均值为5.1次,水华防控的生态调度取得了良好的效果。

本文根据三峡库区支流历年来水华监测结果,分析支流水华发展趋势,并对现有水华防控措施进行综述,重点介绍了水动力调控水华的作用机理、调控方法和存的问题,并提出水华防控相关建议,以期为三峡库区水华防控提供参考。

1　研究范围与方法

1.1　研究范围

本次研究选取三峡库区部分重要的一级、二级支流及其库湾,包括发生一次以上水华的香溪河、梅溪

通信作者简介:辛小康(1985—),男,博士,高级工程师,从事流域水资源及水环境保护研究,E-mail:xin. xiaokang@163.com。

河、大宁河、小江、磨刀溪、童庄河、东溪河、珍溪河、黄金河、青干河、神农溪、汝溪河、池溪河、汤溪河、龙河、渠溪河、苎溪河、叱溪河、长滩河、抱龙河、壤渡河、草堂河、黎香溪、御临河、神女溪、龙溪河等支流,以及未监测到水华的九畹溪、大溪河、乌江等支流(图1)。

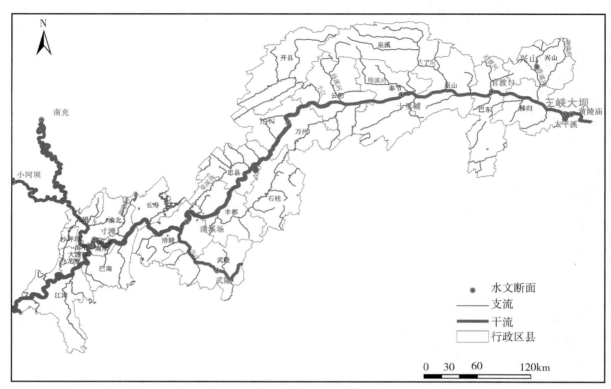

图1　三峡库区支流水系分布图

1.2　分析方法

本研究收集了2003年自三峡库区蓄水后至2017年库区主要支流富营养化及水华资料,即水华发生时支流的浮游植物密度、优势种类别、叶绿素a浓度以及2005—2017年29条支流的春季水质数据(包括透明度、总氮、总磷、高锰酸盐指数等)用于富营养化程度计算。本文采用原国家环境保护总局推荐的《湖泊(水库)富营养化评价方法及分级技术规定》中的综合营养状态指数法[9]对库区支流水质进行评价。以叶绿素a(chl-a)、总磷(TP)、总氮(TN)、透明度(SD)、高锰酸盐指数(COD_{Mn})为富营养化评价指标,计算综合营养状态指数 TLI(Σ),并根据计算结果把水体分为贫营养、中营养、轻度富营养、中度富营养和高度富营养。

相关图采用sigmaplot10.0进行绘制。

2　库湾水华发展趋势分析

2.1　支流富营养化状况

对库区2005—2017年库区29条支流的富营养化程度进行统计显示(图2),九畹溪、大宁河、大溪河、长滩河和乌江这5条支流富营养化 TSI 指数在统计年份内均处于富营养化标准之下,为中营养状态。另外24条支流部分年份的 TSI 指数达到或超过了富营养化标准,其中苎溪河在监测年限中,每年都处于富营养化水平,富营养化概率为100%。珍溪河、黄金河、池溪河、汝溪河、壤渡河、黎香溪、御临河、龙溪河富营养化状态出现的概率都超过了60%。库区上游支流珍溪河、池溪河和壤渡河甚至在某些年份达到重度富营养化水平。综合库区 29 条支流的富营养化水平的统计结果,整体上库区上游支流富营养水平偏高,苎溪河、珍溪河、黄金河、池溪河、汝溪河、壤渡河、黎香溪、御临河、龙溪河和东溪河 10 条支流的营养水平以富营养为主,其他 19 条支流营养水平以中营养为主。

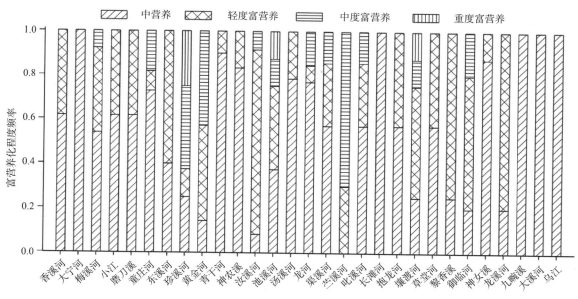

图 2　2005—2017 年库区各支流富营养化程度频率

2.2　支流水华发生概况

2.2.1　三峡库区支流水华发生支流及月份

2003—2017 年所监测的 29 条支流中只有九畹溪、大溪河、乌江未发现水华现象,其余 26 条支流均观测到一次以上水华的发生,其中香溪河发生水华次数最多,达到了 17 次,其余支流水华发生在 10 次以上的支流有梅溪河、大宁河、小江、磨刀溪,部分支流如香溪河、梅溪河等可一年发生两次水华(图 3)。

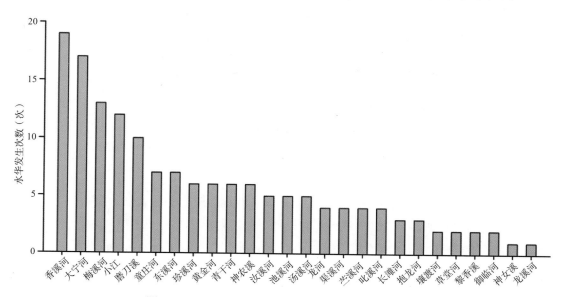

图 3　2003—2015 年三峡库区各支流水华发生次数

根据 2003—2017 年度库区 29 条调查支流发生水华的时段统计情况(图 4),可以看出三峡库区支流水华一般发生在3—10月,其中以3、4月为水华发生高峰期(图2)。水华发生具有明显的季节性,春季为水华高发期,夏秋季为水华偶发期,冬季极少发生水华(2007年冬季大宁河发生过一次反季节性的蓝藻水华)。

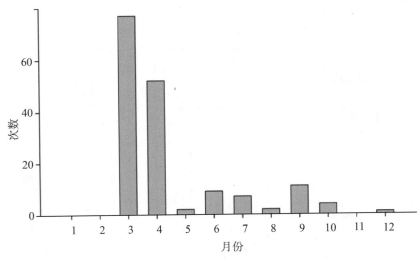

图4　2003—2017年三峡库区支流水华发生月份

2.2.2　水华发生时叶绿素 a 浓度和藻类密度

分析水华发生时叶绿素 a 浓度和藻类密度的年际变化趋势可以发现两者均为先上升后下降的趋势,在2009年叶绿素 a 浓度和藻类密度达到最大值,分别为 $544.6\mu g/L$ 和 17.4×10^7 cells/L(图5)。

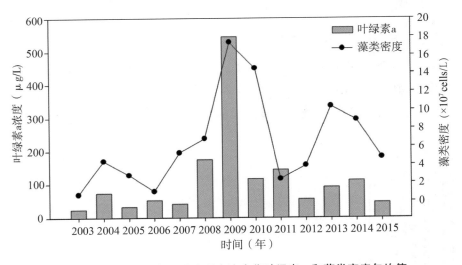

图5　2003—2015年三峡库区支流水华叶绿素 a 和藻类密度年均值

2.2.3　水华优势种情况

三峡库区水华藻类优势种种类多样,硅藻和甲藻是水华的主要优势种,出现的频率分别为31.03％和28.57％,隐藻其次,而绿藻和蓝藻出现的概率相对较低。通过对比2003—2015年库区支流水华优势藻种的出现频率,可以发现2003年爆发水华的三条支流均为隐藻水华;2003—2008年,硅藻水华出现频率逐年降低,甲藻水华常年占据年度优势水华藻种;2009年之后,甲藻水华出现的频率下降,硅藻水华出现的频率开始增加(图6)。

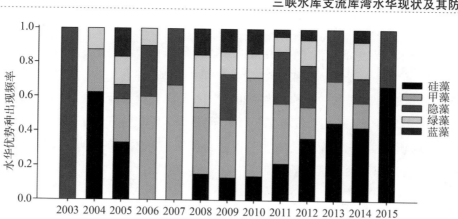

图6　2003—2015年库区支流水华优势藻类出现频率

3　现有防控水华技术评述

3.1　营养化治理

一般认为水华的发生需要充足的营养盐、适宜的气候条件和水动力条件[10]。而水体富营养化,是水华发生的根本性原因。因此对于三峡支流库区水华的防控,最根本的方法还是削减流域内污染物。关于三峡库区富营养化控制与治理,国内相关研究和综述[11,12]较多,主要分为外源和内源污染控制两个方面。

外面污染方面,对于工业排放、生活污水等点源污染应加强监管和治理力度[13];对于面源污染可采取农业结构调整、建立沿江绿化隔离带[14]、恢复消落带植被等措施[15]。内源污染方面,可采用沉水植物[16]、浮水植物[17]和人工浮岛[18]进行控制,对于富营养化严重的区域可以采取底泥疏浚工程[19]等措施。

3.2　物理控藻、化学控藻和生物操纵

物理控藻常作为水华暴发时的应急措施,主要有机械除藻、过滤除藻、黏土除藻和气浮除藻等方法[20]。

常规的化学除藻剂如液氯、臭氧、高锰酸钾等因其容易造成二次污染现已很少使用。近年来比较热门、无二次污染的纳米材料光催化杀藻技术正在兴起,如熊勤等[21]使用纳米杀藻布在水华发生现场小试,结果显示处理1天可使水体chl-a浓度下降76%,刘军等[22]使用固载TiO_2的光催化反应器在景观喷泉水体进行杀藻中试,其结果表明12天内可使水体chl-a浓度下降89.8%。

生物操纵是通过水生动物对藻类的摄食达到除藻的目的,分为经典生物操纵和非经典生物操纵[23]。其中非经典生物操纵中的鲢、鳙控藻在国内应用较多,刘建康等[24]认为武汉东湖蓝藻水华的突然消失,是鲢、鳙的大量放养在起着决定性作用;洱海几年来水华时有发生,而鲢鳙放养是洱海蓝藻水华控制手段之一[25]。

3.3　水库生态调度与水动力调控

由于上述防治方法的明显缺陷,难以快速、大面积地防控水华。而通过水库生态调度进行水动力调控抑制水华,因其操作简单、见效快、生态环境友好等特点而成为三峡库区水华防控的常用措施和热点问题。许可[26]、周建军[27]等建立了基于日调节过程的非汛期生态调度模型,提出在非汛期三峡水库进行大规模日调节,可以增强库区水体扰动,破坏水温分层,增强污染物降解并抑制藻类聚集,缓解库区支流水体富营养化和水华。姚烨[28]以香溪河为例,构建了流速—藻类生长速率的垂向二维富营养化模型,揭示了温差剪切

分层流对水华藻类的作用机理,提出了基于抑制非汛期支流水华的生态调度方式和准则。刘德富[29,30]等根据合"临界层理论"提出水华发生的阈值条件,并根据水华预测预报模型提出了抑制水华发生的"潮汐式"水库调度方式,通过短时间的水位波动,实现对浮游植物生境的扰动,并在2009—2010年,三峡水库在预计水华发生期进行了潮汐式调度,取得了一定的成效。也有学者提出联合支流库湾上游水库群和三峡水库共同调度的方法防控水华,王玲玲[31]、长江水资源保护科学研究所[32]等单位开展了水库调度与水动力条件响应关系研究,其研究结果均表明三峡水库水位波动对库区支流流速和水位的影响有限,抑制藻类水华的代价较高,联合支流上游水利工程加大下泄流量抑制水华效果更加明显。

3.4 水华防控仍存在的问题

由于三峡库区流域面积较大,水污染及富营养化防治工作将会是一个长期的过程,短期内难以有效地降低氮、磷浓度。而物理法、化学法和生物操纵法虽是除藻的重要手段,但因其二次污染、价格高昂、作用水域范围小等缺点使其在大规模的水华治理中应用较少。关于防控三峡库区支流水华的生态调度已经具备大量的工作基础,并取得了一些成果,生态调度实践证明取得了一些效果。但目前三峡水库支流库湾水华仍未得到有效控制,主要还存在如下几方面的问题:

(1)生态调度对水华的作用机制仍不明确。

虽然水华防控理论从简单的临界流速理论、临界滞留时间理论发展到较复杂的临界层理论,但从目前的研究结果来看,理论层面仍然试图从宏观尺度上剖析水动力变化对水华的作用机制,缺少从微小尺度(干流倒灌、水团运动、微尺度湍流)角度探讨干支流相互作用的水流运动规律及其对营养盐输移和藻类生消的影响机制。因此,基于宏观理论得出的生态调度方法只能实现有限范围的治标,而不能达到全域范围内的治本。

(2)对水华影响因素的认识不系统。

三峡水库支流库湾水华问题受到众多学者、研究机构的关注,但各家研究关注的重点不同,所监测的泥沙、水文、水环境、水生态、气候条件等水华发生相关资料难以同步,尚未形成统一、完整、连续的三峡库区水华监测系统,因此对三峡库区水华的影响因素认识难以达到全面准确。

(3)水华的模拟预测模型不精确。

一方面,由于对水华影响因素的监测不系统不全面,而水华模拟预测模型的预测精度在一定程度上依赖基础资料的系统性和准确性[10],这在一定程度上限制了模型的准确性和实用性。另一方面,对于干支流交汇区紊流结构的认识不足,目前采用的模型都难以精细刻画水流结构,因此无法准确反映水动力过程对水华生效的作用机制。

(4)水华监测模拟预警体系不健全。

水华的生长发展可分为三个阶段,萌发期、指数增长期和衰亡期。三峡水库支流库湾水华应在萌发期尽早开展生态调度干预,这样效果好、代价低。实施水华预报调度,必须有准确的水华监测模拟预警体系做支撑。水华统一监测体系尚未建立、自动化监测水平低、预测预报模型缺失,致使现有的水华监测模拟预警工作难以支撑三峡水库水华的预防调度。

4 水华防控对策研究展望

(1)加强流域污染防治研究。

虽然支流流域内污染源错综复杂、富营养化治理短期难见成效,但营养盐控制与削减乃是三峡库区支流库湾水华发生的根本原因,削减长江干支流污染物负荷,降低库区营养盐浓度是解决水华问题的根本措施,富营养化治理应作为三峡水库水华防治坚定不移的长久之计。

(2)深化机理机制研究。

不同水域的水生态系统差异性导致水体富营养化和水华暴发机理因地而异。因此,有必要进一步厘清三峡支流库区的水华发生机理,明确不同水华优势藻种生消的关键环境因子。深入研究水动力变化对藻类群落演替的作用机制,以及微小尺度紊流结构对水华生消的作用机制,为系统防控水华提供坚强理论支撑。

(3)构建水华智能预警预报体系。

建立自动监测为主、遥感监测和视频监控为辅、集协同反演优化的三峡库区支流富营养化和水华智能监测预警技术体系,量化三峡库区支流水华与环境因子响应关系,构建三峡库区支流库湾水华预警预报模型,实现全时段、全方位、高精度水华实时预警预报。

(4)优化三峡水库生态调度方案。

进一步优化生态调度与防洪、发电、供水、航运等调度目标的协同竞争关系,深入研究蓄水期、消落期、汛期不同阶段水华预防调度和水华控制调度方案,建立三峡水库及其支流水库群防控水华的生态调度规则库和预案库。

参考文献

[1] 蔡庆华,胡征宇.三峡水库富营养化问题与对策研究[J].水生生物学报,2006,30(1):7-11.

[2] 周广杰,况琪军,胡征宇,等.三峡库区四条支流藻类多样性评价及"水华"防治[J].中国环境科学,2006,(3):337-341.

[3] 郑建军,钟成华,邓春光.试论水华的定义[J].水资源保护,2006,(5):45-47.

[4] 李颖,施择,张榆霞,等.关于用藻密度对蓝藻水华程度进行分级评价的方法和运用[J].环境与可持续发展,2014,39(2):67-68.

[5] 孔繁翔,高光.大型浅水富营养化湖泊中蓝藻水华形成机理的思考[J].生态学报,2005,25(3):585-589.

[6] 周云龙,于明.水华的发生、危害和防治[J].生物学通报,2004,(6):11-14.

[7] 秦伯强,王小冬,汤祥明,等.太湖富营养化与蓝藻水华引起的饮用水危机——原因与对策[J].地球科学进展,2007,(9):896-906.

[8] 谢平.蓝藻水华及其次生危害[J].水生态学杂志,2015,36(4):1-13.

[9] 张辉,杨雄.综合营养状态指数法在巢湖水体富营养化评价中的应用[J].安徽农学通报,2018,24(9):84-87.

[10] 李锦秀,廖文根.三峡库区富营养化主要诱发因子分析[J].科技导报,2003,(9):49-52.

[11] 秦延文,赵艳民,马迎群,等.三峡水库氮磷污染防治政策建议:生态补偿·污染控制·质量考核[J].环境科学研究,2018,31(1):1-8.

[12] 肖铁岩,许晓毅,付永川,等.三峡库区次级河流富营养化及其生态治理[J].重庆大学学报(社会科学版),2009,15(1):5-8.

[13] 赵冰,汤敏,闻学政,等.三峡库区富营养化现状及其控制探讨[J].安徽农业科学,2011,39(7):4127-4128,4131.

[14] 邓春光,任照阳.浅谈植物修复技术在三峡库区富营养化修复中的应用[J].安徽农业科学,2007,35

（5）：1479-1480.

[15] 戴方喜,许文年,刘德富,等.对构建三峡库区消落带梯度生态修复模式的思考[J].中国水土保持,
2006,（1）：34-36.

[16] 张宇,王圣瑞,李重祥,等.沉水植物对富营养化水体的修复作用及其研究展望[J].草原与草业,2009,
21(4):17-21.

[17] 汪怀建,丁雪杉,谭文津,等.浮水植物对富营养水体的作用研究[J].安徽农业科学,2008,36(24):
10654-10656.

[18] 林雪兵,王培风.人工浮岛在富营养化水体修复中的应用[J].浙江水利水电学院学报,2010,22(4):27
-29.

[19] 许川,舒为群,曹佳,等.三峡库区消落带富营养化及其危害预测和防治[J].长江流域资源与环境,
2005,14(4):440-444.

[20] 刘玥,李毅.富营养化水体除藻方法的研究[J].环境科学导刊,2009,28(S1):76-78.

[21] 熊勤,刘治华,张一卉,等.纳米杀藻布杀藻效果研究[J].环境科学,2006,（4）:715-719.

[22] 刘军,江栋,胡和平,等.固载型 TiO_2 光催化反应器对富营养水体杀藻作用研究[J].环境工程学报,
2007,1(3):41-45.

[23] 吴翔,吴正杰.利用生物操纵技术控制藻类研究进展[J].山东化工,2020,49(10):255-256.

[24] 刘建康,谢平.揭开武汉东湖蓝藻水华消失之谜[J].长江流域资源与环境,1999,（3）:85-92.

[25] 易春龙.利用鲢鳙控制蓝藻的太湖研究及洱海实践[D].北京:中国科学院大学,2016.

[26] 许可,周建中,顾然,等.基于日调节过程的三峡水库生态调度研究[J].人民长江,2010,41(10):56-58.

[27] 周建军.关于三峡电厂日调节调度改善库区支流水质的探讨[J].科技导报,2005,（10）:8-12.

[28] 姚烨.基于抑制近坝支流水华的三峡水库非汛期优化调度研究[D].天津大学,2014.

[29] 刘德富,杨正健,纪道斌,等.三峡水库支流水华机理及其调控技术研究进展[J].水利学报,2016,47
(3):443-454.

[30] 杨正健,刘德富,纪道斌,等.防控支流库湾水华的三峡水库潮汐式生态调度可行性研究[J].水电能源
科学,2015,33(12):48-50.

[31] 王玲玲,戴会超,蔡庆华.香溪河生态调度方案的数值模拟[J].华中科技大学学报(自然科学版),
2009,37(4):111-114.

[32] 长江水资源保护科学研究所,长江流域水环境监测中心,中科院水生生物研究所.上游水库联合调度
条件下三峡库区二维水动力数学模型及坝前水位变化与库湾水动力条件响应关系研究[R].武汉:长江
水资源保护科学研究所,2018.

数字孪生流域建设思考与实践

罗斌　张振东　黄爍瑶

（长江设计集团,湖北武汉,430010）

摘　要: 数字孪生流域作为智慧水利建设的基础,是推动新阶段水利高质量发展的前沿方向。本文探讨了数字孪生流域建设的必要性,基于数字孪生和流域的特点定义了数字孪生流域,紧接着围绕数字孪生流域建设的总体目标拟定了建设框架与要点,并提出了数字孪生流域建设的难点、关键技术和实现思路,最后以长江流域防灾业务应用为建设探索起点,细致阐述了数字孪生长江建设的关键技术和主要内容,为构建完整功能的数字孪生长江应用奠定了基础,同时也为其他流域数字孪生建设提供了参考思路。

1　背景

1.1　数字孪生及数字孪生流域建设的必要性

数字孪生(Digital Twin)设想首次出现于 Grieves 教授在美国密歇根大学的产品全生命周期管理课程上。近年来,随着物联网、大数据、云计算、人工智能等新一代信息技术的发展,数字孪生逐渐被应用于航空航天、电力、船舶、城市管理、农业、建筑、制造等行业[1]。学术界认为数字孪生是以数字化方式创建物理实体的虚拟实体,借助历史数据、实时数据以及算法模型等,模拟、验证、预测、控制物理实体全生命周期过程的技术手段[2]。其典型特征有互操作性、可扩展性、实时性、保真性和互馈闭环性。

数字化转型是我国经济社会未来发展的必由之路。习近平总书记指出,世界经济数字化转型是大势所趋,数字孪生等新技术与国民经济各产业融合不断深化,有力推动着各产业数字化、网络化、智能化发展进程,"数字中国"是推动中国高质量发展的核心助力。《中华人民共和国国民经济和社会发展第十四个五年规划和 2035 年远景目标纲要》颁布,明确提出"构建智慧水利体系,以流域为单元提升水情测报和智能调度能力"。李国英部长明确指出,智慧水利是水利高质量发展的显著标志,而构建数字孪生流域并实现"四预"是建设"2+N"结构智慧水利的重要目标[3]。因此,以流域为单元,开展数字孪生流域建设,加快推进智慧水利发展不仅是对标习近平总书记重要讲话精神的集中体现,也是推动新阶段水利高质量发展的必然要求。

1.2　数字孪生流域概念及其发展

目前,数字孪生流域尚未有明确定义。基于数字孪生的内涵与外延,结合流域特点,数字孪生流域可被定义为以流域为单元、水循环为研究对象,基于历史数据、实时数据以及算法模型分析流域自然属性和工程影响,预报、预警、预演、预案流域内各物理实体,完成流域水流、信息流、业务流、价值流的全过程孪生互动和智能分析,最终实现流域智慧化管理和运行的技术手段。

基金项目:国家重点研发计划项目(2018YFC1508006)。

作者简介:罗斌,男,教授级高级工程师,E-mail:luobin@cjwsjy.com.cn。

我国流域信息化经历了数字流域和初步智能流域两个发展阶段。20世纪80年代至21世纪初,我国长江、黄河等流域开始了水情监测与水情预报,形成了初步的数字流域。21世纪初,我国的水利工程进入快速建设期,流域管理由工程建设期向工程调度运行期转变[4]。为满足流域防洪辅助决策需要,水利部启动了国家防汛抗旱指挥系统一期工程、二期工程[5],已初步构建并形成了以防洪为主的智能流域。初步智能流域存在以下不足:数据获取来源单一,缺乏社会经济、人类行为等多元数据融合;无法自动分析计算工情、水情并根据规则和风险分析提出管理建议,未形成能支持决策的知识体系,系统智慧化水平不够;定制化构建的系统无法满足适应时空业务快速变化孪生要求等,离数字孪生全面映射、智慧模拟、精准决策的目标存在较大差距,因此快速催生了数字孪生流域的发展和应用。

1.3 数字孪生流域建设总体构架及建设要点

数字孪生流域与传统预报调度仿真的数字流域不同,需要充分利用全要素的智能感知信息,应用流域相关领域知识,在虚拟世界中模拟和重现涉水要素的关联关系和动态变化[6]。数字孪生流域建设需实现以下目标:①完成工程调度并进行模拟分析;②实现决策方案的智能推送,使数字孪生流域成为一个会"思考"的中枢;③支持工程不断建成、运行方式持续变化后的及时迭代修改,具备快速响应环境变化的业务孪生能力;④直观、快速、动态、全域、全过程地展示信息。

基于流域特点和数字孪生技术体系,结合水利业务需求和目标,构建数字孪生流域,在数字孪生流域中实现"四预"需求,其总体构架见图1。数字孪生流域建设中数据是基础、模型和知识是核心、业务应用是目的。构建关键要素包括:①能反映相互关系的全要素流域数据模型底座;②基于物理机理和数据驱动的模型平台;③基于历史情景、调度方案、工程调度规则、专家知识及其引擎的知识平台;④支持对象、模型和业务快速搭建的数字孪生平台;⑤基于GIS+BIM的VR、AR等技术的动态展示等。

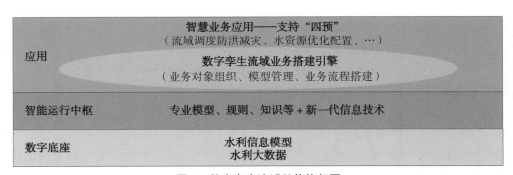

图1 数字孪生流域总体构架图

2 数字孪生流域构建关键技术

2.1 流域水利信息模型——数字化映射的基础

数字底座主要包括流域水利数据库和水利信息模型两部分。流域水利数据建设内容主要包括基础数据、监测数据、业务管理数据、跨行业共享数据、地理空间数据等数据库的构建、物理流域中自然地理、干支流水系、水利工程、经济社会等对象的全要素数字化映射、二三维一体化数据底板的搭建。

经过多年建设,流域水利数据库基本建成,但存在水利对象相互孤立未反应对象之间水利关系、对象未定义业务功能使得流域孪生系统开发效率低下等问题[7],因此亟待构建水利信息模型体系,在管理每个对象自身属性的同时,增加对象之间以及对象与业务功能之间的关系。以水利业务运行模型为基础,通过节点(实体模型对象)及节点之间的逻辑关系构建物理实体之间的业务、影响、时空等关系,采用统一的数据模型及知识图谱融通相关数据资源、支持多知识融合和支撑智慧模拟。水利信息模型可实现业务与数据的解耦,对数据的管理与维护均通过水利信息模型完成,同时水利信息模型对上层业务提供支撑作用。

2.2 模型平台——智慧化模拟的核心

专业模型是数字孪生流域构建智慧化模拟的核心技术,也一直是流域水管理决策支持技术的关键,为智慧水利提供"算法"支撑[8]。模型建设不仅需要在计算理论上突破,还需要搭建出接口标准化、应用通用化、产品系列化的模型平台。为满足数字孪生流域建设需求,基于微服务、组件化等技术与架构理念,面向水利业务计算,打造通用性、扩展性强的水利专业模型;建成标准统一、接口规范、分布部署、快速组装、敏捷复用的水利模型平台。

2.3 知识平台——多学科融合的体现

数字孪生流域需要根据实时及未来水雨情、工情、险情等信息,对流域内对大规模、多层级、高维度、跨区域的水工程运行调度进行精细化、智能化模拟,并对调度方案实施多目标优化,分析其调度效果和风险[9, 10]。大量调度方案成果的计算耗时较长,将多调度方案推送给流域调度管理决策者时,其时效性不能满足孪生模拟的需求。因此,将流域管理的历史资料、研究成果、批复方案和专家经验等信息,形成规则库、方案库、历史场景库和专家经验库,合理、高效、有机地组织构建调度研究成果和经验知识体系,构建数字孪生流域的"知识平台",支撑流域水利事件正向智能推理和反向溯因等分析,为决策支持提供智慧赋能。

2.4 业务搭建——业务孪生自进化引擎

数字孪生流域不仅要完成时空上物理世界的映射,还要在业务上实现动态映射。长江流域联合调度工程从 2009 年的 10 座水库到 2020 年包括水库、蓄滞洪区、引调水、排涝泵站等在内的 101 座工程,调度对象、工程调度节点、预报和调度方案每年均会动态调整[11, 12]。目前的系统多为业务定制化、流程固定化的系统,对象和方案变化后都需要重新开发,无法满足数字孪生业务灵活多变的需求,亟待构建能适应时空业务快速变化的业务搭建平台。数字孪生流域业务平台需具备以下功能:①基于数字底座和水利信息模型能快速完成河流、测站、工程等水利对象的配置;②基于模型平台能为水利对象注册模型服务;③在水利对象配置和模型绑定的基础上,结合可视化模型能迅速针对调度场景搭建完整业务功能应用,具备动态构建、智能化映射和自适应运行的能力。

2.5 业务场景——精准化决策的载体

以往业务场景通常以二维的图表为展现方式,数据展示效果不直观,决策者无法真实感受调度结果的影响,对关键数据的关注程度不够。数字孪生流域需要采用三维仿真引擎及可视化模型在虚拟网络空间创造一个与物理流域对应的"虚拟流域"[13-15],将流域内各种自然要素、工程调度运用以及决策支持相关信息以直观可视的方式快速展现给决策者,为决策管理提供信息量丰富、涵盖时间空间分布变化的信息支持。

3 以防洪业务为重点的数字孪生长江流域建设探索

在水利部灾防司以及长江水利委员会的领导和统筹下,长江设计集团基于上述数字孪生流域建设技术启动了以长江流域为示范的流域水工程联合智能调度系统研发工作。该系统构建了防洪数据底板、水利模型平台、规则库、数字孪生业务搭建平台和三维展示系统的,实现了长江流域水工程防洪调度决策的数字孪生,并在长江流域 1954 年洪水演练和 2020 年防洪调度中完成了实践,为流域水工程防灾调度决策提供了有力支撑。

3.1 长江防洪体系数据底座

长江流域防洪工程体系系统收集整理了长江流域监测站、水库、堤防、河道断面、蓄滞洪区、洲滩民垸、排涝泵站等防洪工程的基础数据,同时构建了相关的地理空间数据库。基于预报、调度和工程应用的关系,将调度工程对防洪保护对象或控制站的影响定义为响应关系,构建单项工程节点的防洪调度工程运用知识图谱,为构建数字孪生长江(防洪)提供数据底座。长江中下游防洪调度知识图谱构建关键要素如图2所示。

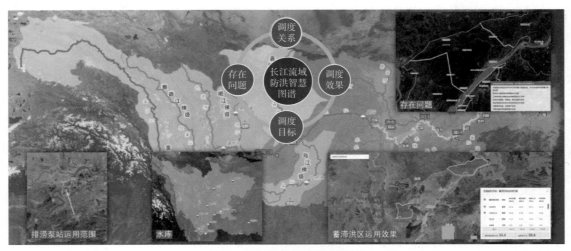

图2 长江防洪体系数据底座

3.2 模型平台建设

模型平台建设面临研发手段差异大、实现模式和编程手段混杂等问题[16, 17],本文提出了模型建模技术体系,实现了模型的统一维护和高效调用,如图3所示。模型平台建设步骤如下:①基于"参数分离、对象解耦"核心理念对计算模型的开发、封装、接入进行统一约束与管理;②对流域模拟、联合调度计算和防洪风险评估等各项业务封装核心算法,建立标准调用服务;③构建水利计算模型管理平台,具备模型注册、对象关联、服务发布等功能。本示范模型平台能实现模型开发与模型调用的解耦,并且能快速地将模型与水利对象绑定。

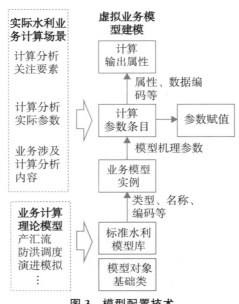

图3 模型配置技术

3.3 规则库建设

目前,长江流域已建堤防总长约 64000km,已建成各类水库 5 万多座,大型水库(总库容在 1 亿 m³ 以上)300 余座,调水工程规模 453 亿 m³;中下游地区 46 个国家蓄滞洪区,中型以上泵站 55 座、涵闸 57 座;大通以下引排江工程 1205 座[18, 19]。长江防洪体系各水工程都有各自的运行规则、防洪标准、洪水来源,流域上中下游及干支流具有不同的管理重点,调度方式也不一样。因此,如何调度运用这些具有巨大调节能力的水工程以满足不同时间空间和利益相关方需求,是数字孪生长江需要着力解决的问题。发挥水工程综合效益的关键技术主要包括构建基于调度方案的调度规则库[20](或知识库)和搭建调度规则引擎。

(1)规则库构建。

调度规则库是构建水工程智能调控中枢的核心手段。结构化防洪调度规则通常由水工程、防洪对象、调度参考站、启动时机、判断条件、控制方式与变量值等要素组成。调度规则库构建步骤如下:①依据历史编制的水工程联合调度方案,结合各工程调度规程,明确调度规则涉及的水工程、防洪控制点和调度参考站等对象;②根据调度需求与目标解析工程启动时机、判断条件和运行方式等要素间的语义逻辑关系;③提取调度规则中参考条件阈值与控制变量特征值,完善调度规则中数量化要素。逻辑化、关联化与知识化的水工程调度规则描述构架原型示意见图 4,其结构化调度规则的优势在于规则形式标准、易于通过数据库进行维护与管理、可拓展性强,能适配不同流域(河流)、不同调度对象的规则库构建。

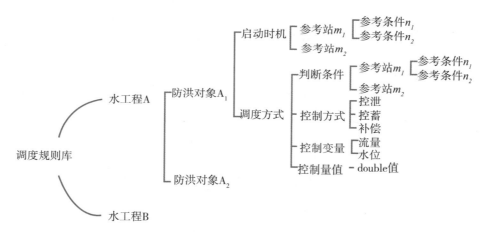

图 4　调度规则库原型示意

(2)水工程联合调度规则库引擎。

调度引擎是驱动工程调度规则库应用的关键。数字孪生长江建设开发了防洪调度引擎并封装为服务,一方面,基于统一框架标准格式解析了规则库内的调度信息;另一方面,根据水文预报信息实现了流域防洪形势的智能研判,并基于不同主观偏好驱动调度规则库,实现了水工程联合调度运用模拟。基于"数据—识别—研判"模型的调度引擎构建步骤如下:①对调度节点数据结构中的映射关系进行数字化描述;②采用统计识别、结构识别等方法进行聚类分析,对规则中的复杂数据关系进行特征抽取,得到不同数据结构关系与库群协作组合方式间的映射模式;③分析评价调度效果及工程后续综合利用能力,对映射模式进行反馈修正,完成可持续改进的"数据—识别—研判"闭合模型构建。

3.4 孪生业务平台建设

为满足数字孪生流域迭代进化的需要,数字孪生长江采用了多组合敏捷搭建技术,提供了通用组件及标准,能够根据管理业务需要快速搭建形成应用系统。

(1)组件化技术。

孪生业务平台建设采用"组件＋实例"的方式研究复杂、多类型水利对象集的数字化建模技术[19]。水利业务数字孪生建模平台包括对象、模型、方案和应用四个方面的建设,其构建步骤如下:①水利业务对象配置:基于数据底座与水利信息模型构建水利对象及对象间拓扑关系;②水利业务方案及模型配置:分析水利计算业务需求并设计出水利业务方案,基于模型平台为每套业务方案中的水利对象配置模型;③水利业务应用配置:在水利业务方案的基础上搭配可视化服务完成完整的水利业务应用配置。水利业务数字孪生建模平台架构技术流程见图5,该技术是配置化服务,具备效率高、便于维护等优点。

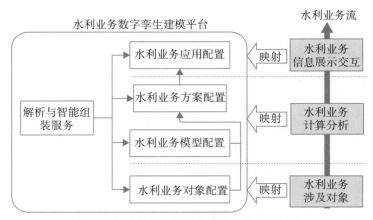

图5　水利业务数字孪生建模平台架构技术

(2)标准化流程组态技术。

标准化流程组态技术用于执行水工程防灾联合调度业务流,包括组态拓扑结构解析、模型运行和数据传递等。敏捷组态体系架构示意见图6。

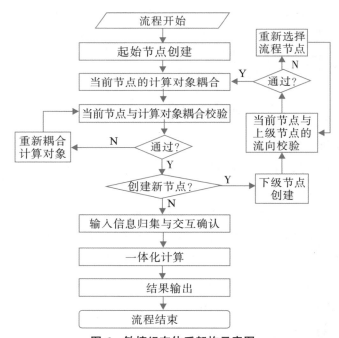

图6　敏捷组态体系架构示意图

配置化搭建技术主要实现通过可视化界面来进行各种不同业务流程的配置,包括:①配置动态校验技术:用来对配置结果进行解析和分析、校验配置内容,并在执行过程中实时校验数据传递的正确性;②计算流优化技术:主要通过对业务流的分析和重组,充分利用并发计算的优势,实现模型计算性能的优化;③动态数据接口技术:在业务计算的基础上,通过配置数据查询方式,灵活定义数据接口,为外部系统和界面提供数据成果。

3.5 BIM+3DGIS 长江流域一张图

为生成长江流域一张图,采集了全流域范围内 30m 格网的 SRTM DEM 数据,经地形修编、质检、镶嵌及建库等处理后生成标准化地形成果;同时采集了空间分辨率优于 2.5m 的卫星遥感影像,经校正、影像融合、匀光匀色、影像镶嵌等处理后生成标准化遥感影像成果,完成了长江流域数字场景基础底图数据建设。基于三峡库区变动回水区、荆江分洪区等重点防洪区域的高精度地形及影像数据集成了三峡重点区域的 BIM 模型,完成了河段行洪、库区淹没和蓄滞洪区分洪的仿真,动态展示了流域防洪工程体系的运用及其防洪效果、风险分布等综合信息,为流域管理和工程调度运行、防洪应急响应提供多元丰富、直观可视的数字化管理决策支持(图7)。

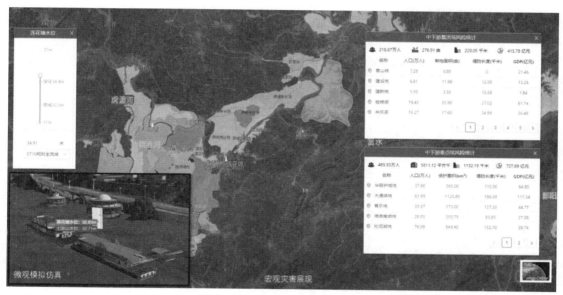

图 7 长江水灾害风险态势宏微观结合展示

4 结论

数字孪生流域的宗旨是运用各种算法模型,在虚拟世界中再现流域内水流和水管理相关要素的互馈响应关系,为流域管理提供数据和技术支持。数字孪生流域构建技术包括算据(数据底座)、算法(基于物理机理和数据驱动的模型)、知识、业务平台建设、基于 GIS+BIM 的动态展示等。

目前,长江流域基于数字孪生流域技术[1]构建了流域水工程防灾联合调度平台,基本构建了数字孪生长江底座及其防洪应用,并在 2020 年长江大洪水和 2021 年汉江洪水中得到示范应用。此外,此平台还被示范应用到了重庆市防汛管理、滦河潘大水库预报调度一体化、缅甸伊江上游水情预报等系统的建设上,为防汛预报与调度工作的开展提供了技术支撑。未来将在防洪减灾的基础上,进一步拓展至水资源调度及其他业务需求上,不断完善数字孪生长江的建设。

参考文献

[1] 孟思明,林格.铁路交通智慧管理数字孪生模型构建研究[J].广东通信技术,2021,41(6):63-65.

[2] 中国电子技术标准化研究院,树根互联技术有限公司.数字孪生应用白皮书(2020)[M].北京:中国电子技术标准化研究院,2020.

[3] 李国英."数字黄河"工程建设"三步走"发展战略[J].中国水利,2010,(1):14-16.

[4] 黄艳,陈炯宏.强化长江流域水资源统一管理调度[J].水资源研究,2015,4(3):209-215.

[5] 刘汉宇.国家防汛抗旱指挥系统建设与成就[J].中国防汛抗旱,2019,29(10):30-35.

[6] 陶飞,刘蔚然,刘检华,等.数字孪生及其应用探索[J].计算机集成制造系统,2018,24(1):1-18.

[7] 李景宗,王博.从"数字黄河"到"智慧黄河"的思考:2015(第三届)中国水利信息化与数字水利技术论坛[C].北京:水利部科技推广中心,2015.

[8] 吴晖,李长松.黄委信息化"六个一"推动智慧黄河建设[J].水利信息化,2018,(4):11-14.

[9] 李民东,刘瑶.数字孪生技术在山东黄河水资源管理与调度中的应用研究[A].山东水利学会.2021(第九届)中国水利信息化技术论坛[C].济南:山东水利学会,2021.

[10] 周毅,周良才,沈颖平.基于数字孪生的华东电网安控系统虚拟建模及实现[J].电器与能效管理技术,2021,(6):47-51.

[11] 黄艳,喻杉,巴欢欢.2020年长江流域水工程联合防洪调度实践[J].中国防汛抗旱,2021,31(1):6-14.

[12] 黄艳.长江流域水工程联合调度方案的实践与思考——2020年防洪调度[J].人民长江,2020,51(12):116-128.

[13] Grieves M. Digital Twin:Manufacturing Excellence through Virtual Factory Replication[J]. White Paper,2015,(1):5-11.

[14] 金兴平.对长江流域水工程联合调度与信息化实现的思考[J].中国防汛抗旱,2019,29(5):12-17.

[15] 喻杉,罗斌,张恒飞.长江流域防洪调度决策支持系统设计初探[J].人民长江,2015,46(21):5-7.

[16] 党晓斌,刘爱霞,郭春蕾.基于数字孪生技术的沈阳智慧城市基础模型建设研究[A].沈阳市科学技术协会.第十八届沈阳科学学术年会论文集[C].沈阳:沈阳市科学技术协会,2021.

[17] 刘皓璐,邵建伟,王雪,等.基于数字孪生的配电自动化终端设备状态评价与故障预判[J].电网技术,2021,(5):1-9.

[18] 水利部长江水利委员会.2021年长江流域水工程联合调度运用计划[R].武汉:水利部长江水利委员会,2021.

[19] 李文俊,赵文焕,杨鹏,等.长江流域控制性水利工程综合调度系统研究[J].中国防汛抗旱,2018,28(6):25-28.

[20] 黄艳.流域水工程智慧调度实践与思考[J].中国防汛抗旱,2019,29(5):8-9.

[21] 唐海华,罗斌,周超,等.水利专业应用系统可组态开发模式分析[A].水国水利学会.中国水利学会2016学术年会论文集(上)[C].南京:河海大学出版社,2016.

水库群联合兴利调度分析方法与应用

孙玮玮[1,2]　蔡荨[1,2]　王跃[3]　丁乾[4]

（1. 南京水利科学研究院,江苏南京,210029;

2. 水文水资源与水利工程科学国家重点实验室,江苏南京,210029;

3. 合肥市董铺·大房郢水库管理处,安徽合肥,230031;4. 南京市滁河河道管理处,江苏南京,210044）

摘　要:我国水库群建设日趋完善,水库群管理问题受到越来越高的重视。其中,水库群联合调度在充分保障防洪安全与发挥兴利功能中起到承启转接的重要作用,是提高水能资源综合利用的有效方法。但由于水库群联合调度涉及复杂的约束条件和技术问题,目前仅在部分大、中型工程有所采纳,未实现大范围推广应用,我国水库群联合优化调度仍存在巨大潜力。本文基于约束条件迭代分析方法,提出了多库联合兴利调度分析的一般方法,结合合肥市董铺·大房郢水库实际工程,分析求解了多种联合兴利调度方案,从库容利用率与调度可靠性角度出发确立了最终调度方案,实际运用表明调度方案合理可行。本文提出的研究方法及取得的研究成果可为类似工程分析分析提供经验和依据,旨在为水库群联合调度推广运用作出贡献。

关键词:水库群;兴利调度;联合调度;约束条件

1　引言

我国水库群建设日趋完善,区域水库群联合调度获得了单库调度难以实现的更大效益,流域水资源调节能力得到显著增强,区域水库群联合调度研究受到业界广泛关注[1]。

水库群联合兴利调度研究主要解决多约束、多目标条件下的水资源分配与调控问题,本质上属于优化问题[2]。这里,约束为水库安全保障,主要指防洪安全约束条件;目标为水库兴利,主要指灌溉、发电、供水、生态用水等,水库群联合兴利调度研究的目的即是在防洪安全约束条件下实现最大化的兴利目标[3,4]。国内外对水库群联合调度问题的基础性研究已有多年历史,形成了一系列研究成果[5],这些成果已成功运用于部分大、中型工程的优化调度[6]。但由于水库群联合调度涉及复杂的约束条件和技术问题,目前未实现大范围推广应用[7]。我国目前拥有98400余座水库,与河流、湖泊等构成巨大水系网,水库群联合优化调度仍存在巨大潜力[8]。

本文基于约束条件的迭代分析方法,提出了多库联合兴利调度分析的一般方法,结合合肥市董铺·大房郢水库工程,分析求解了多种联合兴利调度方案,从库容利用率与调度可靠性角度出发确立了最终调度方案。研究成果为复杂约束条件下多库联合调度分析提供方法和实用依据,旨在为水库群联合调度推广运用作出贡献。

基金项目:国家自然科学基金项目(51979176)、中央级科研院所基本业务费项目(Y719010)。

作者简介:蔡荨(1991—),男,博士,研究方向为水资源管理与利用,E-mail:wizertize@foxmail.com。孙玮玮(1981—),女,博士,高级工程师,水利部交通运输部国家能源局南京水利科学研究院,江苏南京,210029,研究方向为水资源管理与利用,E-mail:wizertize@foxmail.com。王跃(1973—),男,工程师,研究方向为工程管理,E-mail:504532893@qq.com。丁乾(1974—),男,工程师,研究方向为工程管理,E-mail:632691755@qq.com。

2　多库联合兴利调度分析方法

尽管不同流域内的水库群约束条件与兴利目标不尽相同,但水库群联合兴利调度分析方法与过程都有相通之处。首先依据兴利调度目标进行供需平衡分析,确定调度用水量、保证率及用水过程等;然后综合工程现状条件及水库兴利调度需求,确定兴利调度约束条件,主要包括水位约束条件、流量约束条件、时段约束条件及其他调度约束条件;最后依据约束条件计算分析调度运用过程,并提出调度方案,若存在可能的多个调度方案,应进行调度方案比选,不同方案可能存在不同约束条件,应在方案调整时反复进行约束分析。

分析调度运用过程时需要采用迭代或智慧算法。迭代算法即在约束条件内采用差分方法逆时序迭代试算起调水位与调度过程,迭代过程如下:

$$
\begin{cases}
\sum_{i=1}^{T}(Q_{入,i,k}-Q_{出,i,k})\Delta t = \sum_{i=1}^{T}\Delta V_{i,k} \\
\sum_{i=1}^{T}Q_{入,i,k+1} = \sum_{i=1}^{T}Q_{出,i,k} \\
\sum_{i=1}^{T}(Q_{入,i,k+1}-Q_{出,i,k})\Delta t = \sum_{i=1}^{T}\Delta V_{i,k+1} \\
Q_{出,i,k+1} = f(\Delta V_{i,k+1})
\end{cases}
$$

式中,$Q_{入,i}$为时段入库流量;$Q_{出,i}$为时段出库流量,与蒸发量、弃水量变化相关,是变化库容的函数;Δt为时段;T为总时段;ΔV_i为时段变化库容,$\lim_{k\to\infty}\sum\Delta V_{i,k}=0$。

迭代过程满足水位L、流量Q、调度运用时间t等主要约束条件:$L_{i,j}\in[L]_j$,$Q_{i,j}\in[Q]_j$,$t_{i,j}\in[t]_j$,特殊约束条件应在调度方案分析中确定。智慧算法主要解决多目标条件下的分配问题,有许多成熟的算法可供选择,此处不多叙述。多约束联合兴利调度分析流程见图1。

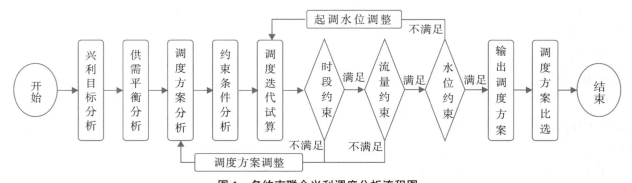

图1　多约束联合兴利调度分析流程图

3　双库联合兴利调度分析

3.1　研究区域及数据来源

董铺水库位于长江流域巢湖水系南淝河主干流上游,大房郢位于南淝河支流四里河上,在董铺水库下游,紧邻董铺水库,两座水库地处安徽省合肥市庐阳区西部,均为以防洪和城市供水为主的大(2)型年调节水库,总库容分别为2.42亿m³、1.84亿m³。两座水库之间建有连通输水隧洞,日常调度运行中需要经常使用输水隧洞调节两库水量,设计运用条件为董铺水库水位高于大房郢水库0.40m时,设计流量7.6m³/s。

董铺水库和大房郢水库作为合肥市城市供水主要水源地,通过淠史杭灌区淠河总干渠引调水并实行联合兴利调度运行,供水保证率95%,2019年日供水量已达160万~180万 m³(其中,董铺水库日供水量90万~105万 m³,大房郢水库日供水量70万~75万 m³),确保了合肥市城区近600多万人口的生活、生产用水以及河道生态补水需求,在合肥市社会经济快速发展中具有举足轻重的地位和作用,对于解决合肥市人民的饮水安全和生产用水具有重大意义。

董铺·大房郢水库流域水系概化图见图2。

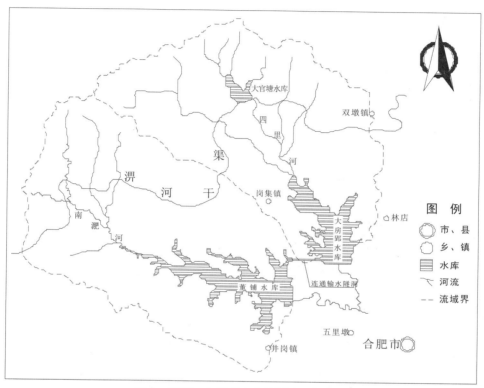

图2　董铺·大房郢水库流域水系概化图

3.2　水量平衡分析

董铺·大房郢水库有1964—2018年55年系列入库流量资料,根据目估试线法确定董铺·大房郢水库年径流量。由实测多年蒸发资料,确定董铺·大房郢水库年均蒸发强度,并由蒸发水量按蒸发强度与库水面面积乘积估算年蒸发量。调度设计水平年董铺水库、大房郢水库总供水量为7亿 m³,根据历年董铺水库、大房郢水库供水比例关系,总体供水比例变化趋于稳定,确定董铺水库年供水量为38093.22万 m³,供水规模为104.4万 m³/d;大房郢水库年供水量为31906.78万 m³,供规模为87.4万 m³/d。

由天然径流量与供水计划之间的差额确定年内计划由淠河灌区补水总量。董铺水库补水同时,需通过连通输水隧洞向大房郢水库输水。

兴利调度水量平衡分析见表1。

表1			水量平衡表		单位:万 m³
项目	董铺水库水量			大房郢水库水量	
	输入	输出	输入		输出
天然径流量	2601.60		972.58		
浍河灌区补水	39307.68		29471.04		
大房郢水库输水		2463.16	2463.16		
城市供水		38093.22			31906.78
年蒸发量		1350.00			1000

注:表1中浍河灌区补水董铺水库由南淝河输送,大房郢水库由四里河输入。

3.3　约束条件

兴利调度分析过程需满足水量平衡条件及以下约束条件。

3.3.1　水位边界条件

为保证调度运用时,董铺水库由连通输水隧洞向大房郢水库补水,因此除了水库运用库水位上下限条件外,还需控制董铺水库库水位高于大房郢水库0.4m,水位边界条件见表2。

表2			水位边界条件表		
水库	董铺水库			大房郢水库	
日期	1.1—6.14	6.15—9.15	9.16—12.31	1.1—6.14	6.15—9.15	9.16—12.31
上控制水位线	28.00m	29.00m	28.00m	27.50m	28.00m	27.50m
下控制水位线	25.50m	25.50m	25.50m	25.00m	25.00m	25.00m
联合运用边界条件	董铺库水位≥大房郢水位+0.4m					

3.3.2　流量边界条件

南淝河设计过流能力:$Q_南 \leqslant 20\mathrm{m^3/s}$;四里河设计过流能力:$Q_四 \leqslant 15\mathrm{m^3/s}$。

连通输水隧洞过流能力,保证两库水位差为0.4m时:$Q_{连0.4} \leqslant 7.60\mathrm{m^3/s}$;保证两库水位差为0.5m时:$Q_{连0.5} \leqslant 13.00\mathrm{m^3/s}$。

3.3.3　联合调度边界条件

由于大房郢水库需通过董铺水库连通输水隧洞补水,为确保大房郢水库正常补水,调度过程中应保持董铺库水位高于大房郢水库库水位0.4m,同时考虑调度运用的简便性与可操作性,为此将董铺水库与大房郢水库补水调度同步进行,即董铺水库从上游浍河灌区补水时,同时向大房郢水库输水,控制两库补水时段相同。

3.4　计算结果与调度方案比选

根据水量平衡分析,在边界条件内采用逆时序迭代方法求解调度方案,由于补水计划(流量)存在可变性,因此根据补水方式提出均匀补水、两批次补水、三批次补水及四批次补水方案,经求解分析,计算结果见图3,进行方案比选。

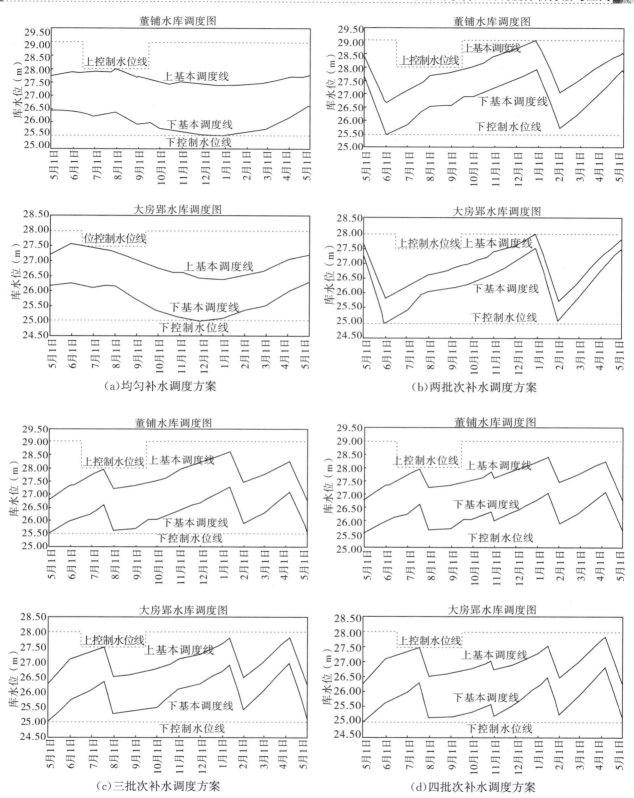

图 3　董铺·大房郢水库补水调度方案

由计算的调度方案分析可知：

（1）均匀补水方案每年只需申请一次补水，年内只需操作连通输水隧洞调控董铺与大房郢水库相对水位即可，表面上看操作简便。但相对其他方案来看，有效库容利用不足，且每年计划补水一次，对年内来水用水量提出较高预测要求,若年内来水量、用水量发生重大变化,则申请补水调整不够灵活,抗风险能力低,实际操作中可能仍然需要多次申请补水。

(2)分批次补水方案水库更容易蓄满,对库容的有效利用相对更高。规划补水批次越多,上下基本调度线间距越大,操作空间越大,年内水量调控能力越强,抗风险能力越强。但年内规划补水批次过多时,调度过程繁琐,不利于工程管理。

综上所述,推荐采用两批次补水调度方案,该方案有效库容利用较好,汛期压力较小,规划批次数量得当,操作简便,且年内补水批次间留有两次30天以上停止补水期,可用于河道维护与检修,为供水安全提供保障。该方法已经实际运用,结果证明该调度方案合理可靠。

4 结论

水库群联合调度是提高水能资源综合利用的有效方法,是水库群调度研究的基本问题。本文提出了多库联合兴利调度分析的一般方法,结合实际工程研究了多约束条件下的双库兴利调度方案,得出主要结论如下:

(1)本文基于约束条件的迭代分析方法,提出了多库联合兴利调度分析的一般方法,简便实用,为工程运用提供了系统的分析方法。

(2)采用本文提出的方法对合肥市董铺·大房郢水库进行联合调度分析,确立了在复杂调度条件下的调度方案,由实际运用表明,该方案合理可靠。本文提出的分析方法可为类似工程提供技术支撑与经验依据。

(3)水库群联合调度是提高水能资源综合利用的有效方法,为挖掘我国水库群兴利潜能,建议加强水库群联合调度推广运用。

参考文献

[1] 王浩,王旭,雷晓辉,等.梯级水库群联合调度关键技术发展历程与展望[J].水利学报,2019,50(1):25-37.

[2] 李克飞.水库调度多目标决策与风险分析方法研究[D].北京:华北电力大学,2013.

[3] 刘喜峰,于雪峰.基于遗传算法的梯级水库多目标联合调度仿真[J].计算机仿真,2020,37(7):432-435,445.

[4] 彭辉,刘图,杨洵等.考虑生态流量的小流域水库群联合调度研究[J].人民长江,2019,50(5):196-199,216.

[5] 郭旭宁,秦韬,雷晓辉,等.水库群联合调度规则提取方法研究进展[J].水力发电学报,2016,35(1):19-27.

[6] 郭生练,何绍坤,陈柯兵,等.长江上游巨型水库群联合蓄水调度研究[J].人民长江,2020,51(1):6-10,35.

[7] 郭旭宁,胡铁松,方洪斌,等.水库群联合供水调度规则形式研究进展[J].水力发电学报,2015,34(1):23-28.

[8] 王煜,李金峰,翟振男.优化中华鲟产卵场水动力环境的梯级水库联合调度研究[J].水利水电科技进展,2020,40(1):56-63.

水库调度风险分析研究进展

陈述[1,2]   李清清[1,2]

（1.长江水利委员会长江科学院，湖北武汉，430010；

2.流域水资源与生态环境科学湖北省重点实验室，湖北武汉，430010）

摘　要：围绕水库优化调度热点和难点问题，对水库调度风险内涵、发展历程、存在不足和发展趋势进行了探讨。首先从风险含义、风险分类和风险特征出发，概述了水库调度风险内涵；然后从风险因子识别、风险指标体系构建、风险评价和风险决策等风险分析全链条过程出发，阐述了水库调度风险分析发展历程和取得成效；最后针对水库调度风险分析存在的不足，提出了未来加强多属性风险因子表征方法、复杂系统风险评估方法、多目标风险决策方法等方面研究的建议，以期为水库安全运行和综合利用提供借鉴和支撑。

关键词：水库调度；风险分析；风险因子；风险指标；风险评价；风险决策

1　研究背景

中华人民共和国成立以来，我国新建了大量的水库工程，目前全国已建库容超过 $10 m^3$ 的水库有98000余座，其中大型水库750余座，中型水库3900余座[1]。这些水库承担了防洪、供水、发电、生态等多方面功能，为缓解洪涝灾害以及兴利供水发挥了重要作用。水库调度是在保障坝体安全的前提下，通过科学调蓄径流，合理安排蓄泄次序，在达到防洪要求的同时使得兴利效益最大。为了充分发挥水库工程的整体效益，水库群联合优化调度越来越多地受到社会各界的重视[2]。

然而，水库调度是一个复杂的多维非线性系统，其中涉及大量的不确定性因素，存在不同程度的风险。风险与效益是相互对立的概念，效益的产生必然面临着一定的风险。例如开展水库防洪预报调度，适当提高汛期水位或者提前蓄水时间，可实现防洪保安与洪水资源化利用，增加发电效益和供水效益；但由于降雨预报和洪水预报存在多种不确定性，可能造成防洪风险的增加。因此，水库调度风险分析是水库调度决策的重要环节和依据，需要平衡风险与效益的关系，判断方案的合理性，并适当调整调度方案，对水库的安全运行和综合利用具有重要意义[3]。

2　水库调度风险内涵

2.1　风险的定义与表征

风险至今没有一套完整的、严谨的定义，由于对风险的研究角度各不相同，经济学家、保险学家、统计学家等不同领域专家学者对风险的解释也不完全统一。目前，关于风险的定义主要有三种：①风险是未来发

基金项目：国家重点研发专项（2019YFC0408905），中央级公益性科研院所基本科研业务费项目（CKSF2019173）。

通信作者简介：陈述（1990—），男，四川达州人，博士，主要从事水资源配置与调度研究工作，E-mail：cs1152692409@163.com。

生可能结果的不确定性[4]，这种不确定性的结果可能是损失、收益或者其他的可能性；②风险是损失发生的不确定性[5-7]，直接强调了风险中"不确定性"和"损失"这两个关键元素；③风险是损失可能达到的损害程度或者风险是指产生损失的可能性和损害程度[8-11]。工程领域普遍认可第三种定义，即风险是对不利事件发生的概率及其后果严重程度的度量[12]。

从系统论角度出发，风险一般用两个相互作用力荷载 M 与阻尼 D 的关系来表征[13]。当系统中的荷载超过阻尼时，系统会发生失事事件，系统风险即为系统荷载大于阻尼的概率：

$$P_A = P(M > D) \tag{1}$$

荷载和阻尼是两个相对的概念，对于不同的研究对象具有不同的含义。考虑失事事件造成的损失时，系统风险为失事事件发生的概率及其后果严重程度的函数[14]，即：

$$R = f(P_A, L_A) \tag{2}$$

式中，R 为系统风险，P_A 为失事事件发生的概率，L_A 为失事事件产生的不利后果。

2.2　水库调度风险含义

从上述三种风险的定义可以看出，"不确定性"和"损失"是风险不可或缺的两个元素。其中，不确定性是风险的起因，不确定性与风险总是相伴而生的[15]。水库调度涉及水文、水力、工程、人为、社会、经济等多种不确定性因素。其中，水文因素主要指模型结构、模型参数、模型输入等引起的洪水径流预报不确定性；水力因素主要是指由泄流设施尺寸、流量系数、测量误差、模型误差等引起的泄洪能力不确定性，以及泥沙淤积、库岸坍塌、测量误差、模型误差等引起的水位—库容关系不确定性；工程因素主要是指水库大坝的工况、汛期运行水位、汛期起调水位等不确定性；人为因素主要指由于决策会商、调度执行等引起的调度时滞不确定性；社会、经济因素主要指用水需求、电网负荷需求等不确定性[16-18]。因此，水库调度过程中不可避免地存在着一定的风险。

水库调度风险是指水库在调度运行期间某种失事事件发生的概率和偏离预期目标的程度[19]。失事事件为诸如水库水位或水库泄水流量高于或者低于某一规定值，例如水库水位高于防洪校核水位或者低于死水位，泄流量大于下游防洪对象允许最大流量或者低于供水对象要求的最低流量等。水库调度过程中失事事件一旦发生，将会对整个系统造成不利影响，这种不利影响可能会导致漫坝、洪水淹没下游、发电供水效益不足等，造成大量的经济损失、社会效益降低等。

水库调度风险常用风险率和风险度衡量，其中风险率表征失事事件发生的概率，风险度表征失事事件造成的偏离预期目标的程度或者造成的损失大小[20]。

2.3　水库调度风险分类

（1）按照水库调度方式分。

按照水库调度方式可分为常规调度风险、优化调度风险、预报调度风险，分别是指水库按照常规调度规则、优化调度规则和预报调度规则进行调度运行的风险。

（2）按照水库调度目标分。

按照水库调度目标可分为防洪调度风险、供水调度风险、发电调度风险、生态调度风险和综合调度风险。防洪调度风险失事事件主要包括库水位超过最高校核洪水位、下泄流量超过下游防护要求等；供水调度风险失事事件主要指供水量不足；发电调度风险失事事件主要包括发电量不足、出力不足等；生态调度风险失事事件主要指下泄流量不满足下游生态要求。

（3）按照风险分析用途分。

实际风险是指考虑水库调度系统中所有不确定性因素下的风险，又称为绝对风险。由于水库调度涉及不确定性因素众多且相互交织，目前分析水库调度的实际风险是不现实的[21]。

相对风险是指仅考虑水库调度系统中的一种或几种不确定因素下的风险，例如洪水预报误差、调度滞时、起调水位、用水需求等，可用于比较多种水库调度方案的优劣性与合理性。

2.4　水库调度风险特征

水库调度风险同其他类型风险一样拥有自然、社会、经济等多种属性，但也具有其独有的特点，总的来说，除不确定性、不利性等特征外，水库调度风险特征主要有：

（1）水库调度风险的普遍性。

水库调度过程中普遍存在水文、水力、工程、社会经济和人为管理等一种或者多种不确定性，因此与不确定性相联系的风险也是普遍存在的[22]。

（2）水库调度风险的客观性。

水库调度过程中涉及的不确定性，诸如未来洪水径流、用水需求、起调水位等不确定性多是客观存在的。因此，水库调度风险不以调度决策人员的主观意志为转移，是客观存在的。

（3）水库调度风险的复杂性。

水库调度涉及多种风险因子，很难逐个分析评估。另外，各种因素之间又存在一定的联系，各种关系相互交织错综复杂，给综合分析带来一定挑战。因此，水库调度风险的认知是十分复杂的。

（4）水库调度风险的动态性。

水库调度过程中，洪水大小、径流过程在水库调度期是动态变化的，水库水位以及下游防护需求变化导致水库承受风险的能力也是动态变化的。风险环境与承受能力的动态变化，导致水库调度风险并不是一成不变的，而是具有动态性[23]。

（5）风险与利益的相随性。

水库调度过程中，风险和利益总是同时存在的；想要获得更大的利益，就必须承担一定的风险。因此，水库调度规则的制定，其实是一个风险与利益的博弈过程，需要协调好风险和利益的关系，在能够承受风险范围内，使效益最大化[24]。

3　水库调度风险分析研究进展

从 20 世纪 80 年代开始，风险概念和分析方法逐步被引水水库调度中[25-26]，经过近几十年的发展，水库调度风险分析理论和方法逐步得到丰富。目前，关于水库调度风险分析研究主要有风险因子识别、风险指标体系构建、风险评价以及风险决策分析等几个方面。

3.1　水库调度风险因子

风险管理中，风险因子识别是风险评估与决策的前提，国内外关于水库调度风险因子方面的研究主要涉及水文、水力和工程结构等因素。

入库径流等水文不确定性是考虑最早且研究最多的一种风险因子[27]。从 20 世纪 80 年代开始，洪水和入库径流的不确定性就被作为水库调度风险的主要影响因素予以研究[28]。随着水文预报被引入水库调度中，水文预报误差作为预报调度的主要风险因子逐渐受到关注[29-31]。水文预报误差研究对象主要包括降雨预报误差[32-34]和洪水预报误差[35-37]。研究水文预报误差的主要手段是分析误差的分布规律,包括基于实测预报误差资料确定分布规律[38](一般呈正态分布、对数正态分布和P-Ⅲ分布),以及基于水情预报规范确定分布规律[39-42](常假定服从正态分布)。随着研究的深入,学者们发现水文预报误差不确定性会随着预见期的增大而增大,因此水文预报误差的逐时段演化特征得到关注,鞅模型[43]、改进鞅模型[44]以及基于Copula函数的不确定性演化模型[45]等被逐步提出和应用。

从20世纪90年代中期开始,水库调度过程中考虑风险因素逐步变多,水力和工程因素逐渐被纳入水库调度风险分析中[46-48]。另外,风险因子表征的新理论和新方法也不断涌现[49]。其中随机微分方程最具代表性,这个方法最大优势是不直接考虑多种不确定性,而是统一归为导致库水位变化和泄流能力变化的随机性[50]。进入21世纪以后,水库调度风险考虑的因素进一步增多,不仅涉及人为、经济等因素,带动调度滞时、起调水位等因素的影响被广泛研究[51-54],而且拓展到了气候变化[55]、时间[56]等因素。影响水库调度风险因子种类繁多,对具体的水库调度系统而言,并不是所有因素都是主要因素,因此事故树法[57]、层次分析法[58]、灰色优势关联分析模型[59]、多元相关分析模型[60]等方法被用于水库调度风险因子识别,辨识水库调度中显著风险因子,以提高复杂水库调度系统风险分析的可行性。

3.2　水调度风险指标体系

风险指标是在风险识别的基础上,为对风险事件发生的可能性、影响程度、蔓延范围以及损失程度等进行量化而选定的指标。水库调度风险指标研究经历了从一个指标向多个指标转变,从单一类型指标向多类型指标转变,从防洪、发电或生态等单独指标向综合指标转变。其中,最早且研究最多的是风险率,例如水库防洪风险率、发电量不足风险率、出力不足风险率、通航不足风险率、供水不足风险率等。随着研究的深入,专家们发现上述指标只能体现失事事件发生的概率,不能量化失事事件造成损失的严重程度,亟待发展可较为全面描述水库调度风险的指标体系。从1980s开始,由可靠性、回弹性和脆弱性组成的指标体系就开始被用于评价供水调度风险[61-63],同时三者在水库调度风险中的相互作用关系也被深入解析[64];为了表示供水系统的长期缺水状况,缺水指数被引入上述指标体系[65]。由于洪水事件造成的损失难以衡量,防洪调度风险分析一直较多关注风险率,例如超校核水位风险率、下泄流量超标准风险率、上游淹没范围超标准风险率等[66-68]。进入21世纪后,由风险率、易损性、可恢复性、风险损失等组成的防洪风险指标体系才逐步被完善和应用[69-70]。大多数水库都具有防洪、发电、供水、航运和生态等多种功能,研究单一类型的风险指标不能满足实际需求,因此涵盖防洪风险、发电风险、供水风险等多种类型的综合风险指标体系得到越来越多的关注[71-72]。

3.3　水库调度风险评价方法

从20世纪50年代风险概念提出以来,经过多年的发展,风险估计方法主要有直接积分法、均值一次两阶矩法(MFOSM)、改进一次两阶矩法(AFOSM)、蒙特卡罗模拟法(Monte-Carlo)、JC法、模糊风险分析法、最大熵风险分析法等[73-75]。直接积分法是在已知不确定性因素概率分布情况下,用概率分布密度函数的积分便可分析计算系统存在的风险;该方法理论性强,操作简单,但是在不确定性因素较多情况下,难以找到每个因素的确切概率密度函数,因此实际运用过程中限制较多。均值一次两阶矩法仅采用均值和方差的数学模型表征不确定性因素,并在均值点开展泰勒级数展开,使得模型线性化;该方法对不确定性因素概率分布尚不清楚的问题具有一定适用性,但是由于仅在均值点进行泰勒展开,计算误差可能较大。针对均值一次两阶矩法存在的不足,改进一次两阶矩法应运而生,它在进行泰勒级数展开时,将线性化点选为风险发生的极值点,可一定程度上减少计算误差。JC法源于均值一次两阶矩法和改进一次两阶矩法,可适用于随机变量为任意分布的情况,该方法一般被应用于考虑洪水预报的防洪调度风险估计[76-77]。蒙特卡罗模拟法实质是结合不确定性因素的分布函数而进行数值模拟和统计分析,其中抽样方法包括简单抽样和拉丁超立方体抽样,该方法适用于多属性不确定风险分析研究,因此在我国防洪调度风险、供水调度风险、综合调度风险分析中均有应用[78-79],但是计算量较大有待进一步改进。考虑到水库调度系统中的起调水位、用水需求等不确定性因素多为模糊不清的,具有明显的模糊现象和特征,因此模糊风险分析法也被引入水库调度风险分析中[80]。

3.4 水库调度风险决策分析

水库调度风险决策是在风险评估基础上,已知不同调度方案的风险率及相应的损失及收益,选择最合理的调度方案,是风险分析过程中的核心环节。风险决策存在很大的主观因素,主要表现在决策者的冒险精神和性格、经验和必要的知识以及快速应变和决断能力等[19]。风险决策的原则主要有乐观原则(即优势准则)、悲观原则(即保守准则)、折中原则、等可能性原则、期望最大原则以及满意度原则等[74]。水库调度风险决策方法由最初的单目标决策[81-82],逐步发展到多目标决策[83-85];风险决策内容也逐步发展到水库调度的方方面面,包括防洪预报调度方案决策、动态汛限水位控制决策[86-87]、水库群联合蓄水方案决策[88-89]、长期发电调度方案决策[90-91]、联合供水水库调度决策[92-93]、生态调度方案决策[94-95]和综合调度方案决策[96]等。

4 水库调度风险分析研究不足与展望

水库调度风险分析经过几十年的发展,已取得了较多的研究成果,但是仍存在部分问题,需要不断加以研究解决。

(1)拓展复杂系统风险评估方法。现有风险估计方法一般是在 20 世纪之前就已经提出并且完善,近十年来风险估计方法发展相对较为缓慢。水库调度系统是一个开放的巨系统,其复杂性仅凭现有风险评估方法难以适应。因此,亟待加强随机理论、模糊数学、灰色系统理论、熵理论、博弈论等多学科相互融合,以期在风险估计方法上取得新的突破。

(2)创新多属性风险因子表征方法。已有风险分析中,较多考虑一种或者几种风险因子,综合考虑各种不确定性因素的研究较少。同时考虑水库调度系统中所有风险因子既不现实也没有必要,即便是只考虑水文、水力、工程等主要风险因子,也往往因其属于不同类型的影响因素且分布形式各异而困难重重。因此,亟待加强风险因子表征和量化方法研究,以应对水库调度系统中多属性风险因子。

(3)探索多目标风险决策方法。水库多目标优化调度与风险决策相结合一直是风险分析的热点和难点问题。水库调度系统存在水文、水力、工程、人为、管理等多属性风险因子,涵盖风险率、易损性、可恢复性等多种指标,涉及防洪、发电、供水、生态等多个目标。因此,需要探索多目标风险决策方法,协调优化风险与效益,在多维空间下开展水库多目标优化调度和风险决策。

5 结语

通过风险识别与量化、风险指标构建、风险评价与决策等全链条过程,水库调度风险分析是水库调度决策的重要环节和依据,对水库的安全运行和综合利用具有重要意义。水库调度风险分析概念从 20 世纪 80 年代被提出以来,经过近几十年的发展和完善,已取得了十分丰富的成果。水库调度系统是一个复杂的巨系统,存在多数量多属性风险因子,多类型多维度调度目标,导致水库调度风险分析十分复杂。因此,针对现有理论和方法对水库调度风险分析难以完全适应问题,亟待开展多属性风险因子表征方法、复杂系统风险评估方法、多目标风险决策方法等方面研究,不断完善水库调度风险分析理论和方法。

参考文献

[1] 中华人民共和国水利部.第一次全国水利普查公报[J].水利信息化,2013,(2):64-64.

[2] 王本德,周惠成,卢迪.我国水库(群)调度理论方法研究应用现状与展望[J].水利学报,2016,47(3):337-345.

[3] 孟雪姣.变化环境下梯级水库群汛限水位联合优化设计与实时防洪风险研究[D].西安:西安理工大学,2019.

[4] March J G, Shapira Z. Managerial perspectives on risk and risk taking [J]. Management Science, 1987,33(11):1404-1418.

[5] Rosenbloom J S. A case study in risk management [M]. London:Prentice Hall,1972.

[6] Crane F G. Insurance principles and practices [M]. New York:Wiley,1980.

[7] Brockett P L, Charnes A, Cooper W W, et al. Data transformations in DEA cone ratio envelopment approaches for monitoring bank performances [J]. European Journal of Operational Research,1997, 98(2):250-268.

[8] 段开龄.风险及保险理论之研讨:向传统的智慧挑战[M].天津:南开大学出版社,1996.

[9] Markowitz H M. Efficient portfolios, sparse matrices, and entities:a retrospective [J]. Operations, Research,2002,50(1):154-160.

[10] 朱淑珍.金融创新与金融风险——发展中的两难[M].上海:复旦大学出版社,2002.

[11] 王明涛.证券投资风险计量,预测与控制[M].上海:上海财经大学出版社,2003.

[12] 纪昌明,梅亚东.洪灾风险分析[M].武汉:湖北科学技术出版社,2000.

[13] 吴媚玲,王俊德.水资源工程可靠性与风险[M].北京:水利电力出版社,1991.

[14] 张文雅.基于改进人工蜂群算法的水库群防洪优化调度及风险分析研究[D].武汉:华中科技大学,2017.

[15] 胡建一,杨敏,黄玮.公共项目社会稳定风险分析与评估概论[M].上海:上海社会科学院出版社,2011.

[16] 梅亚东,谈广鸣.大坝防洪安全的风险分析[J].武汉大学学报(工学版),2002,(6):11-15.

[17] 杨礼祥,何子干.水库防洪调度风险评估[J].人民长江,2007,(8):69-71.

[18] Mandal K K, Chakraborty N. Short-term combined economic emission scheduling of hydrothermal systems with cascaded reservoirs using particle swarm optimization technique[J]. Applied Soft Computing,2011,11(1):1295-1302.

[19] 黄强,沈晋,李文芳,等.水库调度的风险管理模式[J].西安理工大学学报,1998,14(3):230-235.

[20] 侯召成.水库防洪预报调度模糊集与风险分析理论研究与应用[D].大连:大连理工大学,2004.

[21] 周惠成,董四辉,邓成林,等.基于随机水文过程的防洪调度风险分析[J].水利学报,2006,37(2):227-232.

[22] 王栋,朱元甡.防洪系统风险分析的研究评述[J].水文,2003,23(2):15-20.

[23] Salmon G M, Hartford D. Risk analysis for dam safety[J]. International Journal of Rock Mechanics & Mining Science & Geomechanics Abstracts, 1995,32(6):284.

[24] 朱小凯.汛限水位控制的极限风险分析[D].大连:大连理工大学,2002.

[25] Ang A S, Tang W. Probability concepts in engineering planning and design[M]. New York:

Wiley，1975.

[26] Hasan Yazicigil，Mark H. Houck. Effects of risk and reliability of optimal reservoir design[J]. Water Resources Bulletin，1984，20(3):417-423.

[27] Hall W A，Howell D T. The optimization of single-purpose reservoir design with the application of dynamic programming to synthetic hydrology samples[J]. Journal of Hydrology，1963，1(4):355 -363.

[28] 胡振鹏，冯尚友.综合利用水库防洪与兴利矛盾的多目标风险分析[J].武汉水利电力学院学报，1989，(1):71-79.

[29] 曹永强.汛限水位动态控制方法研究及其风险分析[D].大连:大连理工大学，2003.

[30] Chen，Lu，Singh，et al. Streamflow forecast uncertainty evolution and its effect on real-time reservoir operation.[J]. Journal of Hydrology，2016，540:712-726.

[31] Yan B，Guo S，Lu C. Estimation of reservoir flood control operation risks with considering inflow forecasting errors[J]. Stochastic Environmental Research & Risk Assessment，2014，28(2):359-368.

[32] 王本德，蒋云钟.考虑降雨预报误差的防洪风险调度[J].水文科技信息，1996，13(3):23-27.

[33] 任明磊，何晓燕，黄金池，等.基于短期降雨预报信息的水库汛限水位实时动态控制方法研究及风险分析[J].水利学报，2013，44(z1):66-72.

[34] 贾志峰，付恒阳，王建莹，等.短期降雨预报失误对安康水库防洪预报调度的影响[J].长江科学院院报，2013，30(7):29-32.

[35] 张艳平，王国利，彭勇，等.考虑洪水预报误差的水库汛限水位动态控制风险分析[J].中国科学:技术科学，2011，041(009):1256-1261.

[36] 闫宝伟，郭生练.考虑洪水过程预报误差的水库防洪调度风险分析[J].水利学报，2012，43(7):803 -807.

[37] 周如瑞，卢迪，王本德，等.基于贝叶斯定理与洪水预报误差抬高水库汛限水位的风险分析[J].农业工程学报，2016(3):135-141.

[38] 冯平，徐向广，温天福，等.考虑洪水预报误差的水库防洪控制调度的风险分析[J].水力发电学报，2009，28(3):47-51.

[39] 姜树海，范子武.水库防洪预报调度的风险分析[J].水利学报，2004，(11):102-107.

[40] 吴泽宁，胡彩虹，王宝玉，等.黄河中下游水库汛限水位与防洪体系风险分析[J].水利学报，2006，37(6):641-648.

[41] 钟平安，曾京.水库实时防洪调度风险分析研究[J].水力发电，2008，34(2):8-9.

[42] 范子武，姜树海.水库汛限水位动态控制的风险评估[J].水利水运工程学报，2009，(3):23-30.

[43] Zhao T，Cai X，Yang D. Effect of streamflow forecast uncertainty on real-time reservoir operation [J]. Advances in Water Resources，2011，34(4):495-504.

[44] Zhao T，Zhao J，Yang D，et al. Generalized martingale model of the uncertainty evolution of streamflow forecasts[J]. Advances in Water Resources，2013，57(7):41-51.

[45] 陈璐，卢韦伟，周建中，等.水文预报不确定性对水库防洪调度的影响分析[J].水利学报，2016，47(1):77-84.

[46] 李万绪.水电站水库运用的风险调度方法[J].电网与清洁能源，1996，(4):34-38.

[47] 杨百银，王锐琛，安占刚.水库泄洪布置方案可靠度及风险分析研究[J].水力发电，1996，8:54-59.

［48］谢崇宝，袁宏源，郭元裕.水库防洪全面风险率模型研究［J］.武汉水利电力大学学报，1997，（2）：72-75.

［49］徐向阳，戴国荣.大中型水库洪水风险分析与制图［J］.水利管理技术，1998，18（1）：7-10.

［50］姜树海.随机微分方程在泄洪风险分析中的运用［J］.水利学报，1994，（3）：1-9.

［51］焦瑞峰.水库防洪调度多目标风险分析模型及应用研究［D］.郑州：郑州大学，2004.

［52］韩红霞.基于水库防洪预报调度方式的风险分析［D］.大连：大连理工大学，2010.

［53］邹强，丁毅，何小聪，等.基于随机模拟和并行计算的水库防洪调度风险分析［J］.人民长江，2018，49（13）：84-89.

［54］刁艳芳，王本德.基于不同风险源组合的水库防洪预报调度方式风险分析［J］.中国科学：技术科学，2010，40（10）：1140-1147.

［55］张建敏，黄朝迎，吴金栋.气候变化对三峡水库运行风险的影响［J］.地理学报，2000，55（z1）：26-33.

［56］彭杨，李义天，张红武.三峡水库汛末不同时间蓄水对防洪的影响［J］.安全与环境学报，2003，（4）：22-26.

［57］郭一冰，张建国.事故树法在环境风险评价中的应用［J］.环境保护与循环经济，2009，（3）：33-35.

［58］黄强，倪雄，谢小平，等.梯级水库防洪标准研究［J］.人民黄河，2005，（1）：10-11.

［59］李英海，周建中，张勇传，等.水库防洪优化调度风险决策模型及应用［J］.水力发电，2009，35（4）：19-21.

［60］夏忠，杨文娟，刘涵，等.水库优化调度方案的风险因素辨识方法研究［J］.干旱区资源与环境，2006（4）：145-148.

［61］Hashimoto T，Stedinger J R，Loucks D P. Reliability, resiliency, and vulnerability criteria for water resource system performance evaluation［J］. Water Resources Research，1982，18（1）：14-20.

［62］Kjeldsen T R，Dan R. Choice of reliability, resilience and vulnerability estimators for risk assessments of water resources systems［J］. Hydrological Sciences Journal，2004，49（5）：755-767.

［63］习树峰.跨流域调水预报优化调度方法及应用研究［D］.大连：大连理工大学，2011.

［64］Moy W S，Cohon J L，Revelle C S. A Programming Model for Analysis of the Reliability, Resilience, and Vulnerability of a Water Supply Reservoir［J］. Water Resources Research，1986，22（4）：489-498.

［65］白涛，喻佳，魏健，等.考虑不同需水过程的三河口水库调度风险研究［J］.水力发电报，2021，40（8）：12-22.

［66］张培，纪昌明，张验科.考虑滞时的水库群短期优化调度风险分析模型［J］.人民长江，2017，48（11）：107-111.

［67］郭军峰，冯平.流域下垫面变化对水库防洪风险率的影响［J］.水力发电学报，2016，164（3）：59-68.

［68］傅湘，王丽萍，纪昌明.洪水遭遇组合下防洪区的洪灾风险率估算［J］.水电能源科学，1999，17（4）：23-26.

［69］冯平，韩松，李健.水库调整汛限水位的风险效益综合分析［J］.水利学报，2006，37（4）：451-456.

［70］王才君，郭生练，刘攀，等.三峡水库动态汛限水位洪水调度风险指标及综合评价模型研究［J］.水科学进展，2004，15（3）：376-381.

［71］熊艺淞.径流预报不确定性对西江水库群综合调度效益与风险影响分析［D］.北京：中国水利水电科学研究院，2018.

［72］王丽萍，黄海涛，张验科，等.水库多目标调度风险决策技术研究［J］.水力发电，2014，40（3）：63-66.

［73］王栋，朱元甡.风险分析在水系统中的应用研究进展及其展望［J］.河海大学学报（自然科学版），2002（2）：71-77.

［74］黄强，苗隆德，王增发.水库调度中的风险分析及决策方法［J］.西安理工大学学报，1999（4）：8-12.

［75］ Vrijling J K, Hengel W V, Houben R J. A framework for risk evaluation[J]. Journal of Hazardous Materials, 1995, 43(3):245-261.

［76］ 谢小平, 黄灵芝, 席秋义, 等. 基于JC法的设计洪水地区组成研究[J]. 水力发电学报, 2006, 25(6):125-129.

［77］ 原文林, 黄强, 席秋义, 等. JC法在梯级水库防洪安全风险分析中的应用[J]. 人民黄河, 2011, (8):14-16.

［78］ 刘艳丽, 周惠成, 张建云. 不确定性分析方法在水库防洪风险分析中的应用研究[J]. 水力发电学报, 2010, 29(6):47-53.

［79］ 顾文权, 吴振, 韩琦, 等. 基于风险分析的水库群供水调度规则[J]. 武汉大学学报(工学版), 2019, (3):189-200.

［80］ Yang J. Multi-objective decision making on reservoir flood operation by using fuzzy connection numbers[J]. Journal of Huazhong University of Science and Technology(Nature Science Edition), 2009, 37(9):101-104.

［81］ Zhao T, Cai X, Yang D. Effect of streamflow forecast uncertainty on real-time reservoir operation [J]. Advances in Water Resources, 2011, 34(4):495-504.

［82］ Cheng C, Chau K W. Flood control management system for reservoirs[J]. Environmental Modelling and Software, 2004, 19(12):1141-1150.

［83］ 傅湘, 王丽萍, 纪昌明. 防洪减灾中的多目标风险决策优化模型[J]. 水电能源科学, 2001, 19(1):36-39.

［84］ 张培, 纪昌明, 张验科, 等. 水库群多目标调度风险管理决策支持系统研究[J]. 中国农村水利水电, 2016, (12):201-204.

［85］ 付湘, 刘庆红, 吴世东. 水库调度性能风险评价方法研究[J]. 水利学报, 2012, (8):987-990.

［86］ 张改红, 周惠成, 王本德, 等. 水库汛限水位实时动态控制研究及风险分析[J]. 水力发电学报, 2009, (1):51-55.

［87］ 刘攀, 郭生练, 李响, 等. 基于风险分析确定水库汛限水位动态控制约束域研究[J]. 水文, 2009, 29(4):1-5.

［88］ 周研来, 郭生练, 陈进. 溪洛渡-向家坝-三峡梯级水库联合蓄水方案与多目标决策研究[J]. 水利学报, 2015, 46(10):1135-1144.

［89］ 郭生练, 何绍坤, 陈柯兵, 等. 长江上游巨型水库群联合蓄水调度研究[J]. 人民长江, 2020, 51(1):12-16,41.

［90］ 曹瑞, 程春田, 申建建, 等. 考虑蓄水期弃水风险的水库长期发电调度方法[J]. 水利学报, 2021, 52(8):1-11.

［91］ 张晓星. 水库中长期发电调度风险分析研究[D]. 北京:华北电力大学, 2010.

［92］ 郭旭宁, 胡铁松, 曾祥, 等. 基于调度规则的水库群供水能力与风险分析[J]. 水利学报, 2013, 44(6):664-672.

［93］ 武兰婷. 基于径流模拟的水库群联合供水风险分析[D]. 昆明:昆明理工大学, 2015.

［94］ 赵朋晓, 李永, 张志广, 等. 基于不同生态风险度的水库调度方法研究[J]. 水力发电学报, 2018, 37(2):68-78.

［95］ 刘悦忆. 面向经济—生态的水库风险调度规则研究[D]. 北京:清华大学, 2014.

［96］ 张验科. 综合利用水库调度风险分析理论与方法研究[D]. 北京:华北电力大学, 2012.

乌江下游产漂流性卵鱼类自然繁殖的水库生态调度需求研究

徐薇　曹俊　杨志　唐会元　陈小娟

(水利部中国科学院水工程生态研究所,湖北武汉,430079)

摘　要:基于2009—2015年乌江银盘水库蓄水前后坝下白马江段鱼类早期资源及水文监测数据,研究乌江下游产漂流性卵鱼类自然繁殖变化趋势,分析影响产漂流性卵鱼类自然繁殖的关键水文要素,提出了开展促进鱼类繁殖的生态调度时机和条件。研究结果如下:①银盘水库蓄水期及蓄水后,坝下产漂流性卵鱼类早期资源呈衰退趋势,表现为繁殖种类减少、繁殖规模锐减。②乌江下游产漂流性卵鱼类的产卵水温范围为17.5~27℃,适宜水温范围为18.8~23℃,将银盘坝下水温达到18℃作为生态调度的启动条件。结合鱼类大规模产卵的高峰时期,确定针对银盘坝下实施生态调度的时间为6月上旬—7月中旬。③乌江下游产漂流性卵鱼类总产卵规模主要受持续涨水天数、前后洪峰的水位差、前后洪峰间隔时间3个水文参数的影响。CART模型分析得出,为获得较高的产卵规模(单一洪峰过程的产卵规模大于3000万粒),需要满足的水文条件为(武隆断面):前后洪峰水位差<4.54m、持续涨水天数>3.5天、前后洪峰间隔时间<9天。研究结果能够为乌江下游水库生态调度方案制定提供参考。

关键词:产漂流性卵鱼类;产卵规模;银盘;生态调度;涨水

引言

乌江为长江上游右岸最大的一级支流,横贯贵州省中北部,流经重庆市东南部,至涪陵区汇入长江。乌江干流全长1037km,流域水资源总量551亿m³,是全国十大水电基地之一[1]。乌江干流规划十二级开发方案,目前除了最后一个梯级白马水电站未建以外,上游其他梯级已全部建成发电。下游水电站包括沙沱、彭水、银盘和白马4座梯级,其中银盘水电站位于杨家沱河段,坝址位于重庆市武隆区江口镇上游4km处,银盘水库库尾达到其上游53km处的彭水水电站,其下游有规划中的白马梯级,是兼顾彭水水电站的反调节任务和渠化航道的枢纽工程。彭水水电站于2008年下闸蓄水,银盘水电站于2011年4月初下闸蓄水,2012年5月完成终期蓄水。彭水、银盘水电站先后投入运行,加之流域梯级水电开发带来的阻隔和生境破碎化,对乌江下游鱼类的影响值得关注。

据历史记录,乌江下游分布有114种鱼类,鱼类区系组成呈现复杂性和多样化特点[2]。近些年来受梯级水电开发、过度捕捞、水质污染等多种不利影响,乌江下游鱼类多样性明显下降,群落结构受到严重干扰[3]。研究表明,彭水电站蓄水后,急流性鱼类的优势种地位丧失,Margalef丰富度指数大幅下降,坝上库区江段变化更显著[4];银盘电站蓄水后,坝下江段适应流水生境繁殖类群减少、而缓静水生境繁殖类群增加,产漂流性卵鱼类繁殖规模显著下降,以长鳍吻鮈、铜鱼、圆筒吻鮈、中华金沙鳅减少尤为显著,产卵场减少并逐步往坝下压缩,数量由6处减少到3处,长度由35km减少到18km[5];三峡水库175m试验性蓄水对库尾涪陵江段(乌江河口)的鱼类群落结构已经产生影响,表现为逐渐趋同于库中静水的云阳江段,而非库尾以上流水的江津江段[6]。

基金项目:国家重点研发计划(2021YFC3200304)。

生态调度是在兼顾水库调度的社会、经济效益的基础上,重点考虑生态因素的水库调度新模式[7]。国外在 20 世纪 70 年代以来关注旨在修复水文情势的环境流量研究,进而开展了针对不同生物对象的生态调度实践,包括美国大自然保护协会和陆军工程兵团合作开展改善大坝调度方式、修复下游河流生态的可持续性河流项目,选择了 11 条河流上的 26 个大坝作为生态调度试验的示范点[8];澳大利亚在 Murray-Darling 流域实施了一系列针对本土鱼类繁殖保护的环境流管理措施,通过改变大坝下泄流量试验、监测鱼类繁殖和早期资源响应状况来评估环境流的有效性[9,10]。针对坝下水文情势改变导致乌江下游漂流性卵鱼类早期资源衰退问题,提出了采用水库生态调度的补偿措施,通过合理下泄生态流量,加大脉冲流量和流水江段长度来满足鱼类繁殖和早期发育需求[5]。

本文基于 2009—2015 年乌江银盘水库蓄水前后坝下白马江段鱼类早期资源及水文监测数据,开展了乌江下游产漂流性卵鱼类自然繁殖变化研究,通过鱼类繁殖与水文要素关联分析,确定了影响产漂流性卵鱼类自然繁殖的关键水文要素,初步提出了满足产漂流性卵鱼类大规模繁殖的水文条件,以期为乌江下游水库生态调度方案制定和实施提供参考。

1   研究方法

1.1   数据来源

采用常规的江河鱼类早期资源调查方法[11],在重庆市武隆区白马镇江段设置固定断面,用弶网采集表层的漂流性鱼卵。该断面距离上游银盘坝址约 40km、距武隆水文站约 25km,距离下游乌江河口约 45km。采样时间覆盖银盘水电站蓄水前 2009 年、蓄水期 2011 年及蓄水后 2013—2015 年,每年 5 月中旬至 7 月中旬,持续 40d 以上。采样频次为逐日早、晚 2 次采集鱼卵,每次采样 30～60min。现场记录采集时间、鱼卵数量、发育期等,同步观测网口流速、水温、透明度等水文要素数据。采样点上游武隆断面的逐日水位、流量等水情数据通过长江水文网实时记录。

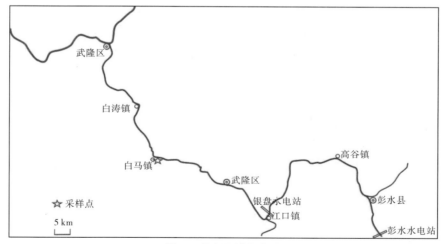

图1   研究区域示意图

1.2   数据分析

1.2.1   鱼卵径流量计算方法

根据逐日采集的鱼卵数量、采集时间、网口面积和流速数据计算采集时段鱼卵密度,以逐日断面平均流量数据推算鱼卵日径流量。采样期间逐日鱼卵径流量的相加之和反映鱼类的产卵规模。参考曹文宣等的方法[11]，鱼卵径流量估算方法如下。

（1）采集期间鱼卵密度：

$$d = \frac{n}{S \times v \times t} \tag{1}$$

式中，d 为采集过程中单位水体体积通过网口的鱼卵密度，个/m³；n 为采集过程中累计获得的鱼卵数量，个；S 为网口面积，m²；v 为网口流速，m/s；t 为采集持续时间，s。

（2）鱼卵断面流量系数：

$$C = \frac{\sum \overline{d}}{d_1} \tag{2}$$

式中，C 为鱼卵平均密度相比系数；d_1 为固定采样点的鱼卵密度，个/m³；$\overline{d}$ 为某断面各采样点的鱼卵平均密度，个/m³。

（3）采集期间的鱼卵径流量：

$$M_i = d_i \times Q_i \times C \tag{3}$$

式中，M_i 为第 i 次采集时段内通过该江断面的鱼卵数，个；d_i 为第 i 次采集的鱼卵密度，个/m³；Q_i 为第 i 次采集时的断面流量，m³/s；C 为鱼卵平均密度相比系数。

（4）非采集期间的鱼卵径流量（用相邻两次采集的卵苗径流量及其间隔时间进行插补计算）：

$$M_{i,i+1} = (M_i / t_i + M_{i+1} / t_{i+1}) t_{i,i+1}/2 \tag{4}$$

式中，$M_{i,i+1}$ 为第 i 与第 $i+1$ 次采集时间间隔内的鱼卵径流量，个；$t_{i,i+1}$ 为第 i 次和第 $i+1$ 次采集时间间隔，min。

（5）鱼卵总径流量 M：

$$M = \Sigma M_i + \Sigma M_{i,i+1} \tag{5}$$

式中，M 为采样期间鱼卵总径流量。

1.2.2 参数定义及模型方法

采用 Zhang 等提出的要素—准则系统[12]重构分析方法将一个洪峰过程分解为不同的水文参数，包括洪峰初始水位（V_1）、水位日上涨率（V_2）、断面初始流量（V_3）、流量日增长率（V_4）、涨水持续时间（V_5）、前后两个洪峰过程的间隔时间（V_6）、前后两个洪峰过程的水位差异（V_7）。上述 7 个水文参数作为状态变量，单次洪峰过程的鱼卵径流量作为因变量，采用分类与回归树（Classification and Regression Tree，CART）模型分析鱼卵径流量的主要影响因素，通过水文过程参数预测不同涨水过程的鱼卵径流量。采用 leave-one-out 方法作为预测过程中的验证程序，即随机从整体数据中移出一个元素，利用剩下的数据进行训练学习，然后对移出这一个元素的模型进行验证。使用 R 软件中的 rpart 数据包进行预测模型的构建。在 CART 模型中，一般性的原理就是从树的初始节点（根）开始，利用二元递归分离法对模型进行适应性检验，直至终止节点信号的出现。将原始数据进行 log 变换后，采用 rpart 软件包进行分类。

2 研究结果

2.1 乌江下游产漂流性卵鱼类早期资源变化

2.1.1 种类组成

2009 年、2011 年、2013—2015 年调查期间，各年采集到漂流性鱼卵分别为 3052 粒、479 粒、386 粒、462 粒和 578 粒。如表 1 所示，经形态鉴定鉴定共有 12 种鱼类，除了翘嘴鲌、蒙古鲌为弱黏性卵之外，犁头鳅、中华金沙鳅、中华沙鳅、圆筒吻鮈、吻鮈、长鳍吻鮈、蛇鮈、中华倒刺鲃、花斑副沙鳅、铜鱼为漂流性鱼卵。2009

年银盘蓄水前产漂流性卵鱼类共有 11 种,2011 年蓄水期漂流性鱼卵下降到 6 种,减少的种类包括圆筒吻鮈、长鳍吻鮈、铜鱼、中华倒刺鲃;2013—2015 年蓄水运行期,产漂流性卵鱼类维持在 7～8 种,其中吻鮈、蛇鮈、花斑副沙鳅、翘嘴鲌和蒙古鲌在每年均有出现。初步表明,银盘水库蓄水运行前后,中华沙鳅、中华金沙鳅、铜鱼、长鳍吻鮈等产漂流性卵鱼类的自然繁殖受到了一定影响,种群规模不稳定。

表 1　　　　　　　　　　　乌江下游白马断面漂流性鱼卵种类组成及其年际变化

种类	2009 年	2011 年	2013 年	2014 年	2015 年
犁头鳅	+	+	+	+	+
中华金沙鳅	+	+		+	
中华沙鳅	+	+			
圆筒吻鮈	+			+	
吻鮈	+	+	+	+	+
长鳍吻鮈	+				
蛇鮈	+	+	+	+	+
中华倒刺鲃	+		+		+
花斑副沙鳅	+	+	+	+	+
铜鱼	+				+
翘嘴鲌	+	+	+	+	+
蒙古鲌			+	+	+
合计(种)	11	7	7	8	8

2.1.2　产卵规模

估算 2009 年、2011 年、2013 年、2014 年、2015 年乌江下游彭水至白马江段漂流性鱼卵资源量(产卵规模)分别为 18673.97 万粒、1541.69 万粒、1012.99 万粒、2994.50 万粒、3033.60 万粒。如图 2 所示,银盘水库蓄水前后相比,产漂流性卵鱼类的产卵规模呈显著下降趋势,尤其是在刚刚蓄水运行的 2011 年,产卵规模急剧下降,不到蓄水前的 10%,2013 年产卵规模进一步减少,而后在 2014 年和 2015 年稍有增加,维持在 3000 万粒左右。

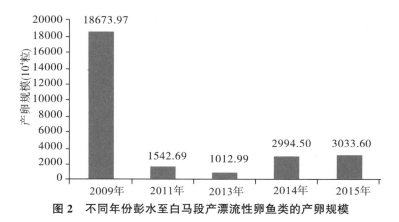

图 2　不同年份彭水至白马段产漂流性卵鱼类的产卵规模

2.2　产漂流性卵鱼类自然繁殖的水温需求

2009—2015 年调查期间,银盘坝下白马江段起始水温为 17.5～18.8℃。统计了不同监测年份的最低水温、最高水温、平均水温和标准差,如表 2 所示。水温变动范围以 2011 年最大、2015 年最小;平均水温以 2013 年最高、2015 年最低;水温变异度以 2011 年最大、2015 年最小。2011 年银盘坝下水温波动范围和变异度明显高于其他年份,应该与该时期银盘电站蓄水有关。鱼类繁殖受水温驱动,水温影响鱼类的性腺发育,鱼类产卵发生都要求一定的水温条件,如常见的温水性鱼类产卵最低要求是 16℃[13]。根据白马断面采集到不同种类鱼卵的日期及对应水温,分析得出乌江下游产漂流性卵鱼类的产卵水温为17.5~27℃,适宜水温为18.8~23℃。在制定生态调度方案时,应首先考虑水温条件是否满足鱼类产卵要求,因此一般将鱼类能够发生产卵活动的适宜水温下限作为生态调度的启动条件。

表2   2009—2015 年监测期间水温指标统计

年份	最低水温(℃)	最高水温(℃)	平均水温(℃)	标准差
2009 年	18.8	22.2	20.21	1.02
2011 年	16.9	27.0	20.22	2.44
2013 年	17.6	23.5	20.65	1.84
2014 年	17.5	22.2	19.75	1.17
2015 年	17.8	20.5	19.39	0.93

2.3   产漂流性卵鱼类自然繁殖与水文过程关系

统计各年份武隆水文站日均流量与白马断面日产卵量的关系,如图3至图7所示。产漂流性卵鱼类的繁殖高峰期主要发生在6月中上旬,可持续到7月中下旬。产卵活动与持续的涨水过程响应一致。

2009 年武隆水文站日均流量为 1230~3200m³/s,白马断面日产卵量为 9.98 万~3018 万粒。如图3所示,共发生了3次规模较大的集中产卵活动,分别是6月9—14日、6月23—27日、6月30日—7月2日,对应于6月7—17日、6月21—27日、6月28日—7月2日三场洪峰过程。2009 年银盘电站蓄水前,日均流量与产漂流性卵鱼类总产卵量的关系表明,随着涨水过程的持续,日产卵量逐渐增加,进入落水阶段后产卵量随即减少,两者的响应关系较为一致。

2011 年武隆水文站日均流量为 487~3430 m³/s,白马断面日产卵量为 2.11 万~223.78 万粒。逐日流量过程与鱼类总产卵量两者的响应关系不及 2009 年明显,但总体显示在流量水平较高时(6月中旬),产卵量也高。如图4所示,共发生了2次明显集中的产卵活动,其他产卵时段则较为分散。与 2009 年蓄水前相比,鱼类繁殖出现了两大变化。一是初次产卵时间明显滞后,仅6月初开始产卵;二是日产卵量变化较大,7月以后尤为显著。由于 2011 年4月银盘电站开始蓄水,蓄水初期(5—6月)江河水温、水文条件变化剧烈,这些因素都不利于鱼类自然繁殖。此外蓄水导致武隆水文站流量减少,日流量变幅剧烈,持续的洪水涨落过程基本消失,也不利于鱼类的持续产卵,使得总繁殖规模较 2009 年急剧下降。

图3   蓄水前 2009 年银盘坝下流量与产卵规模的逐日变化过程

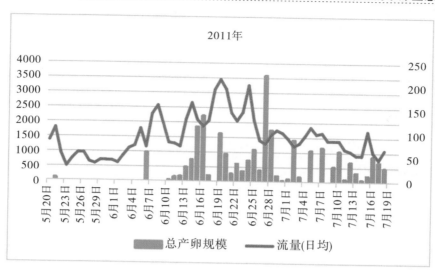

图 4 蓄水期间 2011 年银盘坝下流量与产卵规模的逐日变化过程

2013 年武隆水文站日均流量为 1290～2780 m³/s,白马断面日产卵量为 0.822 万～160.75 万粒。与 2011 年相比,总产卵规模进一步缩小,共发生了 2 次明显集中的产卵活动,其他产卵时段较为分散。图 5 所示,日均流量与日产卵量的响应关系进一步弱化,除了在 6 月 13—15 日持续 3 天的涨水过程中,累积的产卵量最大之外,其他涨水 1～2 天的洪峰过程中鱼类繁殖响应不明显,例如 6 月 22—23 日持续 2 天的涨水过程中,没有监测到大规模产卵。

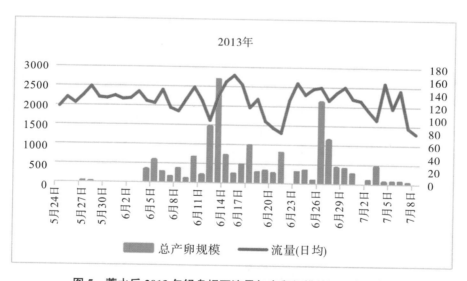

图 5 蓄水后 2013 年银盘坝下流量与产卵规模的逐日变化过程

2014 年武隆水文站日均流量为 2370～8450 m³/s,白马断面日产卵量为 2.455 万～743.29 万粒。与 2011—2013 年相比,总繁殖规模有所回升。如图 6 所示,共发生了 3 次规模较大的集中繁殖活动,分别是 6 月 11—14 日、6 月 21—22 日、7 月 5—6 日,对应于 6 月 11—15 日、6 月 21—24 日、7 月 3—7 日三场洪峰过程。日均流量与日产卵量的响应关系再次显现,与本年度武隆站流量总体较高,洪峰涨落过程持续性较好有关。繁殖规模的增加也可能是一部分鱼类逐渐适应蓄水后生境变化的一个体现。

图6　蓄水后2014年银盘坝下流量与产卵规模的逐日变化过程

2015年武隆水文站日均流量为1700～5160m³/s,白马断面日产卵量为2.45万～434.21万粒。总繁殖规模稍高于2014年,但仍显著低于2009年蓄水前水平。如图7所示,共发生了4次规模较大的集中繁殖活动,前2次洪峰间隔时间较短(6月4日、6月7日),产卵繁殖可能是连续的过程,在6月1—7日流量持续上涨的过程中,日产卵量也处于较高水平,且一直持续到退水阶段(6月11—12日)。后2次洪峰间隔时间较长,但也有持续产卵繁殖的现象,一直持续到退水阶段,可能与前一次洪峰流量持续时间较长(6月17—20日一直稳定在4000 m³/s以上),且后一次洪峰流量进一步抬升有关。

图7　蓄水后2015年银盘坝下流量与产卵规模的逐日变化过程

2.4　影响产漂流性卵鱼类产卵规模的关键参数

各个水文因子影响乌江下游产漂流性卵鱼类总产卵规模的重要性排序如图8所示,其中持续涨水天数对乌江下游产漂流性卵鱼类的总产卵规模大小具有最重要的意义,其次为前后洪峰水位差和前后洪峰间隔时间,水位日涨率和流量日涨率在影响鱼类产卵规模方面也显示一定的作用,但其相对重要性明显降低,这可能与乌江下游产漂流性卵的鱼类主要为对水文条件要求不高的鱼类有关,初始流量和初始水位对乌江下游总产卵规模大小的影响最小。

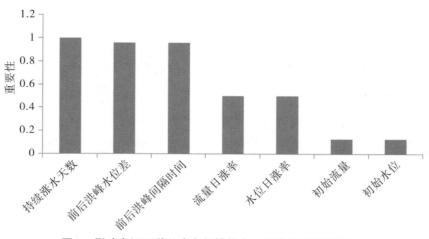

图8　影响乌江下游总产卵规模的水文要素的重要性排序

根据CART预测模型结果(图9),为获得较高的总产卵规模(单次洪峰过程的产卵规模大于3000万粒),需要满足以下水文条件之一:①前后洪峰水位差>4.54m;②前后洪峰水位差<4.54m、且持续涨水天数>3.5天、且前后洪峰间隔时间<9天。综合前述结论得出,持续涨水天数是影响总产卵规模的最重要因子,故水文条件②更符合产漂流性卵鱼类的自然繁殖需求。

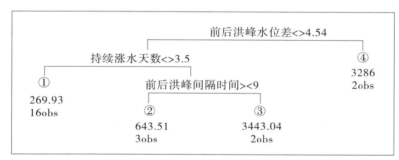

图9　总产卵规模与水文要素关系的CART预测模型

3 结论

(1)2009—2015年乌江下游银盘水库蓄水运行前后,坝下产漂流性卵鱼类早期资源呈衰退趋势,表现为产卵种类减少、产卵规模下降,有必要采取水库生态调度的方式营造适宜的涨水过程,促进产漂流性卵鱼类繁殖。

(2)乌江下游产漂流性卵鱼类的产卵水温为17.5～27℃,适宜水温为18.8～23℃,将银盘坝下水温达到18℃作为生态调度的启动条件。开展生态调度的时机应选择在鱼类大规模产卵的高峰时期。本文研究结果显示,无论银盘电站是否蓄水,只要水文条件合适,6月中上旬都出现大规模鱼类繁殖,且各年份水温监测数据显示坝下江段在6月上中旬以后水温稳定在18℃以上。综述分析,银盘电站能够实施生态调度的时间为6月上旬—7月中旬。

(3)乌江下游产漂流性卵鱼类的产卵活动与持续的涨水过程响应一致,持续涨水时间是影响总产卵规模大小的最重要因子,而涨水幅度(水位日涨率和流量日涨率)对影响鱼类产卵规模的重要性明显降低。CART模型结果显示,为获得较高的产卵规模(单一洪峰过程的产卵规模大于3000万粒),武隆断面需要满足的水文条件如下:前后洪峰水位差<4.54 m、持续涨水天数>3.5天、前后洪峰间隔时间<9天。

参考文献

[1]《中国河湖大典》编纂委员会. 中国河湖大典(长江卷)(上)[M]. 北京:中国水利水电出版社,2010.

[2] 丁瑞华. 四川鱼类志[M]. 成都:四川科学技术出版社,1994.

[3] 肖琼,杨志,唐会元,等. 乌江下游干流鱼类物种多样性及其资源保护[J]. 生物多样性,2015,23(4):499-506.

[4] 杨志,郑海涛,熊美华,等. 彭水电站蓄水前后鱼类群落多样性特征[J]. 环境科学与技术,2011,34(8):22-29.

[5] 徐薇. 银盘电站蓄水前后乌江下游产漂流性卵鱼类早期资源变化[J]. 水生态学杂志,2019,40(6):8-15.

[6] 杨志,唐会元,朱迪,等. 三峡水库175m试验性蓄水期库区及其上游江段鱼类群落结构时空分布格局[J]. 生态学报,2015,35(15):5064-5075.

[7] 陈志刚,程琳,陈宇顺. 水库生态调度现状与展望[J]. 人民长江,2020,51(1):94-103,123.

[8] 王俊娜,董哲仁,廖文根,等. 美国的水库生态调度实践[J]. 水利水电技术,2011,(1):15-20.

[9] King A J,Tonkin Z,Mahoney J. Environmental flow enhances native fish spawning and recruitment in the Murray River,Australia[J]. River Research and Applications,2009,25:1205-1218.

[10] Rolls R J,Growns I O,Khant A,etal. Fish recruitment in rivers with modified discharge depends on the interacting effects of flow and thermal regimes[J]. Freshwater Biology,2013,58:1804-1819.

[11] 曹文宣,常剑波,乔晔,等. 长江鱼类早期资源[M]. 北京:中国水利水电出版社,2007.

[12] Zhang G H,Chang J B,Shu G F. Applications of factor-criteria system:reconstruction analysis of the reproduction research on grass carp,blackcarp,silver carp and bighead in the Yangtze River[J]. International Journal of General Systems,2000,29(3):419-428.

[13] 张先炳,胡亚萍,杨威,等. 水温对淡水温水性鱼类生命活动的影响[J]. 水生态学杂志,2021,42(4):117-122.

武穴市水资源承载能力研究

郑江丽[1,2]　熊静[1,2]　王森[1,2]

（1．水利部珠江河口治理与保护重点实验室，广东广州，510611；2．珠江水利科学研究院，广东广州，510611）

摘　要：水资源承载能力评价是开展水资源规划与管理的重要前提。针对水资源承载能力评价对各子系统之间相关关系考虑不足的问题，构建了考虑子系统协调性的水资源承载能力评估模型。模型应用于武穴市各分区水资源承载能力分析与预测，分别得出了各区不同水平年经济、社会、环境及综合承载能力及各系统的协调性状态，模型为武穴市水资源规划管理提供科学依据也为类似区域提供方法借鉴。

关键词：水资源承载能力；协调性；水资源

水资源短缺已经成为我国区域经济社会持续、快速、健康发展的重要制约因素。因此在开展区域水资源规划与管理相关工作，尤其是处理水资源供需问题时，应以水资源承载能力为基础和前提，以保证区域水资源的可持续发展。

水资源承载能力因研究角度与侧重点不同，存在不同的理解。但其核心内涵可以归纳为在一定区域某一具体发展阶段，在保证可持续发展的前提下，水资源系统能够支撑的最大社会经济规模[1-5]。

水资源承载能力评价涉及水资源—生态环境—经济—社会复合系统，为了全面评价某一区域水资源承载能力，通常分别考虑水资源对区域人口、经济社会和生态环境的支撑能力，并给出综合评价。针对研究区域子系统特征差异，不同学者选择了不同评价指标开展了水资源承载能力评价研究。惠泱河等对水资源承载能力评价指标体系进行了系统分析，建立了水资源承载力评价指标体系及评价方法，并以典型缺水的关中地区为例进行了研究，得到了关中水资源可持续利用的满意方案[6]；戴明宏等以喀斯特典型省份广西壮族自治区为研究对象，选取评价指标对广西各地市水资源承载能力进行了综合评价分析[7]；王晓晓等提出了武汉市水资源承载能力评价指标体系，并建立了基于可变模糊识别的水资源承载能力评价模型[8]；邵磊等应用主成分分析原理建立了水资源承载能力的评价的综合指标[9]；封志明等基于人水关系定量评价了雄安新区水资源承载能力[10]。水资源承载能力所涉及的水资源、生态环境、社会经济等多个子系统之间存在着相互作用关系[11,12]，然而已有的承载能力评价体系对各子系统之间的协调性往往考虑不够充分。本研究通过对典型区域水资源承载力指数及其利用协调指数的计算，综合评价水资源承载能力和利用状况，以期为区域水资源的合理利用及经济社会与生态环境可持续协调发展政策的制定提供参考依据。

1　水资源承载能力评价指标体系

根据影响水资源承载能力的主要影响因素，结合水资源、社会、经济及生态环境系统特征，通过综合比较筛选了各子系统承载能力评价指标如表1所示。

通信作者简介：郑江丽，高级工程师，主要从事水资源规划研究，E-mail:1307xiaoli@163.com，电话:020—87117637。

表1 水资源承载能力评价指标体系

目标层	准则层	指标层	
水资源承载能力	水资源系统（A）	产水模数（$10^4 \, m^3/km^2$）	A1
		水质综合达标率（%）	A2
		水资源开发利用率（%）	A3
		供水模数（$10^4 \, m^3/km^2$）	A4
	社会发展系统（B）	人均水资源量（m^3/人）	B1
		人口密度（人/km^2）	B2
		城市化水平（%）	B3
		人均供水量（m^3/人）	B4
	经济系统（C）	工业废水处理达标率（%）	C1
		灌溉覆盖率（%）	C2
		农业用水比例（%）	C3
		工业用水重复率（%）	C4
		万元GDP用水量（m^3/万元）	C5
	生态环境系统（D）	生态环境用水率（%）	D1
		万元工业产值废水排放量（t/万元）	D2

2 区域水资源承载能力综合评价模型

本次研究认为区域水资源承载能力指标WCC分别由社会系统压力指数SI、经济系统压力指数EI、水资源系统压力指数WI及区域复合系统协调指数CI共同决定，并由下式计算[13]：

$$WCC = \sqrt[3]{(\alpha SI + \beta EI) \cdot WI \cdot CHI} \tag{1}$$

式中，α、β分别为社会系统与经济系统压力指数的权重值。

2.1 社会系统压力指数

社会系统压力指数反映了评价期内社会系统承受的压力大小，计算公式如下：

$$SI = P/P_{max} \tag{2}$$

式中，P表示评价期人口规模，P_{max}表示区域在某一社会发展水平，可利用水资源量转化成全部产品所能供养的人口规模，即区域内水资源所能承载的最大人口规模，由下式计算：

$$P_{max} = GDP/GDP_{min} \tag{3}$$

式中，GDP表示评价期区域GDP；GDP_{min}表示在某一社会发展水平的人均国内生产总值的下限值。

2.2 经济系统压力指数

经济系统压力指数反映了评价期内经济系统承受的压力大小，计算公式如下：

$$EI = GDP/ECO_{max} \tag{4}$$

式中，ECO_{max}表示区域内水资源承载的最大经济规模，由下式计算：

$$ECO_{max} = GDP/WD_{min} \cdot WS \tag{5}$$

式中，WD_{min}为区域内社会系统和经济系统的最低用水总量；WS表示区域水资源最大可利用总量，其他符号意义同前。

可以看出，为实现区域经济社会的可持续发展，SI与EI均应小于1。

2.3 区域水资源系统压力指数

区域水资源系统压力指数反映了区域经济、社会及生态环境系统给水资源系统的综合压力大小，由下式计算：

$$WI = WCP/WCR \tag{6}$$

式中，WCP 为区域水资源面临的综合压力指数，WCR 为水资源系统的综合承压指数。

区域水资源面临的综合压力指数 WCP 采用社会系统、经济系统及生态环境系统各项指标进行计算；水资源系统的综合承压指数 WCR 则根据水资源系统各项指标进行计算。上述压力指标与承压指标均采用模糊综合评价模型计算，模型基本原理如下：假设综合评判因素组成的集合 $U=\{u_1,u_2,\cdots,u_n\}$，评语组成的集合 $V=\{v_1,v_2,\cdots,v_m\}$，若 A 为 U 上的模糊子集，$A=\{a_1,a_2,\cdots,a_n\}$，其中 a_i 表示因素 i 对综合评判重要性的权重，可采用层次分析法或熵值法确定，则有：

$$B = A \circ \boldsymbol{R}$$

式中，B 为综合评判所得模糊子集，$B=\{b_1,b_2,\cdots,b_n\}$，b_j 表示综合评价等级为 v_j 的隶属度；$A\circ$ 为模糊算子，水资源承载能力评价模型通常选择加权平均型算子；评价矩阵 $\boldsymbol{R}$ 为：

$$\boldsymbol{R} = \begin{bmatrix} r_{11} & r_{12} & \cdots & r_{1m} \\ r_{21} & r_{22} & \cdots & r_{2m} \\ \vdots & \vdots & \vdots & \vdots \\ r_{n1} & r_{n2} & \cdots & r_{nm} \end{bmatrix} \tag{7}$$

式中，第 i 行表示因素 i 对 V 的单因素评价结果。对综合评价不同等级结果进一步评分，即得到综合评分值。假定 $S=\{s_1,s_2,\cdots,s_m\}$ 表示不同等级结果的 0～1 区间评分，则综合评分值为：

$$SC = \sum_j s_j b_j / \sum_j s_j \tag{8}$$

式(8)中的 SC，若用于区域经济、社会及生态环境系统的评价，反映水资源系统的压力指数；若用于水资源系统，则反映区域水资源承压指数。

2.4　水资源复合系统协调指数

水资源复合系统协调指数用来反映水资源、社会、经济和生态环境等子系统的协调关系，保持系统之间的动态平衡，实现水资源系统的良性循环和演化[13]。为了分析四个子系统组成复合系统的耦合有序度大小，借鉴物理学中容量耦合系数模型来计算耦合有序度，表达式如下：

$$C = 4\{[U_1 \times U_2 \times U_3 \times U_4]/[U_1 + U_2 + U_3 + U_4]^4\}^{1/4} \tag{9}$$

式中，C 为四个系统的耦合有序度函数，其值属于区间 $[0,1]$，当 C 趋近于 1 时，四个系统耦合度呈有序状态发展，当 C 趋近于 0 时则相反；U_i，$i=1,2,3,4$ 分别代表水资源子系统、社会子系统、经济子系统和生态环境子系统的有序度。有序度计算基本思路为：首先以前述模糊数学隶属度为测度标准，得到各评价因子对子系统的测度量，记为 $\zeta_j=(\zeta_{j1},\zeta_{j2},\cdots,\zeta_{jNj})$，$0\leqslant\zeta_{ji}\leqslant1$；再应用下式计算各子系统的系统熵 H_i：

$$H_i = -\sum_{j=1}^{N_j} P_{ij}\lg(P_{ij}) \quad P_{ij} = \zeta_{ij}/\sum_{j=1}^{N_j}\zeta_{ij} \tag{10}$$

最后归一并转化为各子系统的有序度 U_i。

$$U_i = 1 - H_i/H_m$$

式中，H_m 为对应子系统的最大熵值，即对应系统最无序状态。可见，系统有序度值越大，系统有序程度越大。

为了更好地评判水资源系统、社会子系统、经济子系统和生态环境子系统交互耦合协调程度，引入耦合协调度模型[14]：

$$CHI = \sqrt{C \times T} \tag{11}$$

$$T = \alpha_1 U_1 + \alpha_2 U_2 + \alpha_3 U_3 + \alpha_4 U_4 \tag{12}$$

式中,α_i,$i=1,2,3,4$ 为待定系数,本次研究认为四个子系统同等重要,因此系数取值均为 0.25。

3　实例研究

武穴市属于湖北省黄冈市代管县级市,是长江中游港口城市。县境地理坐标为东经 $115°22'$—$115°49'$,北纬 $29°30'$—$30°13'$。素有"鄂东门户""三省七县通衢""长江入楚第一港"之称。全市东西最大横距 43km,南北最大纵距 42km,版图面积 1200.35km^2。根据武穴市 1956—2015 年的年降水量观测资料,武穴市降水在境内差异较大,东北多、西南少;2018 年全市地区生产总值达 300.58 亿元,完成全部工业增加值 113.59 亿元,对 GDP 的贡献率达 37.79%,但全市经济发展不均衡。为了更深入地分析武穴市水资源承载能力,结合武穴市境内小流域分区及水资源开发利用与经济发展的差异,将武穴市划分为蕲水水系(Ⅰ区)、梅川河水系(Ⅱ区)、荆竹河水系(Ⅲ区)、马口湖水系(Ⅳ区)、武山湖水系(Ⅴ区)五个分区单元(图1)。

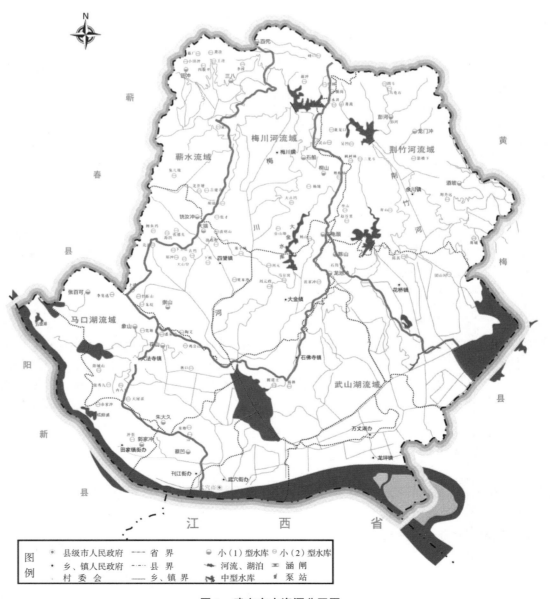

图 1　武穴市水资源分区图

根据武穴市相关统计年鉴及水资源供需平衡分析结果,不同分区评价指标值如表2所示:

表2　　　　　　　　　　　　武穴市不同分区水资源承载能力指标值

序号	指标	单位	研究分区				
			Ⅰ区	Ⅱ区	Ⅲ区	Ⅳ区	Ⅴ区
1	水资源开发利用率	%	63.00	18.00	34.00	36.00	33.00
2	水质综合达标率	%	68.00	81.00	50.00	42.00	64.00
3	供水模数	$10^4 m^3/km^2$	38.69	13.92	25.67	27.50	16.09
4	产水模数	$10^4 m^3/km^2$	72.52	79.31	75.28	75.75	68.82
5	人均水资源量	$m^3/人$	1783.37	2544.35	1991.56	1527.76	872.96
6	人均供水量	$m^3/人$	951.34	446.68	679.11	554.73	204.14
7	城市人口比例	%	41.00	17.00	21.00	28.00	48.00
8	人口密度	$人/km^2$	406.65	311.70	377.99	495.82	788.32
9	万元GDP用水量	$m^3/万元$	68.94	165.39	179.92	157.68	87.87
10	工业用水重复利用率	%	25.00	10.00	18.00	16.00	20.00
11	农业用水比例	%	21.00	67.00	75.00	69.00	25.00
12	灌溉覆盖率	%	55.00	76.00	82.00	68.00	65.00
13	工业废水处理达标率	%	70.00	60.00	60.00	65.00	76.00
14	生态环境用水率	%	6.50	9.50	2.90	1.00	2.00
15	万元工业产值废水排放量	t/万元	157.00	6.00	12.00	13.00	15.00

应用上述模型,对湖北省武穴市水资源承载力进行评价,结果如表3所示:

表3　　　　　　　　现状武穴市不同分区水资源承载能力评价结果

分区名称	分区代码	承载能力指标				
		FeI	FpI	CCI	CHI	CW
马口湖	Ⅰ区	1.0000	0.1683	4.5054	0.2986	1.2823
蕲水	Ⅱ区	0.4168	0.8602	0.8336	0.3881	0.6717
荆竹河	Ⅲ区	0.3831	0.6155	2.7583	0.3456	0.9507
梅川河	Ⅳ区	0.4372	0.6604	3.0122	0.3395	1.0156
武山湖	Ⅴ区	0.7845	1.0000	3.5603	0.3299	1.2759

同样的方法可以求得2030水平年水资源承载能力结果如表4所示:

表4　　　　　　2030水平年武穴市不同分区水资源承载能力评价结果

分区名称	分区代码	承载能力指标				
		FeI	FpI	CCI	CHI	CW
马口湖	Ⅰ区	1.0000	0.1290	11.9419	0.2945	1.7640
蕲水	Ⅱ区	0.4730	0.7159	1.2581	0.3627	0.7703
荆竹河	Ⅲ区	0.4376	0.5122	2.8599	0.3531	0.9527
梅川河	Ⅳ区	0.5887	0.4580	5.3819	0.3168	1.2541
武山湖	Ⅴ区	0.6905	1.0000	4.2609	0.2960	1.3467

由上述结果可以看出,现状年马口湖区域水资源承载能力综合指标最大,该指标值为1.28,大于1.0,处于水资源超载水平。武山湖区承载能力与马口湖区较为接近。蕲水水资源承载能力综合指标值最小为0.67,表明该区域具有较好的水资源承载能力;规划水平年除蕲水外的四个区域水资源承载能力综合指标均超过0.8,表明这四个区域在不同程度上面临着水资源紧张的问题。

区域水资源承载经济压力指数FeI、人口压力指数FpI分别表征区域内水资源所承载的经济、人口发展压力,数字越大则表明该地区水资源对应承载的压力越大。马口湖地区是武穴市主要工业区,因此不同水平年经济压力指数均最大,武山湖地区次之,蕲水、荆竹河、梅川河地区经济压力均相对较小;武山湖地区为商业居住综合区,武穴市人口集中在该区域,其次为蕲水地区,因此不同水平年武山湖地区人口压力指数均最大,蕲水次之,马口湖、荆竹河、梅川河地区压力则相对较小。

在水资源综合承载压力方面,除蕲水区域外,各区域水资源复合系统承载压力指数均超过2.0。马口湖为工业集中区域,现状水资源利用已经达到较高的水平,随着经济社会的发展,马口湖在规划水平年的水资源复合系统承载压力指数呈快速增长趋势;武山湖与梅川河区水资源复合系统承载压力指数呈递增趋势,增长幅度远低于马口湖地区;荆竹河区域发展相对缓慢,水资源复合系统承载压力指数略有增长;蕲水区水资源复合系统承载压力指数尽管也呈上升趋势,但总体不超过2.0,表明该区域具有较高的承载水平。

水资源复合系统协调性指数反映了区域内四个子系统之间协调发展的程度。各区域计算的结果均在0.2~0.4,根据文献[14]对该指标等级划分结果,现状年除马口湖外的其他区域协调指数均在0.3~0.4,属于轻度失调状态;马口湖协调指数为0.2~0.3,属于中度失调状态;规划水平年,马口湖和武山湖同时处于中度失调状态,其他区域为轻度失调。

4 小结

本文结合武穴市实际情况,构建了不同分区的水资源承载能力评价模型。模型从水资源、经济、社会与环境等不同方面较全面地评价了水资源系统承载的压力水平,并进一步从总体上评价了各区域的承载水平。从应用结果来看,评价结果能较好地反映实际情况,通过该方法将为区域水资源规划与管理提供更为清晰可靠的支撑信息。

参考文献

[1] 段春青,刘昌明,陈晓楠,等.区域水资源承载力概念及研究方法的探讨[J].地理学报,2010,(1):82-90.

[2] 张永勇,夏军,王中根.区域水资源承载力理论与方法探讨[J].地理科学进展,2007,26(2):126-132.

[3] 方国华,郭天翔,黄显峰.区域水资源承载能力模糊综合评价研究[J].海河水利,2010,(4):1-4.

[4] 常文娟,刘建波,马海波.基于可变模糊集理论的宜昌市水资源承载能力评价[J].节水灌溉,2018,(1):48-51.

[5] 金菊良,董涛,郦建强,等.不同承载标准下水资源承载力评价[J].水科学进展,2018,29(1):31-39.

[6] 惠泱河,蒋晓辉,黄强,等.水资源承载力评价指标体系研究[J].水土保持通报,2001,21(1):30-34.

[7] 戴明宏,王腊春,魏兴萍.基于熵权的模糊综合评价模型的广西水资源承载力空间分异研究[J].水土保持研究,2016,23(1):193-199.

[8] 王晓晓,梁忠民,黄振平,等.基于可变模糊识别模型的武汉市水资源承载能力评价[J].水电能源科学,2012,30(12):20-23.

[9] 邵磊,周孝德,杨方廷,等.基于主成分分析和熵权法的水资源承载能力及其演变趋势评价方法[J].西安理工大学学报,2010,26(2):170-176.

[10] 封志明,杨艳昭,游珍.雄安新区人口与水土资源承载力[J].中国科学院院刊,2017,32(11):1216-1223.

[11] 左其亭.最严格水资源管理保障体系的构建及研究展望[J].华北水利水电大学学报(自然科学版),2016,37(4):7-11.

[12] 陆志翔,Wei Yongping,冯起,等.社会水文学研究进展[J].水科学进展,2016,27(5):772-783.

[13] 刘佳骏,董锁成,李泽红.中国水资源承载力综合评价研究[J].自然资源学报,2011,26(2):258-269.

[14] 田时中,方眉玉,李光龙.人口—土地—经济—社会城镇化水平测度及耦合协调分析[J].经济管理,2017,40(4):49-57.

雅砻江流域水风光联合调度研究

绳博宇　马光文　黄炜斌　陈仕军　李夫刚

(四川大学水利水电学院,四川成都,610065)

摘　要:为能够更高效可靠地进行大流域尺度下的水风光联合调度,本文对三种能源的联合调度进行了研究。本文选取雅砻江流域中下游两河口以下3库12级电站为研究对象,以水风光电量稳定性最优、水风光电源总发电量最大及总弃电量最小为目标构建模型,通过逐步优化算法计算分析。结果表明,针对大型水风光清洁能源互补基地提出的水风光电量稳定性最优判据能够有效调节补偿大规模的风电和光电出力波动,为电网提供安全稳定的高质量电力供应,有助于更好地进行流域水风光联合调度,提升流域风光消纳水平。本文可为大型流域梯级水风光互补联合调度研究提供一种新思路。

关键词:水风光;梯级联合调度;雅砻江流域;稳定性;逐步优化算法

　　为能够于2060年前实现碳中和目标,大力发展可再生清洁能源成为大势所趋,其中,尤以风电和光伏发电的发展最为迅猛。但是,由于风力发电和光伏发电内在固有的波动性与不稳定性,其在并网之后就会对电网的稳定安全运行提出挑战[1,2]。而在大流域尺度下水风光能源并网联合调度时,要保证稳定也就更为困难。因此,如何进行流域水风光联合调度就成为研究的重点之一。

　　国内外研究表明,多种清洁能源的混合发电对电网的稳定安全运行颇有裨益,这能够充分提高电力生产效率[3-7]。其中,关于梯级水电与风光并网后的联合调度问题的研究相对较少。文献[8]聚焦于多能互补发电系统的运行特性,提出了风光水互补发电评价指标研究框架。文献[9-11]研究了金沙江、雅砻江等流域风光水互补对梯级水电相应特征参数、送出能力、发电成本等方面带来的影响,但对波动性的平抑分析不够深入。综上,关于大流域尺度下水风光联合调度的问题还有许多角度可以深入研究。本文将建筑工程领域常用的概念——稳定性引入了水风光联合调度领域,提出适用于大型水风光清洁能源互补基地的水风光电量稳定性最优目标,并关注引入目标后对梯级水电的发电量、水位、流量等带来的改变,对梯级水电及电网的调度运行管理有一定的参考价值。

1　流域水风光联合优化调度模型

1.1　目标函数

　　构建流域水风光联合优化调度模型,满足并网后电网稳定安全运行所使用的目标函数包括水风光电量稳定性最优、水风光电源总发电量最大和水风光电源总弃电量最小目标,具体如下:

1.1.1　目标Ⅰ:水风光电量稳定性最优

　　稳定性是广泛用于建筑领域以及工程领域的一个定义,指的是建筑构件抵抗弯曲变形和失稳破坏的能

通信作者简介:绳博宇,男,硕士,研究方向为新能源调度和电力市场,E-mail:Shengboyu0620@163.com。黄炜斌,男,副教授,研究方向为新能源调度和电力市场,E-mail:xhuang2002@163.com。

力[12-15]。文献[16]指出了在一定迭代次数下,超过设定的某个限值则认为土体破坏,即失稳。本文将类似概念引入水风光联合调度,定义水风光电量稳定性最优判据。

以水风光电量稳定性最优为目标,将风光水互补清洁能源等效为一个电源,通过水电平抑风力发电和光伏发电的间歇性和波动性,使总电量在丰枯季内更加稳定,将其对电网运行的影响降至最小。

目标函数如下:

$$\text{Min} F = \frac{1}{T} \sum_{t=1}^{T} \left(\sum_{j=1}^{J} P_{j,t}^{w} + \sum_{k=1}^{K} P_{k,t}^{v} + \sum_{t=1}^{L} P_{l,t}^{h} - av \right) \tag{1}$$

$$av = \frac{1}{T} \sum_{t=1}^{T} \left(\sum_{j=1}^{J} P_{j,t}^{w} + \sum_{k=1}^{K} P_{k,t}^{v} + \sum_{i=1}^{L} P_{l,t}^{h} \right) \tag{2}$$

式中,$P_{j,t}^{w}$ 为第 j 个风电站 t 时段出力;$P_{k,t}^{v}$ 为第 k 个光伏电站 t 时段出力;$P_{l,t}^{h}$ 为第 l 个水电站 t 时段总出力;av 为风光水电站总出力在调度周期内的平均值。

1.1.2 目标Ⅱ:水风光电源总发电量最大

以水风光电源总发电量最大为目标,充分利用水风光清洁能源,使水风光清洁能源等效电源总输出电量最大化。

目标函数如下:

$$\text{Max} F = \sum_{t=1}^{T} \left(\sum_{j=1}^{T} E_{j,t}^{w} + \sum_{k=1}^{K} E_{k,t}^{v} + \sum_{l=1}^{L} E_{l,t}^{h} \right) \tag{3}$$

式中,$E_{j,t}^{w}$ 为第 j 个风电站 t 时段发电量;$E_{k,t}^{v}$ 为第 k 个光伏电站 t 时段发电量;$E_{l,t}^{h}$ 为第 l 个水电站 t 时段发电量。

1.1.3 目标Ⅲ:水风光电源总弃电量最小

以水风光电源弃电量最小为目标,通过水电的调节能力平衡风力发电和光伏发电的间歇性和波动性,使水风光清洁能源总弃电量最小化。

目标函数如下:

$$\text{Min} \Delta E = \sum_{t=1}^{T} \left(\sum_{j=1}^{J} \Delta E_{j,t}^{w} + \sum_{k=1}^{K} \Delta E_{k,t}^{v} + \sum_{l=1}^{L} \Delta E_{l,t}^{h} \right) \tag{4}$$

式中,ΔE 为总弃电量,$\Delta E_{j,t}^{w}$ 为第 j 个风电站 t 时段弃电量;$\Delta E_{k,t}^{v}$ 为第 k 个光伏电站 t 时段弃电量;$\Delta E_{l,t}^{h}$ 为第 l 个水电站 t 时段弃电量。

1.2 约束条件

1.2.1 约束Ⅰ:总出力约束

$$P_{\text{min}_{t}} \leqslant \left(\sum_{j=1}^{J} P_{j,t}^{w} + \sum_{k=1}^{K} P_{k,t}^{w} + \sum_{l=1}^{L} P_{l,t}^{w} \right) \leqslant P_{\text{max}_{t}} \tag{5}$$

式中,$P_{\text{min}_{t}}$ 为风光水联合电源 t 时段最小出力;$P_{\text{max}_{t}}$ 为风光水联合电源 t 时段最大出力;$P_{j,t}^{w}$ 为第 j 个风电站 t 时段出力;$P_{k,t}^{v}$ 为第 k 个光伏电站 t 时段出力;$P_{l,t}^{h}$ 为第 l 个水电站 t 时段出力。

1.2.2 约束Ⅱ:风电出力约束

风电站以风电总装机容量作为最大值,为保证水电调节能力和总发电量最大,允许适当弃风。

$$0 \leqslant P_{j,t}^{w} \leqslant (P_{j,t}^{w})_{\text{max}} \tag{6}$$

式中,$P_{j,t}^{w}$ 为第 j 个风电站 t 时段出力;$(P_{j,t}^{w})_{\text{max}}$ 为第 j 个风电站 t 时段预测出力。

1.2.3 约束Ⅲ:光伏出力约束

光伏电站以光伏总装机容量作为最大值,为保证水电调节能力和总发电量最大,允许适当弃光。

$$0 \leqslant P_{k,t}^{v} \leqslant (P_{k,t}^{v})_{\max} \tag{7}$$

式中，$P_{k,t}^{v}$ 为第 k 个光伏电站 t 时段出力；$(P_{k,t}^{v})_{\max}$ 为第 k 个光伏电站 t 时段预测出力。

1.2.4 约束Ⅳ：水电站约束

（1）库容约束：

$$(V_{l,t}^{h})_{\min} \leqslant V_{l,t}^{h} \leqslant (V_{l,t}^{h})_{\max} \tag{8}$$

式中，$(V_{l,t}^{h})_{\min}$ 为第 l 个水电站 t 时段最小库容；$V_{l,t}^{h}$ 为第 l 个水电站 t 时段库容；$(V_{l,t}^{h})_{\max}$ 为第 l 个水电站 t 时段最大库容。

（2）下泄流量约束：

$$(q_{l,t}^{h})_{\min} \leqslant q_{l,t}^{h} \leqslant (q_{l,t}^{h})_{\max} \tag{9}$$

式中，$(q_{l,t}^{h})_{\min}$ 为第 l 个水电站 t 时段最小下泄流量；$q_{l,t}^{h}$ 为第 l 个水电站 t 时段下泄流量；$(q_{l,t}^{h})_{\max}$ 为第 l 个水电站 t 时段最大下泄流量。

（3）出力约束：

$$(P_{l,t}^{h})_{\min} \leqslant P_{l,t}^{h} \leqslant (P_{l,t}^{h})_{\max} \tag{10}$$

式中，$(P_{l,t}^{h})_{\min}$ 为第 l 个水电站 t 时段最小出力；$P_{l,t}^{h}$ 为第 l 个水电站 t 时段出力；$(P_{l,t}^{h})_{\max}$ 为第 l 个水电站 t 时段最大出力。

（4）水量平衡约束：

$$V_{l,t+1}^{h} = V_{l,t}^{h} + (Q_{l,t}^{h} - q_{l,t}^{h})\Delta t \tag{11}$$

式中，$Q_{l,t}^{h}$ 为第 l 个水电站 t 时段水库来水流量；Δt 为时段长。

（5）梯级水电站水力联系约束：

梯级水电站中，根据电站水力联系，上下游电站遵照水力联系约束：

$$Q_{\text{下游},t}^{h} = q_{\text{上游},t}^{h} + \text{IB}_{\text{下游},t}^{h} \tag{12}$$

式中，$Q_{\text{下游},t}^{h}$ 为下游水电站 t 时段来水流量；$q_{\text{上游},t}^{h}$ 为上游水电站 t 时段放水流量；$\text{IB}_{\text{下游},t}^{h}$ 为下游水电站 t 时段上游区间来水流量。

2 基于 POA 算法的水风光联合优化调度

本文从模型实用的角度出发，对数学模型做适当的简化，即将风电、光伏各时段出力初始值或结果值以预测值代替，将其视作"定值"，将其从决策变量转化为水电出力决策的寻优附加条件，进而将数学模型转化为以风电、光伏出力过程为附加条件、以水电站群发电量最大为目标、总出力波动最小为目标的水电最优出力过程计算模型，可利用较为成熟的水电站群优化调度算法求解。

本文采用逐步优化算法（POA 算法）进行求解。POA 算法是根据贝尔曼最优化思想而提出来的逐步最优化原理，即最优化路线具有这样的性质，每对决策集合相对于它的初始值和终止值来说是最优的。

POA 算法优化流程如下：

Step1：确定初始轨迹。应根据电站实际情况确定初始轨迹，如果初始轨迹选择不好，迭代过程很可能过早地匹配局部解，而良好的初始轨迹选择有可能提高迭代的收敛速度。

Step2：逐时段逐电站迭代计算。设定水位迭代步长，逐时段对库群各电站按 POA 算法进行水位迭代计算，即先固定 1、3 时段，按步长对初始轨迹进行上下浮动，且每次迭代以电量最大为收敛目标，对于存在下级电站的电站，则计算目标函数时应统计所有下级电站对应目标。以此类推，逐时段逐电站进行迭代计算。

Step3：衰减水位步长后，当水位步长衰减后达最小控制精度时，优化结束，否则返回 Step2 继续迭代。

算法流程如图 1 所示：

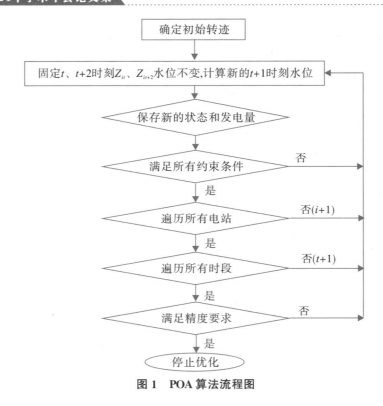

图1　POA算法流程图

3　案例分析

3.1　研究区域概况

雅砻江流域水能理论蕴藏量为3372万kW,其中四川境内有3344万kW,占全流域的99.2%。其中干流水能理论蕴藏量2200万kW,其集中在两河口以下的中下游河段。雅砻江干流两河口—江口河段是我国能源发展规划的十三大水电基地之一,拟开发十二级,水能资源技术可开发量达2656.5万kW,占雅砻江干流技术可开发量的91.7%。雅砻江干流两河口—江口河段梯级开发中有两河口、锦屏一级和二滩三座调节性水库,调节库容分别为65.6亿m³、49.1亿m³和33.7亿m³,三大水库总调节库容达148.4亿m³,对雅砻江干流径流具有很好的调节能力,三大水库建成后可使雅砻江干流中下梯级水电站群实现完全年调节[11,17]。二滩水电站已于1999年全部建成发电,锦屏一级水电站已于2014年7月全部建成发电。两河口水电站第一台机组已于2021年建成发电,预计2023年全部建成发电。

3.2　算例数据处理

为充分利用水电站的调节能力,研究计算在满足水风光电量稳定性最优、水风光电源总发电量最大和水风光电源总弃电量最小目标的条件下水电站的特征参数等数据。数据处理如下:

(1)计算周期、时段:以年为计算周期,月为计算时段。

(2)水电站径流序列选取:根据水文径流量排序方法,以历史序列的1996年作为平水代表年进行计算。

(3)风电、光伏出力系数设定:根据《雅砻江流域水风光一体化可再生能源综合开发基地专题研究报告》[18],确定雅砻江流域的风电和光伏年内逐月出力系数,具体如表1所示。

表1   风电、光伏出力系数数据

月份	风电	光伏
1	0.21	0.37
2	0.21	0.49
3	0.23	0.42
4	0.18	0.32
5	0.17	0.3
6	0.16	0.16
7	0.12	0.1
8	0.16	0.06
9	0.12	0.16
10	0.18	0.21
11	0.19	0.16
12	0.21	0.21

（4）互补发电系统容量设定：为充分利用送出通道，根据雅砻江流域两河口以下3库12级电站的规划通道情况进行假设。中上游通过两河口、牙根一二级水电送出通道送出，目前输送通道仍在规划中，区内规划水电装机435万kW；中游主要通过雅中—华中直流特高压线路送出，目前输送通道仍在规划中，区内规划水电装机738万kW；下游一部分通过锦屏—苏南直流特高压线路送出，通道输送能力720万kW，还有一部分通过川渝通道送出，其余并入四川主网，区内已建成水电装机1470万kW。

总体规划图如图2所示。

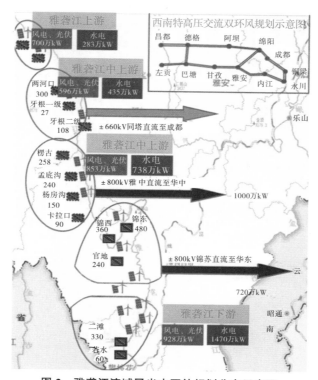

图2　雅砻江流域风光水互补规划分布示意图

以平水年为例，将研究流域划分为两河口—牙根二级段（以下简称两—牙段）、楞古—卡拉段（以下简称楞—卡段）、锦屏一级—官地段（以下简称锦—官段）、二滩—桐子林段（以下简称二—桐段）四段。以梯级水风光互补联合调度为方案一，不考虑风光的梯级水电联合调度为方案二，得到两种方案。两方案具体如表2所示。

表2   风光送出容量配比两种方案   单位:万 kW

方案	两—牙段风光出力	楞—卡段风光出力	锦—官段风光出力	二—桐段风光出力	总风光出力
一	596	853	464	464	2377
二	0	0	0	0	0

3.3 优化结果及分析

3.3.1 互补优化结果

设置最大迭代次数 $K=10000$ 次,进行雅砻江流域水风光联合调度优化计算。如图3所示,对比加入风光前后的两方案,(a)图为只考虑水电进行优化计算的梯级电量图,(b)图为加入风光进行优化计算的梯级电量图,考虑目标为水风光电量稳定性最优、水风光电源总发电量最大及水风光电源总弃电量最小。可以看到,在6—10月丰水期,水电发电量较大,风光发电量较小,为满足水风光电量稳定性最优,充分发挥水电对风光的互补作用,需削峰填谷,合理安排考虑风电和光伏发电影响下的水电发电计划。其中,弃电发生在如牙根一级、楞古此类装机较小径流式电站,使得在满足总弃电量最小的情况下总发电量最大。11月—次年5月为枯水期,由于风光发电量较大,会出现互补后枯水期梯级总电量大于丰水期的情况,但能够最大程度上保证梯级水风光电量稳定性最优,结果合理可行。

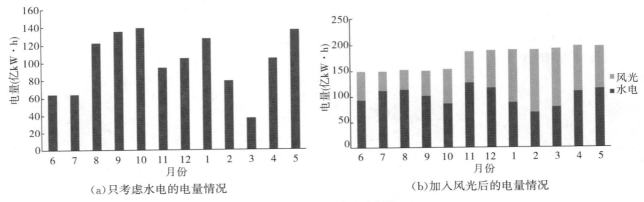

(a)只考虑水电的电量情况   (b)加入风光后的电量情况

图3   接入风光前后对比图

优化计算后,两方案水电电量对比见表3和图4。

表3   两方案水电电量对比

方案	水电电量(亿 kW·h)
一	1212.87
二	1228.54

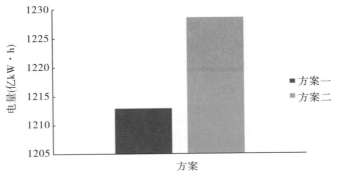

图4   两方案水电电量对比

3.3.2 优化结果分析

将两方案的总弃电量绘制在一张图里,如图5所示,可以看出,方案二总弃电量较小。这是因为方案二无风光接入,不需要水电进行互补调度。而根据上述结果展示,在接入风光后,为满足电网的稳定运行,需要水电优化调节自身电量与风光进行互补,对比两方案水电电量可以看到,方案二比方案一高出1.29%。

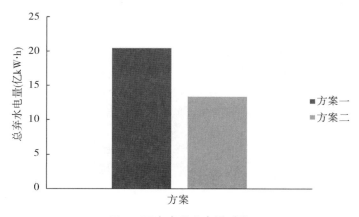

图5 两方案总弃电量对比

以调节性电站两河口为代表,对比加入风光联合优化调度前后电站时段末水位,如表4和图6所示。可以看到,图中不考虑风光进行计算的方案二时段末水位过程总体上高于加入水风光电量稳定性最优目标的方案一时段末水位过程,说明为促进风电和光伏发电消纳,水电在一定程度上抑制了自身的发电量,调整了各月水位。从单位时段变动幅度方面来看,方案一水位时段平均变幅有所增大,这是由于梯级水电需要通过自身水库的调节性能来平抑风电和光伏的出力波动,瞬间增大或减小发电量,以保证向电网提供平滑稳定的负荷,但可以看出该变幅仍然合理可控,对梯级水电运行不会造成安全威胁。

表4 优化前后两河口水位变幅对比

时段	对比方案一水位变幅(m)	对比方案二水位变幅(m)
6—7月	31.79	40.21
7—8月	13.2	18.89
8—9月	22	11.55
9—10月	13	0.6
10—11月	10.1	3.92
11—12月	15	14.74
12月—次年1月	16.1	14.01
1—2月	6.1	14.63
2—3月	12.7	12.7
3—4月	14.15	19.99
4—5月	5.85	0.01
平均值	14.54	13.75

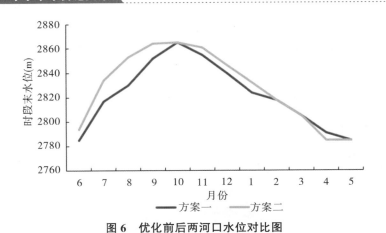

图6 优化前后两河口水位对比图

以调节性电站两河口为代表,对比水风光联合调度优化前后电站发电流量,如表5和图7所示。可以看到,和水位变化类似,方案一发电流量时段平均变幅有所增大,且增大较为明显,为30%左右。这说明水电站同时通过调整流量的方式进行水风光联合调度。通过以上过程,可以满足水风光电量稳定性最优的目标,且对电网的输送也因此更为平稳。

表5 优化前后两河口发电流量对比

时段	方案一发电流量(m³/s)	方案二发电流量(m³/s)
6—7月	116	17
7—8月	37	20
8—9月	484	96
9—10月	37	152
10—11月	520	232
11—12月	78	200
12月—次年1月	121	182
1—2月	322	0
2—3月	180	103
3—4月	188	317
4—5月	105	360
平均值	198.91	152.64

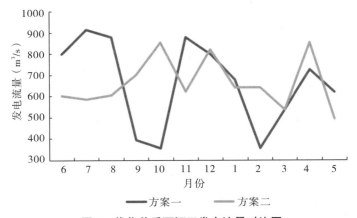

图7 优化前后两河口发电流量对比图

4 结语

本文以雅砻江流域两河口以下电站为研究对象,进行水风光联合调度和单一水电调度的对比。目标函数选用水风光电量稳定性最优、水风光电源总发电量最大和水风光电源总弃电量最小,算法选用逐步优化算法。研究表明,水风光电量稳定性最优目标能够较为明显地提高梯级电力运行的平稳程度,有助于更好地进行流域水风光联合调度,提升流域风光消纳水平。研究成果可为大型流域梯级水风光互补联合调度研究提供一种新思路。

参考文献

[1] 陈丽媛,陈俊文,李知艺,等."风光水"互补发电系统的调度策略[J].电力建设,2013,34(12):1-6.

[2] 蔡朝月,夏立新.风光互补发电系统及其发展[J]机电信息,2009,(24):99-101.

[3] Li F F. Qiu J. Multi-objective optimization for integrated hydro-photovoltaic Power System[J]. Applied Energy,2015,167:377-384.

[4] Kim J,Choi H,Kim S,et al. Feasibility analysis of introducing renewable energy systems in environmental basic facilities:A case studyin Busan,South Korea[J]. Energy,2018,150:702-708.

[5] Gilberto P,Arno K,Fausto A C. Complementarity Maps of Wind and Solar Energy Resources for Rio Grande do Sul,Brazil[J]. Energy and Power Engineering,2017,(9):489-504.

[6] 何思聪.雅砻江水风光互补与梯级水库协调运行研究[J].四川水力发电,2021,40(3):130-137.

[7] 张世钦.基于改进粒子群算法的风光水互补发电系统短期调峰优化调度[J].水电能源科学,2018,36(4):208-212.

[8] 叶林,屈晓旭,么艳香,等.风光水多能互补发电系统日内时间尺度运行特性分析[J].电力系统自动化,2018,42(4):158-164.

[9] 张歆蒴,黄炜斌,王峰,等.大型风光水混合能源互补发电系统的优化调度研究[J].中国农村水利水电,2019,(12):181-185.

[10] 朱燕梅,陈仕军,黄炜斌,等.风光水互补发电系统送出能力分析[J].水力发电,2018,44(12):100-104.

[11] 周佳,马光文,张志刚.基于改进POA算法的雅砻江梯级水电站群中长期优化调度研究[J].水力发电学报,2010,29(3):18-22

[12] 宋二祥.土工结构安全系数的有限元计算[J].岩土工程学报,1997,19(2):1-7.

[13] 朱伯芳.有限元法原理与应用[M].北京:中国水利出版社,1998.

[14] Ugai K,Leshchinsky D. Three-dimensional limit equilibrium and finite element analysis:a comparison of results[J]. Soils and Foundations,1995,35(4):1-7.

[15] Griffiths D V,Lane P A. Slope stability analysis by finite elements[J]. Geotechnique,1999,49(3):387-403.

[16] Ugai K. A method of calculation of total factor of safety of slopes by elaso-plastic FEM[J]. Soils and Foundations,1989,29(2):190-195.

[17] 黄炜斌,马光文,王和康,等.雅砻江下游梯级电站群中长期优化调度模型及其算法研究[J].水力发电学报,2009,28(1):1-4.

[18] 雅砻江流域水电开发有限公司.雅砻江流域水风光一体化可再生能源综合开发基地专题研究报告[R].成都:雅砻江流域水电开发有限公司,2020.

郁江百色、老口水库联合防洪优化调度研究

李媛媛　　王保华　　侯贵兵　　王玉虎

(中水珠江规划勘测设计有限公司,广东广州,510610)

摘　要:随着郁江流域防洪工程体系的建成,尤其是老口水利枢纽投入运行,百色水利枢纽防洪调度任务较原设计阶段发生较大变化。为有效提高流域整体防洪效益,本研究在分析研判工程体系完备条件下郁江防洪调度需求和水库的防洪调度任务的基础上,提出百色、老口水库联合防洪优化调度方案。分析结果表明,百色、老口水利枢纽联合优化调度能使郁江南宁市防洪标准由50年一遇提高到200年一遇,满足郁江重要防洪保护对象的防洪需求。同时,郁江百色、老口水利枢纽与西江干流龙滩、大藤峡水库联合调度,对削减西江干流梧州断面洪峰亦有一定的效果。

关键词:防洪调度需求;联合防洪优化调度;削减梧州洪峰

1　研究背景

郁江是珠江流域西江水系的最大支流,流域面积89691km²,其中在我国境内78145km²,越南境内11546km²。郁江干流全长1159 km,河道平均比降0.314‰,主要支流有左江、西洋江、谷拉河等。郁江流域洪水特点是峰高、量大、历时长,其洪灾集中在人口稠密、经济较发达的南宁、贵港市等郁江中下游地区。郁江流域防洪工程体系由郁江中下游堤防工程和百色、老口两库组成,受益范围包括右江沿岸及郁江中下游防洪保护区[1]。

百色水利枢纽是珠江流域二级支流郁江上的防洪控制性工程,是一座以防洪为主,兼顾发电、灌溉、航运、供水等综合利用效益的大型水利枢纽,为保障郁江流域乃至珠江流域的水安全发挥着重要的作用。百色水库正常蓄水位228m,总库容56.6亿 m³,防洪库容16.4亿 m³,兴利库容26.2亿 m³,属不完全多年调节水库[2],工程已于2016年12月通过竣工验收。

老口水利枢纽位于左、右江汇合口下游5.05km,是以航运、防洪为主,结合发电,兼顾改善南宁市水环境等效益的水资源综合利用工程。水库正常蓄水位75.5m,总库容为25.87亿 m³,防洪库容3.6亿 m³,工程已于2016年完工并进入试运行阶段。

百色水利枢纽原设计防洪任务是将南宁市的防洪能力从20年一遇提高到50年一遇,将郁江中下游地区的防洪能力从10年一遇提高到20年一遇,兼顾减轻右江沿岸洪水灾害[2]。近年来,郁江中下游南宁、贵港市主城区堤防陆续已按50年一遇标准达标建设,郁江中下游堤防基本按20年一遇标准建设,老口水利枢纽于2016年基本建成并进入试运行阶段,郁江流域的防洪工程体系已基本完善。百色水库原防洪调度任

基金项目:国家重点研发计划"高度城镇化地区防洪排涝实时调度关键技术研究与示范"(2018YFC1508200)。

通信作者简介:李媛媛(1982—),女,湖北京山人,高级工程师,硕士研究生学历,主要从事水利工程规划设计及水工程调度等方面的研究,E-mail:70898959@qq.com。

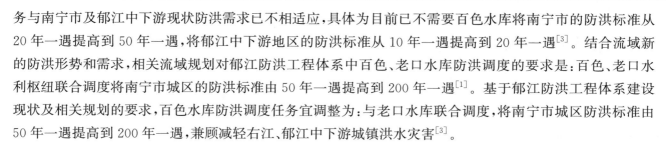

务与南宁市及郁江中下游现状防洪需求已不相适应,具体为目前已不需要百色水库将南宁市的防洪标准从20年一遇提高到50年一遇,将郁江中下游地区的防洪标准从10年一遇提高到20年一遇[3]。结合流域新的防洪形势和需求,相关流域规划对郁江防洪工程体系中百色、老口水库防洪调度的要求是:百色、老口水利枢纽联合调度将南宁市城区的防洪标准由50年一遇提高到200年一遇[1]。基于郁江防洪工程体系建设现状及相关规划的要求,百色水库防洪调度任务宜调整为:与老口水库联合调度,将南宁市城区防洪标准由50年一遇提高到200年一遇,兼顾减轻右江、郁江中下游城镇洪水灾害[3]。

2 水库现状调度方式及存在的问题

2.1 百色水库

目前,百色水库的防洪调度仍遵循老口水库建成前的单库防洪调度规则(表1),该规则是以将南宁50年一遇洪水削减为20年一遇,20年一遇洪水削减为10年一遇为主要目标,着重控泄防洪控制断面南宁的中小洪水。

表1　　　　　　　　　　　初步设计阶段百色水库防洪调度规则　　　　　　　　　　单位:m³/s

判断条件	控泄条件	控泄流量
左江崇左、郁江南宁涨水趋势	$Q_{崇左} \leq 6000$	3000
	$Q_{崇左} > 6000$,且前12h涨率>1000	1000
	$Q_{南宁} > 13900$,且崇左前12h涨率>2000	500
	$Q_{崇左} > 7800$,且崇左前12h涨率>3000,或南宁前一天涨率>2500	100
	其他情况	2000
左江崇左、郁江南宁退水趋势	$Q_{崇左} \geq 7800$	1500
	$Q_{南宁} > 12000$	2300
	其他情况	3000
库水位≥228m	以不超过天然来水流量控制下泄	

2.2 老口水库

老口水利枢纽调度规则为:百色水库调节后的老口入库流量超过南宁防洪堤安全泄量18400m³/s时,水库下闸启用防洪库容,按18400m³/s控泄运行;当水库坝前水位达到防洪高水位时,水库敞开闸门,泄放入库流量,且保证出库流量不大于入库流量。

2.3 存在的问题

选择南宁洪峰流量较大的1937年、1942年、1946年等13个年型的典型洪水,包含了郁江全流域型洪水、左江和区间为主型洪水及右江为主型洪水,南宁以上洪水地区组成分别采用典型年法和同频率地区组成法,得到22场典型及设计洪水过程。采用现状调度规则(百色、老口联合调度,均采用原设计调度规则)对该22场设计洪水过程线进行调洪计算,结果表明,百色、老口水库按照设计防洪调度规则调度,可将南宁200年一遇洪水削减至39~105年一遇,22场洪水中有4场不能满足将200年一遇削减至50年一遇的目标,未能达到防洪目标的1958年、1971年、1968年型洪水有个共同特点,来水集中在下游无控区间,且区间洪水过程较胖,百色水库对区间大洪水调度效果不佳。可将南宁 100 年一遇洪水削减至 20~50 年一遇,22 场洪水全部满足削减至 50 年一遇的目标;全部能满足将右江百色断面 50 年一遇洪水削减到 10 年一遇,其中 7 场不满足百色市安全泄量(3000m³/s,约 3 年一遇)要求。可见,即使考虑与老口水利枢纽联合调度,由于百色水库原单库防洪调度规则偏重于对中小洪水的拦蓄,过早地占用了防洪库容,百色、老口水库按现状调度方式联合调度并不能完全满足将南宁市 200 年一遇洪水削减为 50 年一遇的防洪目标。

基于百色水库防洪调度任务的调整,为满足郁江中下游地区新的防洪需求,进一步挖掘百色水库的防洪效益,研究百色、老口水库联合防洪优化调度,重点研究在不改变原设计防洪库容和特征水位的前提下,针对流域水文特性及新的防洪调度任务优化百色水库调度规则,是十分必要且迫切的。

3 百色、老口水库联合防洪调度研究

3.1 防洪控制断面与安全泄量

百色、老口水库联合调度的主要防洪目标是郁江中下游的南宁市,因此,郁江防洪控制断面选择南宁断面。郁江中下游南宁市城市防洪堤按照 50 年一遇标准设计,相应的安全泄量为 18400m³/s。

百色水库下游有百色市城区,田东、田阳、平果等县城,根据右江沿岸的洪水灾害调查资料分析,百色水库最大泄量 3000m³/s 时,右江洪水基本控制在 3 年一遇左右,百色城区及县城基本不受淹。根据百色水文站与右江下游下颜站实测流量分析,大洪水沿程经过河道槽蓄,下颜洪峰流量较百色水文站增加不多,百色水文站洪水基本可以代表右江下游洪水。可见,百色水库的调度还需兼顾右江的防洪安全,右江防洪控制断面选择百色水文站,相应安全泄量为 3000m³/s。

3.2 两水库防洪调度作用定位

百色水库控制集水面积占南宁水文站集水面积的 27%,包括左江在内的 73% 的区间流域来水不受百色水库控制;老口水库位于郁江干流,完全控制了左、右江洪水。由于百色水库控制集水面积较小,区间洪水较大,水库防洪调度采用补偿防洪调度方式,利用百色水库防洪库容错区间(左江)洪峰;老口水库控制集水面积较大,距离防洪控制断面南宁的距离很近,采用固定泄量调洪方式。

3.3 老口水利枢纽调度规则优化的可能性分析

老口水利枢纽实际调度运行根据入库流量进行腾空、恢复天然、拦蓄洪峰三个阶段的运行。当入库流量在 3000~6300 m³/s 时为了控制淹没,水库水位从 75.5m 逐步降低到 72.0m,水库进行腾空调度;水库水位下降至 72.0m 后,当入库流量在 6300~18400m³/s 时,水库逐步加大泄量直至敞泄,恢复天然河道;当入库流量在 18400~21800m³/s 时,调度规则是按"削平头"的理想调度方式,控泄流量为下游南宁安全泄量 18400m³/s,若减小控泄流量会增加库区淹没范围,优化空间不大,故老口水利枢纽调度规则进一步优化的空间不大。

3.4 百色水库拦蓄洪水时机及控泄流量

为确定百色水库拦蓄右江洪水错左江洪水的最佳蓄水时机,根据历年实测资料统计南宁站最大洪峰流量小于 10000m³/s 的 25 年中,有 21 年崇左流量小于 6000m³/s,占 84%;南宁站最大洪峰处于 10000~11000m³/s 的 2 年中,崇左站流量均大于 6000m³/s;南宁站最大洪峰大于 11000m³/s 的 15 年中,崇左流量

均大于 8000m³/s,其中有 12 年崇左站洪峰大于 9000m³/s,占 80%。以上分析表明,当崇左站流量大于 6000m³/s 时,南宁站防洪压力较大,百色水库的拦蓄时机可选择在崇左站流量 6000～9000m³/s。

根据 3.1 节防洪控制断面与安全泄量分析的右江百色断面安全泄量为 3000m³/s,拟定百色水库控泄流量随崇左站及南宁站流量增大由 3000m³/s 逐级减小。

3.5 百色、老口水利枢纽联合防洪优化调度方案

针对百色、老口水利枢纽按照原设计调度规则调度无法满足郁江防洪需求这一问题,结合郁江流域新的防洪调度任务和洪水特性,进一步优化百色、老口水利枢纽联合防洪调度方式。根据 3.3 节老口水利枢纽调度规则优化的可能性分析,老口水利枢纽由于淹没问题暂无法进一步优化其调度。百色水库的单库调度规则以将南宁 50 年一遇洪水削减为 20 年一遇为主要目标,着重控泄中小洪水,随着防洪调度任务的调整,需要将南宁 200 年一遇洪水削减为 50 年一遇作为主要调度目标,着重研究百色水库的调度方式的优化。

结合下游河道安全泄量及洪水传播规律等,充分利用现有河道泄洪能力,根据不同洪水组成情况,对水库进行固定泄量下泄或者补偿调节等运用方式进行调度[4]。考虑到合理性和可操作性,令百色泄流量随左江崇左站洪水的增加逐级减小,充分发挥百色水利枢纽的补偿调度作用。优化后百色水库调度规则见表 2,老口水利枢纽维持初步设计调度规则不变。

表 2　　　　　　　　　　　　百色水库优化防洪蓄泄规则　　　　　　　　　　　　流量单位:m³/s

判别条件	控泄条件		百色控泄流量
	崇左	百色入库、老口入库	
南宁涨水	$Q_{崇左}<6000$		3000
	$6000 \leqslant Q_{崇左}<9000$		2000
	$Q_{崇左} \geqslant 9000$	$Q_{百色入库} \geqslant 4000$	1000
		$Q_{百色入库}<4000$ 时崇左退水且 $Q_{老口入库} \leqslant 18400$	1000
		$Q_{百色入库}<4000$ 时崇左涨水或 $Q_{老口入库}>18400$	100
南宁退水			3000
百色水库水位 $\geqslant 228m$			敞泄(不超过天然流量)

4　联合防洪优化调度效果

4.1　方案拟定

将百色水库按原设计调度规则作为方案一,前文拟定的百色水库优化调度方式作为方案二(两个方案中老口水利枢纽均按原设计调度规则与百色水库联合调度),分析百色水库优化调度能否进一步提高郁江防洪控制断面南宁和西江下游防洪控制断面梧州的防洪能力。

4.2　对郁江干流南宁断面防洪效果

采用联合优化调度规则对上述 22 场设计洪水过程线进行调洪计算,结果表明,优化后两库联合调度可将南宁 200 年一遇洪水削减至 38～50 年一遇,22 场洪水全部能将南宁 200 年一遇洪水削减至 50 年一遇以下;可将南宁 100 年一遇洪水削减至 27～50 年一遇,22 场洪水全部满足将南宁 100 年一遇洪水削减至 50 年一遇的防洪目标。优化后两库联合调度可将右江 50 年一遇洪水削减至 3～6 年一遇,22 场洪水全部能将右江 50 年一遇洪水削减到 10 年一遇以下,其中仅有 1 场不能满足右江安全泄量的要求。

表3　　　　　百色、老口水利枢纽联合防洪优化调度对百色断面调洪效果表(50年一遇洪水)

序号	设计洪水地区组成	年型	百色断面					
			方案一(原设计调度)			方案二(优化调度)		
			调度后 (m³/s)	削减洪峰 (m³/s)	调洪后重现期 (年)	调度后 (m³/s)	削减洪峰 (m³/s)	调洪后重现期 (年)
1	典型年	1937	3000	7159	3	3000	7159	3
2		1942	3000	455	3	3000	455	3
3		1946	3000	5328	3	3000	5328	3
4		1955	2917	0	3	2917	0	3
5		1958	3903	1584	4	3000	2487	3
6		1968	4013	3333	5	3000	4346	3
7		1971	5018	712	7	4408	1321	6
8		1985	3000	1956	3	3000	1956	3
9		1986	3086	4122	3	3000	4208	3
10		1992	3000	1782	3	3000	1782	3
11		1994	3000	1551	3	3000	1551	3
12		2001	3265	7940	3	3000	8205	3
13	百色南宁同频, 区间相应	1937	3000	5840	3	3000	5840	3
14		1942	3000	5840	3	3000	5840	3
15		1968	4482	4358	6	3000	5840	3
16		2001	3000	5840	3	3000	5840	3
17		2008	3000	5840	3	3000	5840	3
18	百南区间与南宁同频,百色相应	1937	3000	8736	3	3000	8736	3
19		1942	3000	3087	3	3000	3087	3
20		1968	3465	6085	4	3000	6550	3
21		2001	3000	7039	3	3000	7039	3
22		2008	3000	4355	3	3000	4355	3

表4　　　　　百色、老口水利枢纽联合防洪优化调度对南宁断面调洪效果表(200年一遇洪水)

序号	设计洪水地区组成	年型	南宁断面					
			方案一(原设计调度)			方案二(优化调度)		
			调度后 (m³/s)	削减洪峰 (m³/s)	调洪后重现期 (年)	调度后 (m³/s)	削减洪峰 (m³/s)	调洪后重现期 (年)
1	典型年	1937	18400	3700	50	18400	3700	50
2		1942	18400	3700	50	18400	3700	50
3		1946	17785	4315	39	18400	3700	50
4		1955	18400	3700	50	18400	3700	50
5		1958	20390	1710	105	18400	3700	50
6		1968	18400	3700	50	18400	3700	50
7		1971	19338	2762	68	18400	3700	50
8		1985	18400	3700	50	18400	3700	50
9		1986	18400	3700	50	18098	4002	44
10		1992	18400	3700	50	18400	3700	50
11		1994	18400	3700	50	18400	3700	50
12		2001	18400	3700	50	18400	3700	50

序号	设计洪水地区组成	年型	南宁断面					
			方案一（原设计调度）			方案二（优化调度）		
			调度后 （m³/s）	削减洪峰 （m³/s）	调洪后重现期 （年）	调度后 （m³/s）	削减洪峰 （m³/s）	调洪后重现期 （年）
13	百色南宁同频，区间相应	1937	18400	3700	50	18400	3700	50
14		1942	18400	3700	50	17718	4382	38
15		1968	19972	2128	89	18400	3700	50
16		2001	18119	3981	44	18400	3700	50
17		2008	18400	3700	50	18400	3700	50
18	百南区间与南宁同频，百色相应	1937	18400	3700	50	18400	3700	50
19		1942	18400	3700	50	18400	3700	50
20		1968	18773	3327	56	18400	3700	50
21		2001	17981	4119	42	18400	3700	50
22		2008	18400	3700	50	18400	3700	50

与现状调度方式相比，优化后百色、老口水利枢纽联合防洪调度方式在对南宁及郁江中下游的防洪作用方面，对于50年一遇以上设计洪水，优化后两库联合调洪效果整体优于现状调度方式，尤其是优化后所有年型全部满足将南宁200年一遇洪水削减到50年一遇的防洪目标。在对右江的防洪作用方面，优化后调度规则与现状调度规则均能将右江50年一遇洪水削减至10年一遇以下，两种调度方式均不能完全兼顾将右江百色断面流量控制在安全泄量以下，但优化后调度方式对右江沿岸的调度效果整体略优于现状调度方式。从可操作性角度分析，优化后百色水库调度规则控泄流量分级清晰，判断条件较为简单，可操作性优于现状调度规则。

4.3 对西江干流梧州断面调洪效果

郁江是西江最大的一级支流，在西江干流大藤峡水利枢纽下游约10km处汇入西江干流。随着大藤峡水利枢纽开工建设，西江流域防洪工程体系即将建成，在西江干流龙滩、大藤峡水利枢纽联合防洪调度的基础上，研究郁江水库群与西江干流骨干水库群的联合防洪调度是非常必要的。

对西江全流域型洪水"94•6"、中上游型洪水"49•7"和中下游型洪水"98•6""05•6"共4场典型和设计洪水进行调洪计算，两个方案对梧州站调洪效果见表4。从对西江干流梧州断面的调洪效果来看，与仅西江干流龙滩、大藤峡水利枢纽联合调度对比，郁江百色、老口水利枢纽参与联合调度后，对梧州断面的削峰作用有一定增大，但西江和郁江洪水成因和特性存在一定差异，西江洪水一般发生在6—7月，郁江洪水一般发生在8月以后，西江发生大洪水期间郁江洪水较小，导致郁江水库群的调洪效益无法充分发挥。如"94•6""98•6"和"05•6"典型洪水均是西江大洪水，同时期郁江南宁站洪水较小，百色水库未进入防洪调度，无法体现调洪效果；"49•7"典型洪水期间南宁站洪水约为2年一遇，百色水库启动了防洪调度，郁江百色、老口与西江干流水库群联合调度，对梧州的削峰作用增加了18～173m³/s。其中，方案2（百色水库优化调度）比方案1（百色水库原设计调度）对梧州断面的削峰作用增加略多，说明百色水库优化调度方案不仅对郁江南宁断面的调洪效果优于原设计调度方案，对西江干流梧州断面的调洪效果同样优于原设计调度方式。

表5 郁江百色、老口水库与西江干流骨干水库联合防洪调度效果表

| 洪水类型 | 年型 | 重现期（年） | ①联合调度（百老龙大四库）削梧州峰值 | | ②联合调度（龙大两库）削梧州峰值（m³/s） | ①－② | |
			方案1（百色原调度规则）（m³/s）	方案2（百色优化调度）（m³/s）		方案1（m³/s）	方案2（m³/s）
全流域	1994	典型	1900	1900	1900	0	0
		200	6000	6000	6000	0	0
		100	5400	5400	5400	0	0
		50	5300	5300	5300	0	0
中上游型	1949	典型	4518	4518	4500	18	18
		200	5052	5052	5000	52	52
		100	5719	5873	5700	19	173
		50	5421	5543	5400	21	143
中下游型	1998	典型	3400	3400	3400	0	0
		200	2400	2400	2400	0	0
		100	3100	3100	3100	0	0
		50	3400	3400	3400	0	0
	2005	典型	4300	4300	4300	0	0
		200	4400	4400	4400	0	0
		100	4100	4100	4100	0	0
		50	2800	2800	2800	0	0

5 结语

本研究根据郁江流域百色水库原设计防洪调度任务和调度规则面临优化和调整的实际情况，考虑与老口水库联合调度，优化其调度方式。与原设计调度规则相比，优化后调度方式能有效提高郁江流域的防洪能力，保障南宁市防洪安全。在防洪调度实践中，结合实时预报滚动调度，可进一步提高水库防洪效益，提高郁江、右江中下游的防洪保障能力。

由于郁江与西江洪水成因和特性存在明显不同，郁江水库群与西江龙滩、大藤峡水库联合调度，对西江干流梧州断面的防洪效果不显著。考虑到未来珠江流域支流柳江的落久、洋溪等大型控制性水库建成并逐步纳入西江干流水库群联合调度范围，届时梯级水库联合调度复杂程度还将进一步提高，本次研究思路可为未来柳江纳入西江水库群联合防洪调度提供参考和借鉴，对于提高整个珠江流域防洪能力，完善流域库群防洪调度体系具有重要现实意义。

参考文献

[1] 水利部珠江水利委员会. 珠江流域综合规划（2012—2030年）[R]. 广州：水利部珠江水利委员会，2013.
[2] 广西壮族自治区水利电力勘测设计研究院，水利部珠江水利委员会勘测设计研究院. 右江百色水利枢纽初步设计报告（2001年重编版）[R]. 南宁：广西壮族自治区水利电力勘测设计研究院，2001.
[3] 中水珠江规划勘测设计有限公司. 百色水利枢纽防洪调度任务调整专题研究[R]. 广州：中水珠江规划勘测设计有限公司，2020.
[4] GB/T 50587—2010，水库调度设计规范[S]. 北京：中国计划出版社，2010.
[5] 刘丽诗，翁士创，刘斌. 百色水库汛期划分及分期设计洪水的计算[J]. 水文，2009，12(29)：79-81.
[6] 黄光胆. 百色水利枢纽初期运行调度优化初探[J]. 广西水利水电，2017，(6)：93-96.
[7] 何素明. 百色水利枢纽工程任务和目标的调整[J]. 广西水利水电，2014，(5)：31-33.
[8] 张睿，李安强，丁毅. 金沙江梯级与三峡水库联合防洪调度研究[J]. 人民长江，2018，(7)：22-25.
[9] 刘宝军. 水库防洪调度存在的问题及对策[J]. 水利水电技术，1994，(5)：49-51.

长江流域水工程体系构建及联合调度技术研究

张睿　黄艳

（长江勘测规划设计研究有限责任公司，湖北武汉，430010）

摘　要:水工程联合调度是保障流域防洪安全、供水安全、生态安全的重要课题,如何构建流域水库、蓄滞洪区、涵闸泵站、引调水工程等水工程联合调度体系,充分协调和发挥水工程体系的综合效益,是当前水工程联合调度研究的关键。目前,长江流域已初步实现长江流域控制性水库群的联合调度应用,为长江流域水资源综合利用、水生态环境保护提供了有力的技术支撑,但是,如何将水库群与其他水工程进行联合调度应用,更好地为流域防洪减灾、水生态环境保护、水资源综合利用等发挥作用,是目前水工程调度应用中的现实问题。为此,本文在分析长江流域防洪减灾、供水保障、工程建设的基础上,探讨长江流域水工程联合调度可行性,分析提出长江流域水工程联合调度体系;以控制性水库、蓄滞洪区、排涝泵站等水工程联合防洪调度为切入点,探索流域水工程在参与联合调度中的定位作用和协调方式,并对水工程联合水量调度进行初步探讨,为充分发挥水工程在流域防洪减灾、供水保障、生态保护等方面的综合效益,补齐当前水工程体系运行管理的突出短板,完善水工程运行管理监管工作提供重要支撑。

关键词:水工程调度;防洪调度;长江中下游;水库调度;蓄滞洪区

1　引言

现有国家法律法规和标准规范均对水工程进行了不同程度的界定:《中华人民共和国水法》规定,水工程是指在江河、湖泊和地下水源上开发、利用、控制、调配和保护水资源的各类工程;2017年颁布实施的中华人民共和国水利行业标准《水利水电工程等级划分及洪水标准》(SL 252—2017)规定,水利水电工程按功能可分为防洪工程、治涝工程、灌溉工程、供水工程、发电工程。而水利水电工程是通常由多种水工建筑物组合起来能发挥单项或综合功能的系统,分类之间有交叉关系,也有从属关系,比如治涝工程、灌溉工程、供水工程中均包含泵站工程,而水库工程可能涵盖防洪、灌溉、供水、发电等多功能,这给水工程的定义和分类造成了困难。为便于研究工作推进和表述统一,结合现有法律规范及实践经验,明确水工程是指包括水库及水电站、拦河闸、堤防、蓄滞洪区、泵站、渠道等实现流域防洪、治涝、灌溉、供水、发电功能的各类工程。

水工程作为流域开发治理的骨干工程措施,是实现流域防洪减灾、水量时空调节和分配、维护流域生态平衡与改善水生态环境的主要载体,在保障流域防洪安全、供水安全、生态安全、能源安全及生态环境保护修复等方面均发挥着不可替代的作用[1]。长江流域涉及我国19个省(自治区、直辖市),是我国水资源配置的战略水源地、实施能源战略的主要基地、珍稀水生生物的天然宝库、连接东中部的"黄金水道"和改善我国北方生态与环境的重要支撑点。改革开放以来,按照长江流域综合规划的总体布局,长江干支流的一大批

基金项目:国家重点研发计划项目(2016YFC0400907)。

通信作者简介:张睿(1987—),男,博士,高级工程师,主要从事水利规划、水库群运行调度方面的研究,E-mail:ruiz6551@foxmail.com。

控制性水利工程,包括水库工程、蓄滞洪区、排涝闸站、跨流域调水工程、灌溉引江工程等正逐步建成,这些控制性水工程为促进长江经济带可持续发展和长江大保护提供有力保障。

近年来,为充分发挥已建水工程在防汛抗旱、水资源利用、水生态环境保护等方面的综合效益,以水库群联合调度为重点的联合调度研究领域实现了创新突破,在防洪调度[2]、蓄水调度[3]、发电调度[4]、供水生态[5]、系统建设[6]等方面取得了丰硕成果。在相关研究成果的指导和支持下,以国家防总批复的长江流域控制性水库群联合调度年度方案为标志,长江流域纳入联合调度的水库数量由2012年的10座增加至2018年的40座,在应对2016年、2017年长江中游型洪水[7],2018年长江上游型较大洪水,2020年长江全流域性历史大洪水、汛末联合蓄水、金沙江及汉江生态调度等过程中,控制性水库群在保障人民群众人身财产安全和发挥了巨大的作用。

然而,随着三峡工程以及长江中上游干支流控制性水库群,以及流域内包括蓄滞洪区、大型涵闸、泵站等大批具有防洪、排涝、供水、航运、跨流域调水、生态环境保护等不同功能的水利工程的建成运行,单纯以水库为对象的联合调度方式已满足不了当前以水安全保障为基础、以水生态修复和水环境保护为核心的流域管理新要求,如何在已有水库群联合调度研究与实践基础上,进一步开展和完善水工程联合调度,为长江大保护和长江经济带绿色发展提供流域管理保障,是摆在长江流域面前的一道亟待解决的难题。

2 长江中下游水工程联合调度体系

为保障长江中下游流域防洪安全,经过数十年的防洪工程建设,长江中下游已基本形成以堤防为基础、三峡水库为骨干,其他干支流水库、蓄滞洪区、河道整治相配合的综合防洪体系,防洪能力得到显著提高。

2.1 控制性水库工程

长江流域已建有长江三峡、金沙江溪洛渡、向家坝等一批库容大、调节能力好的综合利用水利水电枢纽,是长江流域防汛抗旱、水资源综合利用的重要工程。长江流域已建成大型水库(总库容在1亿 m³ 以上)285座,总调节库容约1800亿 m³,防洪库容约770亿 m³。其中,长江上游(宜昌以上)大型水库102座,总调节库容约800亿 m³,预留防洪库容396亿 m³;中游(宜昌至湖口)大型水库164座,总调节库容945亿 m³、预留防洪库容约330亿 m³。目前,长江流域水库群联合调度研究与实践已取得显著成效,这为水工程联合调度的进一步拓展打下了坚实的基础。长江流域控制性水库见图1所示。

长江流域水库群调度在应对2016年、2017年长江中游型洪水,2018年长江上游型较大洪水,以及金沙江堰塞湖应急处置、汛末联合蓄水等过程中发了重要的作用。2018年汛期,长江发生上游岷江、大渡河、沱江、涪江、嘉陵江上游发生大洪水或特大洪水,长江上游水库群拦蓄洪量累计111亿 m³,有效地避免了嘉陵江重点河段水位超保证水位,降低下游洪峰水位2~4m,大大减轻了岷江下游、长江干流荆江河段的防洪压力。2018年堰塞湖险情多发,仅金沙江干流白格段就连续发生2次堰塞湖险情,通过联合调度金沙江中游梯级水库,采用梯级水库提前降低水位、联合拦洪削峰等调度方式,有效地保障了金沙江中游梯级水库工程安全和下游群众生命安全。2017—2018年枯水期,上游水库群共向长江中下游补水近500亿 m³,三峡水库累计向长江中下游补水177天,丹江口水库2017年11月—2018年10月累计向北方供水74.63亿 m³,超额完成供水任务。2018年汛末,长江水利委员会安排上游水库群有序分期蓄水,上游水库群基本蓄满,三峡水库连续第9年完成175m试验性蓄水任务,纳入联合调度的长江上游控制性水库可供用水量达481亿 m³,有力地保障了供水、生态、发电、航运等各项用水需求。2018年,长江流域有三峡、溪洛渡、向家坝、汉江丹江口及中下游梯级水库都进行了生态调度试验,参与生态调度的水库数量进一步增加,溪洛渡、向家坝、三峡水库进行了多次联合生态调度试验,丹江口与汉江中下游梯级也首次实施了联合生态调度试验,生态监测结果表明,生态调度试验既取得了良好的调度效果,还积累了许多有益经验。

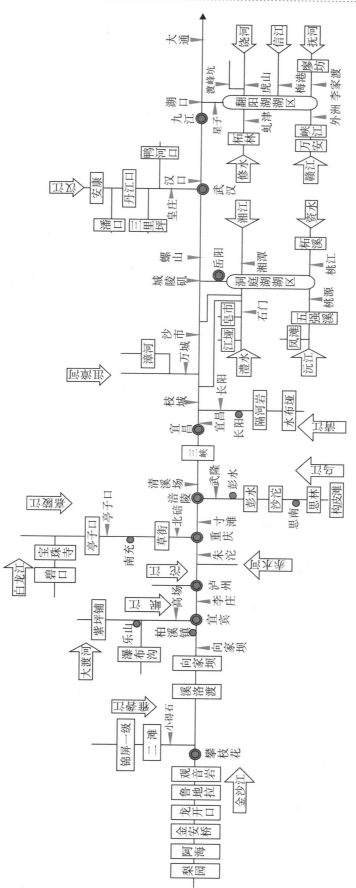

图1 长江上中游防洪控制性水库概图

2.2 蓄滞洪区

由于长江中下游洪水来量大而河道泄洪能力不足,遇大洪水时,需运用蓄滞洪区蓄纳超额洪水。为指导蓄滞洪区建设,《长江流域综合规划(2012—2030年)》[8]根据长江中下游防洪现状,考虑三峡工程及至规划水平年上游控制性水库建成后长江中下游防洪形势的变化,按照蓄滞洪区启用概率和保护对象的重要性,制定蓄滞洪区总体布局。目前长江中下游的荆江地区、城陵矶附近区、武汉附近区、湖口附近区等地区共安排了42处蓄滞洪区,蓄滞洪区总面积为1.24万km²,有效蓄洪总容积约590亿m³。

表1   长江中游蓄滞洪区

地区	蓄滞洪区
荆江地区	荆江分洪区、涴市扩大区、虎西备蓄区、人民大垸
城陵矶附近地区	钱粮湖垸、共双茶垸、大通湖东垸、澧南垸、围堤湖垸、民主垸、城西垸、西官垸、建设垸九垸、屈原垸、建新垸、江南陆城垸、六角山垸、安澧垸、安昌垸、安化垸、南顶垸、和康垸、南汉垸、义合垸、北湖垸、集成安合垸、君山垸、洪湖东分块、洪湖中分块、洪湖西分块
武汉附近地区	杜家台、西凉湖、武湖、涨渡湖、白潭湖、东西湖
湖口附近地区	康山、珠湖、黄湖、方洲斜塘、华阳河

2.3 堤防工程

长江中下游堤防包括长江干堤、主要支流堤防,以及洞庭湖、鄱阳湖区堤防等,总长约3万km。长江中下游堤防是长江流域防洪的基础。1972年、1980年,国家两次召开长江中下游防洪座谈会,确定长江中下游干流宜昌—湖口河段堤防设计洪水位分别为沙市45.00m、城陵矶34.40m、汉口29.73m、湖口22.50m。

荆江大堤、无为大堤、南线大堤、汉江遥堤以及沿江全国重点防洪城市堤防为1级堤防。松滋江堤、荆南长江干堤、洪湖监利江堤、岳阳长江干堤、四邑公堤、汉南长江干堤、粑铺大堤、黄广大堤、九江大堤、同马大堤、广济圩江堤、枞阳江堤、和县江堤、江苏长江干堤等为2级堤防。洞庭湖区、鄱阳湖区重点圩垸堤防为2级,国家确定的蓄滞洪区其他堤防为3级。汉江下游干流堤防为2级。

3 长江中下游水工程联合防洪调度方式研究

三峡水库和中游蓄滞洪区是长江中下游防洪最重要的工程措施,目前围绕以三峡为核心的长江上中游水库群联合调度相关研究及应用已日趋成熟,随着蓄滞洪区建设的逐步完善,开展水库群与蓄滞洪区的统一调度不仅在技术上具有可行性,在调度实践中也具备可操作性。

3.1 三峡水库防洪调度方式

三峡水库是长江中下游防洪体系中的关键性骨干工程,位于长江干流最末一梯级,在控制长江中下游洪水方面起到总阀门的作用,利用其防洪库容对长江上游洪水进行控制调节,是减轻长江中下游洪水威胁,防止长江出现特大洪水时发生毁灭性灾害的最有效措施。长江勘测规划设计研究有限责任公司在论证和初步设计阶段对三峡水库防洪调度方式进行了大量的研究,在对荆江河段补偿调度方式研究的基础上,结合近期的江湖关系变化以及金沙江下游梯级水库建成后的所构成的水库群系统,2019年,对三峡水库防洪调度方式作了进一步深入研究。

3.1.1 三峡水库对荆江补偿调度方式

根据三峡工程防洪规划,由三峡工程对长江洪水进行调控,使荆江地区防洪标准达到100年一遇,在遭遇1000年一遇或者类似1870年时,控制枝城泄量不大于80000m³/s,在分蓄洪区的配合运用下保证荆江河段行洪安全,避免发生毁灭性灾害。

3.1.2 三峡水库兼顾城陵矶河段防洪补偿的调度方

兼顾对城陵矶河段进行防洪补偿调度主要适用于长江上游洪水不大,三峡水库尚不需要为荆江河段防洪大量蓄水,而城陵矶(莲花塘)站水位将超过长江干流堤防设计水位,需要三峡水库拦蓄洪水以减轻该地区分蓄洪压力的情况。汛期需要三峡水库为城陵矶地区拦蓄洪水,且水库水位不高于155.0m时,按控制城陵矶(莲花塘)站水位34.4m进行补偿调节;当三峡水库水位高于155.0m之后,一般情况下不再对城陵矶河段进行防洪补偿调度,转为对荆江河段进行防洪补偿调度;如城陵矶附近地区防汛形势依然严峻,视实时雨情水情工情和来水预报情况,可在保证荆江地区和库区防洪安全的前提下,加强溪洛渡、向家坝等上游水库群与三峡水库联合调度,进一步减轻城陵矶附近地区防洪压力,为城陵矶防洪补偿调度水位原则上不超过158.0m[10]。

3.1.3 减轻中游防汛压力的中小洪水调度方式

当预报未来3天荆江河段沙市站将超过42.5m时,三峡水库可以相机拦洪削峰,控制沙市站不超过43.0m,减轻荆江河段防洪压力,调洪最高水位一般按不超过148.0m控制;当上游及洞庭湖水系处于退水过程,且预报未来5天无中等强度以上降雨过程时,可进一步提高至150.0m。当预报未来5天城陵矶(莲花塘)站水位将超过32.5m且预报未来5天三峡水库入库流量不超过55000m³/s时,三峡水库可以相机拦洪削峰,减轻城陵矶附近地区防洪压力,调洪最高水位一般按不超过148.0m控制。

3.2 长江中下游水工程联合防洪调度方式

由三峡水库和长江中游蓄滞洪区现有调度方式可知,对于满足长江中下游1854年防洪标准和荆江河段100年一遇防洪标准,仍需水库与蓄滞洪区配合运行,这为以水库和蓄滞洪区为代表的水工程联合防洪调度提出了客观需求。同时,相较于堤防、排涝泵站等对流域防洪具有影响的其他水工程,水库与蓄滞洪区的调度灵活性和配合适应性也使水工程联合防洪调度不仅技术上具有可行性,在调度实践中也具备可操作性。因此,拟在上述三峡水库及蓄滞洪区独立运行方式的基础上,考虑中下游荆江河段、城陵矶地区、汉口附近地区、湖口附近地区等防洪对象的防洪需求,提出以水库、蓄滞洪区为主要组成部分的长江中下游水工程联合防洪调度方式。

3.2.1 对荆江河段的防洪调度

充分利用河道下泄洪水,调度运用三峡和上游水库联合拦蓄洪水,适时运用清江梯级水库错峰,相机运用荆江两岸干堤间洲滩民垸行蓄洪水。当三峡水库水位低于171.0m时,控制沙市水位不高于44.50m;当三峡水库水位在171.0~175.0m时,控制枝城最大流量不超过80000 m³/s,配合分洪措施,控制沙市水位不超过45.00m。

3.2.2 对城陵矶河段的防洪调度

(1)在长江上游来水不大,三峡水库尚不需为荆江河段防洪大量蓄水,而城陵矶附近防洪形势严峻时,长江上游干支流控制性水库配合三峡联合运用,三峡水库兼顾对城陵矶河段进行防洪补偿调度水位按158.0m控制,沙市水位不高于44.50m、同时城陵矶水位不超过34.40m;当三峡水库水位高于158.0m,三峡水库转为对荆江河段进行防洪补偿调度。

(2)城陵矶水位预报将达到34.40m并继续上涨,且三峡水库水位在158.0m以下时,三峡水库按控制城陵矶水位不高于34.40m进行防洪补偿调度;当三峡水库水位达到158.0m,如城陵矶水位仍将达到

34.40m并继续上涨,则采取城陵矶附近区蓄滞洪区分洪措施。

(3)洞庭湖四水尾闾水位超过其控制水位(湘江长沙站39.00m、资水益阳站39.00m、沅水常德站41.50m、澧水津市站44.00m),危及重点垸和城市安全,可先期运用四水尾闾相应蓄滞洪区。

3.2.3 对武汉河段的防洪调度

(1)当武汉河段发生较大洪水时,根据洪水地区组成充分利用三峡水库和丹江口等水库的洪水拦蓄作用,相机运用杜家台蓄滞洪区分蓄洪水,必要时启用部分分蓄洪民垸蓄洪。

(2)汉口水位达到28.50m,并预报继续上涨,视实时洪水水情,充分利用洲滩民垸进洪扩大河道泄洪能力,当汉口水位达到29.00m时洲滩民垸可全部运用;汉口水位达到29.50m,并预报继续上涨时,启用武汉附近蓄滞洪区。

3.2.4 对湖口河段的防洪调度

(1)湖口水位达到20.50m时,并预报继续上涨,视实时洪水水情,充分利用洲滩民垸进洪、河(湖)泄(蓄)洪水。湖口水位达到21.50m时,洲滩民垸可全部运用。

(2)湖口水位达到22.50m,并预报继续上涨,现状依次运用康山、珠湖、黄湖、方洲斜塘和华阳河蓄滞洪区等蓄滞洪区,控制河段水位不超过22.60m。

4 防御1954年洪水效果分析

长江中下游总体防洪标准为防御中华人民共和国成立以来发生的最大洪水,即1954年洪水,在发生类似1954年洪水时,保证重点保护地区的防洪安全。为此,将前述提出的长江中下游水工程联合防洪调度方式应用于防御1954年洪水,并分析其防洪效果。本次模拟计算将蓄滞洪区的启动顺序与开启方式纳入计算条件,并与水文学方法计算的超额洪量进行比较,得到1954年实际洪水模拟调度中游蓄滞洪区运用成果,详见表2。

表2   **1954年实际洪水模拟计算超额洪量**   单位:亿 m³

蓄滞洪区	水文学方法	水力学方法
城陵矶附近区	233	233.1
武汉附近区	53	77.1
湖口附近区	39	46.5
合计	325	333.8

1954年实际洪水模拟计算成果表明:在城陵矶附近区,运用15处重要和一般蓄滞洪区,共分蓄洪233亿 m³,各蓄滞洪区的蓄满率在68.8%~102.9%,莲花塘最高水位为34.78m;在武汉附近区,水文学方法计算超额洪量为53亿 m³,模拟计算中运用杜家台、西凉湖2个蓄滞洪区,共分洪77.1亿 m³,可控制汉口水位在不超过29.60m;在湖口附近区,水文学方法计算超额洪量为39亿 m³,模拟计算中运用全部5个蓄滞洪区,共分洪47亿 m³,可将湖口站水位控制在22.50m。

然而,超额洪量的计算还受到纳入调度计算的水库规模、上游水库群联合调度方式、中下游江湖蓄泄能力及模拟计算精度等多方面影响,随着长江中下游水工程联合调度模型的不断完善,今后将在上述研究进展的基础行,继续对中下游超额洪量的计算方式和分布规律进行深入研究。

5 结论

长江流域已初步实现长江流域控制性水库群的联合调度应用,为长江流域水资源综合利用、水生态环境保护提供了有力的技术支撑,但如何实现水库群与蓄滞洪区、涵闸泵站等水工程的统一调度应用,更好地发挥水工程统一调度的工程效益,是目前水工程联合调度应用中的亟待解决的技术难题。因此,本文在充分分析长江中下游流域水工程建设现状的基础上,结合流域规划、已有研究成果和调度实践总结,论证了水库和蓄滞洪区开展联合防洪调度的可行性,进而探索并初步提出了流域水工程在参与长江中下游联合防洪调度中的作用和协调方式,为实施长江流域控制性水工程联合调度、充分发挥控制性水利水电工程整体综合效益作出了有益的尝试。

参考文献

[1] 陈进.长江流域水资源调控与水库群调度[J].水利学报,2018,49(22):2-8.

[2] 李安强,张建云,仲志余,等.长江流域上游控制性水库群联合防洪调度研究[J].水利学报,2013,(1):59-66.

[3] 周研来,郭生练,陈进.溪洛渡—向家坝—三峡梯级水库联合蓄水方案与多目标决策研究[J].水利学报,2015,46(10):1135-1144.

[4] 陈森林梁斌李丹陶湘明.水库中长期发电优化调度解析方法及应用[J].水利学报,2018,49(5):168-177.

[5] 陈悦云,梅亚东,蔡昊,等.面向发电、供水、生态要求的赣江流域水库群优化调度研究[J].水利学报,2018,49(2):628-638.

[6] 李文俊,赵文焕,杨鹏,等.长江流域控制性水利工程综合调度系统研究[J].信息化建设,2018,6(28):25-28.

[7] 金兴平.长江上游水库群2016年洪水联合防洪调度研究[J].人民长江,2017,48(4):22-27.

[8] 水利部长江水利委员会.长江流域综合规划(2012—2030年)[R].武汉:水利部长江水利委员会,2012.

[9] 余启辉,要威,宁磊.长江中下游蓄滞洪区分类调整研究[J].人民长江,2013,44(10):48-51.

[10] 张睿,李安强,丁毅.金沙江梯级与三峡水库联合防洪调度研究[J].人民长江,2018,49(13):22-26.

[11] 中华人民共和国国务院.长江防御洪水方案[R].北京:中华人民共和国国务院,2015.

长江上游梯级水库群中长期发电航运联合调度研究

曾宏　杨悦　谢航　黄炜斌　陈仕军　马光文

(四川大学水利水电学院,四川成都,610065)

摘　要:白鹤滩、乌东德、双江口、两河口等长江上游骨干水库相继建成投运,对提高长江上游梯级水电群的发电能力、改善航运条件、增强防洪抗洪能力、提高流域水安全保障能力发挥重要作用。本研究以枯期流域出口断面年内最小旬流量尽可能大和梯级年发电量最大为目标函数,建立了金沙江、大渡河、雅砻江大规模梯级水库群联合发电航运的中长期优化调度模型,并采用逐步优化算法进行求解。结果表明,通过跨流域梯级水库群的调节作用,长江上游李庄断面枯水期的最小通航流量得到有效改善。

关键词:航运调度;大规模水库群;联合优化运行;中长期优化调度;长江上游梯级水电;逐步优化算法

长江是亚洲第一长河,河道落差大,水力资源丰富,是世界水能第一大河。长江拥有发展航运独特的地理优势和巨大潜力,其发展对"长江经济带"和"一带一路"国家战略的实施具有重大意义[1-2]。"十四五"时期,长江上游白鹤滩、乌东德、双江口、两河口等骨干水库将相继建成投运,对长江流域的航运、发电、防洪等综合利用提出新的要求。

针对航运调度问题,陈芳[3]在耦合防洪与航运的多目标梯级水库群联合优化调度模型的基础上,研究了金沙江下游溪洛渡—向家坝梯级的防洪与航运调度,周建中等[4]考虑了防洪、航运和发电多目标优化问题,提出了三峡梯级汛期综合运用方案,张先平等[5]探析了三峡—葛洲坝梯级对长江中下游枯期小流量情况下的补水能力,并提出了兼顾航运需求的水库调度方式。现有兼顾航运的水库调度理论和方法局限于单个梯级水库,涉及的电站规模较小,对于多流域联合调度的研究尚少。本文以长江上游干支流金沙江、雅砻江、大渡河梯级水电站群为研究对象,开展大规模水库群联合调度对长江上游李庄断面枯期最小流量的提升及水库群中长期优化运行方式的研究,为水库群制定调度计划提供参考。

1　长江上游以上梯级水电现状

长江流域水电蕴藏量巨大,是我国水资源量最丰富的地区,其上游囊括雅砻江、金沙江、大渡河、乌江四大水电基地。自国家实施西部大开发战略以来,为充分利用西南地区丰富的水能资源,确保国民经济增长对电为供应的持续需求,长江上游已规划一大批调节性能较强的水库水电站,其中具有多年调节能力的有两河口水库,年调节能力水库有锦屏一级、双江口、瀑布沟水库,具有季调节能力的有乌东德、白鹤滩、溪洛渡、二滩、猴子岩、长河坝水库。目前,雅砻江下游锦屏一级、二滩水库已建成投运,中游双江口计划于2023年建设完成,大渡河是岷江的最大支流,其下游瀑布沟水库已建成投运,双江口水库计划于2022年建成,金沙江下游梯级中的乌东德、溪洛渡水库已实现投产运行,白鹤滩水电站计划于2021年投产,2025年长江上游大规模水库群基本形成完全投运下的联合调度格局。在此情景下,本文以雅砻江中下游、大渡河中下游、金沙江下游梯级水电站群为研究对象,考虑发电与航运结合为目标的梯级水电中长期联合优化调度,充分发挥长江上游的水能资源优势和潜力,分析航运对长江流域的发电能力的影响,对改善长江流域航运现状具有重要价值。

2 水库群优化调度模型构建及其求解

2.1 目标函数

目标Ⅰ:梯级最末一级水电站年内最小出库流量尽可能大。该目标旨在为流域出口断面提供尽可能大的、均匀的通航流量。

目标Ⅱ:梯级水电站年发电量最大,该目标旨在为电网提供尽可能多的清洁电量。

$$\begin{cases} f_1 = \mathrm{MaxMin}(D_{\mathrm{out},1}, D_{\mathrm{out},2}, \cdots, D_{\mathrm{out},T}) \\ f_2 = \mathrm{Max} \sum_{i=1}^{N} \sum_{t=1}^{T} (K_{i,t} \cdot Q_{i,t} \cdot H_{i,t} \cdot M_t) \end{cases} \tag{2}$$

式中,f_1 是梯级出口断面年内最小旬流量最大化的计算指标,m^3/s;$D_{\mathrm{out},t}$ 为梯级出口断面在第 i 时段的流量,m^3/s;f_2 是梯级水电站最大化的年发电量,亿 kW·h。$k_{i,t}$ 是电站 i 在第 t 时段的发电出力系数;$Q_{i,t}$ 是电站 i 在第 t 时段的发电流量,m^3/s;$H_{i,t}$ 是电站 i 在第 t 时段的平均发电净水头,m;N 是梯级水电站的总数,个;T 是年内计算时段的总数,个;M_t 是第 t 时段小时数,h。

2.2 约束条件

(1)水量平衡约束:

$$V_{i,t+1} = V_{i,t} + (q_{i,t} - Q_{i,t} - S_{i,t}) \cdot \Delta t \tag{3}$$

式中,$V_{i,t+1}$ 是电站 i 在第 $t+1$ 时刻的水库蓄水量,m^3;$V_{i,t}$ 是电站 i 在第 t 时刻的水库蓄水量,m^3;$q_{i,t}$ 是电站 i 在第 t 时段的入库流量,m^3/s;$S_{i,t}$ 是电站 i 在第 t 时段的弃水流量,m^3/s;Δt 是计算时段的长度,s。

(2)水库库容约束:

$$\underline{V}_{i,t} \leqslant V_{i,t} \leqslant \overline{V}_{i,t} \tag{4}$$

式中,$\underline{V}_{i,t}$ 是电站 i 在第 t 时刻的水库库容下限,m;$\overline{V}_{i,t}$ 是电站 i 在第 t 时刻的水库库容上限,m。

(3)电站过机流量约束:

$$Q_{it,\min} \leqslant Q_{i,t} \leqslant Q_{it,\max} \tag{5}$$

式中,$Q_{it,\min}$ 是考虑综合用水下,电站 i 在第 t 时段的最小过机流量,m^3/s;$Q_{it,\max}$ 是电站 i 在第 t 时段的最大过机流量,m^3/s。

(4)电站出力约束:

$$N_{it,\min} \leqslant K_i \cdot Q_{i,t} \cdot H_{i,t} \leqslant N_{it,\max} \tag{6}$$

式中,$N_{it,\min}$ 是电站 i 在第 t 时段允许的最小出力,万 kW;$N_{i,\max}$ 是电站 i 在第 t 时段允许的最大出力,万 kW。

(5)梯级电站水量联系约束:

$$q_{i,t} = Q_{i-1,t-1} + S_{i-1,t-1} + I_{i,j} \tag{7}$$

式中,$Q_{i-1,t-1}$ 是电站 $i-1$ 个(第 i 个电站的上游电站)$t-1$ 时刻的发电流量,m^3/s;$S_{i-1,t-1}$ 是第 $i-1$ 个电站(第 i 个电站的上游电站)$t-1$ 时刻的弃水流量,m^3/s;$I_{i,t}$ 是第 t 时刻第 $i-1$ 个电站到第 i 个电站的区间平均入流,m^3/s。

(6)变量非负约束:上述所有变量均为非负变量(≥0)。

2.3 求解方法

首先对目标函数进行处理,将式(2)中的最小下泄流量最大化目标转化为约束条件,通过直接调整控制阈值获取非劣解集。通过约束法,将多目标问题转化为单目标问题求解,实现降维,以降低求解难度。

$$\text{Min}(D_{out,1}, D_{out,2}, \cdots, D_{out,T}) \geqslant D^{(L)} \tag{8}$$

式中,$D^{(L)}$为流域出口断面流量的最小值。

水库优化调度的方法目前有确定性算法和随机性算法两大类。确定性算法如动态规划[6]、逐步优化算法[7]等,可以计算得到最优值,但随着水库的增加,容易引发"维数灾"。随机性算法如遗传算法[8]、粒子群算法[9]等,可以缓解"维数灾"问题,但计算结果不太稳定,容易陷入局部最优。鉴于本研究涉及水库数量较多,逐步优化算法在实际运用过程中,编程量较少,收敛性较好,作为本研究的求解算法。

3 联合调度效果分析

3.1 基础参数

雅砻江、大渡河、金沙江梯级骨干水库电站的具体参数见表1。以水利年(6月上旬到次年5月下旬)为计算周期,按旬划分为36个时段,选取丰、平、枯三个代表年进行优化计算。在计算中,具有季调节及以上性能的电站6月上旬水位、次年5月下旬水位取水库的死水位,季调节以下的水电站作为径流式电站进行定水位计算,水位取死水位与正常蓄水位的平均值。

表2 梯级电站综合参数表

参数	装机容量(万 kW)	正常蓄水位(m)	死水位(m)	汛限水位(m)	调节库容(万 m³)
双江口	200	2500	2420	2480	191694
猴子岩	170	1842	1802	1835	39008
长河坝	260	1690	1650	1685	41487
瀑布沟	360	850	790	841	389400
两河口	300	2865	2785	2845.9	656000
锦屏一级	360	1880	1800	1859	491100
二滩	330	1200	1155	1190	339300
乌东德	1020	975	945	952	302000
白鹤滩	1600	825	765	785	1043600
溪洛渡	1386	600	540	560	646160

3.2 联合调节效果

为了分析考虑发电航运跨流域梯级联合运行的调节效果,本文建立了考虑枯期最小出力尽可能大的梯级年发电量最大的调度模型(作为下文的方案1),模拟梯级联合运行的计算结果,将该结果与第三节的所建立的模型(作为下文的方案2)的计算结果进行对比,统计了丰、平、枯三个代表年两种方案李庄断面流量、梯级年发电量的变化情况,如表3、表4所示。

表3 长江上游李庄断面流量对比表

参数	方案1 断面流量 (m³/s)	方案2 断面流量 (m³/s)	提高量 (m³/s)	提高率 (%)
丰水年	4205.3	6069.0	1863.7	44.32
平水年	3950.0	5885.1	1935.1	48.99
枯水年	3663.5	5268.1	1604.6	43.80

表 4 梯级年发电量对比表

电站		项目			
		方案 1 年发电量 （亿 kW·h）	方案 2 年发电量 （亿 kW·h）	变化幅度 （亿 kW·h）	提高率 （%）
丰水年	双江口	92.68	92.00	−0.68	−0.73
	猴子岩	85.22	85.54	0.32	0.38
	长河坝	136.18	135.83	−0.35	−0.26
	瀑布沟	159.01	152.18	−6.83	−4.30
	两河口	141.42	141.15	−0.27	−0.19
	锦屏一级	221.77	221.26	−0.51	−0.23
	二滩	203.39	197.93	−5.46	−2.68
	乌东德	447.00	444.97	−2.03	−0.45
	白鹤滩	722.96	706.42	−16.54	−2.29
	溪洛渡	775.61	771.71	−3.90	−0.50
	梯级	4401.03	4364.63	−36.40	−0.83
平水年	双江口	88.35	86.93	−1.42	−1.61
	猴子岩	81.97	82.60	0.63	0.77
	长河坝	132.43	133.17	0.74	0.56
	瀑布沟	143.54	137.92	−5.62	−3.92
	两河口	148.68	147.93	−0.75	−0.50
	锦屏一级	237.2	235.52	−1.68	−0.71
	二滩	216.27	210.90	−5.37	−2.48
	乌东德	401.13	398.02	−3.11	−0.78
	白鹤滩	656.08	632.42	−23.66	−3.61
	溪洛渡	685.64	690.78	5.14	0.75
	梯级	4177.61	4146.51	−31.10	−0.74
枯水年	双江口	65.59	64.98	−0.61	−0.93
	猴子岩	60.56	61.84	1.28	2.11
	长河坝	96.63	97.65	1.02	1.06
	瀑布沟	107.31	102.40	−4.91	−4.58
	两河口	112.11	111.53	−0.58	−0.52
	锦屏一级	185.71	183.35	−2.36	−1.27
	二滩	163.25	161.29	−1.96	−1.20
	乌东德	352.88	350.09	−2.79	−0.79
	白鹤滩	558.32	545.91	−12.41	−2.22
	溪洛渡	605.26	605.43	0.17	0.03
	梯级	3417.00	3393.87	−23.13	−0.68

与方案 1 相比，方案 2 子流域梯级水库联合运行能够有效改善李庄水文站断面最小流量量值。在金沙江和岷江水库群联合调度下，丰、平、枯三个代表年，在梯级水库群的调蓄作用下，长江上游李庄断面最小旬流量分别为 6069.0 m³/s、5885.1 m³/s、5268.1 m³/s，梯级水电站年发电量分别为 4401.03 亿 kW·h、4177.61 亿 kW·h、3417.00 亿 kW·h，相比于考虑梯级水电站年发电量最大与枯期梯级最小出力最大化的双目标模型的计算结果，丰、平、枯三个代表年仅在梯级年发电量损失率分别为 0.83%、0.74%、0.68% 的情况下，实现对李庄水文站断面最小流量提升分别为 44.32%、48.99%、43.80%，梯级联合调度对通航流量的提升效果明显。

为了进一步剖析梯级水库群的联合调节作用,分析两种方案下逐旬水库水电站的水位变化,如图2所示。篇幅所限,这里仅展示枯水年的结果。

两河口均从11月开始消落,方案1两河口于2月上旬消落至死水位,而方案2的消落速率稍快,于1月中旬消落至死水位。方案1下锦屏一级11月—次年1月、二滩11月—次年2月、乌东德11月—次年2月、白鹤滩11月—次年3月、溪洛渡11月—次年4月、双江口11月、瀑布沟11月—次年2月保持高水位运行;而方案2下锦屏一级1月提前消落水位,二滩、白鹤滩12月提前消落水位,双江口、瀑布沟11月提前消落水位,乌东德2月提前消落水位,溪洛渡于4月提前消落水位。考虑航运的梯级联合调度下,调节性能较大的水库较先消落,以求在枯水期前段补充来水的匮缺,来提高水电站的最小下泄流量,从而也牺牲了一部分电量。而考虑出力的梯级调度下,由于枯水期初拥有较高的水头,相对水电站发电流量的需求较低,让李庄断面的出库流量波动频繁。

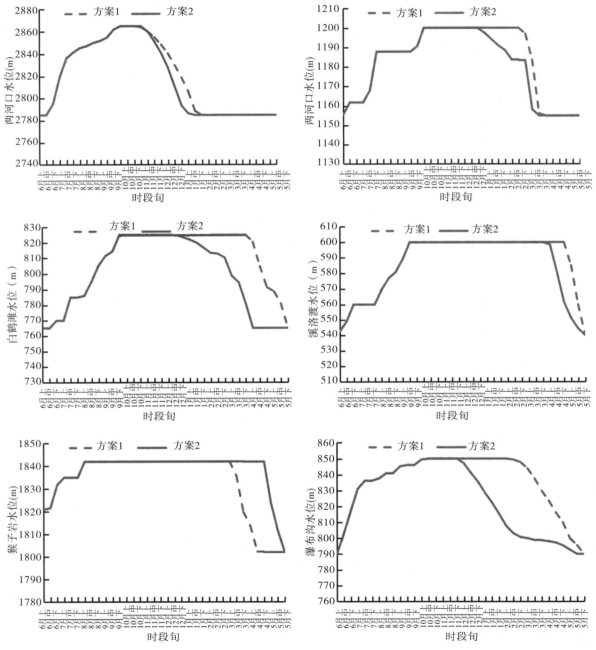

图2　部分水库水电站水位过程对比图

4 结论

以充分发挥长江上游梯级水库群发电与航运综合效益为出发点,建立了梯级水电站年发电量最大和枯期流域出口断面年内最小旬流量尽可能大的双目标模型,将逐步优化算法应用于模型的求解,统计了面向航运的长江上游梯级水库群联合调度的计算结果。与考虑梯级水电站年发电量最大与枯期梯级最小出力最大化的双目标模型的计算结果相比,该方案下可在丰、平、枯三个代表年的梯级年发电量损失率分别为 0.83%、0.74%、0.68% 的情况下,实现对李庄水文站断面枯期最小出库流量显著提升,提升率分别为 44.32%、48.99%、43.80%。计算结果表明,在该双目标模型下,既可以兼顾梯级发电效益,又可以充分利用雅砻江、大渡河、金沙江的库容能力,最大化长江上游李庄断面的航运潜力。

参考文献

[1] 李文杰,李伟明,杨胜发,等.航道承载力内涵及评价方法研究——以长江上游航道为例[J].重庆交通大学学报(自然科学版),2019,38(10):74-80.

[2] 黄镇东.加强长江上游航运发展研究,服务于"一带一路"和建设长江经济带的国家战略[J].重庆交通大学学报(自然科学版),2016,35(S1):1-7.

[3] 陈芳.金沙江下游梯级水库群优化调度研究及应用[D].武汉:华中科技大学,2017.

[4] 周建中,李纯龙,陈芳,等.面向航运和发电的三峡梯级汛期综合运用[J].水利学报,2017,48(1):31-40.

[5] 张先平,鲁军,邢龙,等.三峡—葛洲坝梯级水库兼顾航运需求的调度方式[J].人民长江,2018,49(13):31-37.

[6] 梅亚东,熊莹,陈立华.梯级水库综合利用调度的动态规划方法研究[J].水力发电学报,2007,(2):1-4.

[7] 徐廷兵,马光文,黄炜斌,等.溪洛渡—向家坝—三峡梯级水电站中长期优化调度研究[J].华东电力,2012,40(1):99-102.

[8] 魏加华,张远东.基于多目标遗传算法的巨型水库群发电优化调度[J].地学前缘,2010,17(6):255-262.

[9] 徐建新,吕爽,樊华.基于粒子群算法的太子河水量优化调度研究[J].华北水利水电大学学报(自然科学版),2016,37(3):32-35.

长江水文中游局"智慧水文"建设实践与探索

香天元[1]　吴琼[1]　张弛[2]

(1. 长江水利委员会水文局,湖北武汉,430010;

2.长江水利委员会水文局长江中游水文水资源勘测局,湖北武汉,430012)

摘　要:近年来,长江水文中游局(以下简称"中游局")大力推进"智慧水文"建设,在物联网感知体系建设、信息化、智慧化等方面取得了一系列的成果。系统总结了中游局近年来推进"智慧水文"建设的有关工作,在此基础上分析了中游局智慧水文工作推进中存在的问题,分析了当下"智慧水文"发展的趋势,从其顶层设计和基础建设、保证建设和维护资金投入、重视高层次人才培养等方面对中游局"智慧水文"下一阶段的工作提出了建议,以期对长江水文现代化发展提供借鉴。

关键词:智慧水文;信息化;大数据与智能化;长江中游;水质监测;河道勘测

2015 年长江水利委员会水文局提出"社会水文、智慧水文、绿色水文、和谐水文"四个水文发展新思路。长江水利委员会中游水文水资源局(以下简称"中游局")在全局的总体部署下,以科技创新为统领,大力推进"智慧水文"建设,使中游局信息化基建水平和业务能力大幅提升,并为改革水文测报方式,增强水文信息服务能力和领域提供了坚实的基础。经过多年的建设与发展,中游局"智慧水文"建设在信息基础设施、数据资源、业务与事务应用等方面均取得了重大进展,中游局"智慧水文智能控制重点实验室"荣获长江水利委员会首批科技创新基地试点。

1　中游局"智慧水文"现状

1.1　信息采集层

中游局下属的水文监测站点已全部采用了计算机智能控制、GPS 定位的流量施测技术,实现了水位、雨量、水温、气象、蒸发自动化测量、传输、数据校核与入库,部分重点水文站部署了网络视频监控系统,积极开展了国产超高频雷达测流、缆道雷达波自动测流、视频图像测流、定点雷达波测流、无人机"水位—流量"一体化监测、视频水位监测、国产 H-ADCP 测验等新型监测仪器设备运用,全局联网计算机、移动平板等数据录入设备越来越多。

1.2　网络传输层

中游局建成了覆盖局机关、勘测分局(中心)、水情分中心的计算机骨干传输网;与长江水利委员会、水文局机关及其他勘测局实现了网络互联互通,基于移动网络、有线网络、水利卫星信道建立下连测站、上达水文局的实时报汛网络体系,完成了汉口分局 5G 网络试点,在核心网络上部署了防火墙、APT 攻击预警平台等网络安全设备。

1.3　数据资源层

全局共配置服务器 25 套,建成了实时水情数据库、仪器设备管理数据库、车船管理数据库、37 码头水质在线监测数据库等基础数据库。此外,中游局部分部门和勘测分局(中心)根据生产与服务需要建设了多个面向应用的数据库。

1.4 业务与事务应用层

中游局建成了分局信息平台、仪器设备管理系统、车船管理系统、水文缆道远程控制系统、视频会议系统、37码头水质在线监测系统等业务系统,这些业务系统覆盖中游局业务的主要领域。根据水利部、长江水利委员会、水文局要求,推广应用了综合办公系统、RTX、财务报销管理系统、合同信息管理系统、水利蓝信安全移动平台、档案管理系统、长江水文App、水文监测App、长江水文云桌面、水文局水环境实验室信息管理系统(LIMS系统)等,初步实现了中游局事务综合管理系统的集成,基本实现事务综合管理的移动互联。目前,全局各级部门开发配置的各类应用软件达28套。在中游局业务与事务管理中,信息技术的广泛应用从根本上改善了中游局工作的整体技术条件,装备和业务能力得到提升。

2 "智慧水文"发挥的作用

中游局通过近年智慧水文的建设与发展,相关现代化技术已在水文监测、水质监测分析、河道勘测、水文应急监测、水文科技研究开发和单位事务管理等方面得到广泛应用,为单位优化生产方式、提质增效生产成果、减少人力劳动危险程度、提高监测能力和监测成果的时效性等方面发挥了重要作用。中游局已取得的重要成就,是坚持贯彻实施长江水文"智慧水文"发展战略的结果,也进一步证明,全面、深入地持续推进"智慧水文"建设是中游局事业发展的必由之路。

3 "智慧水文"建设中存在的问题

3.1 监测设施智能化能力提升空间仍然较大

监测设施是中游局事业发展的基础,也是中游局"智慧水文"的重点与难点。中游局所辖各类测站的智能化程度仍有较大提升空间,部分实时生产信息自动化监测、数据共享能力仍然不高。

水文监测方面:

(1)在流量、悬移质、推移质、颗粒分析等生产项目上仍未完全实现实时数据监测,遥感等现代监测设备设施使用率仍有提高空间;

(2)采集站前端设备状态信息监控可进一步提高,采集站设备远程调试和故障排查能力需加强;

(3)监测站点视频监控条件短缺较严重,难以基于网络和可视化条件实现站点安全监控、视频智能监测,而巡测站点、测船码头等安全事故易发区域对网络可视化管理手段需求迫切。

水质监测、分析方面:

(1)水质监测站在非接触式实时监测设备、测站网络、数据处理和传输系统等现代化自动监测的能力有很大提高空间,很多监测工作仍需要人工到现场手工采样监测;

(2)在水质分析方面,实验室管理信息系统与监测实验设备信息不能直接交互,导致在实验过程中很多步骤必须通过中间设备或人工进行数据信息输入,智能化生产过程信息完整度较低,且较繁琐的步骤影响了工作效率。

河道勘测方面:

(1)现代化智能设备采购、使用水平有提高空间,多项勘测项目仍在使用老旧仪器工作,影响工作效率;

(2)河道勘测相关的数据库、信息系统开发利用深度与广度不够,软硬件的技术整合有待加强,自动化和智能化程度仍有提高空间。

3.2 资源共享存在困难

中游局配置的服务器和数据库分散在机关多部门和下属单位,存在"资源孤岛"现象,运维成本较高,且同一数据在不同地点储存的数值不同现象时有发生。各类与水文、水质业务密切关联的遥感信息没有按时序正常获取与存储积累,与信息技术应用和科技发展趋势存在差距。

3.3 信息化保障能力不足

(1)测站至分中心、分中心至勘测局和水文局的通信信道及网络带宽较小,且网络设备大多为单核心配置,仅部分节点有冷备份,发生故障后无法及时恢复;软件正版化较低,服务器相关操作系统、虚拟机、数据库等软件仍存在不少非正版;机房环境条件需优化空间大。

(2)中游局从事网络安全运维和管理人员与需求存在不匹配现象,全局的网络安全管理和运维工作还处于起步阶段,普遍缺少网络安全专业人员和专业运维人员,全局对办公电子设备(如办公计算机、打印机、智能手机、宣传大屏幕、会议室设备、活动室设备等设备)应用水平偏低和经济创收等其他岗位工作人力紧张,以至于网络安全和管理岗位职工在工作与学习紧张的情况下承担了大量与岗位关系不大的单位事务。网络信息等相关技术具有更新频率快的特点,相关岗位职工在新技术学习、应用方面普遍缺少时间保障,与社会上行业优秀人员交流机会有待提高。

3.4 整体规划需进一步提升

客观上"智慧水文"是水文事业发展的重要支撑,中游局作为公益性事业单位,中游局"智慧水文"建设应充分结合社会水文、绿色水文、和谐水文开展建设,主观上中游局各部门对"四个水文"的认识有待提高,虽然通过"智慧水文"建设在相关新技术运用和推广工作取得了一定成效,但单位在事业服务对象需求分析和"智慧水文"的服务形式上仍有较大提升空间。

其次,由于"智慧水文"建设专项资金有限,中游局的"智慧水文"建设主要由专项业务驱动,"智慧水文"缺乏有效的整体规划。目前全局已经购置或开发的应用软件越来越多,存在"单打独斗",功能单一,应用提供商低水平重复建设、技术标准不统一、运维难度大而且资源整合能力有限,中游局"智慧水文"相关系统开发、应用的整体水平仍应进一步提高。

4 "智慧水文"发展趋势分析

4.1 相关现代化技术

近年来,"智慧水文"相关的现代化技术在算力、数据、算法、互联互通能力等方面飞速发展,主要技术涉及物联网、云计算、大数据、人工智能四个领域。

4.2 "智慧水文"发展趋势

"智慧水文"利用相关现代化技术的运用,将构建透彻感知、全面互联、智能分析、智慧应用、泛在服务、智慧运维的现代化水文体系,提高水灾害防御能力,优化水资源管理,保障工程安全,改善生态环境,服务社会经济发展。

4.3 "智慧水文"发展构想

新时期的"智慧水文"建设在水文信息化资源整合共享顶层设计的指导下进行,加强水文改革顶层设计,通过资源整合、统筹共建以及必要补充,优化水文资源配置,以便在更广范围和更高层次上为社会各行业提供水文服务。

新时期的"智慧水文"发展主要借助智能感知＋物联网、互联网(移动)＋大数据分析、云计算＋业务模型、人工智能＋智慧应用等高新技术,通过普遍连接形成水文物联网即"大感知";而后通过云计算将水文物联网整合起来形成水文"大数据",实现社会与水文信息资源的整合,水文业务的深度融合形成"大应用",进一步优化站网完善、监测能力、服务水平、保障水平,如图1所示。

图1 "智慧水文"构想图

5 "智慧水文"未来发展与思考

中游局"智慧水文"建设以传统生产的应用需求为主要驱动力,在取得显著成绩的同时,"智慧水文"体系本身不完善产生的问题成为"智慧水文"发展的瓶颈。所以,必须立足中游局"智慧水文"的实际,对中游局发展的现状、发展阶段作重新审视并准确定位。个人认为中游局"智慧水文"发展一是需进一步强化"智慧水文"产业建设,在传统生产基础上充分结合信息化主流技术构架中游局"云""网""端"体系,生产不可或缺的水文、水质、河道成果;二是需进一步强化"智慧水文"模式的运用,用"智慧水文"相关的技术手段把传统水文、水质、河道积累的数据和经验转变成科技服务,助力中游局不断探索"智慧水文"建设,快速实现数字化转型,更好地助力"智慧水文"支撑起"四个水文"可持续发展。

在认真总结和分析过去中游局"智慧水文"工作、合理评估和定位当前的"智慧水文"发展状况的基础上,理清未来的建设发展思路是中游局"智慧水文"向纵深发展的必需条件。结合"智慧水文"相关技术发展的新特点,做好顶层设计和建设、保证建设和维护资金投入、重视高层次人才培养是解决当前"智慧水文"中存在的主要问题和推动建设取得突破的关键。

5.1 完善中游局"智慧水文"顶层设计工作

以长江水利委员会"智慧水文"相关设计工作思路为指导,结合中游局"智慧水文"实际,加强大数据战略性研究,进一步梳理"智慧水文"建设,从顶层设计把握中游局"智慧水文",以服务需求推动"智慧水文"建设。

5.2 强化智能感知层研究、建设、管理

智能感知层是"智慧水文"最基础的配置。通过应用声、光、电等先进感知设备,破解流量、泥沙等要素在线自动监测的技术难题,提高监测站点自动化程度;通过各种自动化、智能化的监测设备开发和运用,优化测点布局、线路设置、仪器配备等,拓展信息采集站网,丰富采集种类,规范监测技术,整合监测站点,制定常规、应急等信息采集策略,实现水文、水质、河道等业务的全面感知,从而构建天空地网智能一体化水文感知体系,提高信息感知的完备性、时效性和准确性;通过运用可视化智能视频监控技术运用和加强测站监测设备运行状态远程访问能力,开发测站监测运维可视化智能管理平台,所有测站进行可视化控制与管理,通过关键绩效指标工具对监测站点实行自动化监控、智能化预警、移动化连接、实时化响应进行管理,提高监测工作效率、降低风险损失。

5.3 强化网络层建设

网络层采用信息化网络技术,对网络逻辑结构进行规划和布置,是"智慧水文"的第二层级。网络层在感知层的各种硬件设备支持下,选择相互匹配的网络结构,是各种数据的传输通道。为进一步满足网络数据传输稳定性和高效性,需高度重视网络的逻辑隔离和网络安全配套建设工作。例如:对生产数据采用物理隔离的独立网络构建专网,配合边界与出口网络安全防护,辅以建立适当的涉密网络专区和涉密 PC 终端。对办公数据,从方便快捷的使用性能角度采用互联网等方式,将服务器与业务终端分级接入核心层和汇集层。根据"智慧水文"建设需求不断完善应急通信系统,对防汛重点区和公网能力薄弱地区,设立应急通信网络,进一步确保保障重要信息传输安全稳定。

5.4 强化应用层建设

应用层为上层服务层提供基础数据通过即席查询、多维分析、交互式计算,采用分层实施按视野区域展现,以云计算、大数据等技术作为支撑,为不同种类用户提供管理和服务的运行支撑环境,是实现水文数据交互整编、视频监控会商、工作流传递、权限管理的空间信息服务平台。首先,中游局需要着力加快基础数据治理工作进程,通过治理水文监测数据、水质数据、河道勘测数据以及办公专项数据等基础数据,按照国家、长江水利委员会和水文局的各级标准规定,建立统一互联、安全共享的核心数据库、编辑数据库和系统数据库,形成数据资源管理中心,整合单位各类数据资源,实现数据的集中存储、集中管理和集中共享。其次,针对中游局面向多服务单位、多主管部门的特点,需要定义统一标准、兼容性强的通用类型软件,在应用过程中,逐步优化各类专用的软件,积累通用模块,形成通用软件功能库,便于后期对其他行业和部门的协同作业。

5.5 强化服务层建设

服务层是"智慧水文"的最高层级,通过各种移动终端和综合门户的展示,面对各类型不同需求的用户,为决策者提供智能化的决策服务,进而实现自主管理,而非数字水文的信息集合,是智慧化的最终体现。将中游局水文信息资料融入流域治理、执法巡查、考核评定等业务流程,为长江流域水库群梯级调度、河长制、最严格水资源管理制度和三条红线等管理制度等提供决策支持。同时,加强公共服务和应用服务,采用公共网站、微信公众号、重要区域二维码覆盖、手机 App 等方式,为用户和公共提供丰富的信息服务。

5.6 保证建设和维护资金投入

保证建设和维护资金投入问题是制约中游局"智慧水文"发展和建设的首要根本原因,中游局信息化相关建设较为薄弱,这与建设资金缺乏密切相关。中游局从事主要业务是服务民生的公共事业型单位,非营利性机构,所有的建设资金和维护资金均由国家财政统一管理。多年来,在主管部门的努力下,将国家有限的专项资金合理使用,较好地提升了中游局基础设施现状,但距离水文信息化和"智慧水文"还远远不够。只有积极建立资金投入机制,申请专项建设资金和后期运行维护资金,才能保证"智慧水文"系统的建设和运行环境的良好运转。

5.7 重视高层次人才培养

目前,中游局信息化人才严重不足,需要坚持长江水文"科技立局、人才强局"战略,加强新时代高层次人才队伍建设,增加精通水文、水质、河道专业知识与信息化的复合型人才数量,谋求长江中游水文事业的现代化发展。随着传统水文向"智慧水文"转变,单位内部的工作方式、职能分工发生变化,不仅要进一步注重互联网、物联网、云计算、大数据、人工智能等专业的人才在重要业务部门的占有比例,还要对于老职工采取加强集中技术培训,不断提高其信息化技术水平。

6 结语

中游局"智慧水文"建设在长江"智慧水文"的总体框架下取得了显著成绩,初步形成了包括:智能监测、网络互连、业务应用系统及运行管理制度规范等在内的"智慧水文"体系,是中游局践行"四个水文"发展战略的重要支撑。但是,随着物联网、大数据、云计算、人工智能等相关高科技和水文学的进步,中游局的"智慧水文"建设在向纵深发展、提升综合服务能力等方面依然面临着很多问题,需要进一步统一认识、厘清思路、统一规划、加强协调,结合信息技术发展的新特点,解决当前中游局"智慧水文"中存在的主要问题,进一步深入推动"智慧水文"建设。

参考文献

[1] 中共中央国务院.国家新型城镇化规划(2014—2020年)[R].北京:中共中央国务院,2014.
[2] 长江水利委员会水文局.长江水利委员会水文中游局推进"四个水文"实施方案[R].武汉:长江水利委员会水文局,2018.
[3] 李伯根,马绍雄.云南省建设智慧水文的思考[J].水利信息化,2020,10:11-14.
[4] 李佐斌,曾俊轩.长江水利信息网络顶层设计探讨[J].人民长江,2016,47(4):93-96.
[5] 刘雅鸣.关于长江水利委员会信息化建设的思考[J].人民长江,2015,(1):1-5
[6] 唐航.智慧长江规划研究[J].水利信息化,2018,(6):1-5.
[7] 陈春华,程海云,肖志远.长江水文信息化建设实践与发展思考[J].人民长江,2015,46(3):70-73.
[8] 许弟兵."智慧水文"构建初探[J].中国水利,2017,(19):15-18.
[9] 查治荣,宋云江,徐保超."智慧水文"建设发展研究[J].水资源开发与管理,2018,(5):12-14.
[10] 杨鹏.关于建设"智慧长江"的思考[J].人民长江,2014,(23):30-34.
[11] 蔡阳.水利信息化"十三五"发展应着力解决的几个问题[J].水利信息化,2016,(1):1-5.
[12] 张建云,刘九夫,金君良.关于智慧水利的认识与思考[J].水利水运工程学报 2019,(6):1-7.
[13] 袁勇,王飞跃.区块链技术发展现状与展望[J].自动化学报,2016,42(4):481-494.

珠江流域水工程智慧联合调度实践与思考

陈易偲　　杨一彬　　李兴拼

（珠江水利科学研究院，广东广州，510611）

摘　要：珠江流域因受区域气候、地形变化等影响，水旱灾害频发，做好防汛抗旱工作是流域居民生命财产安全和社会经济稳定发展的重要保障。流域水工程是实现流域水资源配置、水旱灾害防治、水生态保护的重要载体。在水利高质量发展的背景下，深入研究如何运用智慧的技术手段在现有水工程的基础上实现智慧调度和联合调度，最大程度发挥水工程的防汛抗旱功能具有重要的科学价值和现实意义。

关键词：珠江流域；水工程建设；智慧联合调度

1　流域概况及水工程建设

珠江由东江、北江、西江和珠江三角洲诸河组成，流域面积约 45 万 km^2，属于亚热带气候，湿热多雨，雨热同期。珠江流域地形西高东低，受气候、地形等多重因素的影响，降水量分布呈由流域东部向流域西部递减的趋势，且降水量年内分布不均。每年 4—9 月为汛期，降雨量占全年的 70%～85%，流域洪水多由暴雨形成，洪水时间与暴雨时间基本一致，流域性大洪水集中在 5—7 月。非汛期为 10 月—次年 3 月，由于枯水期径流较弱，珠江河口地区易出现咸潮上溯现象，近年来受珠江流域枯季干旱、河道下切等因素的影响，珠江口咸潮强度增强，边界上溯明显，严重威胁珠江河口地区的供水安全，其中以生活用水影响最大。

流域水工程是指在江河、湖泊和地下水源上开发、利用、控制、调配和保护水资源的各类工程，包括水库、堤防、蓄滞洪区、泵站等。珠江流域降雨、径流存在年际分布不均和时空分布不均的特点，易发生流域水旱灾害，因此充分发挥流域水工程的防汛抗旱、水资源配置等功能尤为重要。中华人民共和国成立以来，党和政府高度重视珠江流域防洪减灾工作，多次编制流域综合利用规划，确定了防洪工程体系的总体规划布局并兴建了大批流域水工程，在防汛抗旱工作中发挥了重要作用。受全球气候变化和人类活动的共同影响，流域内的洪涝、干旱灾害更为频繁，且随着社会经济的快速发展，人们对流域管理也提出了更高的要求——除完成防汛抗旱工作外，还要满足水资源管理、水环境水生态保护等方面的需求。根据珠江流域的洪水特性和实际情况，流域采取"堤库结合，以泄为主，泄蓄兼施"的防洪方针，正逐步建成以堤防为基础，以水库为主要、重要调控手段的防洪减灾工程体系。目前，珠江已建成江河堤防 5589 段，总长约 27206km；有大型水库 85 座，总库容 995 亿 m^3，调洪库容 278 亿 m^3，防洪库容 149 亿 m^3；防洪重点中型水库 96 座，总库容 39 亿 m^3；潖江蓄滞洪区是北江中下游防洪工程体系的重要组成部分，蓄滞洪区总面积 79.8km^2，设计滞蓄容积 4.11 亿 m^3。

2　我国水工程智慧联合调度实践

在流域防洪抗旱减灾体系中，水库、堤坝、蓄滞洪区、泵站等水工程均为重要组成部分，但单一水工程调节能力有限，无法满足流域防汛抗旱要求。水工程联合调度体制机制是由国家、流域、省市水行政主管部门牵头,联合水利、电力、交通、气象等多部门,统筹考虑防洪、供水、生态、发电、航运等方面需求逐步建立的,是提升水旱灾害防御能力的重要保障措施。流域水工程智慧联合调度是在基础数据、气象监测、水文模型等传统手段的基础上融合互联网、大数据、云计算、移动端等信息技术,针对复杂的现实场景和调度决策需求形成适宜的工程调度方案。

目前长江流域已有较为成熟的水库群联合调度经验,自2008年起水利部和长江水利委员会逐步组织开展了以三峡水库为核心的长江上游水库群联合调度、水库群实时洪水预报、水库群联合动态蓄水调度技术等研究工作,为联合调度提供了技术支撑。根据流域管理需求,长江流域联合调度的对象、目标在逐步扩展。调度对象从以三峡单库为主转为水库群联合调度,再到水库、泵站、涵闸、调水工程、蓄滞洪区等水工程联合调度;调度目标从以防洪为主向蓄水、水资源、水生态等多目标扩展。通过长江上中游水库群联合调度信息共享平台、长江防洪预报调度系统、长江流域控制性水利工程综合调度支持系统等信息化建设,长江流域洪水预警预报能力和水工程联合调度能力在信息化智能化的加持下飞速提升,为其他流域实施水工程联合调度、建设流域水工程智慧调度平台提供了宝贵的工作经验和技术支持。

珠江流域水资源量丰富,但由于水资源时空分布不均,流域内的洪旱问题也同样显著,利用好珠江流域水资源量优势,在保障流域防洪安全的同时兼顾供水、生态、社会、经济等多方面效益,是新阶段水利高质量发展的新要求。经多年的努力和建设,珠江流域防洪抗旱工程体系不断完善。东江中下游利用枫树坝、新丰江、白盆珠3座骨干水库实施联合调度保障了防洪安全;北江中上游的防洪工程体系主要为堤库结合,通过乐昌峡和湾头水库联合调度提高防洪标准;西江百色、老口、龙潭等骨干水库已建成,流域控制性工程大藤峡水利枢纽正在建设。珠江已建成江海堤防5589段,堤防总长27206km,其中江河堤占比最大,总长21816km,分布在西江、北江、东江的干、支流和三角洲地区,海堤主要分布在珠江三角洲和粤东沿海地区。珠江流域正逐步建成以堤防为基础,以水库为主要、重要调控手段的防洪减灾工程体系。除防洪抗旱工程体系外,珠江流域非工程体系也在逐步完善,如建设水雨情信息监测预警系统、洪水预报系统、防汛指挥系统、防洪调度系统、洪灾评估系统等。为保障流域洪水调度和供水安全,开展了流域防汛抗旱方案体系建设,目前已初步形成全年贯穿、全流域覆盖的防洪调度和水量调度方案体系,形成了《珠江洪水调度方案》《韩江洪水调度方案》《珠江枯水期水量调度方案》等。

虽然珠江流域在水工程调度方面取得了一些成效,但在水工程智慧化、信息化联合调度方面仍需进一步完善。目前珠江流域信息监测系统、洪水预报系统、防洪调度系统等还无法满足联合调度需求,需要继续升级完善;系统智能化水平有待提升,信息化新设备、新技术与防洪调度、洪水预报系统的融合应用尚有不足;各系统之间相对独立,尚未形成预报调度一体化。总而言之珠江流域从调度数字化到调度智慧化还有很长的发展之路。

3 珠江流域水工程智慧联合调度发展方向

3.1 提高气象水文信息监测预报能力

水雨情信息监测预警预报是水工程联合实时调度的重要依据,需以满足联合调度需求为目标发展完善监测站点和信息传输网络。在流域水工程智慧联合调度体系中气象部门和水文部门需要相互配合,实现数据共享融合,同时强化信息化手段,加强新设备、新技术的应用,强化信息获取、信息处理与信息共享,提高信息监测精度、丰富信息监测内容,为流域水工程调度提供更具高精度、时效性和针对性的信息支撑。

3.2　同步推进水工程联合调度实践与技术研究

水工程联合调度是具有多目标、多对象、多时段、多边界等特性的多维耦合系统性工程,其特性要求开展水工程联合调度技术研究与水工程联合调度实践同步持续推进,在研究中深化认识,认识中把握规律,规律中防范风险。要持续推进珠江流域水工程联合调度方案的研究和编制,在已有研究成果的基础上,不断完善流域防洪方案、水资源调度方案、水库群联合调度等方案体系建设。

3.3　应用新技术建设智慧调度技术平台

智慧调度的基础是多元数据,核心是建设调度知识规则库。将调度情景、调度方式、调度结果之间的关联进行数字化和逻辑化,形成调度规则知识库,并以此为基础耦合水文、水动力、风险评估、多目标优化等多种算法模型形成智慧调度计算模拟体系,实现工程调度方案规则化、知识化、智能化。由于水工程联合调度涉及多对象、多目标、多维度,规则的应用和方案计算生成的难度也呈指数提升,需要借助云计算、大数据信息化等新技术对传统水利模型和计算方式进行升级,解决多场景、多用户的快速计算和精准决策支持需求。

3.4　完善联合调度体制机制

流域水工程联合调度需要水利、电力、交通、环保等多行业多部门共同协调运作,要进一步建立完善信息共享、协调协商、监督管理等机制。建立健全统一调度协调机制,明确主体责任,逐步健全完善相关法律法规,实现重要的流域联合调度,为珠江流域水工程智慧联合调度保驾护航。

参考文献

[1] 何治波,吴珊珊,张文明.珠江流域防汛抗旱减灾体系建设与成就[J].中国防汛抗旱,2019,29(10):71-79.
[2] 陈敏.长江流域水库群联合调度管理及思考[J].中国防汛抗旱,2018,28(4):15-18.
[3] 黄艳.流域水工程智慧调度实践与思考[J].中国防汛抗旱,2019,29(5):8-9.
[4] 谢志强.珠江水旱灾害防御信息化建设实践探索[J].中国防汛抗旱,2019,29(5):1-2.

珠江流域水库群预报调度实践及思考

张文明　丁镇

(水利部珠江水利委员会水文局,广东广州,510611)

摘　要:回顾了近年来珠江流域实施的汛期防洪调度、汛末骨干水库蓄水调度、枯水期水量调度等统一调度中水库群预报调度工作实践,分析预报和调度在流域统一调度中的作用和成效,剖析珠江流域水库群预报调度面临的问题,提出今后流域水库群预报调度工作建议。

关键词:珠江;水库群;预报调度

1　引言

　　珠江流域由西江、北江、东江及珠江三角洲诸河组成。西江是珠江主流,自上而下由南盘江、红水河、黔江、浔江及西江等河段组成。西江和北江在广东省三水区思贤滘、东江在广东省东莞市石龙镇分别汇入珠江三角洲。多年来,珠江流域采取"堤库结合、以泄为主、泄蓄兼施"的防洪方针,逐步建立了以堤防为基础、干支流防洪水库为主要调控手段的防洪减灾工程体系,水库及其调度在整个防洪减灾工程体系中起着举足轻重的作用[1]。西江重要水库群有天生桥一级、光照、龙滩、大藤峡(在建)、百色,北江重要水库群有乐昌峡、湾头、飞来峡,东江重要水库群有新丰江、枫树坝、白盆珠。经过多年防汛抗旱、水量调度等工作的实践,珠江流域逐步形成了《珠江洪水调度》《珠江枯水期水量调度预案》为主体的覆盖全流域、贯穿全年的防洪调度和水量调度方案体系,流域调度管理由单座水库调度向水库群联合调度进行探索[2]。准确的来水预报是水库调度的前提和基础,珠江流域水文部门经过多年实践与探索,建立了适合珠江流域特点的短期洪水预报和中长期水文预报方法[3-4],为流域水库群联合调度提供了可靠的技术支撑。本文回顾了珠江流域水库群预报调度实践,对存在的问题进行了分析,提出的有关工作建议可供参考。

2　珠江流域水库群预报调度实践

2.1　水库群预报实践

　　(1)短期洪水预报实践。通过国家防汛抗旱指挥系统一期、二期工程建设,珠江流域建立了珠江洪水预报系统,有效提升了作业预报效率,提高了洪水预报精度。珠江洪水预报系统主要采用水文模型结合气象部门提供的1~7天预见期内降雨数值预报成果做出短期水文预报,其中,水文模型主要包括三水源新安江模型和马斯京根分段河道汇流模型。系统在汛期流域洪水预测预报工作中发挥了较好的技术支撑作用。

基金项目:国家自然科学基金项目(51309263);广州市珠江科技新星专项(2014J2200067)。

通信作者简介:张文明(1980—),男,湖北黄梅人,高级工程师,从事水文预报与水库调度研究,E-mail:zwmandy@163.com。

例如,在2017年6月下旬至7月中旬,西江连续发生2次编号洪水,水利部珠江水利委员会(以下简称"珠江委")水文部门利用珠江洪水预报系统,结合欧洲中心短期降雨数值预报,对包括天生桥一级、龙滩、岩滩、百色等重点水库在内的西江干支流45个重要断面来水进行预报,并根据实时雨水情变化情况滚动发布最新预报成果。其中2017年西江第1号洪水期间,西江中下游干流控制站流量滚动预报误差逐渐减小,武宣站洪峰误差由10.7%减至1.0%,大湟江口站洪峰误差由14.1%减至0.3%,梧州站洪峰误差由6.6%减至0.7%,为流域水库群防洪调度提供了坚实有力的技术支撑。

(2)中长期水文预报实践。在枯水期,珠江委水文部门承担了水量调度的来水形势中长期预测预报、降雨及来水滚动预测预报、调度期水雨情分析等工作。对中长期预测预报上遵循由粗到细、由长期到中短期、由定性到定量的原则,环环深入,层层细化,充分考虑降雨及江河来水实况、降水预报,对各种预测预报方法的预测结论进行综合分析研判,从而给出最终的预测结果[5]。以珠江枯水期水量调度来水预测预报为例,对长期预报的天文地理物理因素分析方法、基于关联规则数据挖掘的预测技术、中短期预报的天气学模糊综合分析预测技术、ESP集束径流预报技术、基于径流相关的逐步回归预测技术、时间序列均生函数模型预测技术等方法进行集成,建立了一套长中短期、大时空尺度相结合的中长期水文预报集成模型[3-4]。已实施的17次珠江枯水期水量调度实践表明,这套中长期水文预报集成模型对流域径流预报具有很好的适用性。统计2018—2020年实施龙滩、岩滩水电站汛末蓄水调度期间预测预报情况,西江包括龙滩入库、龙岩区间、岩滩入库、柳州、梧州等主要控制断面来水预报的相对误差绝对值基本小于10%,预报效果较好,为顺利实施龙滩、岩滩水电站汛末联合蓄水调度工作提供了可靠的技术保障。

2.2 水库群调度实践

近年来,珠江委积极探索与实践,统筹各方需求,创新调度管理工作方式,加强流域水库群统一调度,充分发挥水资源综合效益,确保了流域防洪安全、供水安全和生态安全。

(1)科学调度,确保汛期流域防洪安全。汛期,珠江委联合流域相关省(自治区)科学调度水库工程,充分发挥水库群拦洪、削峰、错峰作用,有效地减轻了流域下游防洪压力,确保了流域防洪安全和在建水利工程度汛安全。2017年7月,珠江委联合调度天生桥一级、龙滩、百色等水库群累计拦洪62.1亿m³,通过岩滩水电站错暴雨中心柳江洪峰,组织柳江红花等水电站提前预泄,全线削减西江中下游干流各控制站洪峰流量6000m³/s以上,降低西江武宣至高要河段水位1.00~2.80m。2021年6月下旬,珠江委联合调度天生桥一级、龙滩、光照等水库群拦蓄洪水21.5亿m³,成功避免了西江干流武宣站超警,削减西江干流梧州站洪峰流量2400m³/s,降低洪峰水位1.20m。

(2)精心组织,保障枯水期流域供水安全。近年来,受珠江上游来水偏枯、下游用水增加和河道下切等因素共同影响,河口咸潮上溯明显增强,澳门、珠海等珠江三角洲地区供水受到严重影响。珠江委连续17次成功组织实施珠江枯水期水量调度,累计向澳门和珠海供水17.62亿m³,有力地保障了澳门、珠海等粤港澳大湾区城市群供水安全。

(3)统筹兼顾,实现多方共赢。在确保流域防洪安全的前提下,通过实施水库群联合调度,实现了防洪、发电、航运、供水等多方共赢。汛末,统筹实施风险可控的骨干水库汛末蓄水调度,合理利用雨洪资源,充分发挥了水库的综合效益,流域相关水电站发电效益屡创新高。枯水期实施补水调度,加大上游水库下泄流量,创造西江良好的通航条件,2020—2021年珠江枯水期水量调度期间,累计向下游补水102亿m³,将西江梧州站平均流量提高60%,西江黄金水道航运安全得到有力保障。

(4)持续推进,生态效益明显提升。连续17年的珠江枯水期水量调度,向下游河道补水保障供水安全的同时,三角洲网河区水生态环境得到了有效改善。从2016年开始,珠江委连续组织实施西江干流鱼类繁殖期水量调度(试验),汛期利用暴雨洪水过程,通过适度调度西江中上游龙滩、岩滩、红花等水库群,创造适宜西江干流目标鱼类繁殖的流量过程,为下游产卵场目标鱼类产卵和繁殖提供更优越的生态条件。监测结果表明,鱼类繁殖期水量调度期间,西江重要江段四大家鱼卵苗径流量,尤其是鱼苗径流量增加明显,水库联合调度的生态效益明显、潜力巨大。

3 存在的问题

近年来,珠江流域水库群预报调度工作虽然取得了显著的成效,但仍存在一些问题。

(1)珠江流域水文预报技术水平仍有待提高。一方面需要进一步提高预报精度,尽可能减小预报误差;另一方面,水库群联合调度时,需要考虑的预见期比单库调度的预见期更长,需要进一步延长预见期,为水库群联合调度提供及时、准确的预报信息。

(2)珠江流域水库群联合调度工作基础研究相对薄弱。目前,珠江流域水库群联合调度工作尚处于起步阶段,水库群联合调度的目标是全流域防洪、供水、灌溉、发电、航运和生态等多目标综合效益最大化,涉及面广、影响因素众多,要达到预期的目的,还有许多技术难题和管理问题等需要研究和解决。

(3)珠江流域水库群联合调度机制体制尚不完善。流域各类水库涉及众多运行管理单位和不同利益主体,调度时需要统筹兼顾,尽可能满足各方需求,协调难度较大。目前,珠江流域水库群联合调度管理机制体制尚不完善,迫切需要立法和建立相关长效管理机制来保障调度管理措施制度化、法制化。

(4)珠江流域水库群预报调度信息化、智能化能力不足。虽然通过国家防汛抗旱指挥系统一期、二期工程建设,已初步建立了珠江流域洪水预报、防洪调度系统总体框架,但是尚未实现预报调度一体化计算,洪水预报和防洪调度业务功能未能深度有机融合;信息化、智慧化程度低,尚未运用大数据、云计算、机器学习、物联网、智慧感知等先进技术,预报、调度的可视化、智能化和科学化等水平有待提高。

4 下一步工作建议

针对存在的问题,珠江流域预报调度工作需要进一步积极探索与实践,提出如下的工作建议供参考。

(1)进一步提升珠江流域水文预报技术水平。围绕提高预报精准度、延长预见期、提高作业预报效率等方面,加强珠江流域水文预报关键技术研究,提升水文预报技术水平。例如,开展水文集合预报关键技术研究,降低水文预报的不确定性,控制水文预报误差风险;加强精细网格降雨数值预报和水文预报模型耦合研究,提高水文预报输入精度的同时,进一步延长预见期;开展变化条件下水库群联合调度水文精细预报技术研究,为精细调度提供技术支撑。

(2)做好流域水库群联合调度管理的顶层设计。建议做好流域水库群联合调度管理的顶层设计,围绕建立强有力的流域统一调度体制和机制、深入开展流域水库群联合调度基础研究、拓展水库群联合调度的广度深度、建立涵盖流域干支流控制性水库联合调度的管理体系等方面进行全面规划,逐步完善以流域统一调度为核心、各级有管辖权限部门分级管理的调度指挥体制。

(3)强化流域水库群联合调度基础研究。随着流域联合调度工作的逐步深入、调度范围的逐步扩大,新情况、新问题、新需求逐步凸显,需要持续深入开展联合调度技术相关基础研究。建议制订流域水库群联合调度基础研究总体框架,系统梳理关键技术研究方向、专项研究课题、联合调度方案及实施计划,对关键技术问题进行持续研究,为水库群联合调度提供技术保障。

(4)进一步完善水库群联合调度体制机制。目前,珠江流域水库群联合调度管理机制尚不完善,迫切需要立法和建立相关长效管理机制来保障调度管理措施规范化、制度化、法制化。建议加快推进《珠江水量调度条例》立法工作,为实行流域水资源统一调度和处理行业、地域间利益矛盾提供法律依据;健全联合调度协调机制,解决水库群调度过程中重大制约问题。

(5)全面提升预报调度信息化、智能化水平。建议建立流域统一的调度信息共享平台,实现流域雨情、水情、工情、调度运行等信息资源的实时共享;按照"预报、预警、预演、预案"总体要求,运用数字化、智慧化手段,强化水库群预报信息与调度运行信息的集成耦合,实现预报调度一体化;根据雨水情预报情况,对水库调度运用进行模拟预演,进一步提高水库群预报调度信息化、智能化水平。

5　结语

加强流域统一调度管理,特别是骨干水库群调度管理,最大限度地发挥水库防洪、抗旱、供水、生态等综合效益,一直是珠江委流域管理的重要工作。近年来,珠江委积极探索与实践,不断拓展流域调度领域,水库群预报调度工作取得了显著的成效,建立了适合珠江特色的短期洪水预报和中长期水文预报方法,实施了汛期防洪调度、汛末骨干水库蓄水调度、枯水期水量调度等统一调度,实现了多方共赢。但仍面临水文预报技术水平仍有待提高,联合调度基础研究相对薄弱,联合调度机制体制尚不完善,预报调度信息化、智能化能力不足等问题,建议进一步提升珠江流域水文预报技术水平,做好流域水库群联合调度管理的顶层设计,强化流域水库群联合调度基础研究,进一步完善水库群联合调度体制机制,全面提升预报调度信息化、智能化水平。

参考文献

[1] 何治波,吴珊珊,张文明.珠江流域防汛抗旱减灾体系建设与成就[J].中国防汛抗旱,2019,29(10):71-79.

[2] 张文明,徐爽.珠江流域统一调度管理及2017年调度实践回顾[J].中国防汛抗旱,2017,28(4):23-26.

[3] 钱燕.珠江流域中长期水文预报现行主要方法浅析[J].人民珠江,2002,5:4-6.

[4] 吴伟强,钱燕.珠江水量统一调度枯季径流预测分析[J].水文,2009,29S(1):40-42.

[5] 水利部珠江水利委员会.珠江水量调度[M].北京:中国水利水电出版社,2013.

[6] 谢志强.珠江水旱灾害防御信息化建设实践探索[J].中国防汛抗旱,2019,29(5):1-2.

[7] 易灵,谢淑琴.珠江枯期水库调度关键技术研究与应用[J].人民珠江,2010,(1):1-3.

珠江三角洲平原河网区水闸群联合优化调度研究

吴乐平　　王保华　　李媛媛　　侯贵兵　　薛娇

（中水珠江规划勘测设计有限公司，广东广州，510000）

摘　要：针对珠江三角洲平原河网区水闸群现状大多根据经验人工调度，排洪涝效果不佳的问题，根据平原河网水文水动力特性及水闸群运行特点，构建了基于水文、河网水动力、工程调度三个模块耦合的平原河网区水闸群联合优化调度模型，设定基于防洪排涝的多目标函数，制定水闸群联合调度方案集，并采用 TOPSIS 综合评价模型对各方案进行优选。以前山河流域为典型研究区域开展了水闸群联合优化调度研究，结果表明，与研究区现状防洪排涝调度方式相比，推荐优化调度方案更有利于加大研究区整体外排水量，同时降低重点防护对象的洪涝水位。

关键词：平原河网区；水闸群联合优化调度；TOPSIS 综合评价模型；前山河流域

1　研究背景

珠江三角洲位于广东省中南部，包括广州、深圳、佛山等 12 个城市，其中 9 座城市属于粤港澳大湾区。珠三角平原河网区人口密集，经济发达，受区域暴雨、上游洪水与外海潮汐的多重影响，极易发生洪涝灾害，造成巨大经济损失[1-2]。经多年"联围筑闸"，目前珠江三角洲平原河网区内已建成中顺联围、中珠联围、佛山大堤等众多联围，初步形成联围抵御围外洪潮，围内水闸、泵站等工程防洪排涝的防洪（潮）排涝格局[3]。联围内外水量交换主要通过水闸群调度控制，联围内部水闸群调度也直接影响河道径流分配，进而影响洪（涝）水外排。因此，深入研究平原河网区水闸群联合调度，对保障区域防洪排涝安全具有重要意义。

珠江三角洲平原河网区河道相互贯通，水面比降小、流量小、流速低，水流流向往复不定，水动力过程复杂，区域内水闸大多根据经验实施人工调度，调度结果往往不甚理想[4-6]。针对这一问题诸多学者进行了大量的研究，胡晓张等[7]构建 1D-3D 水量—水质耦合模型，水闸群设置全开、独立引排水、单向流 3 种调度规则，并应用于中顺联围的水环境改善调度研究；贺新春等[8]以河网区内污染物浓度最小为调度目标，构建水资源调度模型，设置不同的水闸群调度方案进行中珠联围的水体置换与抢淡蓄淡调度研究；杨芳等[9]以联围内河涌污染物浓度最小为调度目标，构建闸泵群联合调度模型，提出应用于中顺联围抑咸补淡调度研究。

目前，珠江三角洲平原河网区水闸群优化调度研究大多以水环境改善为主，基于防洪排涝的研究较少，且调度方案优选以单一目标最大或最小为评价标准，较少考虑多目标综合评价及多目标优选算法对水闸群优化方案制定的影响。针对以上问题，本文通过构建基于水文水动力学的水闸群联合调度模型，综合考虑多目标影响，在现状调度方案的基础上，结合调度规则制定多组调度方案，采用 TOPSIS 综合评价模型给出

基金项目：本研究由国家重点研发计划"高度城镇化地区防洪排涝实时调度关键技术研究与示范"（2018YFC1508200）资助。

通信作者简介：吴乐平（1993—），男，湖南宜章人，助理工程师，主要从事水利规划工作，E-mail：394060273@qq.com。

推荐方案,为平原河网区水工程的防洪排涝调度提供一定参考。

2 基于水文水动力学的水闸群联合调度模型

水闸群联合调度研究需以精细化的数值模拟为基础,对平原河网区水动力关联系统高精度的模拟,必须以水文模型、河网水动力模型、工程调度模拟等耦合模拟技术为基础[10],本次水闸群联合调度模型由上述三个模块构成。

2.1 水文模型

水文模型大致可分为山区水文模型和平原区水文模型,两类模型由于下垫面不同产汇流机理具有很大差别,在具体建模时,应根据研究区地貌特点构建相应水文模型。珠江三角洲平原河网区大部分为平原,包含少量山区,当研究区内山区产流不能被忽略时,可考虑同时构建山区水文模型和平原区水文模型,两类模型具体计算原理可参见相关文献[11-13]。

2.2 河网水动力模型

河网水动力模型将描述河道一维非恒定水流运动的圣维南方程作为控制方程,公式如下:

$$B\frac{\partial Z}{\partial t}+\frac{\partial Q}{\partial x}=q \tag{1}$$

$$\frac{\partial Q}{\partial t}+\frac{\partial}{\partial x}\left(\frac{\alpha Q^2}{A}\right)+gA\frac{\partial Z}{\partial x}+gA\frac{|Q|Q}{K^2}=qV_x \tag{2}$$

式中,t 为时间,x 为距离;B、Q、Z、A、K、q、g、α、V_x 分别表示河宽、流量、水位、过流断面面积、流量模数、旁侧入流、重力加速度、动量校正系数、旁侧入流在水流方向的分速度。

2.3 工程调度模型

模型中水闸等水工建筑物概化成"联系要素","联系要素"的水流运动按宽顶堰处理[14-15],堰上水流分为自由出流、淹没出流两种流态,公式如下:

自由出流: $$Q=mB\sqrt{2g}H_0^{1.5} \tag{3}$$

淹没出流: $$Q=\varphi BH_s\sqrt{2g(Z_i-Z_d)} \tag{4}$$

式中,m 为自由出流系数;φ 为淹没出流系数;B 为闸门开启总宽度;H_0 闸上游水深;H_s 闸下游水深闸上水位;Z_u 为闸上游水位;Z_d 为闸下游水位。

3 调度目标与优选算法

3.1 调度目标

基于防洪排涝的水闸群联合调度基本思路是通过合理控制各水闸的启闭,降低关键节点水位以及加大整体外排水量。因此,在评价防洪排涝调度目标最优时,选取关键节点最高水位(以下简称目标1)、平均水位(以下简称目标2)降低和外排水量加大(以下简称目标3)为调度目标,目标函数如下:

目标1: $$F_1=\min Z_i \tag{5}$$

目标2: $$F_1=\min\overline{Z_i} \tag{6}$$

目标3：
$$F_3 = \max V \tag{7}$$

式中，Z_i 为区域第 i 个节点最高水位；$\overline{Z_i}$ 为区域第 i 个节点平均水位；V 为区域外排水量。

3.2 TOPSIS 综合评价模型

综合评价模型[16-17]（Technique for Order Preference by Similarity to an Ideal Solution，TOPSIS）又称为优劣解距离法，依据评价对象与理想目标的距离对评价对象开展排序，以此作为各方案优劣程度的依据。其计算的基本思路是定义决策问题的正、负理想解，在可行方案中找出理想方案，使其距离正理想解的距离最近，而距离负理想解的距离最远。故可将各计算方案中目标1、目标2的最低值作为理想方案的负理想解，目标3的最大值作为理想方案正理想解，见式(10)及式(11)。各方案对应的综合评价值见式(12)，由该值大小确定各水闸调度方案的优劣。计算步骤如下：

设定决策矩阵为 $A = (a_{ij})_{m \times n}$，进行属性值的规范化处理，设规范化决策矩阵 $B = (b_{ij})_{m \times n}$，其中

$$b_{ij} = \frac{a_{ij}}{\sqrt{\sum_{i=1}^{m} a_{ij}^2}}, i = 1, 2, \cdots, m; j = 1, 2, \cdots, n \tag{8}$$

构造加权的规范矩阵 $C = (C_{ij})_{m \times n}$。设由决策者给定的权重向量 $w = [w_1, w_2, w_3, \cdots, w_n]^{\mathrm{T}}$，则

$$C_{ij} = w_j b_{ij}, i = 1, 2, \cdots, m; j = 1, 2, \cdots, n \tag{9}$$

确定正理想解 C_j^+ 和负理想解 C_j^-，计算各方案到正（负）理想解的距离

$$S_i^+ = \sqrt{\sum_{j=1}^{n} (C_{ij} - C_j^+)^2} \tag{10}$$

同理

$$S_i^- = \sqrt{\sum_{j=1}^{n} (C_{ij} - C_j^-)^2} \tag{11}$$

计算综合评价值：

$$f_i = \frac{S_i^-}{S_i^- + S_i^+} \tag{12}$$

4 案例应用

4.1 研究区域概况

前山河流域位于珠江三角洲平原河网区下游，东、西、北三面环山，南部属于三角洲冲积平原，地势自东北向西南倾斜。由于地理位置和地形条件，常遭受台风暴潮、外江洪水和本地暴雨洪水带来的洪涝灾害，其中，本地暴雨洪水与口门潮流顶托是形成前山河流域洪涝灾害的主要原因。

前山河流域涉及中山（三乡镇、坦洲镇）、珠海（香洲城区、南湾城区）及澳门特别行政区部分区域，集水面积 342.4km²。前山河流域上游洪水、外海风暴潮的防御主要依靠前山河流域外围堤防中珠联围；流域内暴雨洪水（涝水）除北部少部分经排洪渠直接入海外，大部分汇入下游坦洲镇平原河网区，再经中珠联围马角、联石湾、灯笼、大涌口、石角咀、广昌和洪湾共 7 座挡潮闸外排。流域内暴雨洪水通道主要有前山河干流、茅湾涌、大涌、广昌涌、洪湾涌、西灌渠等。

从地形和地理位置分布上看，流域上游三乡镇地势较高，暴雨洪水（涝水）对其影响较小，流域下游平原河网区地势低洼，地面高程一般低于 2.0m，在发生暴雨或者大暴雨时，极易积水成灾。以前山河水道为横

线、茅湾涌—大涌为纵线大致可将下游坦洲平原河网区分为四大片区：茅湾涌以西—前山水道以北片、大涌以西—前山水道以南片、茅湾涌以东—前山水道以北片、大涌以东—前山水道以南片（以下简称1、2、3、4片区）。从各片区土地利用类型分布看，1片区和2片区以农田为主，3片区以城建区为主，4片区珠海侧以城建区为主、中山侧以农田区为主。

4.2　计算范围

前山河流域内外水量交换通过中珠联围7座挡潮闸控制，挡潮闸调度受流域内暴雨洪水、上游珠江三角洲洪水和河口潮汐共同作用。因此，为比较不同水闸群调度方案对流域防洪排涝的优化效果，需要对珠江三角洲河网区水流运动进行系统模拟。按照"大范围模拟，小范围精细化调度"的思路，将模型计算范围设置为珠江三角洲平原河网区和前山河流域，其中，珠江三角洲平原河网区构建一维水动力学模型（以下简称"大模型"），前山河流域构建包含水闸群调度模块的水文水动力学模型，大模型与前山河流域水文水动力学模型耦合构成水闸群联合调度模型。

4.3　模型构建与率定验证

大模型上游流量边界为西江梧州站、北江石角站、东江博罗站，流溪河老鸦岗站和潭江石咀站，下游潮位边界为广州出海水道大虎站、蕉门水道南沙站、洪奇沥水道万顷沙西站、横门水道横门站、崖门水道黄冲站、虎跳门水道西炮台站、鸡啼门水道黄金站、磨刀门水道出口以及前山河流域附近十字门水道出口和澳门内港站，其中磨刀门水道出口、澳门水道出口分别采用三灶、内港及三灶和内港站内插的潮位过程，十字门水道出口潮位过程用三灶和内港潮位过程按距离内插，共概化河道97条，断面2210个。

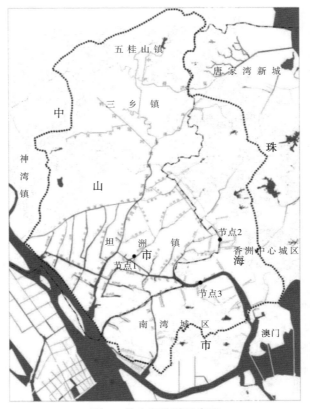

图1　前山河流域示意图

前山河流域水文水动力学模型包括水文模型、水动力学模型和水闸群调度模块3部分。根据流域的地貌特点,水文模型又分为山区水文模型和平原区水文模型两部分。山区水文模型采用新安江模型,将前山河流域山区划分为9个汇水分区,各个片区产流通过集中出流的方式汇入相应河道断面中;平原区水文模型主要参考文献[11]引入河网多边形的概念,将平原河网区下垫面分为水面、水田、旱地与城镇建设用地4类,分别采用不同的产汇流模型,产流通过旁侧出流的方式分配至邻近河道断面,前山河流域平原河网区平原区面积约160km²,其中水面20km²、水田40km²、旱地25km²与城镇建设用地75km²,选取前山河流域三乡、正坑、大炮台山及邻近的神湾4个雨量站逐时段雨量数据为水文模型输入,根据泰森多边形法赋予各雨量站权重,水动力学模型共概化河道43条,断面587个,流量边界为水文模型计算流量,潮位边界由大模型提供;水闸群调度模块将水闸群概化为联系要素,由各计算方案指定调度方式。

受实测资料限制,水闸群联合调度模型无同步水文测验资料,在模型率定验证时先调试大模型计算参数,在确保大模型精度后再对前山河流域水文水动力学模型参数进行率定验证,率定验证相关成果参见相关文献[18]。

4.4 水闸群联合调度方案拟定

前山河流域共有水闸22座,其中内河涌节制闸15座,中珠联围挡潮闸7座。防洪排涝期间水闸群的现状调度规则为:围内节制闸全开,中珠联围7座挡潮闸遵循规则调度(即闸内水位高于闸外水位时开闸排水)。中珠联围挡潮闸多年调度实践及相关研究表明,由于7座挡潮闸中规模较大的石角咀水闸位于最下游,同时期闸外潮位最低,其承担了最主要的暴雨洪水外排任务,大洪水或台风暴潮期间,石角咀水闸外排水量占7座水闸外排总水量的72%~100%,故7座水闸的调度运行方式以现状调度方式为最优,即7座水闸均按照闸内外水位调度。本研究重点对内河涌15座节制闸的调度进行优化。

按照重点防护的原则,在优先保障城建区防洪排涝的前提下,通过控制城建区周边节制闸的启闭,以降低城区(3片区)水位,加大流域整体外排水量为优化目标,制订各组防洪排涝调度方案。按照上述思路,选取3片区内龙潭、六村涌、咸围、同胜涌4座节制闸及中珠联围7座挡潮闸为研究对象,基本情况见表1,各节制闸按常开、常关两种工况考虑,7座挡潮闸按防洪排涝规则调度,共制订16组调度方案,其余水闸按常开调度。

表1   水闸基本情况表

水闸名称	水闸类型	所在河涌	所在位置	工程规模	
				孔数	总净宽(m)
龙潭水闸	内河涌 节制闸	茅湾涌	龙潭村	9	63
六村涌尾闸		六村涌	东灌渠	2	5
咸围水闸		七村涌	东灌渠	2	8
同胜涌节制闸		涌头涌	涌头涌东	3	18
马角水闸	外江 挡潮闸	西灌渠	磨刀门水道左岸	4	36
联石湾水闸		联石湾涌	磨刀门水道左岸	6	72
灯笼水闸		灯笼涌	磨刀门水道左岸	2	20
大涌口水闸		大涌	磨刀门水道左岸	12	174
石角咀水闸		前山水道	前山水道出海口	47	161
广昌水闸		广昌涌	广昌涌出海口	3	24
洪湾水闸		洪湾涌	洪湾涌出海口	5	50

为充分考虑不利洪潮遭遇对中珠联围防洪排涝的影响,方案计算边界条件水文模型采用前山河流域10年一遇暴雨过程,水动力学模型上游流量边界采用各站多年平均流量过程,下游潮位边界采用三灶和内港站5年一遇典型潮位过程进行缩放,其余各站用三灶和内港潮位过程按距离内插,考虑降雨汇流时间,模型

计算按中珠联围暴雨峰值先于外江潮位峰值1h考虑。

4.4　调度结果分析

　　3片区周边城镇包括中山市坦洲镇、珠海市香洲城区和珠海市南湾城区,在上述城镇附近各取1个代表断面作为控制节点,其中,坦洲镇控制节点称为节点1、香洲城区控制节点称为节点2,南湾城区控制节点称为节点3,位置见图1。各方案计算节点最高水位、平均水位及流域整体外排水量如图2所示。

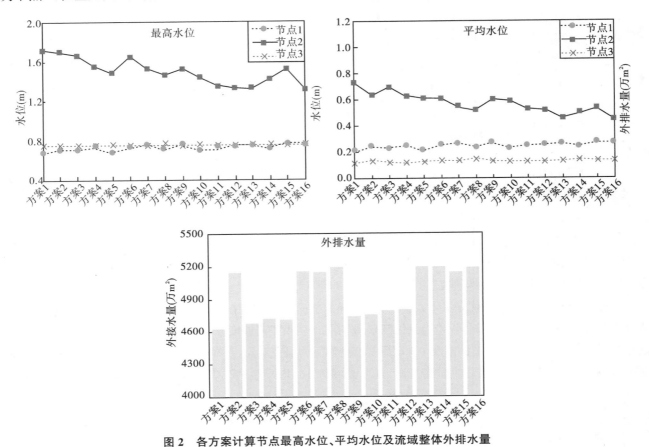

图2　各方案计算节点最高水位、平均水位及流域整体外排水量

　　各计算方案节点1平均水位为0.21~0.27m,最高水位为0.68~0.77m;节点2平均水位0.45~0.73m,最高水位为1.31~1.73m,节点3平均水位为0.12~0.14,最高水位为0.75~0.77m,外排水量为4636.54~5193.87m³。从外排水量来看,不同计算方案之间差异较大,最大外排水量与最小外排水量相差11%。从计算水位变幅来看,不同计算方案对节点2影响最大,其次为节点1,最后为节点3,主要原因有两点:

　　(1)节点3位于前山河流域排涝主干道前山水道,洪(涝)水大部分经前山水道通过石角咀水闸外排,且前山水道较其他节点所在河涌更为宽深,故节点3水位变幅不大。

　　(2)当计算方案中4座节制闸全关时,除上游三乡镇部分洪水经西灌渠分洪外,东部山区以及香洲区洪(涝)水都经节点2所在河涌下泄,水流成单向流,且节点2所在河涌断面较窄,故节点2水位有较大变幅。

　　选取节点1最高水位和平均水位、节点2最高水位和平均水位以及流域整体外排水量5项指标为方案评价标准。采用主观赋权法设定各指标相应权重,赋权依据为各指标重要性。本次评价指标中,最高水位和平均水位为负向指标,外排水量为正向指标,即各节点水位越低,流域外排水量越大调度方案效果越优。各指标权重见表2。

表2 　　　　　　　　　　　　　　　　防洪排涝协调性评价指标权重表

指标评价体系	指标		权重	正向/负向
水位	节点1	最高水位	0.15	—
		平均水位	0.1	—
	节点2	最高水位	0.15	—
		平均水位	0.1	—
水量	7座挡潮闸	外排水量	0.5	+

　　采用TOPSIS综合评价模型对16组调度方案进行综合评价,各调度方案节制闸启闭方式及计算综合评价值见表3,综合评价值前三为0.094、0.093、0.091,分别对应于方案13、方案16和方案14。限于篇幅,本文只对上述三组方案进行对比分析,其中,方案13为推荐调度方案,方案16为现状调度方案,方案14为外排水量最大方案,都具有一定代表性。和方案14相比,方案13虽然外排水量略低,但在节点1水位相差不大的情况下,节点2最高水位降低9cm、平均水位降低4cm,优于方案14。方案13和方案16综合评价值较为接近,两组方案节点最高水位和平均水位都相差不大,最大差值为2cm,但前者外排水量略多于后者,优于方案16。由此可见,方案13为16组方案中最优方案,在一定程度也验证了评价方法的合理性。

表3 　　　　　　　　　　　　　　　　防洪排涝计算方案及评价指标表

调度方案	水闸启闭	龙潭水闸	六村涌尾闸	咸围水闸	同胜涌节制闸	综合评价值
方案1	全关	0	0	0	0	0.034
方案2	开一闸	1	0	0	0	0.061
方案3		0	1	0	0	0.029
方案4		0	0	1	0	0.033
方案5		0	0	0	1	0.049
方案6	开两闸	1	1	0	0	0.065
方案7		1	0	1	0	0.072
方案8		1	0	0	1	0.087
方案9		0	1	1	0	0.035
方案10		0	1	0	1	0.053
方案11		0	0	1	1	0.064
方案12	开三闸	1	1	1	0	0.066
方案13		1	0	1	1	0.094
方案14		1	1	0	1	0.091
方案15		1	1	1	0	0.073
方案16	全开	1	1	1	1	0.093

　　注:调度方案中0为关闸,1为开闸。

5　结论

　　本文针对珠江三角洲平原河网区水闸群联合优化调度问题,选取典型研究区,构建基于水文水动力学的水闸群联合调度模型,制定不同调度方案,以研究区关键节点最高水位、平均水位和整体外排水量为调度目标,设定基于防洪排涝的多目标函数,采用TOPSIS综合评价模型对各方案进行优选。主要结论如下:

　　(1)以前山河流域为例,按照"大范围模拟,小范围精细化调度"的思路,构建珠江三角洲平原河网区一维水动力学模型和前山河流域水文水动力学模型耦合的水闸群联合调度模型,结合水闸群调度规则制订16

组调度方案,从外排水量来看,不同方案最大外排水量与最小外排水量相差11%,从计算水位变幅来看,不同方案对节点2影响最大,其次为节点1,最后为节点3。

(2)采用TOPSIS综合评价模型对各方案进行评分。结果表明,综合评价值前三分别为方案13、方案16和方案14,方案13最优,在流域内城镇水位相差不大的情况下,方案13比方案16更有利于加大流域整体外排水量;在流域整体外排水量相差不大的情况下,方案13比方案14更有利于降低流域内城镇水位。

参考文献

[1] 吴松柏,闫凤新,余明辉.平原感潮河网闸群防洪体系优化调度模型研究[J].泥沙研究,2014,(3):57-63.

[2] Wang X X, Wang J, Zhai X, et al. Improvement to flooding risk assessment of storm surges by residual interpolation in the coastal areas of Guangdong Province, China [J]. Quaternary International, 2017,453:1-14.

[3] 卢健涛,侯贵兵,薛娇,等.珠三角典型示范区防洪排涝平台框架与功能设计[J].水利信息化,2021,(2):76-80.

[4] 夏军,高扬,左其亭,等.河湖水系连通特征及其利弊[J].地理科学进展,2012,31(1):26-31.

[5] 赵进勇,董哲仁,翟正丽,等.基于图论的河道-滩区系统连通性评价方法[J].水利学报,2011,42(5):537-543.

[6] 茹彪,陈星,张其成,等.平原河网区水系结构连通性评价[J].水电能源科学,2013,31(5):9-12.

[7] 胡晓张,谢华浪,宋利祥,等.基于水系联通的珠三角典型联围闸泵群调度方案研究[J].人民珠江,2020,41(5):101-107.

[8] 贺新春,黄芬芬,汝向文,等.珠江三角洲典型河网区水资源调度策略与技术研究[J].华北水利水电大学学报(自然科学版),2016,37(6):55-60.

[9] 杨芳,万东辉,石赟赟,等.基于闸泵群联合调度的感潮河网区抑咸补淡方案研究[A].中国水利学会.中国水利学会2015学术年会论文集(上册)[C].南京:河海大学出版社,2015.

[10] 唐洪武,严忠民,王船海,等.平原河网水动力学及防洪技术研究进展[A].《水动力学研究与进展》编委会,中国力学学会,中国造船工程学会,等.第二十七届全国水动力学研讨会文集(上册)[C].北京:海洋出版社,2015.

[11] 王船海,王娟,程文辉,等.平原区产汇流模拟[J].河海大学学报(自然科学版),2007,(6):627-632.

[12] 王娟.平原区产汇流模拟[D].南京:河海大学,2007.

[13] 程文辉,王船海,朱琰.太湖流域模型[M].南京:河海大学出版社,2006.

[14] 李义天.河网非恒定流隐式方程组的汊点分组解法[J].水利学报,1997,(3):50-58.

[15] 陈晓波,董增川,郑国威,等.闸泵系统联合调度的水动力学模型研究及应用[J].人民黄河,2013,35(3):27-29.

[16] Shih H S, Shyur H J, Lee E S. An extension of TOPSIS for group decision making [J]. Mathematical and Computer Modelling ,2007,45(7):801-813.

[17] Behzadian M, Khanmohammadi Otaghsara S, Yazdani M, et al. A state-of the-art survey of TOPSIS applications[J]. Expert Systems with Applications, 2012, 39(17):13051-13069.

[18] 薛娇,廖小龙,钟逸轩,等.珠江三角洲水文水动力耦合模型研究初探[J/OL]. http://kns.cnki.net/kcms/detail/10.1746.tv.20210820.1051.002.html,2021-08-26.

城市小型浅水湖泊水动力学特性数值模拟研究

王乾伟　张睿琳　张潇　岳志远

（长江勘测规划设计研究有限责任公司,湖北武汉,430010）

摘　要:城市小型浅水湖泊水环境问题日益突出。科学地制订城市湖泊水环境治理规划方案,需要研究湖泊水环境承载力和典型污染物浓度的时空分布规律。本研究以洋澜湖为典型案例,建立二维水量—水质耦合模型,结合现状湖泊的典型水文、水质边界条件,通过数值模拟得到典型设计水平年洋澜湖水环境承载力和典型污染浓度的变化规律。结果表明,不同水动力条件下,污染物的输移扩散速率差异显著。后续水环境治理方案中重点治理城市面源污染,能有效改善湖泊水环境。针对湖湾、湖汊等封闭水体,通过人工造流等方式改善水动力条件能有效改善区域水环境质量。

关键词:水环境治理;水环境承载力;洋澜湖;二维水量—水质耦合模型;数值模拟

1　研究背景

经济社会的发展导致城市湖泊污染较为严重[1]。城市小型浅水湖泊作为城市的主要排水通道,是城市雨水及污水尾水的主要受纳水体,其水环境问题日益突出。为更好地开展城市小型浅水湖泊的水环境治理工作,需要明确湖泊的水环境承载能力。现有规范仅能计算湖泊的总体水环境承载力,同时,其水文条件为近10年最枯月平均流量或90%保证率最枯月平均流量,由此得出的水环境承载力偏小,对湖泊水环境治理工作指导作用有限。天然湖泊的水环境承载能力与水文边界、污染源的时空分布等相关因素有着密切的关系。同一湖泊不同区域水流条件和与污染源空间位置关系不同,不同时间其污染物浓度也存在差异。科学地制订城市湖泊水环境治理方案,需要研究湖泊水环境承载力和典型污染物浓度时空分布规律。目前,针对洋澜湖全湖水环境数值模拟方面的研究较少,而类似的研究已被广泛应用在武汉东湖、汤逊湖、长江口、杭州湾、太湖等地[2-5]。为此,本研究以洋澜湖为案例,将应用二维水量—水质耦合数学模型进行洋澜湖水环境数值模拟,分析洋澜湖水环境承载能力的动态特征,为洋澜湖的水环境综合治理方案提供技术支撑。

2　区域概况

洋澜湖位于鄂州市市区东南,地处东经114°52′16″—114°55′33″和北纬30°22′21″—30°24′08″,湖心坐标为东经114°53′14″,北纬30°23′19″。洋澜湖系长江支流,因河口淤塞而成壅塞湖,南依葛山风景区,东北呈"凹"字形,水面宽阔,港汊甚多,景色秀美,自然条件十分优越。目前,洋澜湖为鄂城区内的城中湖,是鄂州市城区中心腹地重要的山水风景区,湖周边有新庙镇、凤凰街、西山街、古楼街。湖泊西北部与市区相连,以莲花山为界分南湖、东湖。洋澜湖流域面积为43.22km²,水面面积3.73km²,水位一般为15.00~16.50m(黄海高程,下同),历史最高水位为18.69m(1954年)。洋澜湖湖底最低高程为13.48m,平均水深为2.5~3.0m。洋澜湖岸线曲折,总长为29.53km。湖水主要靠大气降水补给,流域内主要包括小桥港、洪港、英山港、洋澜港和五丈港5条入湖和出湖港道(图1)。

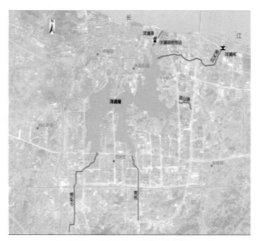

图 1　洋澜湖现状水系图

3　研究方法

本研究使用丹麦水资源及水环境研究所(DHI)开发的 MIKE 21 二维水动力水质模型(Mike 21 FM)进行模拟预测计算。Mike 21 FM 是一个基于非结构化网格的水动力模拟系统,并可根据需要嵌入其他相关模块,以实现预期研究目的。Mike 21 FM 包括水动力模块、输移模块、泥沙模块、生态模块等。水动力模块是其最基本的组成部分,其他模块均需要与水动力学模块结合使用。本研究采用水动力模块、输移模块构建二维水量水质耦合模型,选择 COD、NH$_3$-N、TP 作为污染物控制指标进行模拟[6-8]。

3.1　模型基本原理

3.1.1　基本控制方程

基本控制方程采用正交直角坐标系下的平面二维水动力学方程系统。包括水流连续方程和 x、y 方向的水流动量方程,可以表述为如下形式:

$$\frac{\partial h}{\partial t}+\frac{\partial(hu)}{\partial x}+\frac{\partial(hv)}{\partial y}=q \tag{1}$$

$$\frac{\partial(hu)}{\partial t}+\frac{\partial}{\partial x}\left(hu^2+\frac{1}{2}gh^2\right)+\frac{\partial(huv)}{\partial y}=u_q q_c+gh(S_{bx}-S_{fx})+v_t h(\partial^2 u/\partial x^2+\partial^2 u/\partial y^2) \tag{2}$$

$$\frac{\partial(hv)}{\partial t}+\frac{\partial(huv)}{\partial x}+\frac{\partial}{\partial y}\left(hv^2+\frac{1}{2}gh^2\right)=v_q q_c+gh(S_{by}-S_{fy})+v_t h(\partial^2 v/\partial x^2+\partial^2 v/\partial y^2) \tag{3}$$

式中,t 为时间,s;x 和 y 为空间坐标,m;h 为水深,m;u 和 v 分别为 x 和 y 方向的水流流速,m/s;q 为源汇项,m/s;u_q、v_q 分别为源汇流在 x 和 y 方向的水流流速,m/s;g 为重力加速度,m/s^2,本文中取 9.8m/s^2;v_t 为紊动扩散系数,m^2/s;$S_{bx}=\partial z_b/\partial_x$,$S_{by}=\partial z_b/\partial y$ 分别为 x 和 y 方向的地形坡度,z_b 为河床高程,m;S_{fx}、S_{fy} 分别为 x 和 y 方向的阻力坡度。

采用污染物对流—扩散方程描述污染物输移过程,并考虑污染物的点源入汇和污染物降解作用,基本控制方程如下:

$$\frac{\partial hc}{\partial t}+\frac{\partial(huc)}{\partial x}+\frac{\partial(hvc)}{\partial y}=\frac{\partial}{\partial x}\left(D_{cx}h\frac{\partial c}{\partial x}\right)+\frac{\partial}{\partial x}\left(D_{cy}h\frac{\partial c}{\partial y}\right)-K_c hc+q_c \tag{4}$$

式中,c 为污染物浓度,mg/L;D_{cx} 和 D_{cy} 分别为污染物在 x 和 y 方向上的扩散系数;K_c 为污染物综合衰减系数;q_c 为污染物源汇项。

3.1.2　数值计算格式

Mike 21 FM 应用 Roe's 格式计算界面数值通量,为避免数值振荡,采用 TVD 方法对界面通量进行修正。为便于应用该数值格式,可将控制方程整理为如下守恒形式。

$$\frac{\partial \boldsymbol{U}}{\partial t} + \frac{\partial \boldsymbol{F}}{\partial x} + \frac{\partial \boldsymbol{G}}{\partial y} = \frac{\partial \hat{\boldsymbol{F}}}{\partial x} + \frac{\partial \hat{\boldsymbol{G}}}{\partial y} + \boldsymbol{S} \tag{5}$$

$$\boldsymbol{U} = \begin{bmatrix} h \\ hu \\ hv \end{bmatrix}, \boldsymbol{F} = \begin{bmatrix} hu \\ hu^2 + gh/2 \\ huv \end{bmatrix}, \boldsymbol{G} = \begin{bmatrix} hv \\ huv \\ hv^2 + gh^2/2 \end{bmatrix}, \hat{\boldsymbol{F}} = \begin{bmatrix} 0 \\ v_t h\, (\partial u/\partial x) \\ v_t h\, (\partial v/\partial x) \end{bmatrix},$$

$$\hat{\boldsymbol{G}} = \begin{bmatrix} 0 \\ v_t h\, (\partial u/\partial y) \\ v_t h\, (\partial v/\partial y) \end{bmatrix}, \boldsymbol{S} = \boldsymbol{S_q} + \boldsymbol{S_b} + \boldsymbol{S_t} = \begin{bmatrix} q_c \\ u_q q_c \\ v_q q_c \end{bmatrix} + \begin{bmatrix} 0 \\ ghS_{bx} \\ ghS_{by} \end{bmatrix} + \begin{bmatrix} 0 \\ -ghS_{fx} \\ -ghS_{fy} \end{bmatrix} \tag{6}$$

式中,$\boldsymbol{U}$ 为守恒量向量;$\boldsymbol{F}$ 和 $\boldsymbol{G}$ 分别为 x 和 y 方向的通量向量;$\hat{\boldsymbol{F}}$ 和 $\hat{\boldsymbol{G}}$ 分别为 x 和 y 方向的扩散项向量;$\boldsymbol{S}$ 为源项向量,可以分为三部分考虑,即源汇项 $\boldsymbol{S_q}$、底坡项 $\boldsymbol{S_b}$ 及阻力项 $\boldsymbol{S_f}$;$\partial u/\partial x$、$\partial u/\partial y$、$\partial v/\partial x$、$\partial v/\partial y$ 分别为速度 u、v 在 x 和 y 方向的梯度。

3.2 研究范围与计算网格

本次研究对象为洋澜湖水质变化规律,研究范围涵盖洋澜湖 3.73km² 范围。采用非结构三角网格剖分计算区域,可更精确地模拟不规则湖岸边界。根据本次研究需要,结合洋澜湖平面形态、水系特点及排污口分布特点,采用 4330 个网格单元剖分计算区域,网格边长为 20~50m。应用 2018 年最新水下地形资料进行地形插值,网格地形图见图 2。

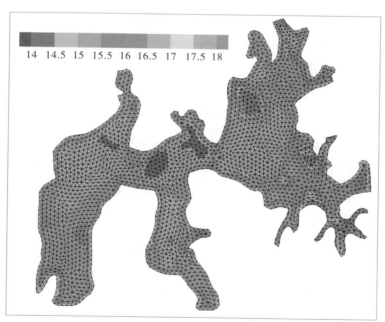

图 2　洋澜湖网格剖分及水下地形图(地形高程单位:m)

3.3 边界条件及参数设置

3.3.1 边界条件

(1)入湖水文边界条件。

按照《水域纳污能力计算规程》(GB/T 25173—2010)中相关规定,湖泊应采用近 10 年最低月平均水位或 90% 保证率最枯月平均水位相应的蓄水量作为设计水量。本次收集到 2008—2017 年洋澜湖泵站站前逐日水位,经过分析,近10年最低月平均水位为18.04m(冻吴高程,发生于2010年8月),对应的蓄水量为306.03万m³。

本次收集到鄂州气象站1959—2016年逐日降雨资料,共计58年,采用P-Ⅲ曲线对其排频,得到90%保证率条件下设计降雨量为981.76mm。年降雨量统计值见表1。

选择1974年作为90%保证率典型年,并根据设计降雨量对年降雨过程进行同倍比缩放得到90%保证率设计降雨过程,见表2。根据《城市排水工程规划规范》(GB 50318—2017),洋澜湖属于城中湖,流域内城市建筑密集,年综合径流系数取0.60。设计径流量采用设计降雨量乘以综合径流系数进行估算,根据最新核算,洋澜湖流域面积43.22km²,90%保证率设计产流量约为2546万m³(合计为0.81m³/s)。

表1 　　　　　　　　　　　　　　　鄂州气象站1959—2016年降雨量　　　　　　　　　　　　　　　单位:mm

年份	1959	1960	1961	1962	1963	1964	1965	1966	1967
降雨量	1716.1	1181.1	1030.3	1549.7	1129.6	1495.6	1256.3	902.4	1209.2
年份	1968	1969	1970	1971	1972	1973	1974	1975	1976
降雨量	784.3	1815.2	1626.1	822.2	1235.9	1361.5	1012.6	1336.7	856.4
年份	1977	1978	1979	1980	1981	1982	1983	1984	1985
降雨量	1548.5	920.1	897.2	1591.1	1307.7	1399.8	2006.7	1155.9	1037.5
年份	1986	1987	1988	1989	1990	1991	1992	1993	1994
降雨量	1283.1	1721.3	1494.5	1837.6	1412.3	1675.4	1174.6	1467.2	1053.7
年份	1995	1996	1997	1998	1999	2000	2001	2002	2003
降雨量	1408.4	1619.7	1044.4	1914.3	1642.3	1147.2	1084.7	1817.3	1544.6
年份	2004	2005	2006	2007	2008	2009	2010	2011	2012
降雨量	1210	1175.6	1198.1	1312.7	1074.9	1262.2	1575.5	1151.4	1442.6
年份	2013	2014	2015	2016					
降雨量	1089.5	1301.6	1539.6	1918.2					

洋澜湖入湖河港小桥港的汇水面积为3.5km²,洪港的汇水面积为7.1km²,英山港的汇水面积为4.0km²,计算得小桥港的入湖量为206.05万m³,洪港的入湖量为419.93万m³,英山港的入湖量为236.17万m³,年内过程见表3。

表2 90%保证率设计降雨过程表

月份	降雨量(mm)
1	74.85
2	71.55
3	48.57
4	132.54
5	131.28
6	166.18
7	181.11
8	15.22
9	29.09
10	32.09
11	48.19
12	51.09
合计	981.76

表3 90%保证率入湖河港入流过程　　单位:万m³

月份	小桥港入流量	洪港入流量	英山港入流量
1	15.71	32.02	18.01
2	15.02	30.61	17.21
3	10.19	20.78	11.68
4	27.82	56.69	31.88
5	27.55	56.15	31.58
6	34.88	71.08	39.98
7	38.01	77.47	43.57
8	3.19	6.51	3.66
9	6.1	12.44	7
10	6.74	13.73	7.72
11	10.11	20.61	11.59
12	10.72	21.86	12.29
合计	206.05	419.93	236.17

（2）水质边界条件。

2018年鄂州市进行洋澜湖排污口综合整治工程，将沿湖所有排口进行封闭整改，现阶段仅剩下小桥港、英山港和洪港三条入湖港道。本方案采用三条港道实测数据作为边界条件。

表4 三条港道实测水质数据

检测项目	水温（℃）	pH 值	化学需氧量（mg/L）	氨氮（mg/L）	总氮（mg/L）	总磷（mg/L）
英山港	8.22	24.6	19	5.66	5.87	0.91
洪港 5 号	8.1	30.2	10	2.17	2.9	0.2
小桥巷 7 号	8.2	32.2	12	1.82	3.25	0.2

同时，将洋澜湖流域面源污染概化为15个点源（排污口），位置示意图见图3。模型中各点源的流量根据总流量分配计算给定；各点源排放污染物的浓度根据以上洋澜湖的年纳污总量与年入湖流量的相关计算给定。

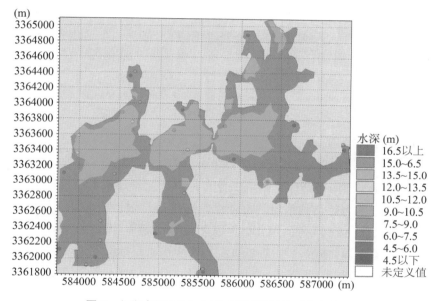

图3　入湖点源（实心点）位置示意图（地形高程单位：m）

3.3.2　参数设置

模型参数分水流参数和水质参数。水流参数主要为糙率系数和紊动扩散系数；水质参数主要为衰减系数，一般需根据实测资料进行率定、验证，也可参照类似湖泊根据经验给定。

（1）糙率系数。

糙率系数主要是度量边界不规则情况和湖床表面粗糙程度的综合系数。根据有关水力学规范、手册加以选取，一般取 0.025～0.028。本模型计算过程中，出于偏安全因素考虑，将综合糙率系数取为 0.03。

（2）紊动扩散系数。

本研究采用的是二维水动力学模型，紊动扩散系数主要包括横向扩散系数和纵向扩散系数。在工程实际过程中，由于纵向流速分布的不均匀导致水流分散作用远大于纵向紊动扩散作用，二者混在一起很难区分，本研究中暂不予讨论。横向扩散系数 E_y 的估值可采用费休和泰勒等经验公式法进行初值计算，再利用二维对流扩散模型进行率定。由于计算区域水道的宽深比＞100，不适合利用泰勒公式，较适合利用费休公式进行计算。顺直河道的费休公式如下：

$$E_y = (0.1 \sim 0.2)H\sqrt{gHJ} \tag{7}$$

式中，H 为岸边平均水深，取 2.34m；g 为重力加速度，取 9.8m/s；J 为水力比降，取 2‰。

经计算得到横向扩散系数 E_y 初始值为 $0.28\mathrm{m}^2/\mathrm{s}$,然后以该值为基础进行模型率定,经参数自动全局寻优,找出最优的参数取值。

(3)综合衰减系数 K。

对流扩散模型可调整的主要参数为模拟因子的衰减系数。本模型中衰减系数 K 通过其他湖泊江河经验、模型率定等方式综合确定。

相关经验和研究成果:中国水科院水环境研究所《三峡水库一维水流水质数学模拟研究》,其 $K_{氨氮}$ 为 0.056,K_{COD} 为 0.07;长江水利委员会上游水文局在 2000 年编制重庆市水资源保护规划时的实际监测成果,$K_{氨氮}$ 为 $0.05\sim0.25$,K_{COD} 为 $0.03\sim0.2$;长江水资源保护科研所在湖南湘江实际监测成果,$K_{氨氮}$ 为 $0.06\sim0.35$,K_{COD} 为 $0.05\sim0.35$;丁训静、姚琪等在太湖流域水质模拟研究时 K_{COD} 为 $0.14\sim0.38$;杨文龙、杨常亮等在滇池水环境容量模型研究中的 $K_{氨氮}$ 为 0.068。《全国地表水环境容量核定技术报告编制大纲》规定,K_{COD} 一般不宜大于 0.2,$K_{氨氮}$ 一般不宜大于 0.1。

参数率定:参照实测公式法计算结果、相关经验和研究成果,并利用近 5 年实测水质监测资料进行数值模型参数的率定。以实测资料为目标,经参数自动全局寻优,找出最优的参数取值,确定 K_{COD} 为 $0.12/\mathrm{d}$,$K_{氨氮}$ 为 $0.08/\mathrm{d}$。

4 模型的应用

为更好揭示洋澜湖湖泊水环境承载力和典型污染物浓度时空分布规律,本研究以 2018 年为典型设计水平年进行数值模拟,分析在未采用任何治理措施条件下,洋澜湖全年的水环境承载能力变化情况。

图 4 至图 6 为典型设计水平年末各污染物的浓度分布场。根据设计来水过程和污染物排放浓度,在湖泊大部分区域三项污染物的浓度均能达到水质目标浓度。在排污口附近的局部区域浓度略高于湖中心浓度。15 个点源(排污口)中,仅莲花桥东北侧、莲花山医院附近和沿湖路等 3 处点源(排污口)附近的污染物满足水质目标要求,其余 12 处点源(排污口)附近浓度则均高于水质目标浓度。表明不同位置水流条件存在差异,其污染物的输移扩散速率差异显著。

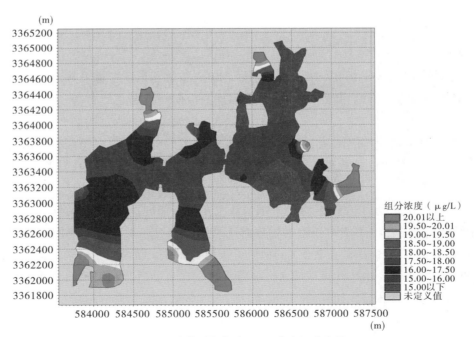

图 4 设计典型年年末 COD 浓度场分布图

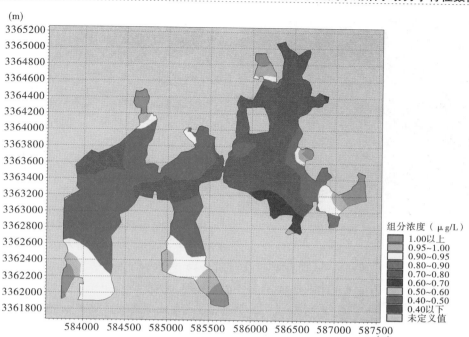

图 5　设计典型年年末 NH₃-N 浓度场分布图

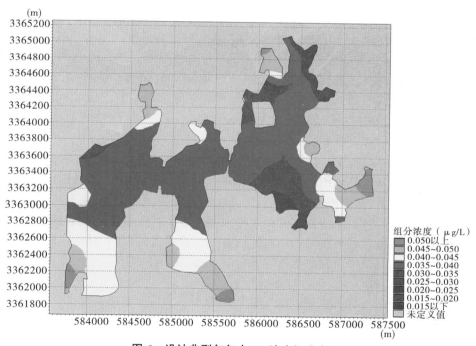

图 6　设计典型年年末 TP 浓度场分布图

　　为了进一步分析各污染物浓度在年内的变化,在湖中心附近选取 5 个采样点(图 7),提取了三项污染物的逐日变化过程,见图 8 至图 10。在水文设计条件下,按照上述污染物年内分配过程控制污染物排放,COD 和 NH₃-N 两项指标达到Ⅲ类水水质标准的时间基本在 90% 天数以上,TP 全年均可达到Ⅲ类水水质标准。同时,流量由于污染物自降解作用,距离出口越近污染物浓度越低。

图7 采样点位置示意图

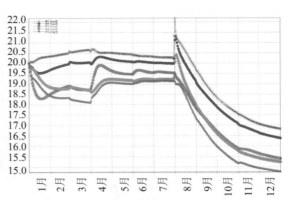

图8 设计典型年各采样点COD浓度变化过程

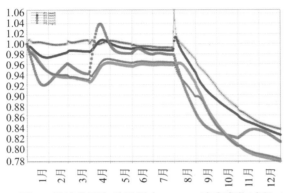

图9 设计典型年各采样点NH₃-N浓度变化过程

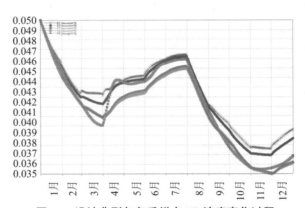

图10 设计典型年各采样点TP浓度变化过程

5 结论和建议

本文建立了洋澜湖二维水量—水质耦合水动力学模型,给定水文水质数据,率定水力学和水质模型参数,模型精度较高,可用于多种工况的模拟研究。根据模拟计算结果,点源污染对洋澜湖水质影响较大,在洋澜湖周边无排污口的条件下,城市面源污染已成为洋澜湖污染的主要来源,是下一阶段的主要治理方向。针对湖湾、湖汊等封闭水体,通过人工造流等方式改善水动力条件能有效改善区域水环境质量。

本研究仅考虑了点源污染及城市面源污染对湖泊水环境承载力的影响,对湖泊底泥等内源污染尚未考虑。需要进一步研究湖泊内源污染对湖泊水环境的影响,优化完善本模型。

参考文献

［1］丁智帆.武汉市汤逊湖污染治理研究:基于整体性治理理论的视角［D］.武汉:华中师范大学,2019.
［2］廖临毓.城市浅水湖泊二维水动力水质耦合模型应用研究［D］.武汉:华中科技大学,2016.
［3］马宁.某水库水动力水质模型研究［D］.邯郸:河北工程大学,2017.
［4］许婷.丹麦MIKE21模型概述及应用实例［J］.水利科技与经济,2010,16(8):867-869.
［5］李添雨,李振华,黄炳彬,等.基于MIKE21模型的沙河水库水量水质响应模拟研究［J］.环境科学学报,2021,41(1):293-300.
［6］胡艳海,周林飞.石佛寺水库二维水动力及水质数值模糊与分析［J］.人民长江,2021,52(1):31-38.
［7］杨博林,陈倩倩,夏伟.基于MIKE21模型的汤逊湖水质水量模拟研究［J］.绿色科技,2021,23(16):29-38.
［8］何黎艳.基于河道水动力水质模型的福州南台岛补水优化调度研究［J］.能源环境,2021,12(1):135-136.

大型水利枢纽工程运行安全综合监测系统构建及应用

邓晶　谢非　夏泽

（长江信达软件技术(武汉)有限责任公司，湖北武汉，430010）

摘要： 大型水利枢纽工程运行安全综合监测一直是工程运行管理的重点和难点问题。随着经济社会的高速发展，对水利工程水利支撑的需求也从传统的防洪、发电、供水逐步拓展到生态、航运、服务经济社会等多个方面，水利枢纽工程运行安全从传统的工程安全、运行环境逐步拓展到运行安全、水安全、水环境、水生态、水污染等多要素和指标，构建新时期大型水利枢纽工程运行安全综合监测体系和平台十分迫切。本文以三峡水利枢纽工程为研究对象，通过构建以三峡工程为代表的大型水利枢纽工程运行安全综合监测体系，阐明综合监测系统的内涵和外延，全方位反馈工程运行的综合指标，为大型水利枢纽安全运行提供重要的技术支撑和决策依据。

关键词： 大型水利枢纽工程；安全运行；综合监测；三峡工程

1　前言

大型水利枢纽工程运行安全综合监测一直是工程运行管理的重点和难点问题。随着经济社会的高速发展，对水利工程水利支撑的需求也从传统的防洪、发电、供水逐步拓展到生态、航运、服务经济社会等多个方面，水利枢纽工程运行安全从传统的工程安全、运行环境逐步拓展到运行安全、水安全、水环境、水生态、水污染等多要素和指标，构建新时期大型水利枢纽工程运行安全综合监测体系和平台十分迫切。

1996 年，在原国务院三峡工程建设委员会办公室组织协调和有关部委的大力支持下，组建了跨地区、跨部门、跨学科的长江三峡工程生态与环境监测系统。2005 年和 2009 年先后两次对监测系统进行了优化完善，形成了目前涵盖水环境、污染源、水生生态、陆生生态、农业生态、河口生态、局地气候、地震、遥感、人群健康、典型区、三峡水库管理综合监测等方面的监测系统，系统由 13 个子系统、34 个监测站、150 余个基层站组成。

自 2008 年汛后开始 175m 正常蓄水位试验蓄水以来，在不断加强生态与环境保护的同时，对三峡水库运行安全管理的要求也越来越高，现有监测系统不能完全适应新时期对多影响因素综合分析、多功能目标优化、实时管理和三峡工程综合管理决策等方面的更高要求。同时，随着国家管理机构的改革，原国务院三峡办职能整体并入水利部，按照新的历史条件下"水利工程补短板、水利行业强监管"的水利改革发展总基调和对三峡工程运行安全高质量监管的要求，有必要对三峡工程生态与环境监测系统进行调整、整合、补充和完善，构建更为全面系统的三峡工程运行安全综合监测系统。

2　大型水利枢纽工程运行安全综合监测系统构建

优化完善后的监测系统，从对影响生态环境状况的单一目标监测，转变为统筹加强三峡枢纽运行安全、

通信作者简介：邓晶(1988—)，女，工程师，硕士，长期从事水利信息化及平台开发方面研究及应用，E-mail：dengjing2@cjwsjy.com.cn。

水安全、水环境、水生态、水污染等多要素和指标的综合监测体系,监测系统的监测内容更为丰富,针对性更强;为水利部全面履行三峡工程运行安全指导监督职能、进一步加强三峡工程影响区的水环境、水生态、水资源"三水共治"提供有效手段和支撑;充分发挥水利行业及相关技术单位的专业优势,以有关部门和单位组织开展的相关监测工作为基础,注重应用新的水利监测技术手段,对三峡工程枢纽运行安全、水库蓄退水安全、中下游河道影响、泥沙、地质灾害、高切坡、库区经济社会发展等内容开展更全面的监测,并推进网络信息技术的应用,实现监督管理便捷化、综合分析服务化,适应水利科学进步发展的需要。总之,优化完善后的监测系统在继续加强各项技术性监测工作的同时,将进一步加强监测系统的建设与管理,更好地发挥监测系统为三峡工程运行安全综合管理决策支撑的作用。

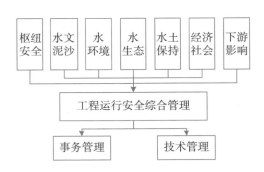

图1 大型水利枢纽工程运行安全综合监测体系

2.1 枢纽工程运行安全监测

为总体掌握三峡枢纽运行情况,对水库运行安全、发电安全、航运安全、枢纽建筑物安全、坝区生态与环境情况进行监测,全面了解三峡枢纽运行动态,及时应对突发情况,强化监督三峡工程运行安全职能职责。

2.2 水文水资源及泥沙监测

通过水文观测,掌握三峡库区干流和主要入库支流以及长江中下游典型断面的水位、流量;掌握三峡水库全年入库流量、蓄水量及动态变化情况,长江中下游干流径流年内变化和年际变化;通过对三峡工程影响区常规水质、支流水华预警与监测,全面掌握相关区域水质的总体状况和变化趋势,了解三峡库区支流水体的营养状况和水华发生规律;结合水资源利用情况调查,全面掌握三峡工程影响区水资源的总体状况和变化趋势,为三峡水库运行调度管理和水资源保护提供技术支撑。

2.3 库区水环境监测

全面掌握三峡库区工业和生活污染源、农业面源污染和船舶流动污染源的变化状况,为三峡水库运行调度管理和水环境保护提供技术支撑,为水污染事件应急响应和水华防控提供可参考的技术方案。

2.4 水生态监测

监测掌握三峡库区及坝下至长江口经济鱼类的资源状况、生活习性和生物学特征以及渔业资源状况,为正确评价工程建设对上述鱼类的影响过程和程度,采取有效的物种针对性保护措施;对长江上游宜宾至长江口的珍稀特有水生生物、鱼类早期资源、渔业资源、珍稀水生生物、其他水生生物,以及渔业水域环境等开展监测,全面掌握珍稀特有水生生物的资源变动特征及其与环境变化之间的关系、鱼类早期资源现状和变化状况,水生生态系统变化状况;对长江口及邻近海域非生物环境、生物环境和生物资源三大系统内若干要素开展定时、定点观测和调查开展监测,掌握长江口生态系统结构各层面及其生物资源时空格局及其持续利用的影响;全面系统地对三峡水库消落区植物群落进行全过程的跟踪监测,对消落区综合整治多种措施的环境效益进行分析和评估。

2.5 水土保持监测

对坡面尺度和小流域尺度水土流失、面源污染、经济社会、土地生产力的典型定位观测和跟踪调查,以及区域尺度水土流失动态监测,分析三峡库区水土流失状况及消长变化、土地利用结构和植被覆盖变化,以及典型区域面源污染、经济社会水平和土地生产力变化状况等,为评价水土流失和面源污染带来的入库泥沙和库区水质影响,三峡工程安全运行、库区生态环境安全和水质安全保障提供基础支撑。

2.6 库区安全监测

对三峡水库消落区保护、水库岸线保护、生态屏障区生态修复、蓄退水安全、地质灾害防治、高切坡防治、地震、局地气候等水库运行安全的总体情况及突发情况进行监测及调查,为三峡水库的安全监管提供技术支撑,强化三峡水库运行安全监管职能。

2.7 库区经济社会监测

对三峡库区经济社会发展水平及三峡库区农村移民和城镇移民生产生活水平进行监测调查,及时掌握和反映三峡库区经济社会发展总体状况和变化趋势,以及三峡库区移民生产生活水平状况,分析移民生活水平变化趋势,反映移民致富新成果,为三峡库区移民安稳致富宏观监督管理和决策提供支持。

2.8 工程对中下游影响监测

开展三峡工程对长江中下游河道影响监测、鄱阳湖和洞庭湖的监测,为三峡水库科学调度、减缓三峡工程对长江中下游的影响,保障沿岸地区经济社会可持续发展以及维护鄱阳湖和洞庭湖的生态环境安全提供技术支撑,确保三峡工程建成后能最大限度地发挥其社会、经济和环境效益。对坝下四湖地区典型剖面的地下水动态监测和潜育化指标进行监测与分析,积累本底基础数据,进一步分析三峡工程对四湖地区地下水动态和土壤潜育化影响的范围和程度及其影响机制,阐明三峡水库蓄水前后四湖地区典型剖面地下水动态的变动规律和潜育化指标的变化特征。对长江河口地区生态环境的主要影响因子——盐分、水分的动态进行监测及分析,掌握长江河口区水盐动态的变动规律和季节性变化特征,进一步明确三峡工程对河口区域水盐动态变化和土壤盐渍化影响的范围、程度及其影响机制。

2.9 工程运行安全综合管理

对监测系统日常管理和数据的汇总分析以及监测成果发布进行统一管理,及时为管理部门提供服务与技术支撑,统筹管理监测系统的合同管理、日常事务管理、项目管理、数据收集、成果汇总、数据分析与运用、技术报告编制、成果发布等工作,并将监测成果纳入长江水利委员会水利专题一张图。

3 三峡工程运行安全综合监测系统应用实践

2019 年,根据三峡工程安全运行的新形势、新要求,对原有生态与环境监测系统进行整合、优化与适当的扩充,完善监测体系、优化站点布局和监测内容,提升监测技术和能力,适应新时期对多影响因素综合分析、多功能目标优化、实时管理和三峡工程综合管理决策更高的要求。调整后的三峡工程运行安全综合监测系统由9个子系统、31个监测站组成,详见表1。

表1   三峡工程运行安全综合监测系统及监测站设置

序号	子系统名称	监测站名称
1	三峡枢纽工程运行安全监测子系统	枢纽运行安全监测站
2	三峡工程水文水资源及泥沙监测子系统	干流水文水质监测站
		三峡水库重点支流水质监测站
		泥沙监测站
3	三峡库区水环境监测子系统	工业和生活污染源监测站
		农药化肥面源污染监测站
		船舶流动污染源监测站
4	三峡工程水生态监测子系统	水生生物与渔业资源监测站
		长江口生态环境监测站
		三峡水库消落区生态环境监测站
5	三峡库区水土保持监测子系统	三峡库区水土保持重点监测站
		万州典型区水土保持监测站
		巴东典型区水土保持监测站
		秭归典型区水土保持监测站
		三峡库区水土流失治理遥感监测站
6	三峡库区安全监测子系统	三峡水库综合管理监测站
		三峡水库蓄退水安全监测站
		三峡库区地质灾害监测站
		三峡库区移民安置区高切坡监测站
		三峡库区地震监测站
		三峡库区局地气候监测站
7	三峡库区经济社会监测子系统	三峡库区经济社会发展水平监测站
		三峡库区农村移民生产生活水平监测站
		三峡库区城镇移民生产生活水平监测站
8	三峡工程对长江中下游影响监测子系统	中下游河道影响监测站
		洞庭湖监测站
		鄱阳湖监测站
		地下水小港监测站
		长江口土壤盐渍化监测站
9	三峡工程运行安全综合管理子系统	综合事务管理站
		技术管理站

4 应用成效分析

2019年度三峡工程运行安全综合监测结果表明,三峡枢纽持续安全运行,入库径流量较多年均值偏多6%,入库沙量6850万t,较多年均值偏少81%,出库沙量为936万t,水库水质总体良好,库区及中下游江段渔获物日均单船产量较上年度增加,坝下游宜都断面四大家鱼产卵规模比上年度下降30.4%,但监利断面四大家鱼苗径流量与上年相比增加明显,库区地震活动主要表现形式为微震、极微震,未发生重大地质灾害,库区经济实力增强,移民生产生活水平得到改善。

(1)枢纽安全。

2020年,三峡工程运行情况良好,大坝工作性态正常,电站机组运行安全稳定,船闸持续保持安全高效运行,升船机通航运行安全有序,防洪、发电、航运、水资源利用和生态环境保护等综合效益显著发挥。三峡工程枢纽建筑物监测值均在设计允许范围内,各建筑物工作性态正常;三峡坝区环境优美、和谐稳定,近坝干流水质良好。

(2)水文泥沙。

2020年长江干流流量变幅8500~70200m³/s,平均流速变幅为0.11~2.99m/s。本年度长江干流水质较好,所监测的10个断面水质均符合地表水Ⅱ~Ⅲ类标准。各支流监测断面流速为-0.014~1.300m/s,受蓄水影响十条支流各断面平均流速明显小于毗邻干流的流速。2020年监测支流回水区重点断面表层水温为10.89~30.90℃,水温的最高值出现在8月的小江,最低值出现在12月的御临河,各支流水温最高值普遍出现在7—8月,库中支流的水温平均值略高于库首和库尾的支流。2020年,三峡入库悬移质泥沙1.939亿t,与2003—2019年均值相比,来沙量偏多30%;出库(黄陵庙站)悬移质泥沙0.495亿t,不考虑三峡库区区间来沙,水库淤积泥沙1.444亿t,水库排沙比为25.5%。12月,三峡入库悬移质泥沙28.2万t,出库悬移质泥沙9.9万t,水库淤积泥沙18.3万t,水库排沙比为35.0%。

(3)库区水环境。

2020年三峡库区废水年排放量在1万m³以上的企业共计560家,排放废水总量1.13亿m³,排放废水中主要污染物为化学需氧量、氨氮和石油类,这些企业是三峡库区工业污染控制的重中之重。2020年三峡库区沿江26个区县的城镇常住人口总计约1538.72万,城镇污水排放量约13.4亿m³。2020年三峡库区建成运行48家城市污水处理厂,污水设计处理规模为322.9万m³/d,实际处理量为279.4万m³/d。48家城市污水处理厂平均负荷率达到75.5%,但运行效率差异较大,超负荷运行的有11家,运行效率低于80.0%的有22家。2020年三峡库区共产生生活垃圾约590.87万t,产生量较2019年增加了14.96万t。三峡库区沿江区县垃圾无害化处置率都较高,2020年沿江城市垃圾处理率达到100%,建制乡镇垃圾处理率平均约为95.5%。

(4)水生态。

三峡水库以及金沙江一期工程蓄水运行影响了部分特有鱼类的产卵场和栖息地,特有鱼类生存空间减小,种群资源量也随之减少。1998—2020年葛洲坝下游宜昌江段中华鲟产卵场中华鲟繁殖群体数量呈现逐年下降趋势,野生种群极度濒危,灭绝风险极高,必须采取紧急措施进行物种保护。与2005—2013年相比,2014—2020年长江宜昌江段的四大家鱼产卵规模有显著的增加,可能是因为人工放流了大量的家鱼亲鱼。

(5)库区水土保持。

三峡库区降雨量主要发生在5—7月和10月,降雨侵蚀力集中在5—7月,这3个月累计降雨侵蚀力占总降雨侵蚀力的80.8%,表明5—7月为水土流失易发时段,应注意水土流失灾害防治。水土保持措施能有效降低单位降雨量和单位降雨侵蚀力的产流产沙能力,且对产沙能力降低的效果大于对产流能力的降低。遥感监测的数据表明,2020年三峡库区现有水土流失面积17712.06km²,占土地总面积34.36%,均为水力侵蚀。三峡库区水土流失减幅明显,与2019年水土流失监测结果相比,水土流失面积减少了181.04km²,减幅1.01%。

(6)库区安全监测。

三峡水库消落区土地耕种现象逐年减少,耕种问题总体可控。三峡库区各区县均对四乱问题高度重视,整改速度明显加快,四乱清理成效显著。岸线综合整治项目稳步推进,但仍存在少量工程项目受工程变更等影响导致超批复占用库容现象发生。三峡水库水面违规养殖清理成效显著,2020年上半年三峡库区未发现新的违规养殖问题。长江岸线保护和开发利用依据管理规定实行严格审批制度,消落区岸线管理情况总体良好。库区清漂工作稳步推进,水面清洁目标逐步实现。

(7)库区经济社会。

库区经济实力保持平稳恢复。面对新冠肺炎疫情带来前所未有的困难与挑战,在党中央、国务院的坚强领导下,三峡库区各区县迎难而上、直面大考,统筹做好常态化疫情防控和经济社会发展,抢时间抢机遇抢要素,坚决打赢疫后重振攻坚战。根据地区生产总值统一核算结果,2020年上半年,湖北库区生产总值达到431.22亿元,扣除物价指数,较2019年同比下降13.12%。

(8)三峡工程对长江中下游影响。

近年来,随着三峡、丹江口及其上游干支流水库建成运用后,长江及汉江中下游河道发生了长时间、长距离的冲刷,局部河段河势出现调整,崩岸险情时有发生,影响堤防的防洪安全和河势稳定。长江中下游宜昌至河口(干流河道全长1893km,岸线全长约5047km),可能发生的崩岸岸段共137段,长约640.0km,占岸线长度的12.7%。其中:预警为Ⅰ级的岸段有30段、长约200.0km;Ⅱ级岸段64段、长约309.1km;Ⅲ级岸段43段、长约130.9km。经初步统计,自2019年12月至2020年12月,长江中下游干流44处、长度20087m。

5　结论

2020年,三峡工程防洪、发电、航运、向中下游补水等综合效益显著发挥。2020年三峡水库共经历9次超过35000m³/s的较大洪水过程,包括5次编号洪水(洪峰流量超50000m³/s),最大洪峰流量达75000 m³/s,为三峡水库建库以来最大入库流量。三峡水库总拦蓄洪量达295亿m³。全年发电量1118.02亿 kW·h。三峡船闸全年累计过闸货运量达1.38亿t。2020年三峡水库为长江中下游累计补水164天。2020年继续开展了溪洛渡、向家坝、三峡水库联合生态调度试验,有效促进了产漂流性卵鱼类的产卵繁殖,效果良好。建议下一阶段持续开展监测,强化信息共享,为三峡工程运行安全管理,保障其综合效益充分发挥提供强有力的支撑。充分发挥国家与地方相关部门的职能作用,各承担单位要在人力、财力、物力上给予积极支持配合,共同做好三峡工程运行安全综合监测工作。完善监测内容与监测指标,推进新技术的应用,提高实时采集、实时处理、实时分析的能力,进一步增强监测系统服务功能。

长江上游水库群联合防洪调度优化研究

邹强　喻杉　徐兴亚　洪兴骏　丁毅

(1. 长江勘测规划设计研究有限公司水利规划研究院,湖北武汉,430010;

2. 长江勘测规划设计研究有限公司流域水安全保障湖北省重点实验室,湖北武汉,430010)

摘　要:长江上游梯级水库群联合防洪调度事关流域防洪安全和长江经济带建设。为进一步减少长江中下游总体防御对象1954年洪水的超额洪量,本文以目前水库群联合防洪调度方案和水库群多区域协同防洪调度模型为基础,综合考虑长江上游水库群配合、三峡库区回水淹没和中下游防洪控制条件,提出了以三峡为核心的长江上游水库群联合防洪调度优化策略,分析了1954年洪水的水库群联合防洪调度效果,可为长江大洪水防御的实时防洪调度和调度方案编制提供思考建议和决策参考。

关键词:长江上游水库群;联合防洪调度;三峡水库;优化调度策略

1　研究背景

长江是中华民族母亲河,在我国经济社会发展中占举足轻重的地位。长江流域暴雨洪涝频发,严重威胁沿岸防洪保护区,洪涝灾害历来是中华民族心腹之患,治理好、利用好、保护好长江,不仅是长江流域4亿多人民的福祉所系,也关系到全国经济社会可持续发展的大局,具有十分重要的战略意义[1-4]。作为长江流域治理开发保护的骨干性工程,长江上游巨型水库群在保障流域防洪安全、供水安全、生态安全等方面发挥着重要作用[5]。

长江干流中下游总体防洪标准为防御中华人民共和国成立以来发生的最大洪水,即1954年洪水,荆江河段防洪标准为100年一遇,同时对遭遇类似1870年洪水应有可靠的措施来保证荆江两岸干堤防洪安全,防止发生毁灭性灾害;上游一般地区防洪标准为20~50年一遇,宜宾、泸州主城区防洪标准为50年一遇,重庆市主城区防洪标准为100年一遇[1,6,7]。

长江防洪调度坚持"蓄泄兼筹,以泄为主"的指导方针及"江湖两利,左右岸兼顾,上中下游协调"的指导原则。长江流域防洪的重点和难点在长江中游地区,以防御中华人民共和国成立以来发生的最大洪水,即1954年洪水为目标。1954年洪水为中华人民共和国成立以来发生的最大洪水,是长江中下游河段总体防洪标准防御洪水。1954年长江洪水造成了大范围的洪灾,长江中下游地区灾情严重,分洪溃口水量达1023亿m³,损失巨大[8-10]。为了适应新形势下防御流域大洪水的需求,本文侧重于探索长江上游大规模控制性水库配合三峡水库联合防洪调度的优化策略,针对1954年洪水模拟计算,来分析长江上游水库群联合调度效果,为长江防御大洪水实时调度提供思路借鉴和决策参考。

基金项目:国家重点研发计划资助项目(2021YFC3200302);长江勘测规划设计研究有限责任公司自主创新项目(CX2019Z44)。

通信作者简介:邹强,男,博士,高级工程师,主要从事水库群联合调度研究,E-mail:zouqianghust@163.com。

2 纳入联合调度的长江流域防洪工程

从 2012 年起,长江水利委员会每年组织编制年度水库群联合调度方案(联合调度运用计划),由最初的 10 座(2012 年),逐步扩展到 17 座(2013 年)、21 座(2014—2016 年)、28 座(2017 年)和 40 座(2018 年),2019 年首次将调度对象扩展至水库、蓄滞洪区、排涝泵站和引调水工程,数量达到 100 座。至此,以三峡水库为核心,溪洛渡和向家坝水库为骨干,金沙江中游群、雅砻江群、岷江群、嘉陵江群、乌江群、"两江两湖群"(清江群、洞庭湖"四水"群、汉江群、鄱阳湖"五河"群)等 9 个梯级水库群组相配合的长江水库群联合调度体系逐步形成[11]。

2020 年,进一步增加了金沙江下游乌东德水库。2021 年,根据批复的《长江流域水工程联合调度运用计划》[12],纳入联合调度范围的水工程共计 107 处,其中,控制性水库 47 座、总调节库容达 1066 亿 m^3、总防洪库容 695 亿 m^3,在 2020 年 40 座水库的基础上新增白鹤滩、两河口、猴子岩、长河坝、大岗山、江坪河 6 座水库);蓄滞洪区 46 处,总蓄洪容积 591 亿 m^3;排涝泵站 10 座,总排涝能力 1562 m^3/s;引调水工程 4 项,年设计总引调水规模 241 亿 m^3。

长江流域水库群是长江防洪体系的重要组成部分,在长江防洪中可发挥主动防洪作用,极大地改善流域整体防洪形势,可确保标准内洪水的防洪安全[6,7,13]。具体来说,长江上游干支流水库群,根据流域总体安排,预留了大量防洪库容,除承担所在河流(河段)的防洪要求外,还配合三峡水库分担长江中下游防洪任务;长江中下游支流水库主要承担所在流域尾闾防洪,与长江干流水库群防洪调度相协调。按照长江流域水工程联合调度运用计划,当长江中下游发生大洪水时,三峡水库联合上游金沙江、雅砻江、岷江、嘉陵江、乌江等干支流水库,以及清江、洞庭湖水系水库,以沙市、城陵矶等防洪控制站水位为主要控制目标,实施以三峡为核心的水库群联合防洪补偿调度。考虑到各支流来水与干流洪水的遭遇特性,结合自身防洪任务和配合三峡水库对长江中下游防洪作用,长江上中游水库群联合调度时投入的次序原则为:长江上游先利用雅砻江与金沙江中游梯级水库拦蓄,再动用金沙江下游梯级拦蓄,必要时动用岷江、嘉陵江、乌江梯级水库拦蓄;长江中游清江、洞庭湖四水、汉江、鄱阳湖五河水库群在满足本流域防洪要求的前提下,与三峡水库相机协调防洪调度,避免干流拦蓄与支流泄水腾库矛盾出现,加重干流防洪压力。

3 研究对象

长江水库群作为流域防洪调度的"王牌",近年来防洪效益显著,先后成功应对了 2010 年、2012 年、2016 年、2017 年和 2020 年洪水[11,14,15]。综合考虑水库的工程规模、防洪能力、控制作用、运行情况等因素,本次选取具有长江上游 30 座水库群进行研究,分布于金沙江中游、金沙江下游、雅砻江、岷江大渡河、嘉陵江、乌江和长江干流,具体包括金沙江中游的梨园、阿海、金安桥、龙开口、鲁地拉、观音岩,雅砻江的两河口、锦屏一级、二滩,金沙江下游的乌东德、白鹤滩、溪洛渡、向家坝,岷江的下尔呷、双江口、瀑布沟、紫坪铺,嘉陵江的碧口、宝珠寺、亭子口、草街,乌江的洪家渡、东风、乌江渡、构皮滩、思林、沙沱、彭水,以及长江三峡、葛洲坝[16]。

30 座水库的拓扑示意图见图 1,总库容为 1633 亿 m^3,总防洪库容为 498 亿 m^3,其中上游水库群可用于配合三峡水库对长江中下游的防洪库容为 229.61 亿 m^3,分别是金沙江 15.25 亿 m^3、雅砻江梯级 45 亿 m^3、金沙江下游梯级 140.33 m^3、岷江梯级 12.63 亿 m^3、嘉陵江梯级 14.4 亿 m^3 和乌江梯级 2 亿 m^3。

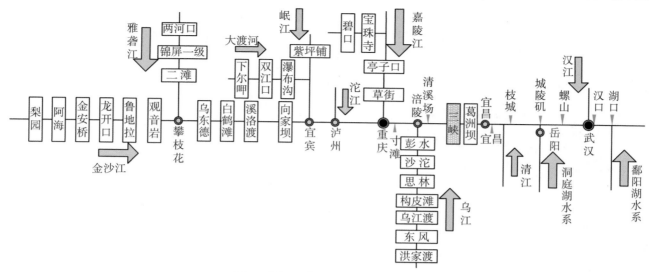

图 1　长江上游 30 座水库群示意图

4　1954 年洪水调度及优化调度策略研究

　　根据搭建完成的具有"时—空—量—序—效"多维度属性的水库群多区域协同防洪调度模型,耦合了上游干支流梯级水库、三峡水库、河道于一体的具有洪水演进、回水推算、调洪计算等功能模块,形成了以三峡为核心的长江上游水库群联合防洪调度模型,见图 2 所示。限于篇幅,本次不详细进行介绍,可详见文献[17]。

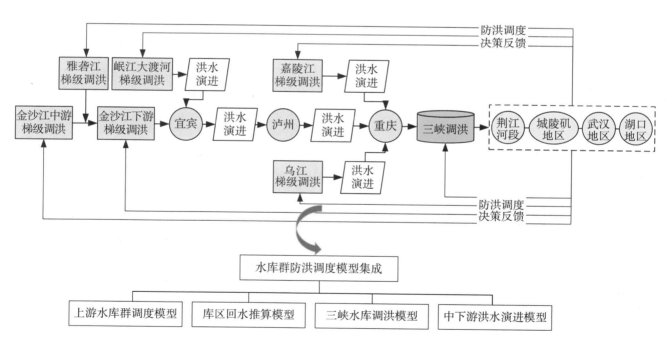

图 2　以三峡为核心的长江上游水库群联合防洪调度模型

　　本次上游水库群配合三峡水库联合防洪调度,主要针对 1954 年大洪水进行研究,实现长江上游水库联合防洪调度及河道洪水演进的快速模拟计算,获得以三峡为核心的长江上游水库群联合防洪调度效果。

　　按照目前的联合调度方案[12,18],针对 1954 年洪水,在长江上游水库群联合调度模式下,三峡水库调洪高水位为160.45m,已超过158m,此时三峡水库对城陵矶防洪库容76.9亿 m³ 已用完而转入对荆江防洪调度,长江中下游可能已开始出现超额洪量,上游水库群和三峡水库的可继续投入的剩余防洪库容见表1。

表1　　　　　　　　　　　　　　　1954年洪水上游水库群防洪库容统计表　　　　　　　　　　　单位:亿 m³

类别	上游水库群防洪库容							三峡水库	总计
	金沙江中游	雅砻江	金沙江下游	岷江	嘉陵江	乌江	小计		
设计防洪库容	17.78	45	154.93	19.3	20.22	10.25	267.48	221.50	488.98
配合三峡防洪库容	15.25	45	140.33	12.63	14.4	2	229.61	—	—
投入防洪库容	15.25	45	103.68	12.63	10.6	2	189.16	93.91	283.07
剩余防洪库容	2.53	0	51.25	6.67	9.62	8.25	78.32	127.59	205.91
剩余可配合三峡防洪库容	0	0	36.65	0	3.8	0	40.45	—	—

在留有对本区域防洪库容的前提下,上游水库群还可用于配合三峡水库对长江中下游防洪,剩余防洪库容36.65亿 m³;三峡水库自身剩余防洪库容127.59亿 m³,后续仍有较大的防洪能力。而在三峡水库水位于7月29日超过158m以后,转入对荆江防洪补偿调度,此时城陵矶地区将会出现超额洪量,有必要针对1954年洪水优化上游水库群配合三峡水库联合防洪调度方式,以充分利用防洪库容,以进一步减少长江中下游超额洪量。

基于流域防洪需求和调度方式梳理,基于不同视角和相关研究思路[14,15],本次尝试提出一种优化调度策略,即继续对城陵矶防洪补偿调度策略。具体来说,就是根据上游水库群配合三峡水库联合调度方式,在三峡水库水位158m后转入对荆江防洪调度时,1954年上游水库和三峡水库都有较大的剩余防洪库容,可进一步配合三峡水库对中下游防洪调度。而此时如果长江中游城陵矶地区来水较大,防洪形势依然较为严峻,有进一步减少三峡下泄流量的需要,且结合来水预报,预判后续不会发生坝址100年一遇洪水甚至特大洪水的前提下,可以确保防洪安全,此时三峡水库有可能、也有条件在158m以上继续对城陵矶实施防洪补偿调度。

5　以三峡为核心的长江上游水库群联合优化防洪调度效果分析

在上游水库群配合下,考虑在三峡水库水位超过158m以后,继续实施对城陵矶防洪补偿调度,三峡水库对城陵矶防洪补偿调度控制水位分别设置为161m、163m、164m。考虑4种调度情形:

方案1——基本防洪调度方案,即三峡水库水位不超158m时,实施兼顾对城陵矶防洪补偿调度;当三峡水库水位在158m以上时,转为对荆江防洪补偿调度。

方案2——继续对城陵矶防洪补偿控制水位为161m,即三峡水库水位不超161m时,实施兼顾对城陵矶防洪补偿调度;三峡水库在161m以上时,转为对荆江防洪补偿调度。

方案3——继续对城陵矶防洪补偿控制水位为163m,即三峡水库水位在163m以上时,转为对荆江防洪补偿调度。

方案4——继续对城陵矶防洪补偿控制水位为164m,即三峡水库水位在164m以上时,转为对荆江防洪补偿调度。

不同调度情形的三峡水库水位过程见图3。

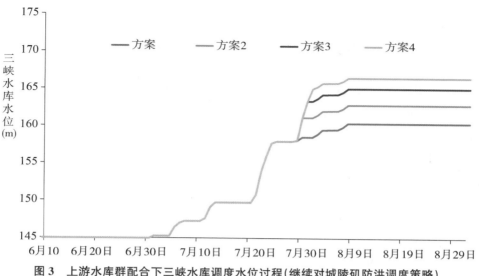

图3 上游水库群配合下三峡水库调度水位过程(继续对城陵矶防洪调度策略)

针对城陵矶防洪补偿不同控制水位,分别统计了的上游水库群配合三峡水库投入防洪库容和长江中下游超额洪量,见表2。由调度过程分析可知,如果按照方案4进行调度,在1954年8月3日和8月8日将会出现库区回水淹没,为安全起见,本次推荐选取方案3,即三峡水库继续对城陵矶防洪补偿调度控制水位为163m,此时三峡调洪高水位为165.12m,长江中下游超额洪量为256亿m³,相比基本方案超额洪量292亿m³的减幅为12.3%。

表2　　　　　上游水库群配合三峡水库优化防洪调度成果(继续对城陵矶防洪调度策略)　　　　单位:亿m³

继续对城陵矶防洪调度	上游各梯级水库投入防洪库容						三峡水库投入防洪库容	中下游分洪量
	金沙江中游	雅砻江	金沙江下游	岷江	嘉陵江	乌江		
方案1(基本方案)	15.25	45	103.68	12.63	10.6	2	93.91	292
方案2	15.25	45	103.68	12.63	10.6	2	112.91	273
方案3	15.25	45	103.68	12.63	10.6	2	129.78	256

6 结语与展望

针对长江1954年流域性大洪水,综合考虑上游水库群配合、三峡库区回水淹没和中下游防洪控制条件,初步提出了水库群联合防洪调度的优化策略,可进一步减少中下游超额洪量,为实际调度防御大洪水提供了较好的技术支撑。下一步,需要围绕以下内容进行深入研究[4,11,14,15]:

(1)上游水库群配合三峡水库精细化防洪调度。本次重在上游水库群联合调度模式下,优化三峡水库调度方式,此时上游水库均作为边界条件来拦蓄三峡来水。下一步,需要结合长江上游干支流来水特性、各梯级水库拦蓄能力,综合考虑流域防洪形势、工程防洪运用条件,进行梯级水库拦蓄方式的优化细化和梯级水库防洪库容的有机分配。

(2)多类型水工程协同联合防洪调度研究。随着联合调度对象的扩展和深度覆盖,亟待实现水库群、蓄滞洪区、涵闸泵站、引调水工程等多类别水工程联合调度,提出考虑不同洪水类型、不同洪水量级以及适应多区域防洪目标的水工程协同防洪调度技术,实现中小洪水减压、大洪水保安、超标洪水降损。

参考文献

[1] 水利部长江水利委员会.长江流域防洪规划[R].武汉:水利部长江水利委员会,2008.

[2] 水利部长江水利委员会.长江防御洪水方案[R].武汉:水利部长江水利委员会,2015.

[3] 魏山忠.长江水库群防洪兴利综合调度关键技术研究及应用[M].北京:中国水利水电出版社,2016.

[4] 尚全民,李荣波,褚明华,等.长江流域水工程防灾联合调度思考[J].中国水利,2020,(13):1-3.

[5] 褚明华.长江流域防洪问题浅析[J].中国水利,2014,(7):52-54.

[6] 金兴平.长江上游水库群2016年洪水联合防洪调度研究[J].人民长江,2017,48(4):22-27.

[7] 陈桂亚.长江流域水库群联合调度关键技术研究[J].中国水利,2017,(14):11-13.

[8] 水利部长江水利委员会.1954年长江的洪水[M].武汉:长江出版社,2004.

[9] 喻杉,游中琼,李安强.长江上游防洪体系对1954年洪水的防洪作用研究[J].人民长江,2018,49(13):9-14,26.

[10] 张潇,李玉荣,牛文静.长江水工程现状条件下防御1954年洪水联合调度策略[J].人民长江,2020,51(2):141-148.

[11] 金兴平.水工程联合调度在2020年长江洪水防御中的作用[J].人民长江,2020,51(12):8-14.

[12] 水利部.关于2021年长江流域水工程联合调度运用计划的批复[R].北京:中华人民共和国水利部,2021.

[13] 邹强,胡向阳,张利升,等.长江上游水库群联合调度对武汉地区防洪作用研究[J].人民长江,2018,49(13):15-21.

[14] 黄艳.长江流域水工程联合调度方案的实践与思考——2020年防洪调度[J].人民长江,2020,51(12):116-128,134.

[15] 黄艳,喻杉,巴欢欢.2020年长江流域水工程联合防洪调度实践[J].中国防汛抗旱,2021,31(1):6-14.

[16] 仲志余,王学敏,丁毅.水库群全周期—自适应—嵌套式建模方法研究[J].人民长江,2021,52(11):7-11.

[17] 胡向阳,丁毅,邹强,等.面向多区域防洪的长江上游水库群协同调度模型[J].人民长江,2020,51(1):56-63,79.

[18] 中国长江三峡集团公司.三峡(正常运行期)—葛洲坝水利枢纽梯级调度规程(2019年修订版)[R].北京:中华人民共和国水利部,2020.

2020 年长江上游暴雨输沙特性及其对三峡入库泥沙影响

白亮　董炳江

（长江水利委员会水文局,湖北武汉,430010）

摘　要:2020 年 8 月中旬,长江上游接连形成 4 号、5 号洪水,三峡入库洪峰流量分别达到 62000 m^3/s、75000m^3/s。强降雨带主要位于岷江、沱江和嘉陵江等主要产沙区,岷江高场站、沱江富顺站、嘉陵江支流涪江小河坝站最大含沙量分别达到 5.62 kg/m^3、16.3 kg/m^3、17.8kg/m^3。8 月 13—23 日洪水期间,三峡入库沙量达到 1.27 亿 t,约为 2019 年全年入库输沙量的 1.9 倍。本文对 2020 年长江 4 号、5 号洪水期间,上游暴雨产沙特性、三峡入库泥沙组成和增多原因等进行分析总结,可为今后长江上游来水来沙研究以及三峡水库科学调度提供支撑。

关键词:暴雨洪水,输沙特性,长江上游,三峡水库

2020 年 8 月中下旬,长江上游发生集中性强降雨,降雨区主要位于岷江中下游、沱江、涪江、嘉陵江上中游。长江上游支流沱江、涪江发生超保洪水,岷江及干流泸州至寸滩江段发生超警洪水。加上干支流洪水严重遭遇,形成一次较大的复式洪水过程（4 号、5 号洪峰）,4 号、5 号洪水期间,寸滩洪峰流量分别达到 57600m^3/s 和 77400m^3/s。由于本轮强降雨带主要位于长江上游主要产沙区,岷江、沱江、嘉陵江等流域出现了较大输沙过程,其中沱江富顺站、嘉陵江支流涪江小河坝站最大含沙量分别达到 16.3kg/m^3、17.8kg/m^3,均列三峡水库 175m 试验性蓄水运用以来第 3 位[1]。经统计,8 月 13—24 日洪水期间,三峡入库沙量达到 1.27 亿 t,短短 12 天的输沙量已远大于 2014—2017 年、2019 年全年入库输沙量（0.320 亿～0.685 亿 t）。

本文对 2020 年长江 4 号、5 号洪水期间,上游暴雨产沙特性、三峡入库泥沙组成和增多原因等进行分析总结,可为今后长江上游来水来沙研究以及三峡水库科学调度提供支撑。

1　2020 年 8 月长江上游暴雨输沙分析

2020 年 8 月 11—13 日、14—18 日,长江上游嘉陵江、岷江、沱江等流域接连发生两次强降雨过程,见图 1、图 2,过程降雨集中、强度大、范围广,寸滩以上区域累计降雨量达到了 96mm,强降水持续时间及累计雨量均超过 1981 年 7 月 9—14 日的 78mm,且强降雨带基本位于长江上游主要产沙区[2]。

受持续强降雨影响,8 月中下旬,岷江、沱江、涪江、嘉陵江的上游发生了大或特大洪水,在长江上游形成两次编号洪水（4 号、5 号）,先后出现了较大沙峰过程,见图 3。主要水沙情势如下:

基金项目:长江水科学研究联合基金(U2040218)。

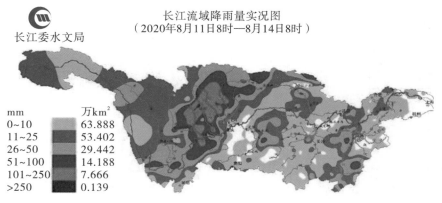

图1　2020年8月11—13日长江流域降雨图

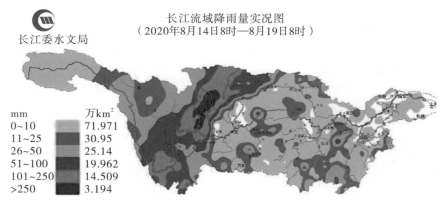

图2　2020年8月14—18日长江流域降雨图

2020年8月14日,因为强降雨的关系,长江上游的支流沱江、涪江发生超保洪水,岷江及干流泸州至寸滩江段发生超警洪水,形成"2020年第4号洪水"。8月13日3时岷江高场站出现洪峰流量24000m³/s,13日17时沙峰含沙量为7.54kg/m³;沱江富顺站14日5时洪峰流量9050m³/s,13日20时沙峰含沙量达8.51kg/m³;涪江小河坝站13日16时洪峰流量17200m³/s,13日2时沙峰含沙量达22.7kg/m³;嘉陵江北碚站14日13时洪峰流量25300m³/s,13日17时沙峰含沙量9.69kg/m³;长江干流朱沱站14日9时洪峰流量39800m³/s,13日8时沙峰含沙量为2.38kg/m³;寸滩站14日17时洪峰流量59400m³/s,14日5时沙峰含沙量4.77kg/m³。

8月17日14时,受强降雨影响,长江上游支流岷江、沱江、嘉陵江发生超警洪水,涪江发生超保洪水,干流寸滩站流量涨至50400m³/s,形成"长江2020年第5号洪水"。岷江高场站18日10时洪水超保证,19日1时洪峰流量达到37300m³/s,18日22时沙峰含沙量为7.20kg/m³;沱江富顺站17日23时洪水超保证,18日20时洪峰流量10500m³/s,18日11时沙峰含沙量为8.19kg/m³;涪江小河坝站16日22时洪水超保证,18日8时洪峰流量达到20500m³/s(历史第2位),19日11时沙峰含沙量达到了17.7kg/m³;北碚站18日18时洪水超保证,19日10时洪峰流量37400m³/s,19日13时含沙量为7.18kg/m³。长江干流朱沱站19日19时洪峰流量48400m³/s,19日23时沙峰含沙量为4.40kg/m³;寸滩站20日5时流量达到了74600m³/s,20日8时沙峰含沙量3.99kg/m³。

实测资料统计表明,8月12—16日4号洪水期间,寸滩站沙量为3260万t,8月17—25日5号洪水期间,寸滩站沙量为8630万t,两次洪水期间寸滩站总输沙量达到11890万t。

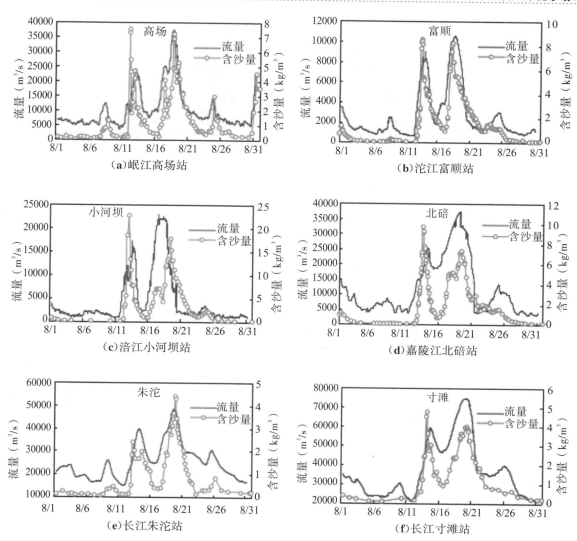

图 3　2020 年 8 月长江上游主要控制站流量和含沙量过程

2　2020 年 8 月三峡水库入库水沙分析

2020 年 8 月,长江上游 4 号、5 号洪水相隔时间较近,为典型的双峰型洪水过程[3],三峡入库泥沙集中,且入库洪峰与沙峰基本同步。8 月 13—23 日洪水期间,三峡入库沙量达到了 1.27 亿 t,短短 12 天的输沙量已远大于 2018 年 2 号洪水期间(7 月 11 日 8 时至 17 日 8 时)的入库沙量 7440 万 t,远大于 2014—2017 年、2019 年全年入库输沙量(3200 万～6850 万 t)。

且两次洪水长江上游主要产输沙过程均集中在 8 月。实测资料表明,2018 年 8 月寸滩站径流量为 980 亿 m³,长江上游来水主要为嘉陵江、金沙江和岷江,其中嘉陵江北碚站、金沙江向家坝站和岷江高场站来水分别占寸滩站 8 月径流量的 31％、30％和 28％。8 月寸滩站输沙量为 1.29 亿 t,长江上游泥沙主要来自嘉陵江,北碚站输沙量为 8055 万 t,占寸滩站 8 月沙量的 63％,其次分别为岷江和沱江,高场站和富顺站输沙量分别为 5070 万 t 和 1980 万 t,分别寸滩站 8 月沙量的 39％和 15％,横江来沙仅为 102 万 t。

嘉陵江泥沙主要来自涪江和嘉陵江上游,2020 年 8 月涪江小河坝站输沙量为 6970 万 t,占北碚站的 87％,嘉陵江上游武胜站输沙量为 1580 万 t,占北碚站的 20％。

可见,2020 年 8 月三峡入库泥沙主要来自涪江和岷江,分别为寸滩站同期沙量的 54％、39％,其次为沱江和嘉陵江上游,分别为寸滩站同期沙量的15%、12%。

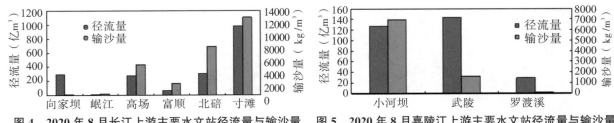

图4　2020年8月长江上游主要水文站径流量与输沙量　　图5　2020年8月嘉陵江上游主要水文站径流量与输沙量

3　三峡水库入库泥沙增多原因分析

3.1　强降雨发生在强产沙区

2020年8月11—18日,长江上游出现了强降水过程,受高空槽、冷暖空气和西南特殊地形共同影响,嘉岷流域附近出现持续性暴雨—大暴雨的极端降水过程,过程维持时间达7天,累计雨量≥100mm的笼罩面积约24.7万km²,≥250mm的笼罩面积约7万km²,强降水区主要位于岷江中下游、沱江、涪江、嘉陵江上中游,上述分区面均雨量多在140mm以上,其中涪江390mm,沱江313mm。从单站雨量来看,涪江北川站累计雨量946mm、沱江汉王场站855mm。受强降雨影响,长江上游高场、富顺、小河坝、北碚、朱沱、寸滩等站洪峰流量分别列历史第1～11位,各站洪峰水位超保证幅度0.08～8.12m,其中高场站洪峰水位291.08m,居历史最高水位第1位,寸滩站洪峰水位191.62m,居历史最高水位第2位,寸滩站洪峰流量达到74600m³/s,见表1。

嘉陵江上游支流西汉水、白龙江中游、岷江等流域属于强产沙地区。2020年8月,受暴雨洪水影响,长江上游涪江、岷江、沱江、嘉陵江上游等支流出现大含沙量沙峰过程,增加了三峡入库沙量[4]。岷江高场站沙峰含沙量7.54kg/m³,沱江富顺站沙峰含沙量达8.51kg/m³,涪江小河坝站沙峰含沙量达22.7kg/m³;嘉陵江上游武胜站沙峰含沙量3.65kg/m³,北碚站沙峰含沙量9.69kg/m³;长江干流朱沱站沙峰含沙量4.40kg/m³,寸滩站沙峰含沙量4.77kg/m³。

表1　　　　　　　　　　　　　2020年8月长江上游干支流主要控制站洪峰特征值

水系	站名	洪峰流量		洪峰水位		
		流量(m³/s)	排序/系列长(年)	水位(m)	排序/系列长(年)	超保幅度(m)
岷江	高场	37500	1/82	291.08	1/82	3.08
沱江	富顺	10600	3/67	274.08	—	0.08
涪江	小河坝	23000	2/68	245.35	1/68	5.35
嘉陵江	武胜	16400	15/76	224.53	11/81	未超
	北碚	32600	11/82	200.23	13/82	1.23
长江干流	朱沱	48400	5/67	214.68	5/67	2.68
	寸滩	74600	5/129	191.62	2/128	8.12

3.2　地震带大量松散堆积体在暴雨诱发下形成滑坡和泥石流

2020年输沙量较大河流——涪江、岷江、沱江和嘉陵江的上游均流经龙门山断裂带,再由龙门山出山口进入冲积平原或丘陵区,见图6。龙门山区地质构造复杂(断层、裂层交错),其岩石尤以风化严重易碎、层理发育的灰岩、泥岩和砂岩为主,这些岩石抗侵蚀极差,而且沿层面或裂隙而易滑动或崩塌。

近年来,在龙门上断裂带附近相继发生了汶川地震、芦山地震、九寨沟地震等特大地震。2008年5月12日,四川汶川发生M_s8.0级的大地震,地震释放主要位于龙门山北川至映秀地区;2013年4月20日,四川省芦山县发生M_s7.0级地震,震中位于龙门山断裂带上的西南段;2017年8月8日,四川省阿坝州九寨沟县发生M_s7.0级地震,震中位于岷江断裂、塔藏断裂和虎牙断裂之间。这些地震在上游产生了上百亿方的松散堆积体,随着时间的推移,松散体中的细小颗粒泥沙会随水流向下游地区输移。

2020年8月,长江上游发生强降雨过程,降雨带主要沿龙门山断裂带呈带状分布,位于扬子板块与青藏板块的地缝合线上。前期地震在山坡、山谷产生大量的松散体,在大暴雨或特大暴雨的诱发下,形成滑坡和泥石流,而进入河流,导致入库泥沙增多[5]。

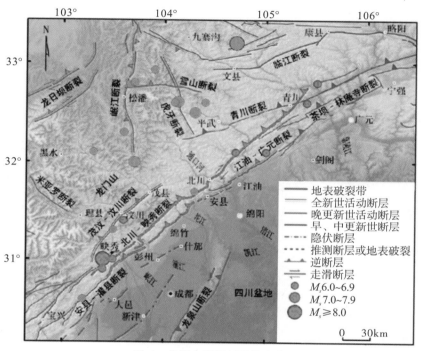

图6 龙门山附近断裂带分布

长江上游低水头水库拦沙作用有限,大洪水时畅泄,导致下游输沙量突然增大。长江上游岷江、沱江、嘉陵江等支流的低水头水库、航电枢纽和闸坝水利设施已建成多年,部分已达到淤积平衡,拦沙作用减弱,遇到大洪水时,库区大量泥沙被携带出来,导致下游输沙量突然增大。另外一些大型水库随着运行时间的增加,库区泥沙淤积增加,拦沙能力逐渐减弱。如白龙江碧口水库已运行40余年,库容淤损达60%,库区已基本成为河道形态,大多数悬移质泥沙直接随水流进入下游河道。

4 结语

本文对2020年长江上游暴雨输沙特性及其对三峡入库泥沙影响进行了深入分析研究。2020年8月,长江上游发生集中性强降雨,沱江、涪江发生超保洪水,岷江及干流泸州至寸滩江段发生超警洪水,干支流洪水严重遭遇,形成一次较大的复式洪水过程(4号、5号洪峰)。岷江、沱江、嘉陵江等流域出现了较大输沙过程,其中沱江富顺站、嘉陵江支流涪江小河坝站最大含沙量分别达到16.3kg/m³、17.8kg/m³,均列三峡水库175m试验性蓄水运用以来第3位。8月13—24日洪水期间,三峡入库沙量达到1.27亿t,短短12天的输沙量已远大于2014—2017年、2019年全年入库输沙量(0.320亿~0.685亿t)。由于强降雨带主要位于强产沙区,且沿龙门山断裂带呈带状分布,前期地震在山坡、山谷产生大量的松散体,在大暴雨或特大暴雨的诱发下,形成滑坡和泥石流,而进入河流。长江上游支流沱江、涪江、白龙江的低水头水电工程淤积严重,拦沙能力很小,嘉陵江部分大中型水库前期淤积严重,失去拦沙能力,综合导致大量泥沙进入三峡库区。

参考文献

[1] 董炳江,张欧阳,许全喜,等. 2018年汛期三峡水库上游暴雨产沙特性研究[J]. 人民长江,2019,50(12):21-25.

[2] 陈桂亚,董炳江,姜利玲,等. 2018长江2号洪水期间三峡水库沙峰排沙调度[J]. 人民长江,2018,49(19):6-10.

[3] 李玉荣,闵要武,邹红梅. 三峡工程蓄水水文特性变化浅析[J]. 人民长江,2009,(4):37-39.

[4] 陈桂亚,袁晶,许全喜. 三峡工程蓄水运用以来水库排沙效果[J]. 水科学进展,2012,23(3),355-362.

[5] 张地继,董炳江,杨霞,等. 三峡水库库区沙峰输移特性研究[J]. 人民长江,2018,49(2),23-28.